赢在电子商务

——PHP+MySQL 电商网站设计与制作

环博文化　组　编

王志晓　陈益材　等编著

机 械 工 业 出 版 社

基于互联网的电子商务平台是任何企业或个人打开市场的一条捷径，但搭建一个专业的电子商务平台需要投入大量的成本并由专业人员进行管理才可能成功，所以很多企业和个人望而却步。本书所讲述的内容就是使用现在最先进的 PHP+MySQL 技术搭建一个专业的电子商务平台。书中详细介绍了电子商务网站的前期策划、网站开发平台的搭建、网站页面的设计、复杂电子购物功能的实现、后期的管理应用以及电子商务网站的运营方法等内容。

本书适合正在寻找电子商务网站经营之道的管理者，也可作为大专院校电子商务专业和网络营销专业学生、开始搭建独立网上销售系统的人员、网站编程人员的参考书。

图书在版编目（CIP）数据

赢在电子商务：PHP+MySQL 电商网站设计与制作 / 王志晓等编著. —北京：机械工业出版社，2013.11

ISBN 978-7-111-44489-3

Ⅰ. ①赢… Ⅱ. ①王… Ⅲ. ①PHP 语言—程序设计②关系数据库系统 Ⅳ. ①TP312②TP311.138

中国版本图书馆 CIP 数据核字（2013）第 249225 号

机械工业出版社（北京市百万庄大街 22 号　邮政编码 100037）
策划编辑：丁　诚
责任编辑：丁　诚　吴鸣飞
责任印制：杨　曦
保定市中画美凯印刷有限公司印刷
2014 年 1 月第 1 版 • 第 1 次印刷
184mm×260mm • 22 印张 • 546 千字
0001－4000 册
标准书号：ISBN 978-7-111-44489-3
　　　　　ISBN 978-7-89405-188-2（光盘）
定价：59.80 元（含 1CD）

凡购本书，如有缺页、倒页、脱页，由本社发行部调换

电话服务
社服务中心：（010）88361066
销售一部：（010）68326294
销售二部：（010）88379649
读者购书热线：（010）88379203

网络服务
教材网：http://www.cmpedu.com
机工官网：http://www.cmpbook.com
机工官博：http://weibo.com/cmp1952
封面无防伪标均为盗版

前　言

世界性的经济低迷，加上通货膨胀，使得我国传统行业尤其是中小企业，面临着前所未有的生存与竞争压力。但是，淘宝网站以近500亿的年营业额，超过了我国任何一家商业企业；PPG 凭网上销售衫衣日均 1 万件以上，超过了同期的任何一家传统服装企业。显而易见，基于互联网的电子商务平台是企业或个人打开市场的一条捷径。

1．营销型电子商务网站

有些人认为，做一个网站挂到互联网上，输入指定的域名能打开企业网站就是进行电子商务。其实，这是一个很大的误区。目前，大部分企业所做的网站都是“名片式”的静态页面，只是起到广而告之的作用。电子商务是指在全球各地广泛的商业贸易活动中，基于互联网的应用方式，买卖双方不谋面而进行各种商贸活动，实现网上购物、商户之间的网上交易和在线电子支付以及各种商务活动、交易活动、金融活动和相关的综合服务活动的一种新型的商业运营模式。

一个完整的电子商务网站要具备如下功能：

（1）产品展示功能

产品展示功能即可以在后台按分类和索引目录自主上传所要销售的产品图片。在后台开发的时候通常包括一级目录和二级子目录。子目录有时在组织上很方便。例如，一个工业供应品商会有成千上万种被分类的产品，像这样的公司在建立电子商务网站时，对产品分类展示是很重要的。

（2）产品的搜索引擎

网站可以利用数据库和信息检索技术为用户提供对产品及其他信息的查询功能。查询功能可以包括关键词查询、分类查询及组合查询等。通过搜索引擎的查询功能，用户可以方便、快捷地在网站上找到所需要的产品及服务方面的信息。

（3）网上订购功能

网上订购功能是指为浏览网站的消费者提供包括网上采购及填写订购单等功能。

（4）网上结算功能

网上结算功能是指通过后台程序自动统计结算，并实现用户、商家与银行之间的结算。只有实现了网上结算，才标志着真正意义上的电子商务活动。

（5）网络售后服务

在进行电子商务活动的过程中，实现网络售后服务的功能是很重要的。利用人工智能中的机器学习、知识表示，使得网站能自动地回答用户提出的各种问题，包括一般性服务和销售查询问题，还能把回答不了的问题转交给客户服务部，让他们来回答。这种技术目前被普遍应用。

（6）营销功能

营销功能非常重要。在互联网平台上的推广往往是和技术相结合的，如 SEO 搜索引擎的优化（SEO）营销，在网站搭建的时候就要充分考虑进去，包括关键词的选择、关键词在网页上的分布及链接策略等。如果说网站只是企业随便搭建的一个平台，那么这只是电子化的画册，并不是一个营销型的网站。网络营销是全程整合营销的过程，从开始有运营项目想法的时候就要充分考虑终端市场的需求，把所要采用的营销手段充分融入搭建的平台上，这才是正确的做法。

2．电子商务网站模式

目前公认的电子商务网站模式可以分为三种，即 B2B 模式、B2C 模式和 C2C 模式。

（1）B2B 模式

企业对企业（Business to Business）的电子商务提供商务信息平台，供买卖双方的企业在平台上发布供求信息、寻找合作伙伴、在线交易、跟踪服务等。可以在企业内部（内部结算平台），也可以在企业之间进行。国内的阿里巴巴网站（图 1）是比较早的 B2B 电子商务模式。

图 1　阿里巴巴网站

（2）B2C 模式

企业对顾客（Business to Customer）的电子商务。主要是企业开设产品专卖电子商店，在互联网上向顾客出售企业产品，提高物流速度，节省商店的场地、管理、人员等费用。其特点类似于现实商务世界中的零售，如当当网站（图 2）。

（3）C2C 模式

顾客对顾客（Customer to Customer）的电子商务是消费者对消费者的交易模式。C2C 电子商务平台就是通过为买卖双方提供一个在线交易平台，使卖方可以主动提供商品上网拍卖，而买方可以自行选择商品进行竞价。其特点类似于现实商务世界中的跳蚤市场，如淘宝网站（图 3）。

图 2　当当网站

图 3　淘宝网站

针对不同的群体所要建立的电子商务网站的模式是不一样的。例如，实体企业一般适合建立 B2C 模式的电子商务网站，个人宜在 C2C 电子商务平台上注册一个会员，花很少的钱实现电子商务的功能。

B2C 电子商城实用型网站是在网络上建立一个虚拟的购物商场，让访问者在网络上购物。网上购物以及网上商店的出现，避免了挑选商品的烦琐过程，让人们的购物过程变得轻松、快捷、方便，很适合现代人快节奏的生活；同时又能有效地控制“商场”运营的成本，开辟了一个新的销售渠道。本书实例是使用 PHP+MySQL 直接用手写程序完成的实例，完成的首页如图 4 所示。

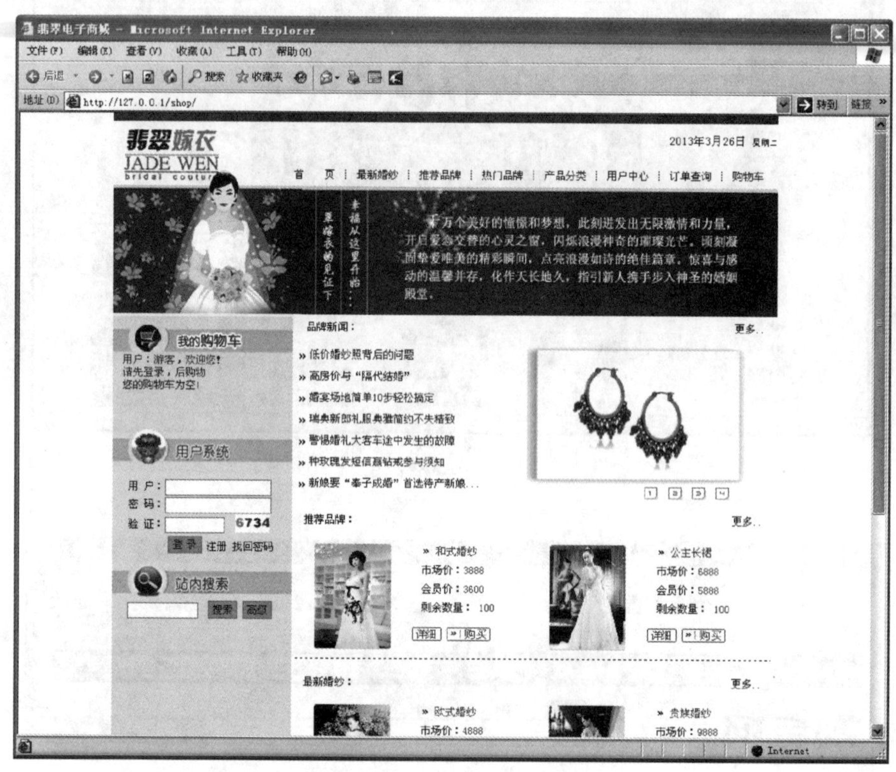

图 4　翡翠嫁衣电子商城

本网站主要能够实现的功能如下：

1）开发了强大的搜索以及高级查询功能，能够快捷地找到感兴趣的商品。

2）采取会员制保证交易的安全性。

3）流畅的会员购物流程：浏览—将商品放入购物车—结算。每个会员有自己专用的购物车，可随时订购自己中意的商品并结账完成购物。购物的流程是指导购物车系统程序编写的主要依据。

4）完善的会员中心服务功能：可随时查看账目明细、订单明细。

5）设计会员价商品展示，能够显示企业近期所促销的一些会员价商品。

6）人性化的会员与网站留言，可以方便会员和管理者的沟通。

7）后台管理模块，可以通过使用本地数据库，保证购物订单安全，并及时有效地处理，便于管理者及时了解财务和销售状况。

3. 电子商务网站运营

一个成功的电子商务网站，除了新颖的产品、随时更新的新闻、良好的售后服务等之外，宣传与推广也是极其重要的工作。如何规划并进行有效的网络营销，这几乎成了中小企业进行电子商务平台运营推广的难题。从多年的经验来看，造成中小企业网络营销不能正常运作的因素，在于缺少有效的资讯、管理不到位、电子商务程度低、电子商务营销渠道不健全等。电子商务造就了一批网络营销专家，马云先生当之无愧可以成为这个专业的发起人。网络营销就是以目标客户需求为出发点，整合企业各方面网络资源进行的低投入、精准化网络营销活动。

回顾成功的实例，凡客诚品便是一个很经典的电子商务网络营销案例。其在 2008 年的市场营销能够如此出色，离不开与龙拓互动的精诚合作。龙拓互动通过网络营销结合 VANCL 新品牌上市，潜心构建了一套适应 VANCL 发展阶段的以 ROI 为核心的网络推广策略，使 VANCL 迅速在 B2C 同行业竞争者中崛起，并通过一系列卖点明确且制作精美的互动广告，使 VANCL 在产品销售和品牌形象上同步提升。短短的一年时间，龙拓互动与 VANCL 并肩创造了 B2C 新神话，说明其选择媒介的首要原则符合 VANCL 的整体营销策略，即在最短的时间之内打开市场并盈利。凡客诚品电子商务网站如图 5 所示。

图 5　凡客诚品电子商务网站

上面所说的案例，说明了电子商务营销不是简单地在互联网上建站、投放广告，而是一系列有计划、有策略、有预算和效果分析的营销作业。企业网络营销效果不是以单一的推广产品所带来的，而是通过整合企业和互联网信息资源，从而有针对性地开展网络营销推广，以达到低成本、高回报的商业目的。从案例中可以看出，如果龙拓互动对电子商务营销没有一定高度的运作和良好的推广方案，那么其整合推广的 VANCL 也不会在短短的一年之内创造了 B2C 的网络销售神话。从众多的成功案例中可以看出，龙拓互动在做电子商务客户营销方面拥有绝对的资源、技术、创意等实力优势，以独特的一面进行客户管理。

传统企业要实现电子商务运营，需完成三大核心任务：

第一，电子商务网站建设和网络卖场的前期规划。

第二，品牌推广和网络广告。

第三，客户管理和销售组织。

上述三大核心任务是企业不能缺少的环节。所以要想成功，就必须大力宣传自己的网站。网站的运营与推广，涉及很多的知识，包括网站经营的策略、解决提高浏览量的方法、使用关键词推广网站、网络广告的投放、搜索引擎优化等。本书将单独列出一章作为重点来讲解这个网站拥有者最关心的问题。

4．本书服务

在本书的光盘中附带了一个计算机相关专业论文的撰写蓝本，供相关专业毕业生编写论文时参考，同时光盘中赠送了超值的电子商务网站开发的全部源代码。

本书将理论与实践相结合，章节安排合理，注重实用性与可操作性。欢迎读者加入 QQ 技术服务群 298191658 或本书主要作者的 QQ 号 83560148，共同探讨电子商务网站的制作之道。

本书主要由王志晓编写（第 1 至 6 章），参与本书第 7 至 10 章编写的人员有：陈益材、于荷云、官斯文、邹亮、王炎光、耿国续、陈益红、秦树德、张铭运、赵红、陈章、于海鑫、任霖。

由于作者水平有限，本书疏漏之处在所难免，欢迎读者与专家批评指正。

作　者

目　　录

第 1 章　电子商务网站前期策划

电子商务网站的建设是一个比较复杂而且庞大的工程，需要投资者进行大量的前期营销理念的导入和专业平台搭建的前期策划。通过电子商务网站建设前期的策划，可以明确企业网站建设的目的及功能，确定企业网站的定位，并根据策划的方案对网站建设中的选择技术、制作内容、投入费用、网站测试及网站维护等做出部署，这对企业网站的全程建设起着指导与蓝图的作用。

本章重点介绍如下知识：

- 电子商务基础知识
- 前期策划准备工作
- 网站域名和空间
- 网站的整体规划
- 电子商务网站鉴赏

1.1 电子商务基础知识

企业在互联网上搭建网站平台的最终目标就是要实现电子商务功能。其内容包含两个方面，一是电子展示方式；二是商贸活动。在制作专业的电子商务网站之前，首先一起来了解电子商务的基本概念和特点。

1.1.1 火暴的电子商务市场

2012 年 12 月中国互联网络信息中心（CNNIC）发布的《中国互联网络发展状况统计报告》中给出了中国网民规模和互联网普及率、中国手机网民规模及其占网民比例的两组统计数据，如图 1-1 和图 1-2 所示。

截至 2012 年 6 月底，中国网民规模达到 5.38 亿，超过美国成为全球第一。历年来的数据统计（图 1-3）更显示出了中国信息化的高速发展。

所有的数据证实了盖茨的论断：21 世纪的商务将是基于信息化的电子商务。

很多商家正是看到了这种无店铺销售的商业价值和潜在的市场，纷纷将其应用于互联网上，将自己的核心产品搬上了互联网，并在网上销售自己的产品，建立网上的购物系统，于是逐步形成了选择商店、订货、付款等一系列通过电子方式完成的购物过程，轻易地实现了低成本扩张。这种购物方式的出现，不仅可减轻消费者的购物负担，同时也符合商家的低成本要求。可以说电子商务的产生是流通业的一场新革命。它影响着人们的生活，冲击着传统的消费模式，也改变着零售商的角色。电子购物对电子商务的发展具有深远的影响，并且已经成为发展最快的一个新兴行业。

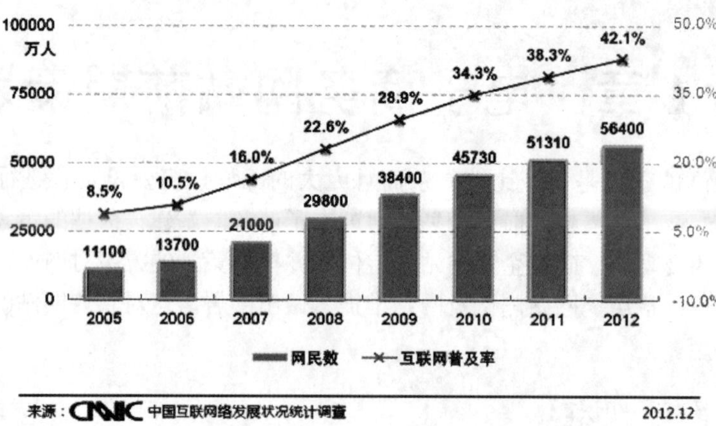

图 1-1　中国网民规模和互联网普及率

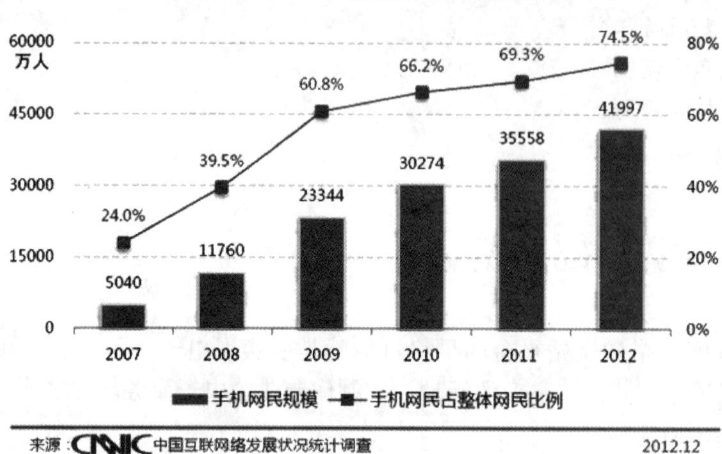

图 1-2　中国手机网民规模及其占网民比例

历年数据　回到顶部

详细报告	截至时间	网民数	宽带用户	手机网民	域名总数	详细报告	截至时间	网民数	宽带用户	手机网民	域名总数
第30次	2012.06	5.38亿	3.80亿	3.88亿	873万	第21次	2007.12	21000万	16300万	5040万	1193万
第29次	2011.12	5.13亿	3.96亿	3.56亿	775万	第20次	2007.06	16200万	12244万	4430万	918万
第28次	2011.06	4.85亿	3.90亿	3.18亿	786万	第19次	2006.12	13700万	9070万	1700万	411万
第27次	2010.12	4.57亿	4.5亿	3.03亿	866万	第18次	2006.06	12300万	7700万	1300万	295万
第26次	2010.06	4.2亿	3.64亿	2.77亿	1121万	第17次	2005.12	11100万	6430万	未统计	259万
第25次	2009.12	38400万	34600万	2.33亿	1682万	第16次	2005.06	10300万	5300万	未统计	未统计
第24次	2009.06	33800万	32000万	1.55亿	1626万	第15次	2004.12	9400万	4280万	未统计	未统计
第23次	2008.12	29800万	27000万	1.17亿	1683万	第14次	2004.06	8700万	3110万	未统计	未统计
第22次	2008.06	25300万	21400万	7305万	1485万	第13次	2003.12	7950万	1740万	未统计	未统计

图 1-3　历年数据统计

最完整的也是最高级的电子商务应该是能够利用 Internet 进行全部的贸易活动，即在网上完整地实现信息流、商流、资金流和部分物流。也就是说，可以从寻找客户开始，一直到洽谈、订货、在线付（收）款、开据电子发票以至到电子报关、电子纳税等通过 Internet 一气呵成。要实现完整的电子商务还会涉及很多方面，除了买家、卖家外，还要有银行或金融机构、政府机构、认证机构、配送中心等机构的加入才行。由于参与电子商务中的各方在物理上是互不谋面的，因此整个电子商务过程并不是物理世界商务活动的翻版，网上银行、在线电子支付等条件和数据加密、电子签名等技术在电子商务中发挥着重要的不可或缺的作用。

电子商务最重要的是“商务”，而网站只不过是电子商务的后台支撑。另一方面，网上购物完全取代了电子商务的概念。事实上，它仅仅是电子商务的一小部分，而完整的电子商务过程则是一切利用现代信息技术的商业活动的电子化过程。

对于任何企业而言，产品的销售是企业发展最重要的问题，也是生存之本。传统的销售模式存在很多的弊端，尤其是在客户开发方面，不管结果会如何，前期就需要投入大量的资金去推广市场，在这种状况下，想要改变其现状却又不知道从何做起。

面对如此巨大的网络销售市场，企业尝试着开展信息化的建设，并从一些门户网站的横幅广告开始。在不经意间发现咨询的电话在增加，了解产品的客户也在增加，而且客户的来源不单单是本地客户，全国各地的企业都有。在给他们邮寄资料的时候，感觉时间太长，成本太高。由此意识到网站是最好的宣传载体，方便快捷。

如果想进一步从互联网上打开企业的产品销售渠道，企业就要考虑在互联网上打造自己的电子商务网站，从而更方便信息的交流以及产品的介绍。电子商务网站的建设，拓宽了新客户的开发范围，对于企业的发展更是如虎添翼。在网站上加上有效的、有针对性的宣传和推广，可使企业在互联网上的名声得到提高，订单会不断增加，效益也会越来越好。

1.1.2　电子商务的概念与特点

有些人认为，做一个网站挂到互联网上，输入指定的域名能打开企业网站就是进行电子商务。其实，这是一个很大的误区。目前，大部分企业所做的网站都是“名片式”的静态页面，只是起到广而告之的作用。电子商务的概念在不同时期，中外学者、专家从不同的角度提出过不同的定义。在 20 世纪 80 年代，人们认为它就等于 EDI。而电子商务作为一个完整的概念出现，也仅是在近几年，因此它还是个新生儿，其相关技术发展得很快，其模式也在不断地摸索之中。即使是现在，人们对电子商务仍然没有一个统一的定义。不同的组织有不同的看法，不同的行业也有不同的说法。

1997 年 11 月 6～7 日，国际商会在法国首都巴黎举行了世界电子商务会议。该会议从商业角度给出了电子商务的概念：电子商务是指实现整个贸易活动的电子化。从涵盖范围方面可以定义为：交易各方以电子交易方式而不是通过当面交换或直接面谈方式进行的任何形式的商业交易；从技术方面可以定义为：电子商务是一种多技术的集合体，包括交换数据（如电子数据交换、电子邮件）、获得数据（如共享数据库、电子公告牌）以及自动捕获数据（如条形码）等，如图 1-4 所示。

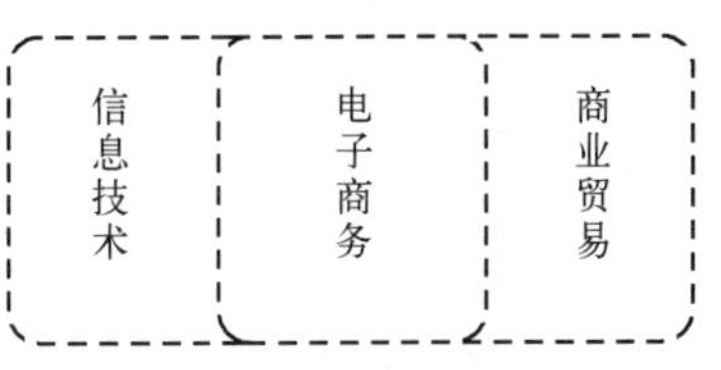

图 1-4　电子商务概念示意图

电子商务发展到今天，迫切需要给出一个既完整又简洁的定义。综合各方面不同的看法，结合我国电子商务的实践，电子商务的概念可以作如下定义：

电子商务是指交易者或参与者通过信息技术和网络技术（主要是互联网）等现代信息技术所进行的各类商务活动，内容包括货物贸易、服务贸易和知识产权贸易等领域。这里的"通过信息技术和计算机网络"和"进行的各类商务活动"都具有丰富的含义。归纳起来，迄今为止，人们所谈及的电子商务，是指在全球各地广泛的商业贸易活动中，通过现代信息技术，特别是信息化网络，所进行并完成的各种商务活动、交易活动、金融活动和相关的综合服务活动。这种电子商务活动从其产生之时起到现在的不长时间内，正在显著地改变着人们长期以来习以为常的各种传统贸易活动的内容和形式。

电子商务作为一种行业模式，具有如下特点：

（1）交易环节少、营销成本低

电子商务的诱人之处就在于它能有效地减少交易环节，大幅度地降低交易成本，从而降低消费者所得到的商品的最终价格。传统商业模式中，企业和商家不得不拿出很大一部分资金用于开拓分销渠道，让出很大一部分利润给分销商，用户也不得不承担高昂的最终价格。网上销售则打破了这一局限性，它使得厂家和消费者直接联系，绕过了传统商业模式中的中间商，从而使销售价格更加合理化。所有信息化的商品在网上发布，既可主动散发，又可以随时接受需求者的查询，而不需要负担促销广告费，而且在网上散发的信息面广，不仅仅只是针对某一地区或国家发出，它可以快速地将商品信息散播到全世界。同时，它又可以很好地实现"零库存"生产，调节什么时候卖货，什么时候进货。

（2）不受场地区域的限制

利用网络，将营业窗口网络化、无形化，无须投入巨资在各地设立营业窗口，每一个用户通过上网就可以进入商家的窗口，没有或只有很低的店面租金成本。电子商场的经营在"店铺"中摆放多少商品几乎不受任何限制，无论商家有多大的商品经营能力均可满足，且经营方式灵活，可以方便地在全世界范围内采购、销售各种商品。

（3）简单的电子化支付手段

随着 SET 标准的推出，各银行或金融机构、信用卡发放者和软件厂商纷纷提出了在网上购物后的货款支付办法，如使用信用卡、电子现金、智能卡、储蓄卡等，电子货币的持有者可用它方便地购物和从事其他交易活动。

（4）客户信息易于管理

在收到客户订单后，服务器可自动汇集客户信息到数据库中，可对收到的订单和意见进行分析，寻找突破口，引导新商品的生产、销售和消费。

（5）方便信息类商品的销售

对于计算机软件、电子报刊、图书等电子信息商品来说，电子商务是最佳选择，用户可先在网上付款，然后在网上下载所购物品。

（6）符合全球经济发展要求

电子商务与生具来的"全球性"特征使得各发达国家对其十分重视，网络的跨国界及触角的广泛，使得网上交易将打破原有国界的贸易壁垒，谁主导了电子商务，谁就能在这个大商务环境中具有霸权。各发达国家在信息化发展方面已领先于我国，而电子商务，则是我国赶超世界的一次绝好的机会，是百年不遇的良机。我们应抓住机遇，使我国企业在世界上建立起真正的高大形象和实力，为世界做出贡献。

1.1.3　电子商务网站的目的

建电子商务网站不是为了赶一时的潮流或是博取一个好听的名声。一个企业建立网站的最终目的和它的经营目的应该是一致的，就是通过企业网站来降低企业的管理成本和交易成本以及通过开展电子商务活动来获得更多的利润。只有把网络技术同企业管理体系、工作流程和商务动作实现紧密的集成，才能真正发挥企业网站的作用。明确了这一目标，才能正确地经营这个电子商务网站，并使其为企业服务。

总而言之，开办电子商务网站的目的主要有如下几点：

（1）提升企业形象

一般说来，企业建立自己的网站，不大可能马上为企业带来新客户、新生意，也不大可能大幅度地提高企业业绩。毕竟，企业用于网站的费用很低，期望极低的费用能马上为企业带来巨大的收益是不现实的。企业网站的作用更类似于企业在报纸和电视上所做的宣传企业本身及品牌的广告。不同之处在于企业网站容量更大，企业可以把任何想让客户及公众知道的内容放入网站。此外，相对来说，建立企业网站的投入比其他广告方式要低得多。当然，网站和广告是两种不同的宣传方式，各有其不同的作用，它们之间更多的应该是互相补充，而不是相互排斥。企业如拥有自己的网站，应在网络中推介该网站，并把具体的内容放入网站。国际互联网是一个不受时空限制的信息交换系统，它是目前最直接、最丰富和最快捷的联系方式，信息沟通的高效率为企业带来了最大的方便。

（2）全面详细地介绍企业和产品

企业网站的一个最基本的功能，就是能够全面、详细地介绍企业及企业产品。事实上，企业可以把任何想让人们知道的信息放入网站。例如，企业简介，企业的人员、厂房、生产设施、研究机构，产品外观、功能及使用方法等，都可以展示于网上。

企业网站是网上办公室或网上交易中心，是企业经营最方便的场所或窗口。只要想办法让更多的人知道您的网上办公室或交易中心，就将给您带来更多的客户或供应商。由此，经营效率大大提高，自然会赢得更多的利润。

（3）及时得到客户反馈的信息

客户一般是不会积极主动地向企业反馈信息的。如果企业在设计网站时，加入客户与企业联系的电子邮件和电子表格，因使用极其方便（一般来说，客户习惯于使用这种方式与企业进行联系），企业可以得到大量的客户意见和建议。这将有利于企业的蓬勃发展。

（4）可以与客户保持密切联系

由于互联网这种高科技的媒介进入中国的时间不长，中国企业与客户之间现在暂时还不习惯于这种联系方式。但随着越来越多的企业对互联网认识的加深，在网上发布产品和信息这种现况将发生巨大改变。目前，已经有越来越多的中国企业具有自己的网络能力，并逐渐习惯于利用网络与客户进行沟通。互联网作为唯一一种全天候 24 小时不间断的媒体平台是传统媒体可望而不可及的。作为一个企业，在互联网上建立自己的网站，最显而易见的作用就是可以向世界展示自己的企业风采，让更多人了解自己的企业，使企业能够在公众知名度上有一定的提升。

（5）与潜在客户建立商业联系

这是企业网站最重要的功能之一，也是为什么那么多国外企业非常重视网站建设的根本原因。现在，世界各国的经销商主要是利用互联网来寻找新的产品和新的供求，因为这样做费用最低、效率最高。原则上，全世界任何人，只要知道了企业的网站，就可以看到企业的产品和服务。因此，关键在于如何将企业网站推介出去。一种非常实用、有效且常用的方法是将企业的网站登记在国内知名的搜索引擎上（如百度、新浪、搜狐等），使潜在客户能够容易地找到企业和企业的产品。这正是商业上通行的做法，而且已被证明是十分有效的。

（6）使企业具有网络沟通能力

在中国，人们对互联网往往有所误解，以为电子信箱就是互联网，有的企业将电子邮件地址当成网址，并印在名片上。实际上，电子邮件只是互联网最常用、最简单的功能之一。互联网真正的内涵在于其内容的丰富性，几乎无所不有。对企业来说，具有网络沟通能力的标志是企业拥有自己的独立网站，而非电子信箱。

目前，越来越多的企业运用国际互联网这种高效率的信息沟通工具与供应商或客户建立关系，以最快的速度相互沟通，从而提高企业在市场中的竞争力。

（7）可以降低通信费用

对于企业来说，每年的通信费用，尤其是涉及进出口贸易的通信费用，是一笔非常庞大的开支。利用企业网站所提供的集团电子信箱可以有效地降低通信费用，这是企业建立网站的另一个益处。

（8）网络化的业务、用户管理

在一个有相对规模的企业中，信息流、物流、资金流的管理应该有一个比较规范和科学的流程。而网络的出现，恰恰满足了这种业务管理自动化的需要，使企业的内部新闻通告、订货管理、客户管理、采购管理、员工管理等许多繁杂的工作都可以在互联网和局域网上很轻松地完成，从而大大提高工作效率。

（9）开展电子商务

直接利用互联网开展电子商务，是企业上网的理想目标。目前，一些大型公司已实现了这一目标，并已经尝到了电子商务所带来的巨大好处：内部信息数据的瞬间沟通、人员联系的日趋紧密、业务开展效率加快、国际化成分的日益增加、大量门面与分支机构的消减所带来的资金节约等。

一个完整的电子商务网站要具备如下功能：

（1）产品展示功能

产品展示功能即可以在后台按分类和索引目录自主上传所要销售的产品图片。在后台开发的时候通常包括一级目录和二级子目录。子目录有时在组织上很方便。例如，一个工业产品供应商会有成千上万种被分类的产品，这样的公司在建立电子商务网站时，对产品分类展示是很重要的。

（2）产品的搜索引擎

网站可以利用数据库和信息检索技术为用户提供对产品及其他信息的查询功能。查询功能可以包括关键字查询、分类查询、组合查询等。通过搜索引擎的查询功能，用户可以方便、快捷地在网站上找到所需要的产品及服务方面的信息。

（3）网上订购功能

网上订购功能是指为浏览网站的消费者提供包括网上采购及填写订购单等功能。

（4）网上结算功能

网上结算功能是指通过后台程序自动统计结算，并实现用户、商家与银行之间的结算。只有实现了网上结算，才标志着真正意义上的电子商务活动的完成。

（5）网络售后服务

在进行电子商务活动的过程中，实现网络售后服务的功能是很重要的。利用人工智能中的机器学习、知识表达，使得网站能自动地回答用户提出的各种问题，包括一般性服务和销售查询问题，还能把回答不了的问题转交给客户服务部，让他们来回答。这种技术目前被普遍的应用。

（6）营销功能

这一点非常的重要，互联网平台在推广的时候往往是和技术相结合的，如 SEO 营销，在网站搭建的时候就要充分考虑进去，包括关键词的选择、关键词在网页上的分布及链接策略等。如果说你的网站只是企业随便搭建的一个平台，那么这只是电子化的画册，并不是一个营销型的网站。网络营销是全程整合营销的过程，从你开始有运营项目想法的时候就要充分考虑最终端市场的需求，把所要采用的营销手段充分融入到搭建的平台上，这才是正确的做法。

总之，企业创办电子商务网站是企业经营的需要，是一种战略投资，而不是摆设。它能使企业以最小的投入换取最大的回报，给企业真正带来效益。构造最适合自己特点的上网计划和模式是最明智的选择。

1.2 前期策划准备工作

一个企业建设网站的目的就是通过网络宣传企业的形象、推广企业业务，或者向网站的访问者展示和销售产品。那么，前期应该进行哪些策划准备工作呢？本小节将介绍企业网站建设前期的准备工作。

1.2.1 全程开发流程

企业网站首先需要明确网站的建设目的、访问用户定位、实现的功能、发布时间、成本预算、网站 CI 风格等。企业网站是展现企业形象、介绍产品和服务、体现企业发展战略的重要途径之一，因此必须从总体上对网站进行一定的规划和设计，从而做出切实可行的实施方案。

电子商务网站的开发流程如图 1-5 所示。

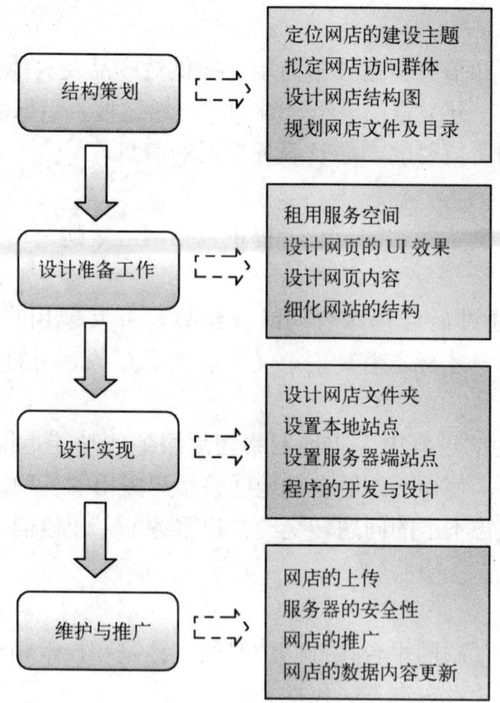

图 1-5 电子商务网站的开发流程

1.2.2 选择开发方式

在创建电子商务网站之时，通常要先考虑以下一些问题：

1）建设此网站的目的是什么？

2）为哪些人群提供服务和产品？

3）网站能提供什么样的产品和服务？

4）网站的目的消费者和受众的特点是什么？

5）网站产品和服务适合什么样的表现方式？

6）网站需要制作成动态的还是单纯静态的？

7）申请一个合适的域名。

8）网站的空间是租赁还是购买服务器？

目前开发网站的方式主要有三种，即企业自行开发网站、委托网站设计公司开发和租用网上商城的专卖店。

那么，选择什么样的方式实现自己的网站最合适呢？

这要根据企业的实际情况来决定。下面列出了这 3 种网站开发方式的特点：

1）企业自行开发网站的方式最灵活，能够完全地按照企业自身的要求来实现功能和效果，网站的更新与维护也很方便。

2）委托网站设计公司开发网站的优点是开发周期短，效果好，但是费用依据功能和页面的数量而定，会比自行开发的成本高。

3）租用网上商城的专卖店是最快捷的，较少需要开发周期，但是页面风格和功能比较单一，不够灵活，很难充分传达出企业自身的特点。而且网上商城经营的优劣在很大程度上决定了企业网站的成败，一旦网上商城倒闭，企业网站也很可能随之关闭，风险较大，因此选择时一定要考察该商城的实力和信誉。网上商城与传统的商城一样，商城本身积聚的人气可以为网上商店带来大量的浏览量。因此，人气旺盛并且与自己的顾客群定位一致的商城是最佳的选择。此外，有的网上商城能够提供在线支付或货物配送服务，能够解决商品网上销售中的一些问题。

1.2.3　网站主题定位

确定网站的主题名称，尽量使其好听、好记、有意义，还要有新意。同样，网站的名称会关系到浏览者是否很容易地接受用户的网页，所以要注意如下两点：

1）网站名称要明确用户的网站内容。针对企业网站建设而言，都可以用公司自己的名称或者是销售的产品来定位主题。如“中国大学生交友网”“中国公务员培训网”“Jadewen 婚纱网”等。

2）网站名称要易记，不要太拗口、生僻。不管要建设的是一个单纯传播信息的公益网站还是商务网站，只有在明确了网站的主题之后，才能正确地进行后续工作的分析与实施。

1.2.4　目标浏览对象

在定位好网站的主题后，网站的服务对象是谁呢？哪些人会有兴趣先来浏览将要建设的网站？划定网站浏览者群体的重要性便立即体现出来。因为只有确认好观众的需要，才能正确地分析各种有效的信息，把握网站的传播要点与经营理念，吸引更多的顾客，达到网站建设的目标。

下面以迪士尼网站为例来说明网站建设时拟定网站访问对象的重要性。

迪士尼网站的首页如图 1-6 所示。该网站主要的浏览者是儿童，因此从内容结构到颜色的设计都是从儿童的喜好出发，制作的网站很有趣味性，能让访问的孩子一下子就喜欢上这个网站。

图 1-6　迪士尼网站

该网站在电子商务的产品展示上也下足了功夫，其产品展示效果如图 1-7 所示。该网站不像其他的电子商务平台那么复杂，尽量将最终的产品都以大图的形式展现给孩子，充分考虑到儿童注意力有限的特点。

图 1-7　产品展示效果

1.3 网站域名和空间

网站要有一个自己的网站地址，简称网址。网址是由域名来决定的。因此，若想建立网站，首先需要注册或转入一个域名。域名是 Internet 上的一个服务器或一个网络系统的名字。域名是独一无二的，而且一般都采取先注册先得到的申请方法。注册域名之后，还需要一个放置网站程序的网站空间，一般采取购买虚拟主机或购买服务器并托管的方式。

1.3.1 网站的 IP 地址

在 Internet 上有成千上万台主机同时在线，为了区分这些主机，给每台主机都分配了一个专门的地址，称为 IP 地址。通过 IP 地址就可以访问到每一台主机。IP 地址由 4 部分数字组成，每部分都不大于 256，各部分之间用小数点分开。例如 www.sina.com，就是 IP 地址为 220.113.15.16 的域名。在 DOS 操作系统下用 ping www.sina.com 就可以知道该域名的 IP 地址，如图 1-8 所示。

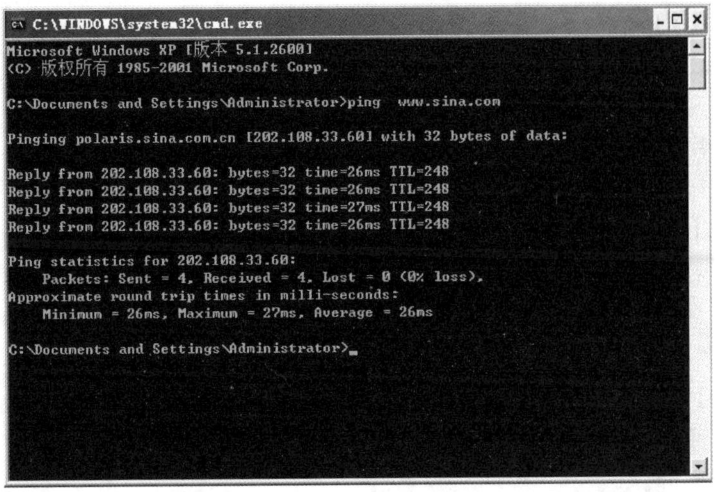

```
C:\WINDOWS\system32\cmd.exe
Microsoft Windows XP [版本 5.1.2600]
(C) 版权所有 1985-2001 Microsoft Corp.

C:\Documents and Settings\Administrator>ping  www.sina.com

Pinging polaris.sina.com.cn [202.108.33.60] with 32 bytes of data:

Reply from 202.108.33.60: bytes=32 time=26ms TTL=248
Reply from 202.108.33.60: bytes=32 time=26ms TTL=248
Reply from 202.108.33.60: bytes=32 time=27ms TTL=248
Reply from 202.108.33.60: bytes=32 time=26ms TTL=248

Ping statistics for 202.108.33.60:
    Packets: Sent = 4, Received = 4, Lost = 0 (0% loss),
Approximate round trip times in milli-seconds:
    Minimum = 26ms, Maximum = 27ms, Average = 26ms

C:\Documents and Settings\Administrator>_
```

图 1-8　ping 域名所指向的 IP 地址

1.3.2　注册域名商标

网站需要有自己独立的域名，因此首先要给独立网站取一个域名，而且要尽量让域名好听、好记、有意义，还要有新意。网页的名称会关系到别人是否很容易地接受你的网页。所以要注意如下几点：

1）网站名称应该准确、明了地表达网页的内容。

2）网站名称不能落入俗套，要让别人深刻地记住你的网站。

3）网站名称要易记，不要太拗口、生僻。

从技术上讲，网站名称需要有一个专有的域名用来访问。域名只是 Internet 中用于解决地址对应问题的一种方法，相当于 Internet 上的 IP 地址。可以通过 IP 地址来访问每一台主机，但是要记住那么多枯燥的数字串显然是非常困难的，为此 Internet 提供了域名(Domain Name)。一个完整的域名由两个或两个以上部分组成，各部分之间用英文的句号“.”来分隔，例如“新浪网”主机的域名是“www.sina.com.cn”。显然，域名比 IP 地址好记多了。域名前加上传输协议信息及主机类型信息就构成了网址(URL)，例如“百度搜索引擎”主机的 URL 是“http://www.baidu.com”。

域名是 Internet 上的一个服务器或一个网络系统的名字。在全世界，没有重复的域名。从社会科学的角度看，域名已成为了 Internet 文化的组成部分。从商业角度看，域名已被誉为“企业的网上商标”。

1．域名的分类

顶级域名共有 7 个，也就是现在通常所说的国际域名。由于 Internet 最初是在美国发源的，因此最早的域名并无国家标识，人们按用途把它们分为几个大类，它们分别以不同的后缀结尾：

.com（用于商业公司）；

.net（用于网络服务）；

.org（用于组织协会等）；

.gov（用于政府部门）；

.edu（用于教育机构）；

.mil（用于军事领域）；

.int（用于国际组织）。

最初的域名体系也主要供美国使用，因此美国的企业、机构、政府部门等所用的都是“国际域名”。随着 Internet 面向全世界的发展，除.edu、.gov、.mil 一般只被美国专用外，另外三类常用的域名.com、.org、.net 则成为全世界通用，因此，这类域名通常被称为“国际域名”，直到现在仍然为世界各国所应用。

决定要开办网站后，第一步就是注册一个域名。在考虑好域名的名称后，就可以找网络代理公司进行注册。注册.com 的费用一般在 100 元左右，根据提供的服务和保障性的不同，价格也有所不同。

2．域名解析

注册了域名之后，还需要购买网站的服务器虚拟空间。注册后服务器商会提供一个域名指向的地址和 IP 地址。下面以一个实例来说明如何进行域名解析。

1）在注册域名之后，域名提供服务商会给用户一个域名登录管理的网址，同时会给用户一个登录的用户名及密码。

2）打开 IE 浏览器，在“地址”栏中输入域名管理地址，如“http://dns.cnwindows.com/”，按下〈Enter〉键，打开登录页面，如图 1-9 所示。

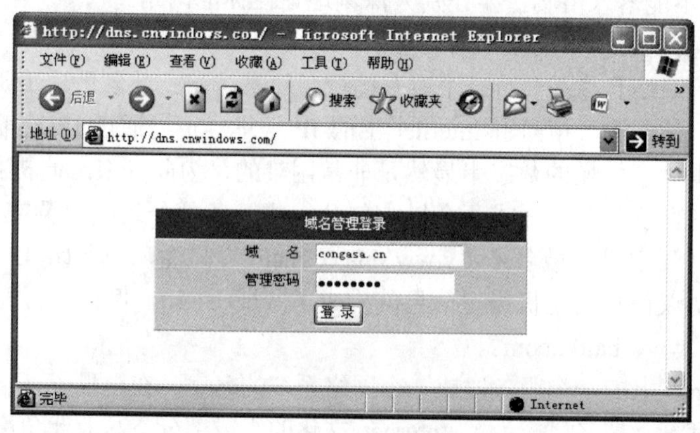

图 1-9 打开的域名管理登录页面

3）在“域名”文本框中输入需要指向的域名地址，如“congasa.cn”，在“管理密码”文本框中输入服务商提供的密码，然后单击“登录”按钮，进入域名解析管理后台，如图 1-10 所示。

4）在“主机名”文本框中输入需要指向的域名，这里要指向的是一个企业的域名。如果是“www.企业域名.com”，需要把“企业域名.com”和“mail.企业域名.com”分别再输入“主机名”文本框。其中“mail.企业域名.com”是企业邮箱指向的管理地址。也就是说，用户在 IE 栏里输入“mail.企业域名.com”就会指向邮箱后台管理列表。在“地址”文本框中输入服务器 IP 地址。在“记录类型”文本框中有“A 记录”“MX 记录”“CName（别名）”3 个单选按钮，代表了访问记录时的先顺序。“优先级别”是指 MX 记录的优先级别，数值越低，优先级越高，一般取值在 5～99 之间。

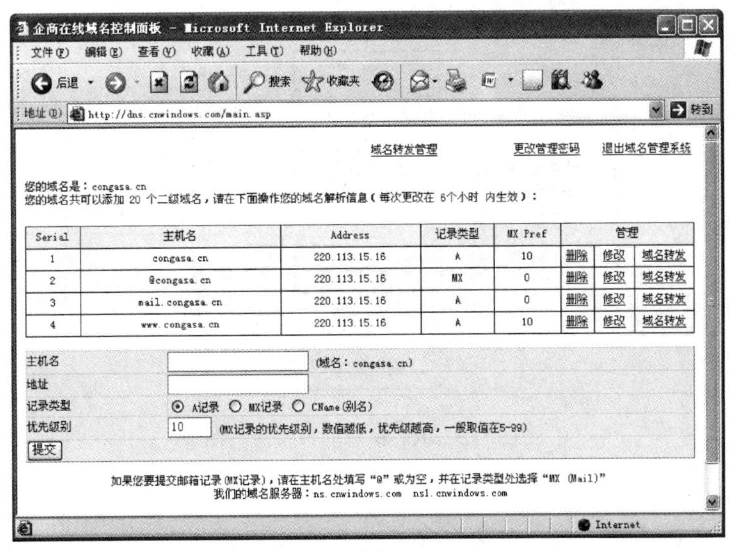

图 1-10　域名解析主页面

5）输入完指向地址及主机名后，单击“提交”按钮，设置的域名指向就会显示在列表中，经过几小时之后可以输入主机名进行测试，从而完成域名解析操作。

3．域名的备案

上面我们了解了域名的重要性、域名的选择、以及域名的注册。但是在注册完域名后，还需要进行域名备案，让网上店铺更加合法化，域名备案一般都是域名所有者，直接登录国家工业和信息化部的“ICP/IP 地址/域名信息备案管理系统”进行注册备案的工作，在网上操作即可备案成功，登录的地址和效果如图 1-11 所示。

图 1-11　登录的地址和效果

域名信息的报备流程图如图 1-12 所示。

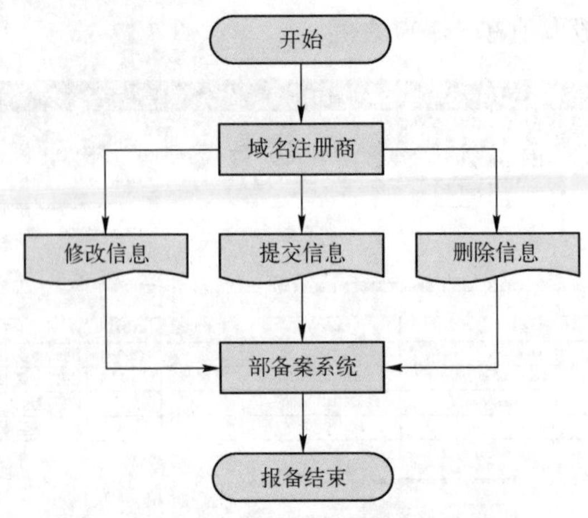

图 1-12　域名信息的报备流程图

操作说明：

在备案的时候如果有论坛、留言板等系统是不容易通过的，对于所建立的网站而言，在开始的时候也没有必要拥有这些系统。在备案的时候，不管是在哪里注册和购买的网站空间都需要与提供商联系，让其提供备案的一些重要信息。

1.3.3　购买网站空间

当申请好了域名之后，下一步就是建立网站服务器。网站服务器要用专线，或其他的方式与互联网连接。这种网站服务器除了存放网页为访问者提供浏览服务之外，还可以提供邮箱服务。此外，还可以在服务器上添加各种各样的网络服务功能，前提是有足够的技术支持。通常，建立网站服务器的模式有两种：购买独立的服务器进行托管和租用虚拟空间。

1．服务器托管

服务器托管是指在购买了服务器之后，将其托管于一些网络服务机构（该机构要有良好的互联网接入环境），每年支付一定数额的托管费用。

2．租用网站空间

租用的服务器空间也就是虚拟主机，用来存放网上店铺的所有网页。所以虚拟主机性能的优劣，直接影响到网站的稳定性，使用时需要考查的指标分别是带宽、主机配置、CGI 权限、数据库、服务和技术支持等。空间大小合适即可，对于一般的网站来说，100MB 已是一个足够大的空间。如果单纯放置文字，100MB 相当于 5000 多万个汉字；若以标准网页计算，大致可容纳 1000 页 A4 幅面的网页和 2000 张网页图片。

服务器托管、域名注册及虚拟主机购买等业务基本上是找第三方进行合作的，现在国内比较出名的万网官网如图 1-13 所示，新网官网如图 1-14 所示。

图 1-13　万网官网

图 1-14　新网官网

不管是哪个中间商，都只需要注册成会员并在后台交纳相应的费用之后，即可在网上自助实现域名和空间的购买、解析等操作。

1.4　网站的整体规划

在进行一个网站的设计之前，明确网站设计的风格、特点是很重要的。下面介绍网站建设整体规划设计的一些基础知识。网站设计所包含的内容非常多，大体分为两个方面：

其一是利用制作网站的软件，如 Dreamweaver，进行网页设计、文字排版、链接设计、动态网页设计等。前期还要利用 Photoshop 或者是 Fireworks 等平面设计软件实现平面设计、静态无声图片设计，根据需要，还可以利用 Flash 实现动画效果。

其二是网站的延伸设计。它是指脱离软件，在网站建设之前、之后进行的网站建设与策划，主要包括网站的主题定位和浏览群的定位、智能交互、制作策划、形象包装、宣传营销等。

1.4.1 网站栏目设计

当明确网站的主题和风格后，就要围绕主题制作相应的内容。首先选择相应的网站题材，即给用户的网站定位。

以下为一些常见网络栏目的题材，希望能对读者有所启发。

（1）关于商业类的一些网站栏目

公司简介、公司动态、在线搜索、购物消费、网上招聘、产品介绍、在线加盟、股市信息、流行情报、阳光服务、支持下载、网上公告等。

（2）关于娱乐生活类的一些网站栏目

国画画廊、古典音乐、武器博物馆、古今佳句名言、游戏排行榜、游戏天堂、金庸客栈、象棋世家、能吃是福、GIF 动画库、陶艺园地、漫画天地、中国足球、摄影俱乐部、幽默轻松、体育博览、电子贺卡、旅游天地、电影世界、影视偶像、天文星空、MIDI 金曲、宠物猫、儿歌专集等。

栏目设计是网站规划中的核心问题，需要非常明确和具体。建立网站的目的即是一个网站的目标定位问题，网站的功能和内容，以及各种网站推广策略都是为了实现网站的预期目的。在实际的网站栏目设计过程中经常遇到很多企业的网站栏目千篇一律都是“公司简介”“公司动态”“网上招聘”“产品介绍”“在线加盟”“网上公告”等词，一般的浏览者一进这种网站基本上都不会去认真地浏览网页内容的。例如“清美珑琥艺术馆”沟通过其网站的栏目定位问题，原来是想用“首页”“产品展示”“书画作者”“礼品产品”“定制书画”“文化栏目”“画家画册”“拍卖专栏”“收藏信息”“论坛”几个栏目，但经以需求为导向润色栏目的叫法。优化后的网站栏目效果如图 1-15 所示。

图 1-15 优化后的网站栏目效果

1.4.2 网站形象设计

一个好的电子商务网站，和实体公司一样，也需要整体的形象包装和设计。准确的、有创意的 VI（Visual Identity，视觉识别）设计，对网站的宣传推广有事半功倍的效果。所谓 VI，通俗地讲就是通过视觉来统一网站的形象。在网站主题和名称确定后，需要思考的就是网站的 VI 形象了。其实，现实生活中的 VI 策划比比皆是，例如肯德基公司，其全球统一的标志、色彩和产品包装，给人的印象极为深刻。

1. 设计网站 Logo

网站 Logo 就是网站的标志。网站 Logo 是站点特色和内涵的集中体现，使浏览者看见 Logo 就联想起站点。目前国内和国际的网站已经相当多了，要想与众不同，那么跟别的网站进行 Logo 链接交换是很有必要的。简单地说就是在别人的网站上放一个用户的 Logo，用来链接到自己的网站。当然，若 Logo 很能引人注目，网站的浏览量不就增加了吗？

Logo 的设计创意来自用户网站的名称和内容，可以是中文、英文字母、符号、图案，也可以是动物或者人物等。比如百度公司就是以 Baidu 加一个小脚丫及中文百度作为象征性标志，很是吸引人，如图 1-16 所示。

图 1-16　百度的网站 Logo

注意：

如果用户本身拥有不错的企业 Logo 也是可以用做网站 Logo 的，这样能让用户的网站 VI 和企业的 VI 保持一致。

网络 Logo 不单要考虑其在电脑高分辨率屏幕上的显示效果，更应该考虑到网站整体发展到一定高度时在相应的推广活动中所要达到的效果，使其在应用于各种媒体时，也能充分发挥 Logo 的视觉效果，还应考虑到网络 Logo 在传真、报纸、杂志等传媒介质上的单色效果、反白效果，在织物上的纺织效果，在车体上的油漆效果，制作徽章时的金属效果，墙面立体的造型效果等。

2．网站标准色彩

不可否认，网站给人的第一印象来自视觉冲击，因此确定网站的标准色彩是相当重要的一步。不同的色彩搭配将产生不同的视觉效果，当然可能会影响到浏览者的情绪。网站的选择和确定，是根据网站所选择的题材和用户自己的个人性格特点决定的。

“标准色彩”就是指能体现网站形象和延伸内涵的色彩。例如，麦当劳的红色条块、163 邮箱首页的天蓝色（图 1-17）等，都给人很贴切、很和谐的视觉效果。

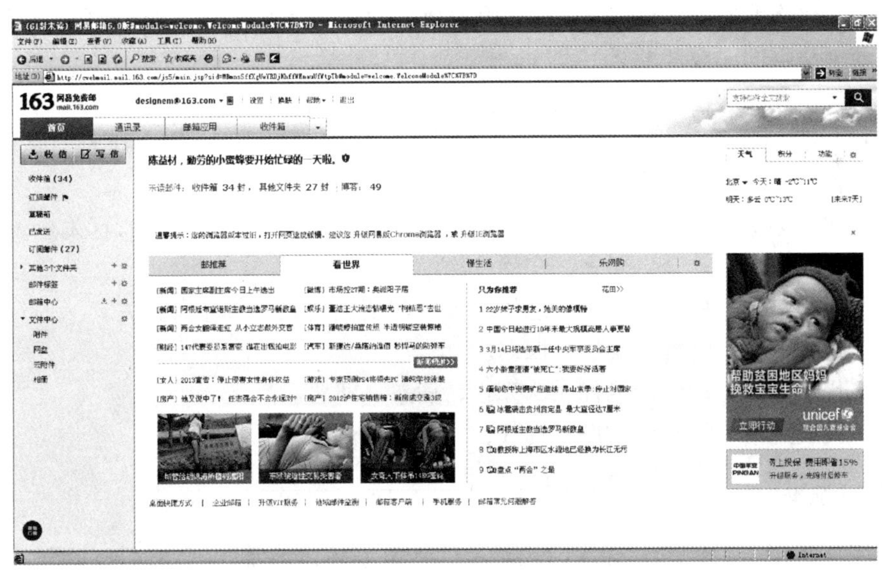

图 1-17　163 邮箱

一个网站的标准色彩通常不超过 3 种，太多则让人眼花缭乱。标准色彩要用于网站的标志、标题、主菜单和主色块，给人以整体统一的感觉。当然，其他色彩也可以使用，但只是作为点缀和衬托，绝不能喧宾夺主。通常，适合作为网站标准色的颜色有蓝色、黄/橙色、黑/灰/白色三大系列。在配色的时候要注意如下事项：

1）建设网站之前，一定要了解网站所要传达的信息和品牌，选择可以加强这些信息的颜色。例如，在设计一个强调稳健的金融机构的网站时，首要选择冷色系。在这样的状况下，如果使用暖色系或活泼的色系，可能会破坏该网站的品牌形象。

2）还要了解此网站的读者群。文化差异可能会使色彩产生非预期的反应。同时还要知道，不同地区与不同年龄层的人群对颜色的反应亦会有所不同。

3）网站的设计不要使用过多的颜色。主色系及修饰色共选择四到五个颜色就够了。太多的颜色会导致混淆，同样也会分散读者的注意力。

4）在阅读的部分使用对比色。因为颜色太接近无法产生足够的对比效果，也会妨碍观众阅读。通常白底黑字的阅读效果最好。

5）通常，在设计网站时采用灰色阶来测试对比。当用户在处理黑色、白色和灰色以外的颜色时，有时候会很难决定每种颜色的相对值。为了要确认色盘能提供足够的对比，可以建立一个仿真网站，并将它转换成灰色阶即可。

6）设计网站时选择颜色也要注意时效性。同一个色彩很容易就充斥着整个市场，且消费者很快就会对流行色彩感到麻木。但从另外一个角度来看，用户可以使用几十年前的流行色彩，从而激起人们的怀旧之情。

7）在用软件设计网页的时候，选择颜色时请考虑功能性的颜色。别忘了对关键信息（如标题和超链接等）部分建立功能性的颜色。

8）还要注意网站色差问题。每一个网站的开发人员都知道，即使是网络通用颜色，在跨平台显示的时候都会有些不同。因此，开发人员应在不同的作业平台上测试用户的色盘。

在色彩的运用过程中，还应注意的一个问题是：由于国家、宗教和信仰的不同，以及地理位置、文化修养的差异等，不同的人群对色彩的喜好有着很大的差异。所以在设计时需要考虑主要用户群的构成和背景。

一般来说，不同的色彩所传达的含义亦有所不同，例如：

红色：代表热情、浪漫、火焰、暴力、侵略。红色在很多文化中代表的是停止的讯号，用于警告或禁止一些动作。

紫色：代表创造、谜、忠诚、神秘、稀有。紫色在某些文化中与死亡有关。

蓝色：代表忠诚、安全、保守、宁静、冷漠、悲伤。

绿色：代表自然、稳定、成长、忌妒。绿色在某些文化中与环保有关。

黄色：代表明亮、光辉、疾病、懦弱。

黑色：代表能力、精致、现代感、死亡、病态、邪恶。

白色：代表纯洁、天真、洁净、真理、和平、冷淡、贫乏。

3．设计标准字体

标准字体是指用于标志、标题、主菜单的特有字体。通常，网站默认的字体是宋体。当然，为了体现网站的“与众不同”，可以根据需要选择一些特别字体。例如，为了体现专业可以使用粗仿宋体，体现设计精美可以用广告体，体现亲切随意可以用手写体，等等。总之，要根据自己网站所表达的内容，选择贴切的字体。

目前常见的中文字体就有二三十种，常见的英文字体有近百种，网络上还有许多专用的英文艺术字体供下载，所以要寻找一款满意的字体并不困难。需要说明的是，要使用非默认字体，就必须把文字内容设置成图片的格式，因为一部分浏览者的计算机里没有安装这种特别的字体而无法正常显示。

1.4.3　确定网站框架

确定网站的框架，就是在目标明确的基础上，完成网站的构思创意即总体设计方案。这是在题材选定好之后很重要的一步。要做到主题鲜明突出、要点明确，就要以简单明确的语言和画面体现站点的主题。调动一切手段充分表现网站的个性和情趣，以办出网站的特点。

网站应具备的基本成分包括以下几方面内容：

1）页头：准确无误地标识用户的站点和企业标志。

2）联系方式：如企业的地址、电话和 E-mail 地址。

3）版权信息：声明版权所有者等。

注意：

重复利用已有信息。如客户手册、公共关系文档、技术手册和数据库等都可以轻而易举地用到企业的 Web 站点中。

全面仔细地规划架构一个网站时，通常可以选用树结构大致地把每个页面的内容大纲列出来，尤其是用户要制作的网站比较大时，规划架构好网站就非常重要了。同时还要考虑到以后可能的扩充性，免得做好后要一改再改，这样既浪费资源又消耗精力。

大纲列出来后，还要考虑页面与页面之间的链接关系，是星形、树形，还是网形链接。当然，这也是判别一个网站优劣的重要标志。链接混乱、层次不清的站点会造成浏览困难，影响内容的发挥。

为了提高浏览效率，方便资料的寻找，一般的网站框架基本采用“蒲公英”式，即所有的主要链接都在首页上，主次链接之间的相互链接是可逆的。

框架确定下来之后，就可以有条不紊地往下做，这为网站将来的发展打下了良好的基础。

1.4.4　制作注意事项

有了前面几节的知识，制作网站还要特别注意如下一些问题，以保证所开发的网站达到其实用性。

（1）网站版式的设计

网站设计作为一种视觉语言，要讲究编排和布局，虽然首页的设计不等同于平面设计，但它们有许多相近之处，应充分加以利用和借鉴。版式设计是通过对文字和图形的空间组合来表达和谐与美。一个优秀的网站设计者要知道每一段文字或每一个图形该落于何处，才能使整个网站看起来和谐美观。多页面站点的页面编排设计要求把页面之间的有机联系很好地反映出来，特别要处理好页面之间与页面之内的秩序。通常为了达到最佳的视觉表现效果，会讲究整体布局的合理性，使浏览者有一个流畅的视觉体验。

（2）网站形式与内容的统一

要将丰富的意义和多样的形式组织成统一的页面结构，形式语言必须符合页面的内容，体现内容的丰富含义。运用对比与调和、对称与平衡、节奏与韵律以及留白等手段，通过空间、文字、图形之间的相互关系建立整体的均衡状态，产生和谐的美感。如对称原则在页面设计中，它的均衡有时会使页面显得呆板，但如果加入一些富有动感的文字、图案，或采用夸张的手法来表现内容，往往会达到比较好的效果。点、线、面作为视觉语言中的基本元素，要使用点、线、面的互相穿插、互相衬托、互相补充，以构成最佳的页面效果。网站设计中点、线、面的运用并不是孤立的，很多时候都需要将它们结合起来，才可以完美地表达出设计意境。

（3）三维空间的构成和虚拟现实

网络上的三维空间是一个假想空间。这种空间关系需借助动静变化、图像的比例关系等空间因素表现出来。在页面中，图片、文字位置前后叠压，或页面位置变化所产生的视觉效果均不相同，图片、文字前后叠压所构成的空间层次目前还不多见，网上更多的是一些设计比较规范、简明的页面，这种叠压排列能产生强节奏的空间层次，视觉效果强烈。网站上常见的是页面上、下、左、右、中位置所产生的空间关系，以及疏密的位置关系所产生的空间层次，这两种位置关系使产生的空间层次富有弹性，同时也让人产生轻松或紧迫的心理感受。目前，人们已不满足于 HTML 语言编制的二维 Web 页面，三维世界的诱惑开始吸引更多的人。

（4）多媒体功能的利用

网络资源的优势之一是多媒体功能。要吸引浏览者的注意力，页面的内容还可以借助三维动画、Flash 等来表现。但要注意的是，由于网络带宽的限制，在使用多媒体的形式表现网站的内容时应考虑客户端的传输速率。

（5）网站测试和改进

网站测试实际上是模拟用户询问网站的过程，用以从测试中发现问题并改进设计。要注意让用户参与网站测试。

（6）内容更新与沟通

网站 Web 站点建立后，要不断更新内容。站点信息的不断更新，让浏览者更多地了解企业的发展动态等，同时也会帮助企业建立良好的形象。通常在企业的 Web 站点上，要认真回复用户的电子邮件和信件、电话咨询和传真等传统的联系方式，做到有问必答。最好将用户的用意进行分类，如售前一般了解、售后服务等，并交由相关部门处理，使浏览者感受到企业的真实存在并由此产生信任感。值得提示的是，不要许诺用户实现不了的东西，在真正有能力处理回复之前，不要恳求用户输入其个人信息或罗列一大堆自已不能及时答复的电话号码。如果要求浏览者自愿提供其个人信息，应公布并认真履行保护其个人隐私的承诺。

（7）合理运用新技术

新的网站制作技术几乎每天都会出现，如果不是网络技术介绍的专业网站，一定要合理地运用网站制作的新技术，切忌将网站变为一个制作网站的技术展台。对于网站设计者来说，永远要记住：用户方便快捷地得到所需要的信息是最重要的。必须学习、跟踪及掌握网站设计的新技术，如 Java、DHTML、XML 等，并根据网站的内容和形式，将其合理地应用到设计中。

1.5 电子商务网站鉴赏

一个优秀的电子商务网站不但要拥有强大的交互功能，还应该在视觉效果上给用户以强烈地冲击和震撼，能让用户产生视觉上的共鸣。因此，在设计网站的时候，要充分从视觉艺术的角度考虑整个网站的布局。只有将设计理念与该行业的特点紧密联系起来，才能设计出精美的电子商务网站。

下面就从网页设计角度来分析一下热门精美网站应该如何设计才会更加吸引人。

1）首先就从电子类产品销售网站看起吧，这里列举了图 1-18 和图 1-19 所示的两个电子类产品销售网站。总体上来看，这两个网站都是非常漂亮的，其吸引人的地方在于配色和结构布局。电子类产品的金属感很强，所以这类网站使用银灰色作为底色是最好的选择。从结构布局上来看，图 1-18 所示的网站简单大方让人一目了然，而图 1-19 所示的网站页面比较传统，在国内目前比较流行。在设计的时候，页面布局要根据所销售产品的内容的多少来定，如果销售的产品单一，宜采用图 1-18 所示的简单型的页面布局。

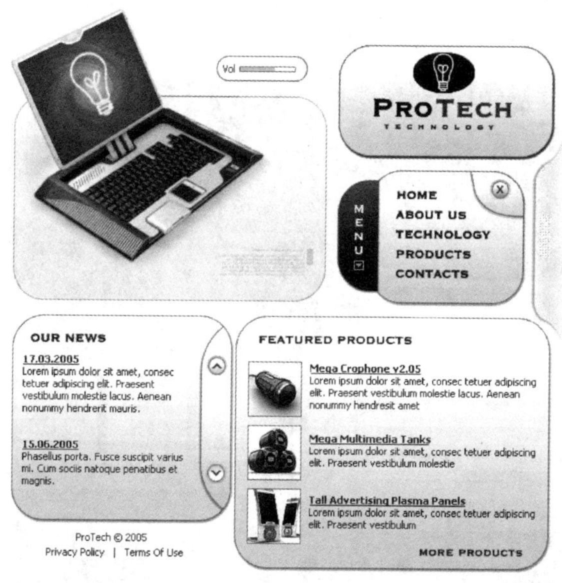

图 1-18　简洁大方的电子类产品网站

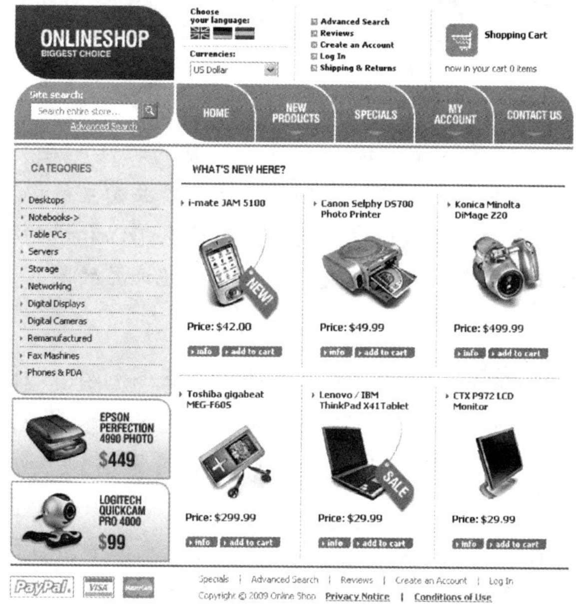

图 1-19　传统式布局的网站

说明：

电子类产品网站宜选择银灰色为背景主色调，这样更能衬托出所销售产品的金属质感。

2）珠宝首饰产品类网站的设计追求高贵、尊贵的元素。现介绍一个关于钻石销售的网站，其效果如图 1-20 所示。在该实例中，要介绍的是它的配色。访问该网站的时候，给人的第一感觉就是十分的大气、高贵，左上角的钻石闪闪发亮、颗粒饱满，可见它的价值不菲，让人第一时间就想拥有它，这么一个布局简单的网站，为什么会有那样的感觉呢？它的成功在于它的配色。要知道钻石都是晶莹剔透的，所以在设计此类网站的时候，通常会选择用深色或者暗色来衬托钻石的质感。该网站采用了高贵、大气的暗红色作为底色，更加突出了钻石的特点。该网站的整体设计虽然简单，但确实很成功。

图 1-20 销售钻石的网站效果

说明：

拿该网站来介绍的目的是，指导读者在设计网站的时候，在突出产品特殊效果的时候，不要忽略了整个网站的主色调。在配色的时候宜以产品的主色调出发，通过以下两种设计思路完成：第一种，由产品的色调出发，选择相同色系，以和谐的视觉来衬托产品；第二种，还是由产品的色调出发，选择完全相反的色调来衬托产品的图片。注意：最忌讳用不合适的颜色来搭建网站。

3）虚拟商品及充值业务类的网站开办者估计也不会少。图 1-21 所示为一游戏网站。该网站特别吸引年轻人，网站的核心就突出了游戏主人公的人物形象，简单、直接地表达了网站的内容，从网页的布局上来看它也是很有创意的，注重细节的动画展示。

说明：

对于此类网站的创意设计，要注重迎合年轻人的口味，根据自己所销售产品的最终消费群的眼光来设计网站的效果，宜选择时尚的颜色，有创意性的网页布局。抓住年轻消费者的视觉其实就等于抓住了销售成功的关键。

图 1-21　游戏网站

4）销售礼品花卉的网站如图 1-22 所示。该网站的特点在于它的整体结构设计，目前国内网页设计还停留在固定模式：界面上首先是 Banner（广告动画），然后就是导航，接下来就是文字内容，最后是版权页。而该实例完全是“封面型”的创意，当我们观看此网站的时候，就好像欣赏一本画册一样，可以直接浏览到产品的大幅图片，从而有利于产品的在线销售。

图 1-22　销售礼品花卉的网站

对于销售居家产品这样的网站，设计的核心一定要突出产品本身。图 1-23 所示为销售啤酒的网站。表面上看来，其结构还是比较简单的，只有图片与产品的文字介绍。其实不然，从细节上看，它是很成功的网站。该网站打造的细节就是设置简单大方，不拖泥带水，突出所销售的产品，其他的一笔带过，重点突出，让观看的人一目了然。

图 1-23　销售啤酒的网站

说明：

对于网页的整体布局，规划设计也是至关重要的。尽量采用一些特殊的结构布局，可以从视觉上获得更多的吸引力。提示：对于一些特殊产品，如果防止被别人复制，则可以开发成 Flash 文档，这样在布局设计上更具有灵活性。

5）男女服饰网站的设计。这里以图 1-24 和图 1-25 所示的两个网站为例进行说明。图 1-24 所示为流行销售网站，其采用了直截了当、简洁大方的设计原则，把所销售的产品直接作为网站设计的元素，导航采用了大色块加上 30%的灰色底纹，衬托出了包的特色。由于图 1-25 所示网站所销售的衣服是针对年轻人的，所以设计者在网页布局的创意上下了很大的功夫，对每一个细节都做了单独的设计，做得特别的花哨，很符合年轻人的口味。

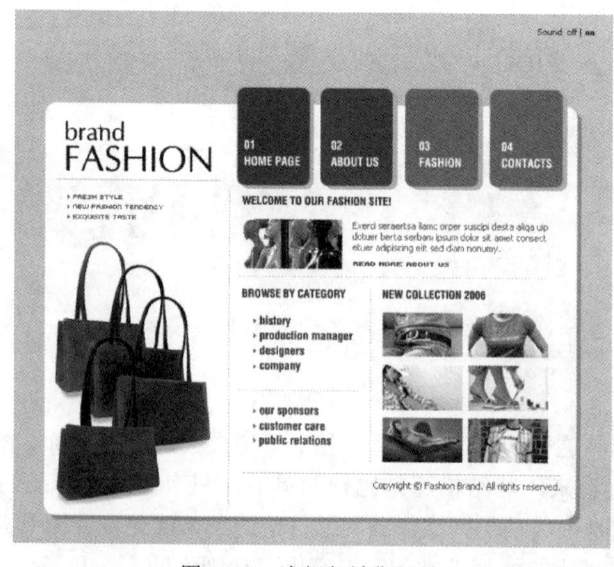

图 1-24　流行包销售网站

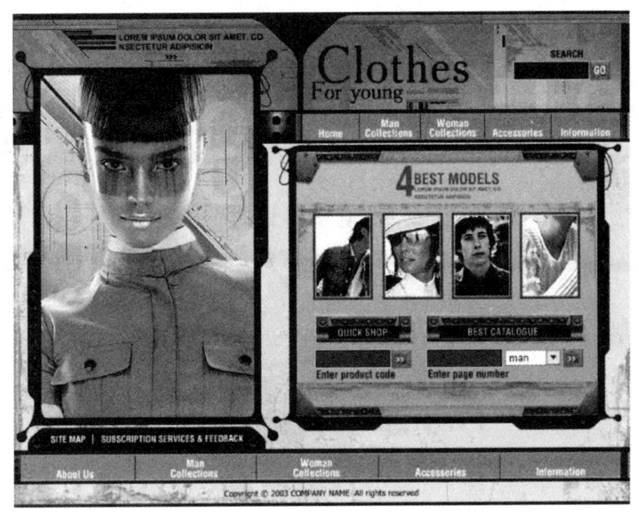

图 1-25　年轻人衣服销售网站

说明：

对于销售服饰以及鞋类等产品的网站，在设计网页的时候宜从所销售产品的消费者的年龄段出发，配色上既要注意产品自身的颜色特点，也要兼顾消费者的眼光。在结构布局上宜采用大幅图片的形式直接表达产品，可以采用电子相册等方式在网站上直接发布精美的产品图片，以达到吸引顾客的目的。

6）儿童用品类的网站设计要突出童趣的特点。图 1-26 所示为儿童消费网站。不论是标志的设计还是对产品的展示部分，该网站都使用了特别活泼可爱的颜色。从结构布局上来看，该网站的导航主要以图片的形式展示，在设计的时候也注意了每一个细节，所有不同菜单的颜色和底纹都用不同的方式进行表达，符合儿童的心理特点。

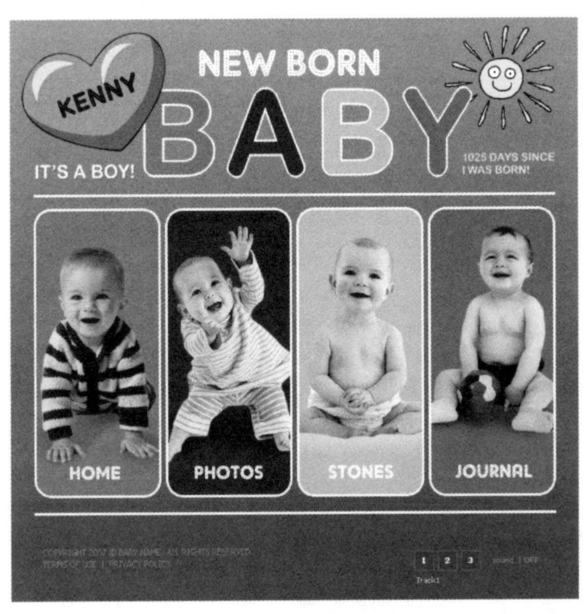

图 1-26　儿童消费网站

说明：

在设计该类网站的时候难度还是比较大的，需要使用特别多的色彩和结构来表达所销售的产品特点。如果在设计的时候颜色搭配不合理，没有一定的整体规划和设计理念，那么设计出来的页面会是杂乱无章的。这类网站宜事先设计好结构布局再设计色彩。

对于其他类的电子商务网站设计，这里不再进行具体介绍了。在设计的时候要整体把握从消费者的眼光出发，先规划后设计的创意原则，这样才能设计出适合市场的电子商务网站。

第 2 章　搭建 PHP 电子商务网站开发环境

使用 PHP 开发电子商务网站是现阶段应用得最多的技术模式，因此本书也挑选 PHP 开发语言作为电子商务平台的实现方法。PHP 是一种多用途脚本语言，尤其适合于 Web 应用程序的开发。使用 PHP 强大的扩展性，可以在服务端连接 Java 应用程序，还可以与.NET 建立有效的沟通甚至更广阔的扩展，从而建立一个强大的环境，以充分利用现有的和其他技术开发的资源。并且，开源和跨平台的特性使得使用 PHP 架构能够快速、高效地开发出可移植的、跨平台的、具有强大功能的企业级 Web 应用程序。在使用 PHP 进行网站开发之前，需要在操作系统上搭建一个适合 PHP 开发的操作平台。使用 Windows 自带的 IIS 服务器或者单独安装一个 Apache 服务器都可以实现 PHP 的解析运行，对于刚入门的新手，推荐两种 PHP 开发环境的搭建方法：第一种是简单易行的集成开发环境，如 XAMPP 开发套件；第二种是完全自己安装使用 Apache（服务器）+MySQL（数据库）+MySQL（数据库）管理。本章将重点介绍这两种 PHP 开发环境的配置方法。

本章重点介绍如下知识：

- PHP 5.0 开发环境与特性
- 集成环境 XAMPP 的安装和使用
- Apache 服务器的安装与操作
- PHP 的安装与配置
- MySQL 数据库的安装
- MySQL 数据库的管理

2.1　PHP 5.0 开发环境与特性

PHP 全名为 Personal Home Page，是最普及、应用最广泛的 Web 开发语言之一，其语法混合了 C、Java、Perl 以及 PHP 自创的新语法。PHP 不仅具有开放的源代码和多种数据库的支持，而且支持跨平台的操作和面向对象的编程（这是完全免费的）。本小节首先介绍最新版本 PHP 5.0 的一些新特点和开发环境的搭建知识。

2.1.1　开发环境配置步骤

PHP 的运行环境需要两个软件的支持：一个是 PHP 运行的 Web 服务器 Apache，在具体安装 Apache 服务器之前，首先要在运行的系统上安装支持 Apache 服务器的 Java 2 SDK；另一个是 PHP 运行时需要加载的主要软件包，该软件包主要是解释执行 PHP 页面的脚本程序，如解释 PHP 页面的函数。本书主要介绍 Windows 操作系统下使用 Apache+PHP 配置环境的方法。

PHP 开发运行环境的配置步骤如图 2-1 所示。

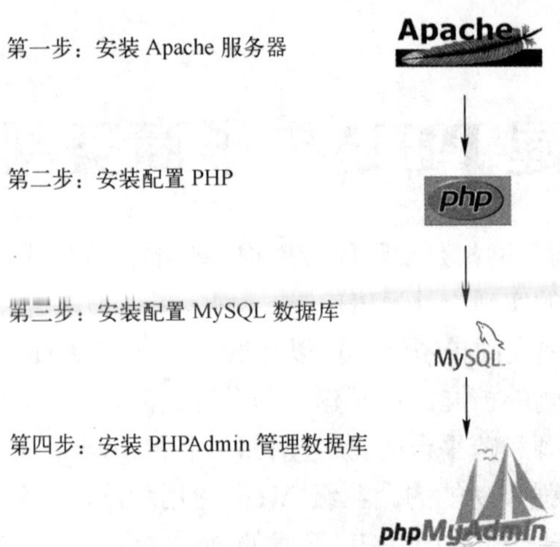

图 2-1　PHP 环境配置步骤

由于上面的配置过程比较复杂，很多用户都采用直接下载 PHP 环境安装套件的方法，如下载 XAMPP 直接一次性将 PHP 环境安装到位。

2.1.2　PHP 5.0 的新特性

PHP 是超文本预处理语言（Hypertext Preprocessor）的嵌套缩写，是一种 HTML 内嵌式的语言。它与微软公司的 ASP 相似，也是一种在服务器端执行、嵌入 HTML 文档的脚本语言，但其语言风格又类似于 C 语言，现在被很多的网站编程人员广泛应用。

与其他的编程语言相比，PHP 是将程序嵌入到 HTML 文档中去执行，执行效率比完全生成 HTML 标记的 CGI 要高许多；与同样是嵌入 HTML 文档的脚本语言 JavaScript 相比，PHP 在服务器端执行，充分利用了服务器的性能；PHP 执行引擎还会将用户经常访问的 PHP 程序驻留在内存中，其他用户访问这个程序时就不需要重新编译程序，只需直接执行内存中的代码即可，这也是 PHP 高效率的体现之一。图 2-2 所示为 PHP 网站的运行模式。PHP 还具有非常强大的功能，即所有的 CGI 或者 JavaScript 的功能 PHP 都能实现，并且支持几乎所有流行的数据库以及操作系统。

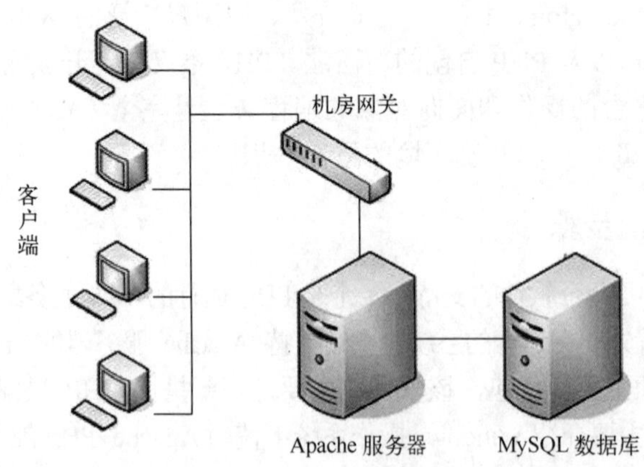

图 2-2　PHP 网站的运行模式

PHP 最初只是简单的、用 Perl 语言编写的程序，用来统计自己网站的访问量。后来又用 C 语言重新编写 PHP，使其具有访问数据库等功能，并在 1995 年发布了 PHP 1.0。2004 年 7 月 13 日 PHP 5.0 正式版本的发布，标志着一个全新的 PHP 时代的到来。PHP 5.0 的核心是第二代 Zend 引擎，并引入了对全新的 PECL 模块的支持。在不断更新的同时，PHP 5.0 依然保留对旧 PHP 4.0 程序的兼容。随着 MySQL 数据库的发展，PHP 5.0 还绑定了新的 MySQLi 扩展模块，提供了一些更加有效的方法和实用工具用于处理数据库操作。PHP 5.0 添加了面向对象的 PDO（PHP Data Objects）模块，提供了另外一种数据库操作的方案，即统一数据库操作的 API。另外，PHP 5.0 中还改进了创建动态图片的功能，目前能够支持多种图片格式，如 PNG、GIF、TTIF、JPEG 等。PHP 5.0 已经内置了对 GD2 库的支持，因此安装 GD2 库（主要指 UNIX 系统中）也不再是件难事，这使得图像处理变得十分简单和高效。

PHP 5.0 还增加了只有成熟的编程语言体系结构中才有的一些特性，如下面列出的这些特性。

（1）增加的面向对象能力

PHP 5.0 的最大特点是引入了面向对象的全部机制，并且保留了向下的兼容性。程序员不必再编写缺乏功能性的类，并且能够以多种方法实现类的保护。另外，在对象的集成等方面也不再存在问题。使用 PHP 5.0 引进的类型提示和异常处理机制，能更有效地处理异常情况和避免错误的发生。PHP 5.0 增加了很多功能，例如显式构造函数和析构函数、对象克隆、类抽象、变量作用域和接口等。

（2）try/catch 异常处理

从 PHP 5.0 开始支持异常处理。在许多语言（如 C++、C#、Python 和 Java 等）中，异常处理长期以来都是错误管理方面的核心，并且为建立标准化的错误报告逻辑提供了一种绝佳的方法。

（3）字符串处理

之前版本的 PHP 默认将字符串看做数组，这也反映了 PHP 原先的数据类型观点不够严密。这种策略在 5.0 版本中有所调整，即引入了一种专门的字符串偏移量（offset）语法，而以前的方法已经被淘汰。

（4）XML 和 Web 服务支持

现在的 XML 支持建立在 libxml2 库的基础上，并引入了一个很新并且非常有前途的扩展包来解析和处理 XML，即 SimpleXML。此外，PHP 5.0 还支持 SOAP 扩展。

（5）对 SQLite 的内置支持

PHP 5.0 为功能强大、简洁的 SQLite 数据库服务器提供了支持。如果开发人员需要使用一些只有重量级数据库产品中才有的特性，同时又不希望带来相应的管理开销，这时 SQLite 则是一个很好的解决方案。

2.2 集成环境 XAMPP 的安装和使用

XAMPP（Apache+MySQL+PHP+PERL）是一个功能强大的、建 XAMPP 软件站的集成软件包。这个软件包原来的名字是 LAMPP，但是为了避免误解，最新的几个版本就改名为 XAMPP 了。它可以在 Windows、Linux、Mac OSX、Solaris 操作系统下安装使用，支持英文、简体中文、繁体中文、韩文、俄文、日文等多种语言。

2.2.1 XAMPP 集成套件的下载

XAMPP 是笔者用到现在为止感觉最好用的一款 Apache+MySQL+PHP 套件，它同时支持 Zend Optimizer 和插件安装，目前 XAMPP 的最新版本是 1.8.1。下载的方法如下：

1）打开 IE 浏览器，输入官方网址“http://www.apachefriends.org/”，按下回车键后，再单击“简体中文”切换到中文版本页面，再单击导航栏上的 XAMPP 下载按钮，进入到下载页面，如图 2-3 所示。

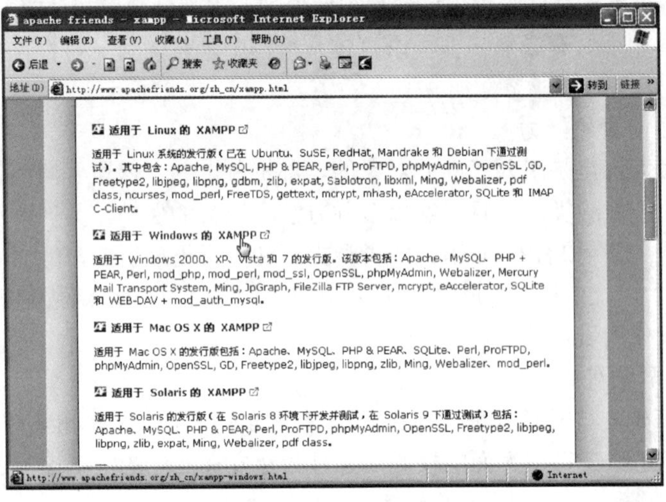

图 2-3 进入下载页面

2）单击页面上的“适用于 Windows 的 XAMPP”文字链接，进入“XAMPP for Windows”下载页面，如图 2-4 所示。

图 2-4 Windows 版的下载页面

3）单击选择“Installer”按钮，下载最新 XAMPP v1.8.1 (99MB)安装包，如图 2-5 所示。

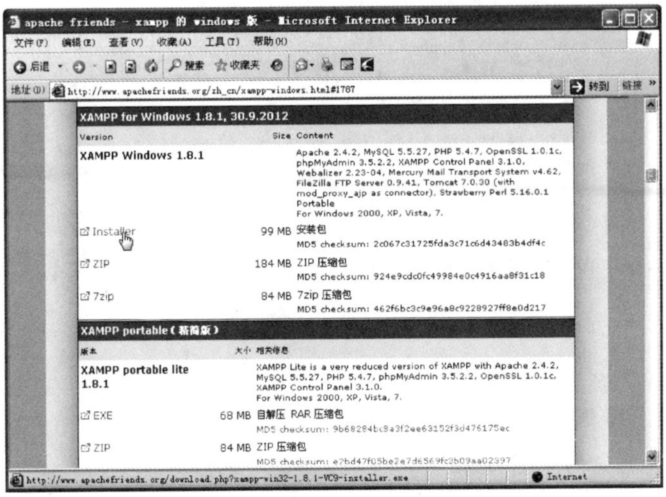

图 2-5　下载最新版的安装包

XAMPP 是完全免费的，并且遵循 GNU 通用公众许可。XAMPP 最新包含的功能模块如下：

- Apache 2.4.2
- MySQL5.5.27
- PHP 5.4.7
- phpMyAdmin 3.5.2.2
- FileZilla FTP Server 0.9.41
- Tomcat 7.0.30 (with mod_proxy_ajp as connector)
- Strawberry Perl 5.16.0.1 Portable
- XAMPP Control Panel 3.1.0 (from hackattack142)

2.2.2　XAMPP 的安装测试过程

XAMPP 的安装过程很简单，解压包等就更简单一点。这里以 Windows 7 操作系统为例，安装 XAMPP 步骤如下：

1）安装时最好放置到 D 盘，不建议放到系统盘，因为早期的 XAMPP 版本默认安装的 Program files 文件夹在 Vista、Windows 7 系统中可能需要修改写入权限。双击下载的文件安装包，弹出图 2-6 所示的安装注意事项提示。

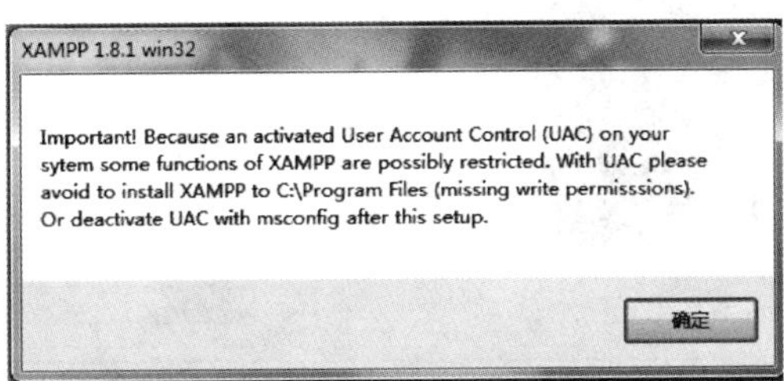

图 2-6　开始安装

2）如果是第一次安装，或者系统上没有安装 Microsoft Visual C++2008 组件，这时会出现提示先下载该组件的对话框，如图 2-7 所示。

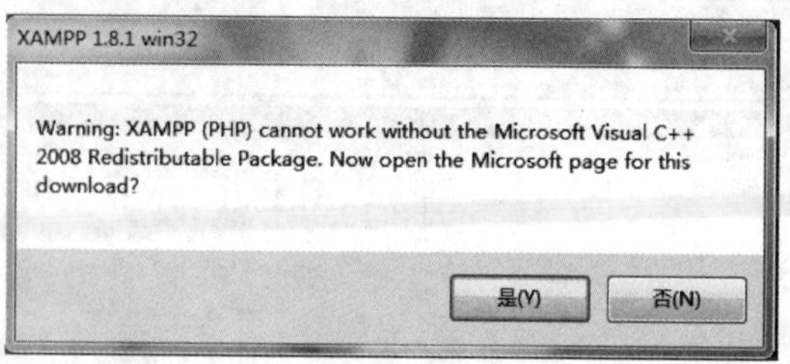

图 2-7　提示下载组件

3）这里是第一次安装，因此单击“是”按钮，自动打开浏览器并链接到下载页面，选择中文（简体）版，再单击“下载”按钮，如图 2-8 所示。

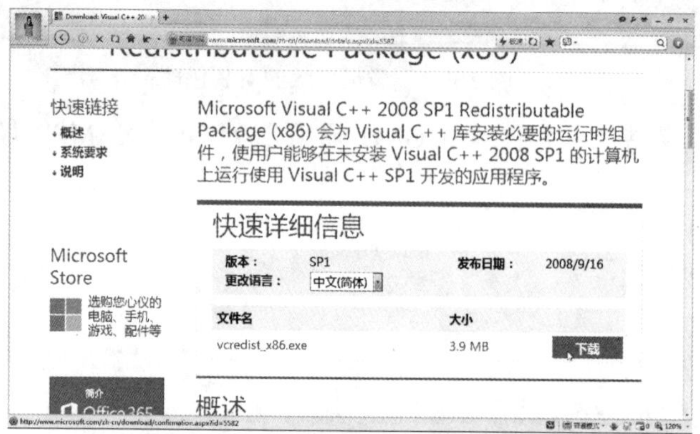

图 2-8　下载相应的组件

4）下载完成后先安装下载的组件，完成安装之后切换回 XAMPP 的安装步骤，然后根据提示开始安装 XAMPP 组件，如图 2-9 所示。

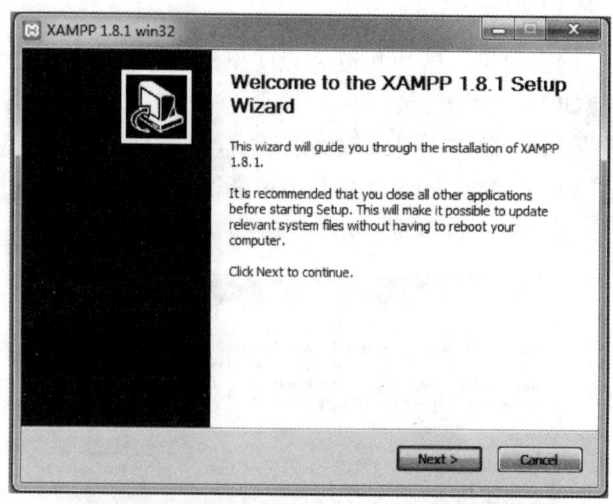

图 2-9　开始安装界面

5）单击“Next（下一步）”按钮，打开“Choose Components（选择安装组件）”界面，这里保留默认值，即勾选所有的组件进行安装，如图 2-10 所示。

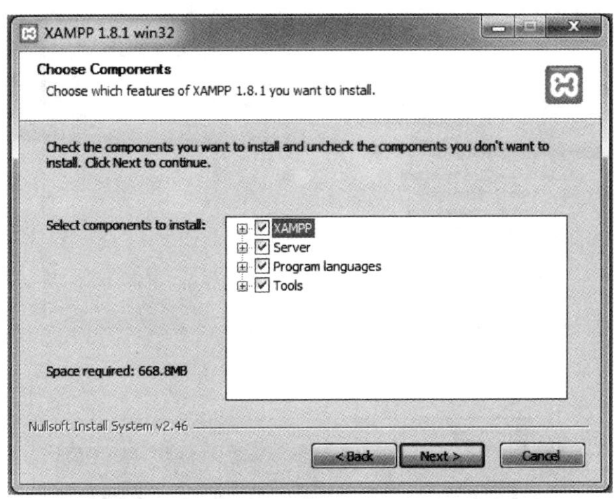

图 2-10　选择安装的组件

6）单击“Next（下一步）”按钮，打开“Choose Install Location（选择安装路径）”界面，这里选择在 D 盘下安装，设置如图 2-11 所示。

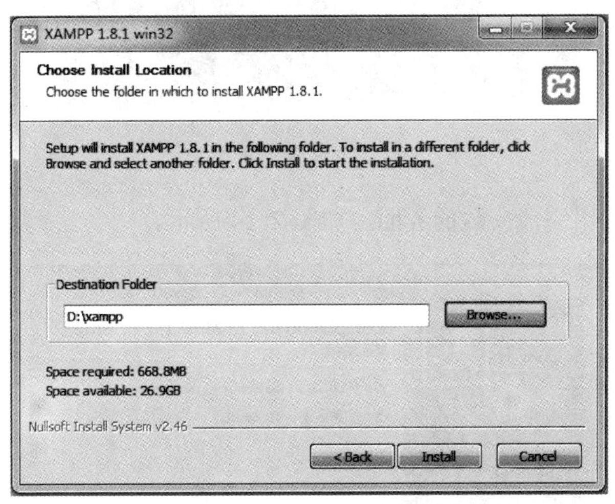

图 2-11　选择安装路径

Vista 以上操作系统的用户请注意：由于对 Vista 默认安装的 C:\program files 文件夹没有足够的写入权限，推荐为 XAMPP 安装创建新的路径，如 D:\XAMPP 或 D:\myfolder\XAMPP。

7）设置完路径之后，再单击“Install（安装）”按钮，组件即开始安装到计算机上。安装的组件大小近 700MB，需要耐心等上几分钟，安装的过程提示如图 2-12 所示。

8）安装完成后，会弹出 COMMAND 设置窗口，进行文件的最后确认（图 2-13），这里不需要进行任何操作（以前的版本则需要根据提示进行一些设置）。

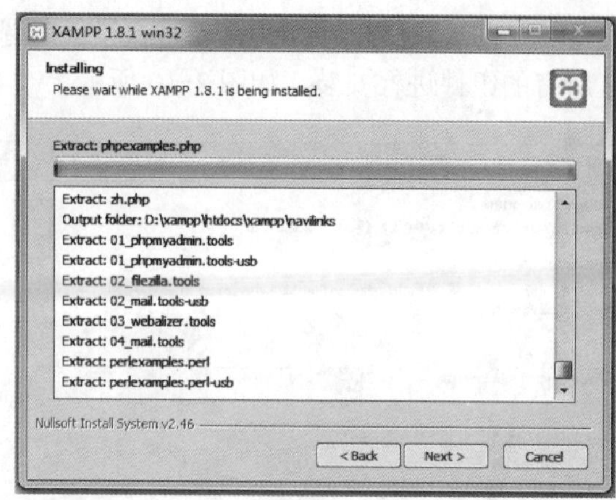

图 2-12　安装过程提示

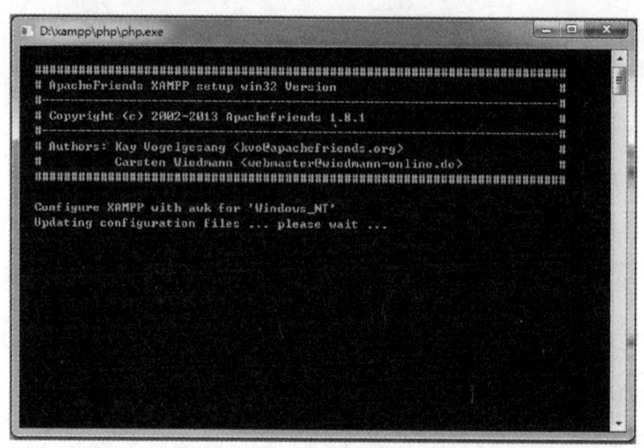

图 2-13　DOS 窗口下的配置

9）配置完毕后弹出完成安装的界面，如图 2-14 所示。

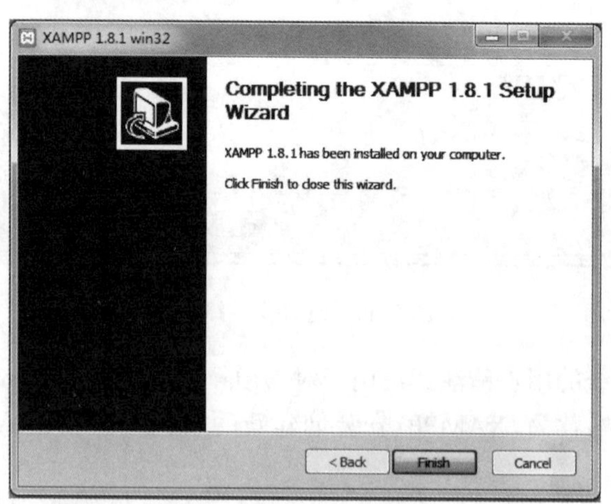

图 2-14　完成安装界面

10）到这里 XAMPP 就安装完成了。如果出现 XAMPP 安装失败，请先在安装一半的 XAMPP 目录下卸载文件 uninstall_xampp.bat 并执行一次清理，然后再重新安装。单击

“Finish（完成）”按钮，弹出是否启动 XAMPP 控制面板对话框，如图 2-15 所示。

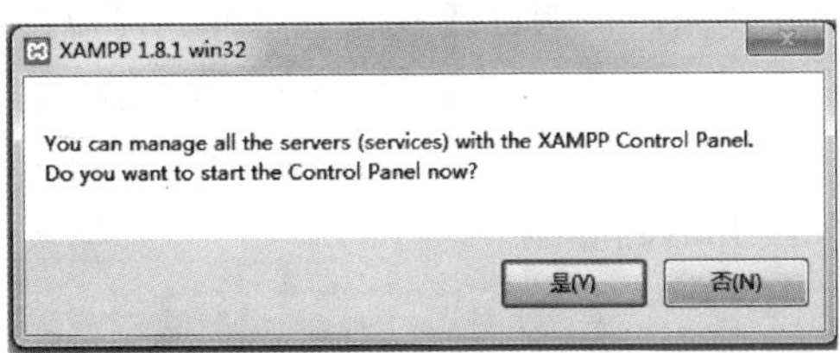

图 2-15　是否启动 XAMPP 控制面板对话框

11）下面我们来看一下 XAMPP 的控制面板，单击面板上各软件组件后面的“Star”按钮，弹出“Windows 安全警报”对话框，选择“允许访问”按钮，如图 2-16 所示。

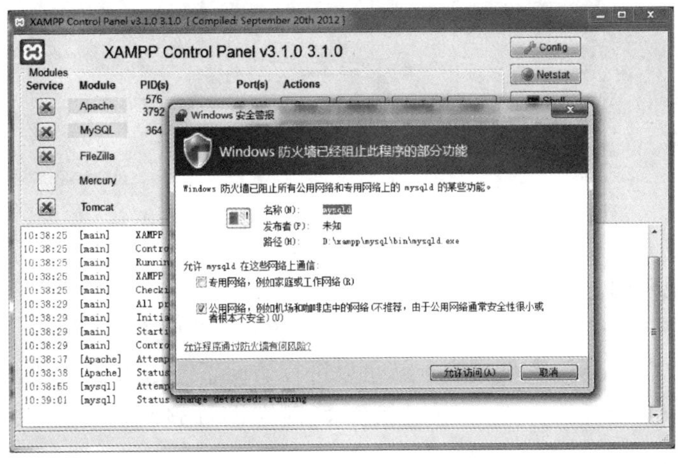

图 2-16　设置允许访问

12）开启 Apache、MySQL 两个核心程序，最后设置完毕的对话框如图 2-17 所示。从图中可以看到 XAMPP 的一些基本控制功能。注意：不建议把这些功能注册为服务（开机启动），每次使用的时候运行软件就可以了（桌面上已经有图标），这样在不使用 XAMPP 时更节省资源。

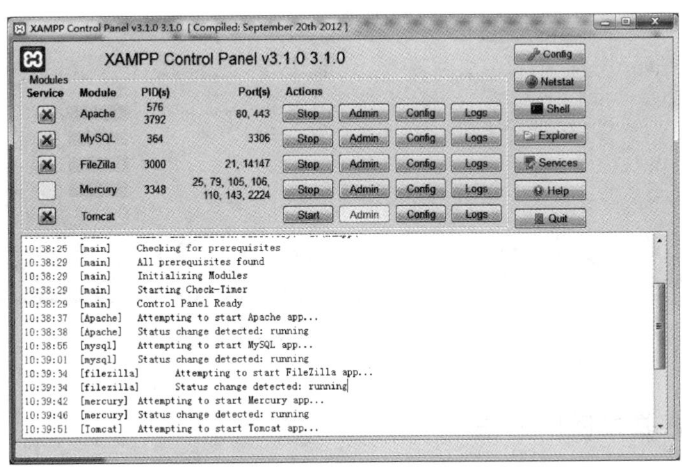

图 2-17　启动组件服务

13）启动成功之后打开 IE 浏览器，输入服务器的默认 IP 地址“127.0.0.1”，按回车键之后出现图 2-18 所示的欢迎界面，说明已经安装成功并且可以开始使用。

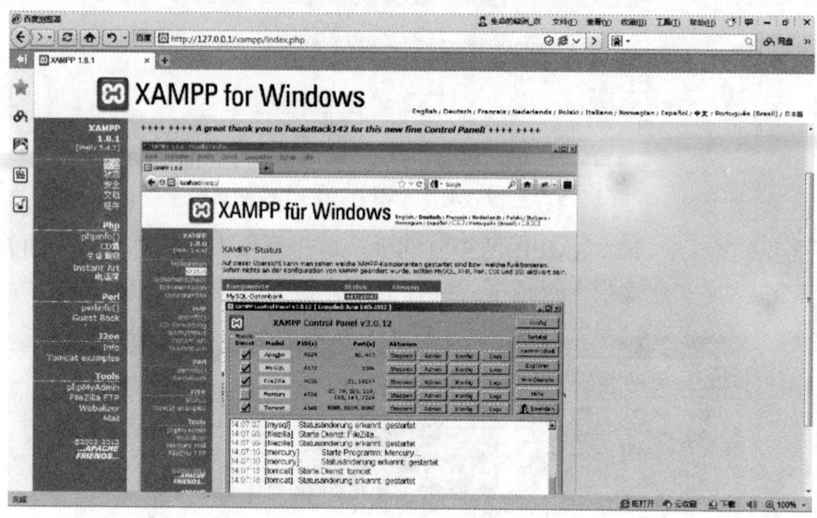

图 2-18　欢迎界面

这里要特别说明的是：

对初学者而言，往往会不知道开发后的 PHP 网站程序要放在哪里。其实很简单，只要将整个网站程序放在 htdocs 文件夹底下就可以进行访问了，如图 2-19 所示。同样要将数据库文件放在 Mysql/date 文件夹底下，同时数据库的连接用户名要为 root，密码为空（XAMPP 默认安装下的用户名和密码）。

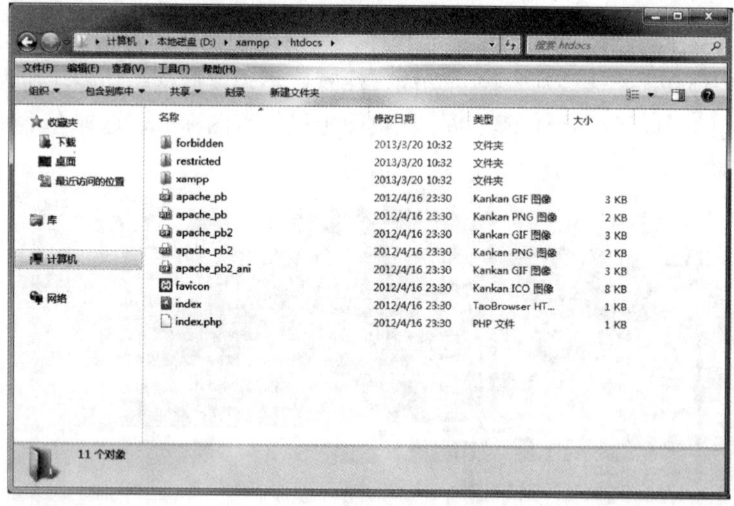

图 2-19　网站所放置的位置

2.2.3　XAMPP 基本使用方法

XAMPP 安装完成之后进行使用的方法如下：

1）XAMPP 的启动路径：xampp\xampp-control.exe。

2）XAMPP 服务的启动和停止脚本路径。

启动 Apache 和 MySQL：xampp\xampp_start.exe

停止 Apache 和 MySQL：xampp\xampp_stop.exe

启动 Apache：xampp\apache_start.bat

停止 Apache：xampp\apache_stop.bat

启动 MySQL：xampp\mysql_start.bat

停止 MySQL：xampp\mysql_stop.bat

启动 Mercury 邮件服务器：xampp\mercury_start.bat

设置 FileZilla FTP 服务器：xampp\filezilla_setup.bat

启动 FileZilla FTP 服务器：xampp\filezilla_start.bat

停止 FileZilla FTP 服务器：xampp\filezilla_stop.bat

3）XAMPP 的配置文件路径。

Apache 基本配置：xampp\apache\conf\httpd.conf

Apache SSL：xampp\apache\conf\ssl.conf

Apache Perl（仅限插件）：xampp\apache\conf\perl.conf

Apache Tomcat（仅限插件）：xampp\apache\conf\java.conf

Apache Python（仅限插件）：xampp\apache\conf\python.conf

PHP：xampp\php\php.ini

MySQL：xampp\mysql\bin\my.ini

phpMyAdmin：xampp\phpMyAdmin\config.inc.php

FileZilla FTP 服务器：xampp\FileZillaFTP\FileZilla Server.xml

Mercury 邮件服务器基本配置：xampp\MercuryMail\MERCURY.INI

Sendmail：xampp\sendmail\sendmail.ini

4）XAMPP 的其他常用路径。

网站根目录的默认路径：xampp\htdocs

MySQL 数据库默认路径：xampp\mysql\data

5）日常使用只需要使用 XAMPP 的控制面板即可，可以随时控制 Apache、PHP、MySQL 以及 FTP 服务的启动和终止。

6）附 XAMPP 的默认密码。

● MySQL:

User: root　Password:（空）

● FileZilla FTP:

User: newuser　Password: wampp

User: anonymous　Password: some@mail.net

● Mercury:

Postmaster: postmaster (postmaster@localhost)

Administrator: Admin (admin@localhost)

TestUser: newuser　Password: wampp

- WEBDAV:

User: wampp　Password: xampp

参照上文将 XAMPP 安装和配置完成后，就可以安装 Dreamweaver 等网页程序编辑软件，进行网页编程测试了。

2.3 Apache 服务器的安装与操作

上一节介绍了简单易操作的 XAMPP 组件的安装和使用，入门级的读者可以在安装后直接从第 3 章开始学起，如果想进一步了解 PHP 平台的搭建可以认真学一下本章以下几节的知识。本小节重点介绍 Apache 服务器的安装和操作。

2.3.1 Apache 服务器知识

自从 PHP 发布之后，推出了各式各样的 PHP 引擎，最为经典的配置就是使用 Apache 服务器。Apache 是一种开源的 HTTP 服务器软件，可以在包括 UNIX、Linux 以及 Windows 在内的大多数主流计算机操作系统中运行，由于其支持多平台和良好的安全性而被广泛使用。Apache 作为常驻的后台任务运行，在 UNIX 系统中为守候进程（Daemon），在 Windows 系统中为服务（Service）。由于 Apache 服务器的启动阶段比较耗费时间和资源，因此它一般在操作系统启动时被启动并一直运行。

Apache 的运行分为启动阶段和运行阶段。在启动阶段，Apache 以特权用户 root 启动，进行解析配置文件、加载模块和初始化一些系统资源（如日志文件、共享内存段、数据库链接）等操作。处于运行阶段时，Apache 放弃特权用户级别，使用非特权用户来接收和处理网络中用户的服务请求。这种基本安全机制可以阻止 Apache 由于一个简单的软件错误（也可能是模块或脚本）而导致严重的系统安全漏洞。例如，微软公司的 IIS 就曾遭受“红色代码（Code Red）”和“尼姆达（Nimda）”等恶意代码的溢出攻击。

Apache 的主配置文件通常为 httpd.conf。由于这种命名方式为一般惯例，并非强制要求，因此需要提供 rpm 或者 deb 包的第三方，所以 Apache 的发行版本可能使用不同的命名机制。另外，httpd.conf 文件可能是单一文件，也可能是通过使用 Include 指令包含不同配置文件的多个文件的集合。httpd.conf 文件是一个文本文件，在系统启动时被逐行解析，该文件由指令、容器和注释组成。配置文件内允许有空行和空格，它们在解析时被忽略不计。

2.3.2 Apache 服务器的下载

Apache 软件和其他免费软件一样，可以直接到 Apache 的官方网站上进行下载，下载的地址是 http://httpd.apache.org/download.cgi。下载 Apache 最新版本的步骤如下：

1）打开 IE 浏览器，在网址栏输入 http://httpd.apache.org/download.cgi 链接至 Apache 的官方网站，如图 2-20 所示。

2）在这个页面中有许多下载选项，单击选择页面上的“httpd-2.2.22-win32-x86-no_ssl.msi”文字，下载 Apache 的自动安装程序，如图 2-21 所示。

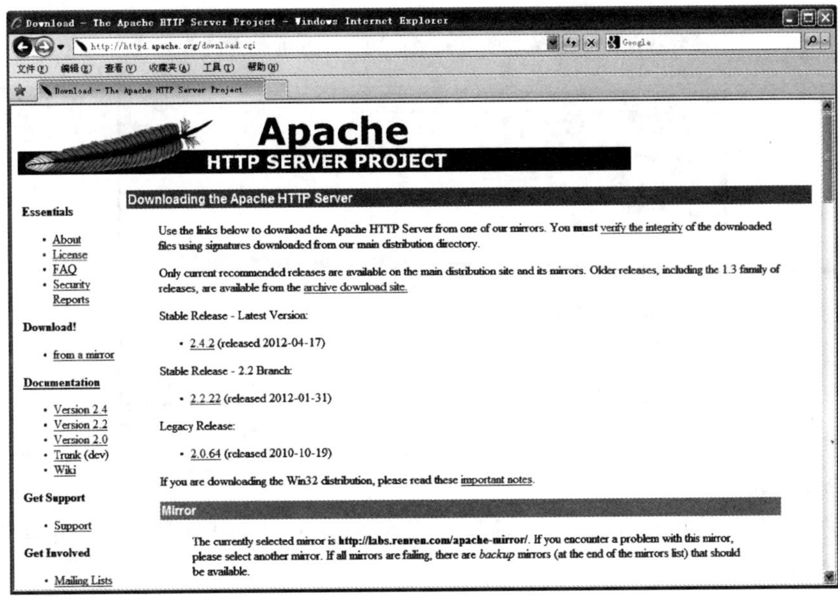

图 2-20　打开的官方网站

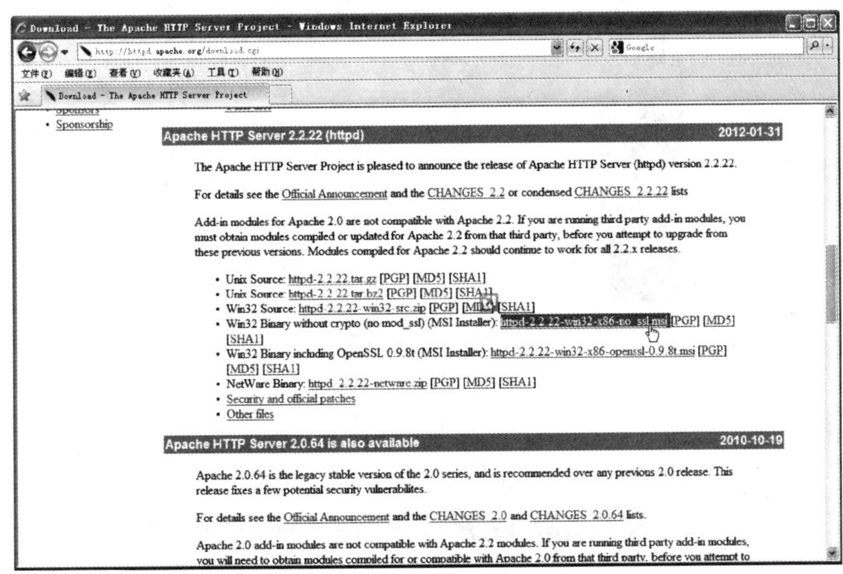

图 2-21　选择相应的文件下载

下载说明：

本书所下载的是编写此书时的最新版本。由于 Apache 软件经常更新版本，读者可能会下载到不同的最新版本，但是这不会影响到后面的操作与设置。

2.3.3　Apache 服务器的安装

完成下载 Apache 的安装程序后，双击下载的可执行安装文件（在本书的原素材资源中的 phpsoft 文件夹下也有下载的原文件），如图 2-22 所示。

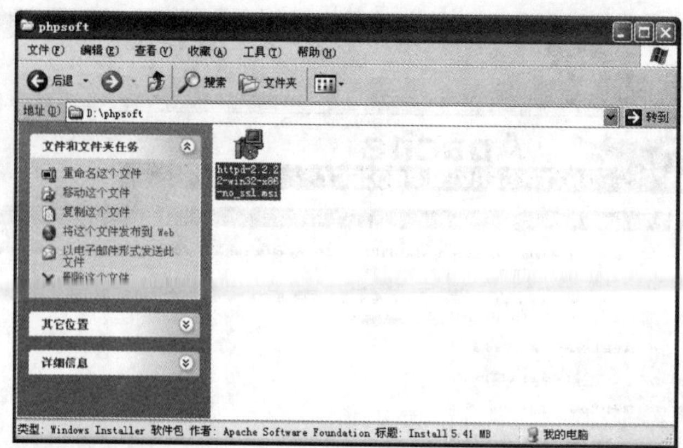

图 2-22 下载的 Apache 安装文件包

安装的步骤如下：

1）双击安装文件包，Apache 安装程序会提示将安装 Apache 服务器，并有警告信息，如图 2-23 所示。

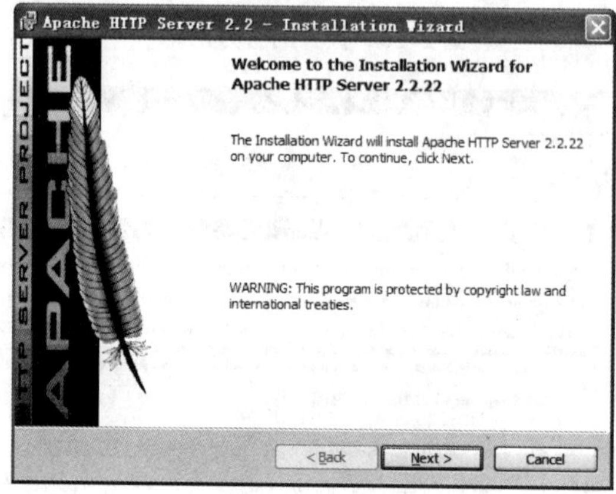

图 2-23 开始安装

2）单击 Next > 按钮，继续安装程序。请选择“I accept the terms in the license agreement（我接受条款上告知的内容）”同意合约的授权，进行继续安装，如图 2-24 所示。

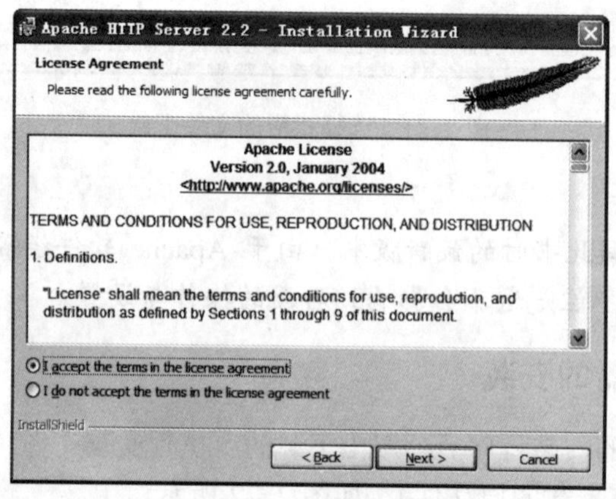

图 2-24 同意安装

3）单击 Next > 按钮，继续进行安装程序，打开“Read This First（预先读取下面内容）”界面，如图 2-25 所示。

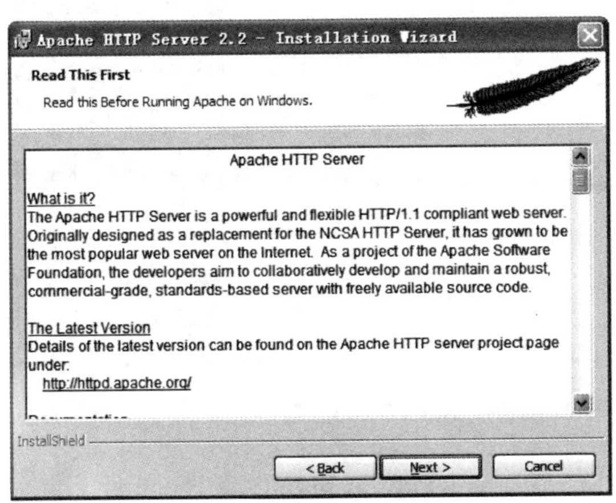

图 2-25　打开预览内容界面

4）在预览内容界面中主要是介绍 Apache HTTP Server（Apache 网页服务器）的一些基础知识，初次使用的读者可以认真地去了解一下，以方便进一步的使用。单击 Next > 按钮，打开“Server Information（服务器信息）”界面，这里要自行设定服务器和域名名称，并输入管理者的联系邮箱，如图 2-26 所示。

5）设定完成后，再单击 Next > 按钮，继续进行下一步的安装。打开“Setup Type（安装类型）”界面，这里有 Typical（典型）和 Custom（自定义）安装两个单选项，如图 2-27 所示。

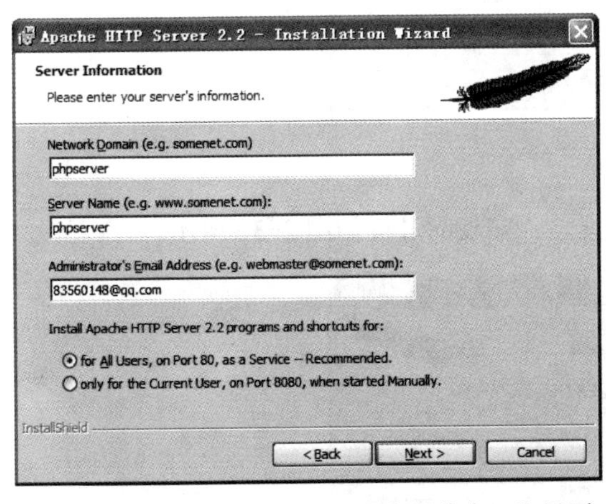

图 2-26　“Server Information（服务器信息）”界面

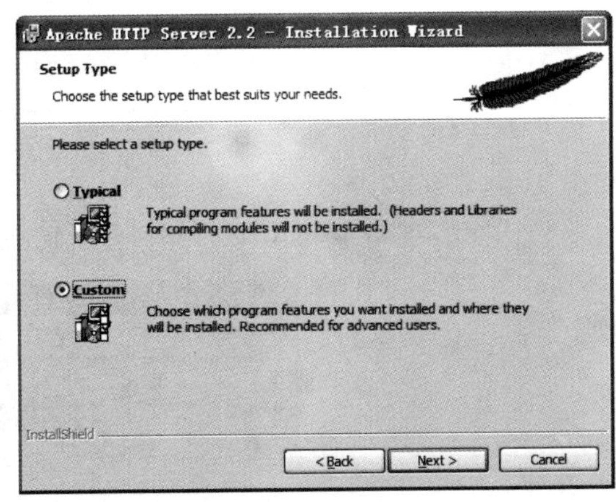

图 2-27　“Setup Type（安装类型）”界面

6）这里单击“Custom（自定义）”单选按钮，再单击 Next > 按钮，打开“Custom Setup（自定义安装内容）”界面，如图 2-28 所示。这里将选择所有的内容进行安装，以满足后面 PHP 程序开发应用的需要。由于 Apache 预设的路径有点长，为了方便起见，将安装路径改成 C:\Apache。单击“Change（改变）”按钮，将服务器的安装路径设置为 C:\Apache\。

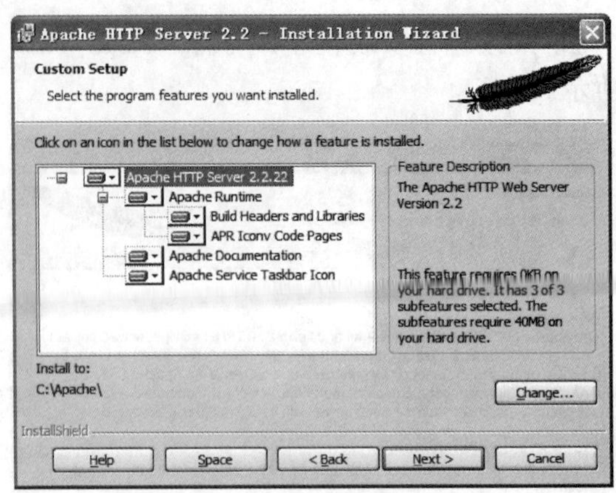

图 2-28 “Custom Setup（自定义安装内容）”界面

7）单击 Next > 按钮，打开“Ready to Install the Program（准备安装）”界面，如图 2-29 所示。

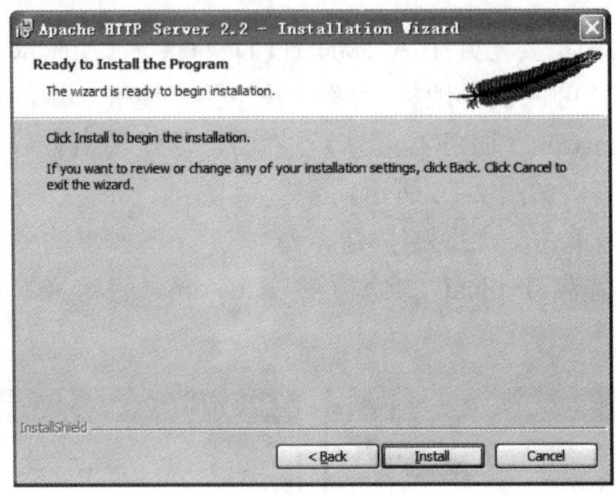

图 2-29 准备安装界面

8）单击 Install 按钮，开始进行具体的安装。安装的过程如图 2-30 所示。

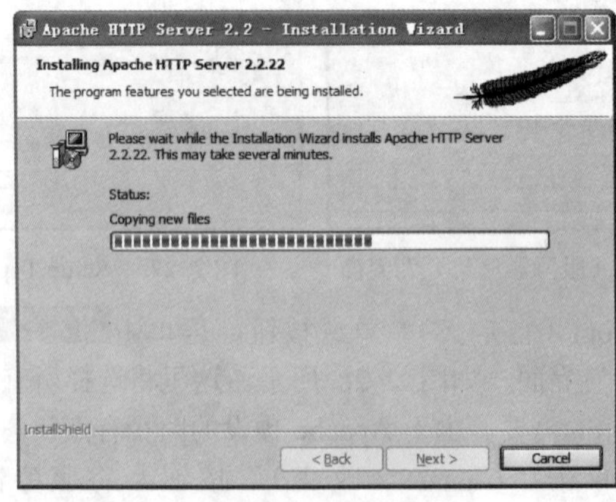

图 2-30 安装过程

9）安装完成后，单击 Finish 按钮，如图 2-31 所示。

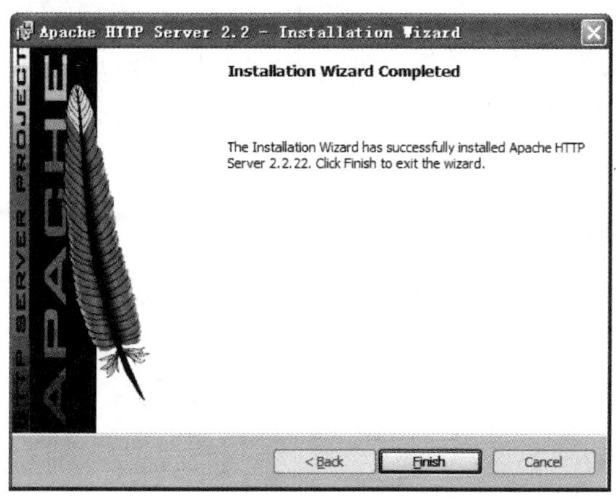

图 2-31　完成安装

至此，Apache 服务器的安装就完成了。在安装的时候要注意的是：使用的操作系统端口 80 不能被占用，如果计算机上默认安装了 IIS 就说明已经占用了端口 80，需要将其禁用后方可安装成功。

2.3.4　Apache 服务器的操作

安装完成 Apache 服务器后，首先要测试一下前面的安装与设定是否成功。由于是在本机计算机安装 Apache 服务器，因此它的 HTTP 地址的预设路径是 http://localhost。

首先打开 IE 浏览器，在网址栏输入 http://localhost，如果能顺利开启图 2-32 所示的页面，就表示 Apache 服务器的服务启动成功了。

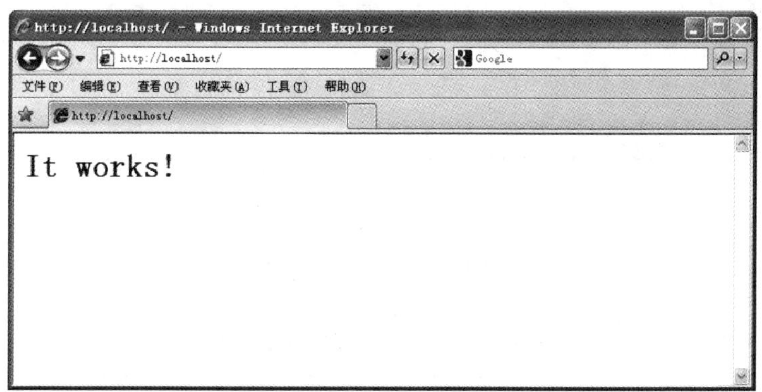

图 2-32　测试成功页面

Apache 服务器的服务，对 PHP 网页的执行有很重要的作用，因此，接着我们要来说明 Apache 服务器的设定与操作。

1．Apache 服务器的启动

在 Apache 服务器安装完成的页面上，如果已经勾选了“for All User,on Port 80,as a

Service-Recommended.”这些选项，则说明 Apache 已经自动启动了。可以发现，此时在 Windows 工作列上的系统图标中多了一个图标。

如果在 Apache 服务器停止服务后要再一次启动 Apache 服务器，那么请在 Windows 系统图标中选择图标，按鼠标右键弹出快捷菜单，再单击选择“Start（开始）”就可以重新启动 Apache 服务器的服务。

2. Apache 服务器的停止

如果要停止 Apache 服务器，请在 Windows 系统图标中选择图标，按鼠标右键弹出快捷菜单，只要单击选择“Stop（停止）”（图 2-33）就可以停止 Apache 服务器的服务，这时 Apache 的系统图标变成。

Start
Stop
Restart

图 2-33　停止操作界面

3. Apache 服务器的目录

正常情况下，Apache 服务器主目录的预设位置在 C:\Program Files\Apache Software Foundation\Apache 路径下；由于前面安装时将 Apache 服务器安装在 C:\Apache 文件夹中，因此主目录也在 C:\Apache 路径下。打开的一级目录如图 2-34 所示。

图 2-34　打开的文件夹目录

Apache 服务器各主目录的意义与用途说明见表 2-1。

表 2-1　Apache 安装文件夹说明

文件夹名称	主 要 功 能
bin	储存编译程序及指令文件
cgi-bin	储存用于设置支持 cgi 的文件
conf	储存服务器结构档案，httpd.conf 文件是设置服务器的主要文件
Error	储存运行出错时提示用的文件
Htdocs	储存运行成功时显示的文件，该版本就简单的一行字
Icons	储存服务器显示相应网页的所有图片文件
Include	储存支持服务器的一些主要包含文件

（续）

文件夹名称	主 要 功 能
Lib	储存 Apache 所需的 lib 文件
logs	储存日志档案
manual	储存服务器的模块功能文件
modules	储存网页应用程序的目录

4．服务器的网站目录

Apache 服务器安装完成后，需要将所有 PHP 网站目录都放到 C:/Apache/htdocs 文件夹内。例如，写了一个名为 website 的 PHP 网站目录，则这个 website 的网站目录应该放到 C:\Apache\htdocs\资料夹中。当然也可以直接打开 httpd.conf 文件，找到图 2-35 所示的位置，对 DocumentRoot "C:/Apache/htdocs"这一行代码进行相应的设置，即可更改为新的网站目录。

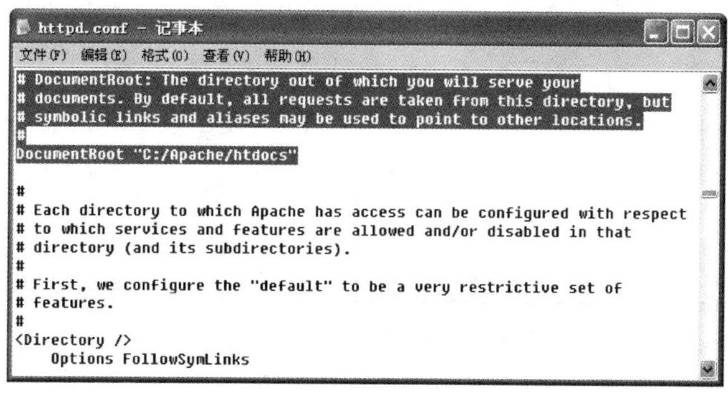

图 2-35　设置网站文件位置

进行到此，已经完成了 PHP 网页开发环境 Apache 服务器的安装。

2.4　PHP 的安装与配置

在计算机上安装完成 Apache 服务器后，就要开始安装和配置 PHP 的执行环境。PHP 的安装与配置有多种方法，这里介绍使用 PHP 官方提供的安装包进行安装。

2.4.1　PHP 软件的下载

安装好 Apache 服务器以后，下面开始安装 PHP。PHP 软件包是开发 PHP 程序的核心，该软件包需要从 PHP 官方网站上下载，地址为 http://www.php.net。下载的是 PHP 5.3.10，这里以该版本为例，下载的页面如图 2-36 所示。

从 PHP 5.2.10 版本开始（现在有 PHP 5.2.10 和 PHP 5.3 两个版本），有 Non-Thread Safe 与 Thread Safe 两种版本可供选择。这两种版本有何不同，作为使用者来说又应该如何选择呢？先从字面意思上理解，Non-Thread Safe 就是非线程安全，在执行时不进行线程（Thread）安全检查；Thread Safe 就是线程安全，执行时会进行线程安全检查，以防止一有新要求就启动新线程的这种 CGI 执行方式耗尽系统资源。再来看 PHP 的两种执行方式：ISAPI 和 FastCGI。FastCGI 的执行方式是以单一线程执行操作，所以不需要进行线程的安全检查，除去线程安全检查的防护反而可以提高执行效率，所以，如果是以 FastCGI（无论搭配 IIS 6 或 IIS 7）执行 PHP，都建议下载、执行 Non-thread Safe 的 PHP （PHP 的二进位文档有两种包装方式，即 msi 和 zip，请下载 zip 套件）。而线程安全检查正是为 ISAPI 方式的 PHP 准备的，因为有许多 PHP 模块都不是线程安全的，所以需要使用 Thread Safe 的 PHP。本书使用的是 Apache 服务器，所以要选择 VC9 版本的 Thread Safe 这个 PHP 来安装。

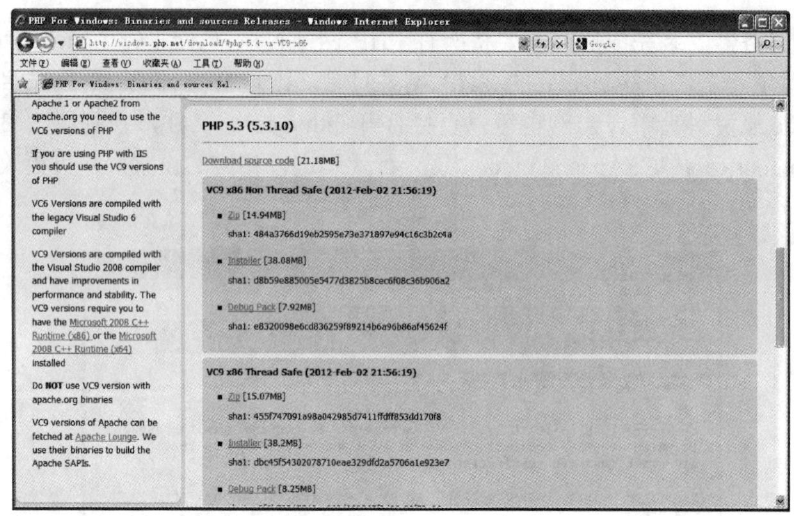

图 2-36　下载 PHP 的最新安装版本

2.4.2　PHP 软件的安装

下载完成后即可以开始 PHP 的安装，具体的安装步骤如下：

1）双击下载的文件 php-5.3.10-win32-installer.msi，弹出 PHP 安装程序的欢迎安装界面，如图 2-37 所示。

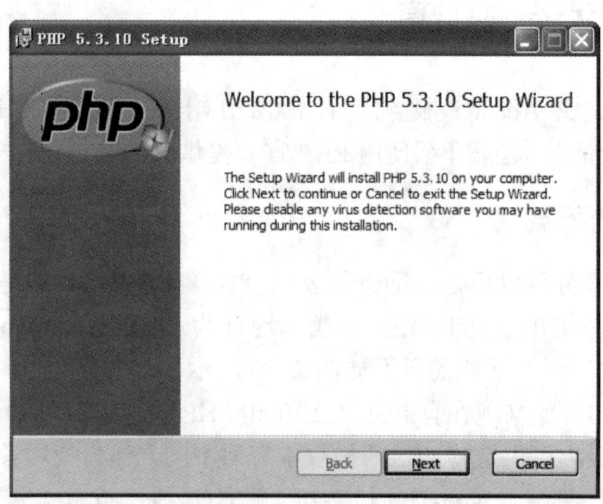

图 2-37　欢迎安装界面

2）单击Next按钮，打开“End-User License Agreement（终端用户许可）”界面。请单击选择“I accept the terms in the License Agreement”复选框，同意合约的授权，进行继续安装，如图 2-38 所示。

3）单击Next按钮，打开“Destination Folder（安装路径文件）”向导界面，单击“Browse（浏览）”按钮更改 PHP 的安装路径，这里为“C: \PHP\”，如图 2-39 所示。

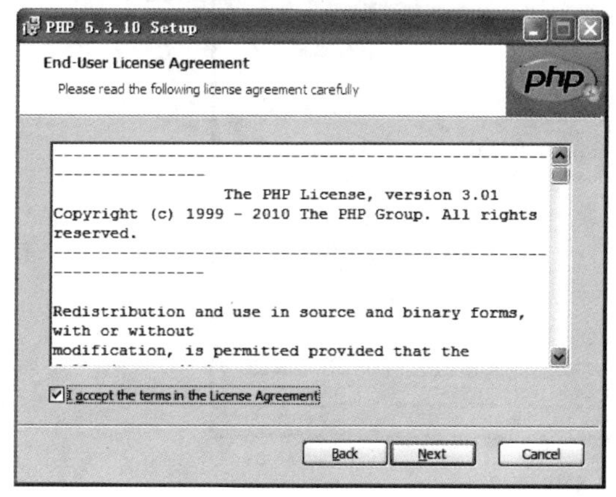

图 2-38　同意安装

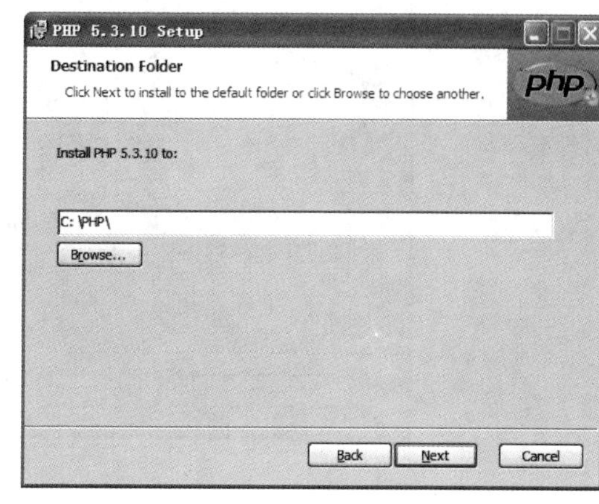

图 2-39　设置安装路径

4）设置 PHP 安装路径之后，单击Next按钮，选择要安装的 Apache 版本号，这里为 Apache 2.2x Module，如图 2-40 所示。

5）再单击Next按钮，选择 Apache 服务器的安装路径，如图 2-41 所示。

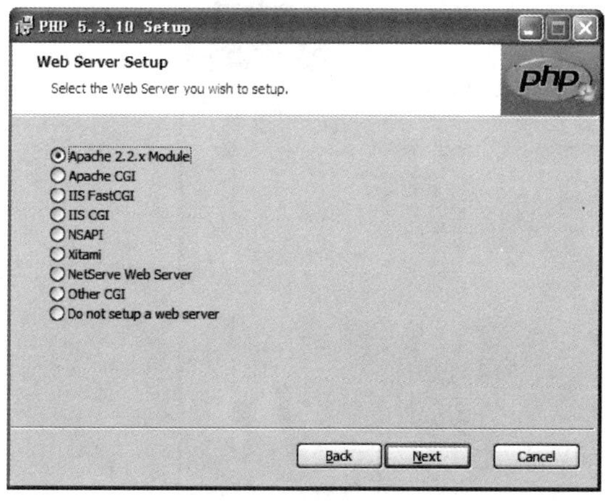

图 2-40　选择 Apache 版本号

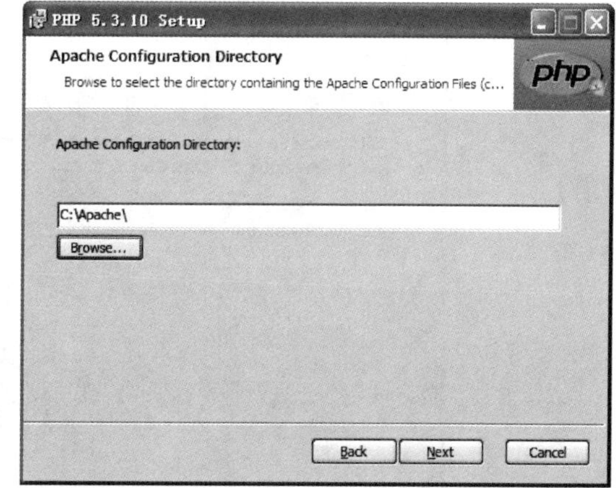

图 2-41　选择 Apache 服务器的安装路径

6）单击Next按钮，打开“Choose Items to Install（选择安装项目）”界面，选择要安装的 PHP 组件，设置如图 2-42 所示。

特别说明：

在安装的时候一定要展开 PHP 的列选项，勾选 MySQL 的组件，这样才能把 PHP 和 MySQL 数据库关联起来，以方便进一步的数据库连接使用。

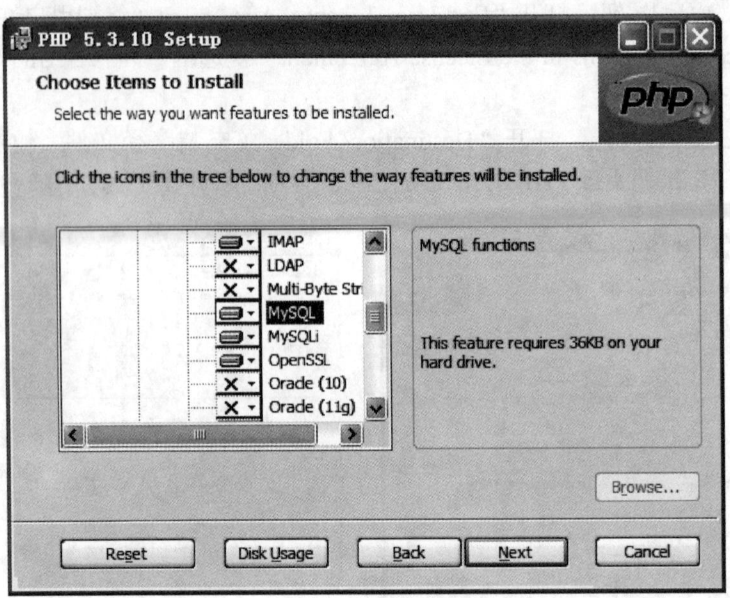

图 2-42　选择安装项目

7）设置完成后单击 Next 按钮，打开“Ready to install PHP（准备安装）”界面，如图 2-43 所示。

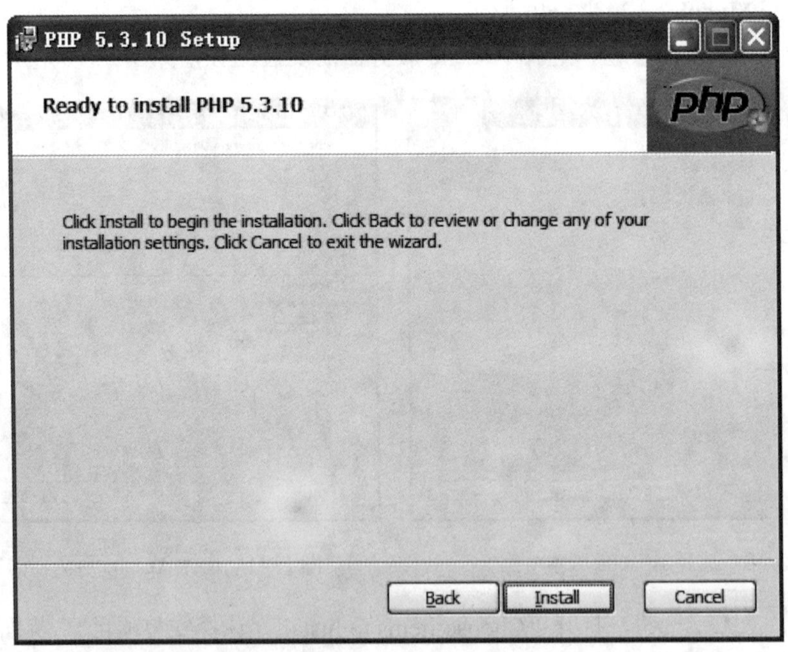

图 2-43　准备安装界面

8）再单击 Install 按钮开始安装 PHP，安装的过程会有安装进度提示，如图 2-44 所示。

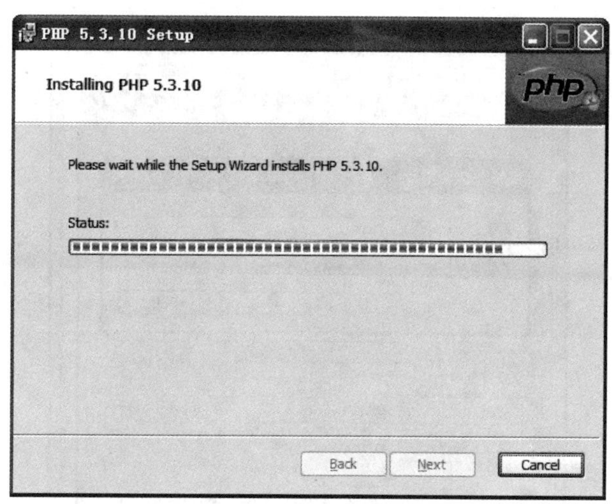

图 2-44　安装过程

9）安装完成后会显示完成安装界面，提示成功安装了 PHP 软件包，单击 Finish 按钮完成安装，如图 2-45 所示。

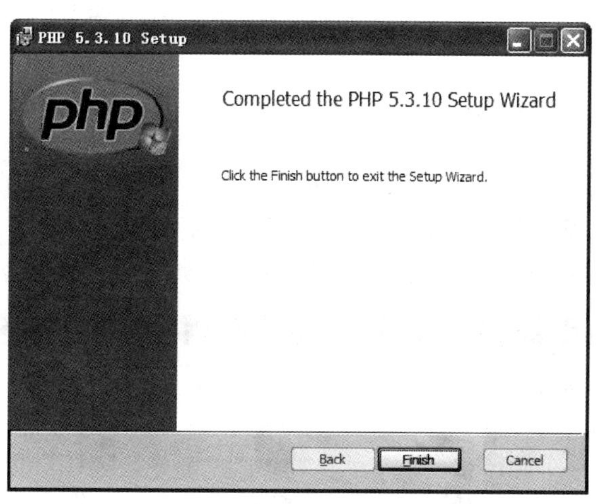

图 2-45　完成安装

10）这是最关键的一步，需要将安装后的 C:\PHP\ext 文件夹下的驱动文件都复制到 C:\WINDOWS\system32 下。

如果读者在 PHP 官方网站上下载的 PHP 软件包非安装程序而是压缩包，那么在配置时需要设置环境变量。具体设置环境变量的方法如下：首先将 PHP 包解压到指定文件夹中作为 PHP 的根目录，例如解压到“C:\PHP”目录中；然后再配置 Apache 运行时需要加载的 php5apache2_2.dll 文件，方法是将 PHP 的安装路径追加到 Windows 系统中 Path 路径的下面。右击“我的电脑”，选择“属性”命令，在弹出的“系统属性”对话框中切换到“高级”选项卡，再单击“环境变量”按钮，打开“环境变量”对话框。从“系统变量”列表中找到 Path 路径，单击“编辑”按钮后，在弹出对话框的“变量值”文本框中将“C: \PHP”追加到路径中，如图 2-46 所示。

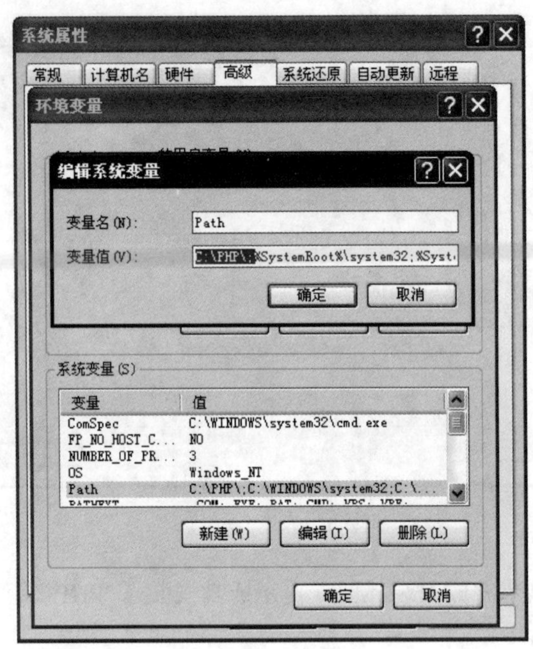

图 2-46 “编辑系统变量”对话框设置

2.4.3 让 Apache 支持 PHP

安装完成 PHP 之后，并不能直接在 Apache 里运行 PHP 文件，还要进一步配置一下 Apache，才可以使 Apache 支持 PHP 的运行。配置的方法很简单，方法如下：

1）进入 Apache 服务器的安装文件夹，如图 2-47 所示。

图 2-47 进入 Apache 的安装文件夹

2）双击进入 conf 目录，打开 httpd.conf 文件，在文件的最下方增加下列一行内容（图 2-48）：

```
AddType application/x-httpd-php    .php
```

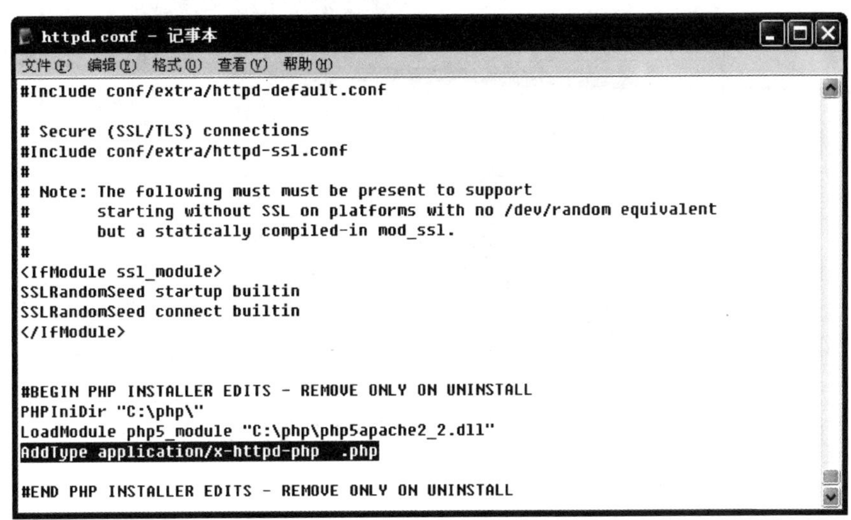

图 2-48　加入支持 PHP 的代码

该段代码中，第 1 行表示要加载的模块在哪个位置存储；第 2 行表示 PHP 所在的初始化路径；第 3 行表示将一个 MIME 类型绑定到某个或某些扩展名（.php 只是扩展名中的一种，这里也可以将扩展名设定为.html、.php2 等）。

此时 PHP 环境就配置完成了。

3）同样查找 DirectoryIndex 这个代码，将其后面的代码改为：

```
DirectoryIndex index.php default.php index.html
```

该代码表示默认访问站点时打开的首页顺序是 index.php default.php index.html。

2.4.4　PHP 环境的测试

PHP 软件包安装完成后，就可以在 Apache 中测试 PHP 环境是否正确了。下面创建一个 PHP 示例来进行测试。该示例是执行一个带有 PHP 脚本的程序，如果执行成功则证明 PHP 安装成功。打开 Apache 下的 htdocs 目录（这里为 C:\Apache\htdocs），然后使用记事本创建一个名为 test.php 的文件，再添加如下代码到文件中。

```
<?php
    phpinfo(); //输出 PHP 环境信息
?>
```

保存 test.php 文件，然后在 IE 浏览器的地址栏中输入“http://localhost/test.php”，如果显示 PHP 的相关信息，则证明 PHP 软件包和环境配置成功（图 2-49），否则安装失败。

说明：

由于刚才在前面重新配置了 Apache 服务器，所以在测试之前一定要重启一下 Apache 服务器，让配置的功能能够正确地使用。

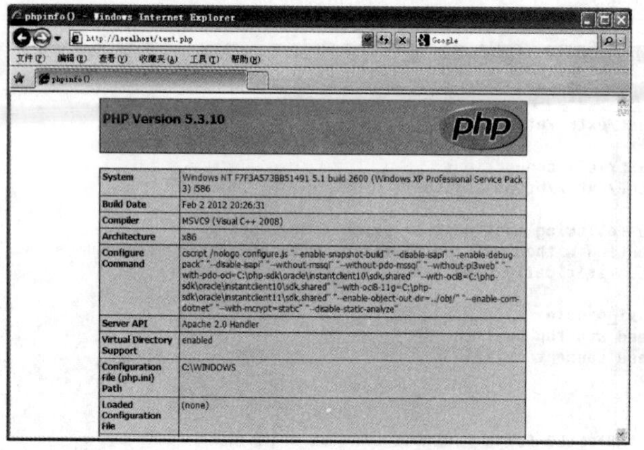

图 2-49 测试安装成功显示的页面

2.4.5 PHP 文件的配置

安装 PHP 后还可以根据需要编辑的 php.in 文件对 PHP 的配置进行设置。下面将对 PHP 配置文件 php.ini 的组织方式进行简要的说明。文件命名为 php.ini 的原因之一是它遵循许多 Windows 应用程序中 INI 文件的常见结构。php.ini 是一个 ASCII 文本文件，并且被分成几个不同名称的部分，每一部分包括与之相关的各种变量。

每一部分类似于如下结构：

```
 [MySection]
variable="value"
anothervariable="anothervalue"
```

各部分的名称通过方括号“[ ]”括起来放在顶部，然后是任意数量的“变量名=值”对，每一对占单独一行。如果行以分号“;”开头则表明该行是注释语句。

在 php.ini 中允许或禁止可使 PHP 功能变得非常简单。只需要将相关语句注释而无需删除，该语句就不会被系统解析。当希望在一段时间以后重新打开某种功能的时候特别方便，因为不需要在配置文件中将此行删除。

如下面 php.ini 文件中的一个片段：

```
;;;;;;;;;;;;;;;;;;;
; Language Options ;
;;;;;;;;;;;;;;;;;;;
; Enable the PHP scripting language engine under Apache.
engine = On
; Enable compatibility mode with Zend Engine 1 (PHP 4.x)
zend.ze1_compatibility_mode = Off
; Allow the <? tag.   Otherwise, only <?php and <script> tags are recognized.
```

```
; NOTE: Using short tags should be avoided when developing applications or
; libraries that are meant for redistribution, or deployment on PHP
; servers which are not under your control, because short tags may not
; be supported on the target server. For portable, redistributable code,
; be sure not to use short tags.
short_open_tag = Off
; Allow ASP-style <% %> tags.
asp_tags = Off
; The number of significant digits displayed in floating point numbers.
precision    =  14
```

在这个文件中可对 PHP 的 12 个方面进行设置，包括：语言选项、安全模式、语法突出显示、杂项、资源限制、错误处理和日志、数据处理、路径和目录、文件上传、Fopen 包装器、动态扩展和模块设置。php.ini 文件存放在 PHP 的安装路径，在每次启动 PHP 时都会读取。因此，在通过修改 php.ini 文件改变 PHP 配置之后，需要重启 Web 服务器使配置的改变生效。本书的实例需要配置的对象为：

```
magic_quotes_gpc = on
```

magic_quotes_gpc 功能：是否自动为 GPC(get,post,cookie)传来的数据中的\’ \” \\加上反斜线。

如果 magic_quotes_gpc=on，返回 1，PHP 解析器就会自动为 post、get、cookie 传来的数据增加转义字符“”，以确保这些数据不会使程序特别是数据库语句，因为特殊字符引起的污染而出现致命的错误。

在 magic_quotes_gpc=on 的情况下，如果输入的数据有单引号（’）、双引号（”）、反斜线（\）与 NULL（NULL 字符）等字符，那么这些字符都会被加上反斜线，这些转义是必须的。如果这个选项为 off，返回 0，那么我们就必须调用 addslashes 这个函数来为字符串增加转义。

2.5 MySQL 数据库的安装

PHP 可以与很多数据库完美地结合，从而开发出动态网站。对于初学者而言，MySQL 数据库被认为是最容易上手的数据库，本小节将介绍 MySQL 数据库的下载与安装知识。

2.5.1 MySQL 数据库简介

MySQL 是一个真正的多用户、多线程的 SQL 数据库服务器。SQL（结构化查询语言）是世界上最流行的和标准化的数据库语言。MySQL 是以一个客户机/服务器结构来实现的，它由一个服务器守护程序 mysqld 和很多不同的客户程序及库组成。

SQL 是一种标准化的语言，它使得存储、更新和存取信息更容易。例如，能用 SQL 语言为一个网站检索产品信息及存储顾客信息，同时 MySQL 也足够快和灵活，以允许存储记录文件和图像。

MySQL 主要目标是快速、健壮和易用。最初是因为我们需要这样一个 SQL 服务器，它能处理与任何在不昂贵硬件平台上提供数据库的厂家在一个数量级上的大型数据库，但速度更快。自 1996 年以来，我们一直都在使用 MySQL，其环境有超过 40 个数据库，包含 10000 个表，其中 500 多个表超过 7 百万行，这大约有 100 个吉字节（GB）的关键应用数据。

MySQL 建立的基础是已在高要求的生产环境中应用多年的一套实用例程。尽管 MySQL 仍在开发中，但它已经提供了一个丰富并且极其有用的功能集。

在这里推荐使用 MySQL 的主要原因在于以下几点：

- 便宜（通常是免费）。
- 网络承载比较少。
- 经过高度最佳化（HighlyOptimized）。
- 应用程序通过它做起备份来比较简单。
- 为各种不同的数据格式提供弹性的接口。
- 比较好学且操作简单。

MySQL 的优点有以下几点：

1. 避免网络阻塞

在支持多个使用者共同存取方面，MySQL 内定最大连接数为 100 个使用者。所以，纵使在网络上有大量的数据往来，但是这似乎并不会对查询最佳化(query optimization)有多大的影响。

2. 最佳化

数据库结构设计也会影响到 MySQL 的执行效率，例如 MySQL 并不支持外来键(Foreign key)，这个缺点会影响到我们的数据库设计以及网站的效率。

使用 MySQL 做数据库支持的网站，应该着重的是如何让硬盘存取减少到最低、如何让一个或多个 CPU 随时都保持在高速作业的状态，以及支持适当的网络频宽，而非实际上的数据库设计以及数据查询状况。

3. 多执行绪

MySQL 是一个快速、多执行绪（multithread）、多使用者且功能强大的关系型数据库管理系统（Relational database management system；RDBMS）。也就是说当客户端与 MySQL 数据库连接时，服务器会产生一个执行绪（thread）或一个行程（Process）来处理这个数据库的连接请求（request）。

4. 可延伸性以及数据处理能力

MySQL 同时具有高度的多样性，能够给很多不同的使用者提供不同的接口，包括命令列、客户端操作、网页浏览器、以及各式各样的程序语言接口，例如 C++、Perl、Java、PHP 以及 Python。

MySQL 可用于 Unix、Windows、OS/2 等平台，也就是说它可以用在个人计算机或者是服务器上。

5. 便于学习

MySQL 支持结构化查询语言（Structured Query Language；SQL），精通数据库的人在一天之内，就可以把 MySQL 学会。对于初学者而言，也非常容易上手。

2.5.2 MySQL 数据库的下载

可以到 MySQL 的官方网站 http://www.mysql.com 下载 MySQL 的最新版本。下载 MySQL 数据库的步骤如下：

1）打开 IE 浏览器，进入 MySQL 的官方网站 http://www.mysql.com，其页面如图 2-50 所示。

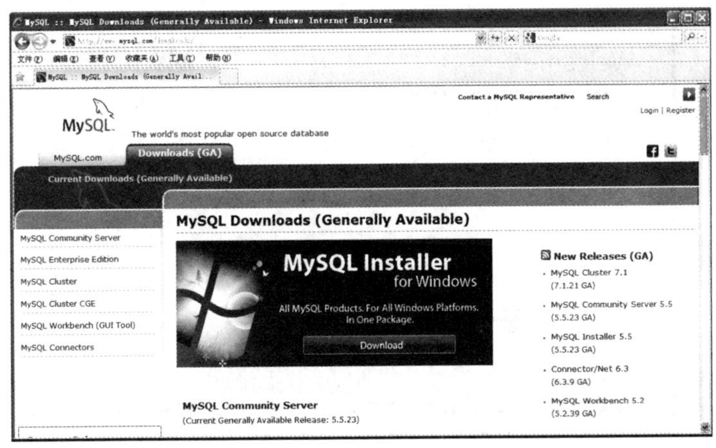

图 2-50　打开 MySQL 主页

2）打开下载的频道之后找到相关的下载文件，需要下载的是 MySQL 的最新版本 mysql-5.5.23-win32.msi，单击选择“Download（下载）”按钮即可下载将要使用的数据库，如图 2-51 所示。

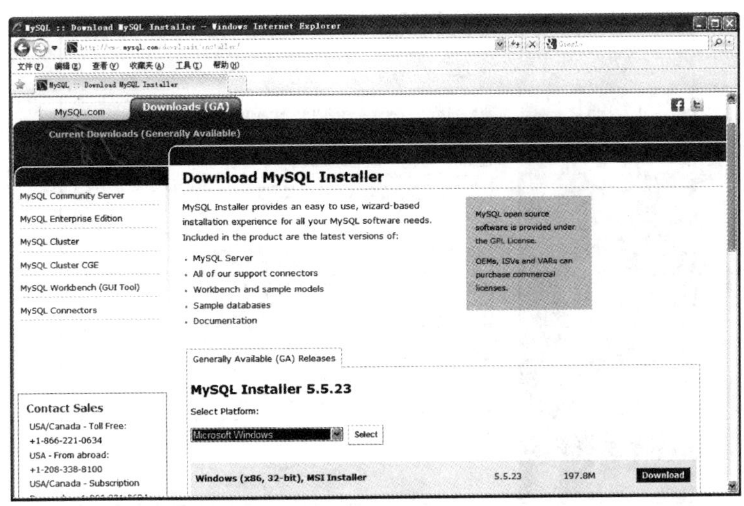

图 2-51　选择下载的版本

下载说明：

MySQL 数据库也是在不断更新的，对于读者而言，在下载的时候可能版本已经有所改变，但这并不影响后面的操作和使用，所以可以下载时下的最新版本进行安装使用。

2.5.3　MySQL 数据库的安装

下载的安装包有 197MB，具体的安装步骤如下：

1）双击安装程序 mysql-5.5.23-win32.msi，打开欢迎安装的对话框（图 2-52）。与早期的一些版本相比较，该版本的安装界面有了很大程度的改变。

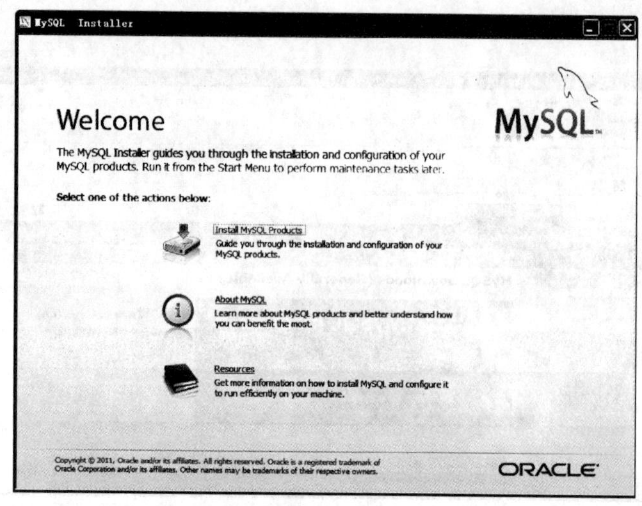

图 2-52　开始安装

2）单击“Install MySQL Products（安装 MySQL 产品）”按钮以继续安装的程序，打开“License Agreement（终端用户许可）”对话框，请单击选择“I accpt the license terms”复选框，同意合约的授权，进行继续安装，如图 2-53 所示。

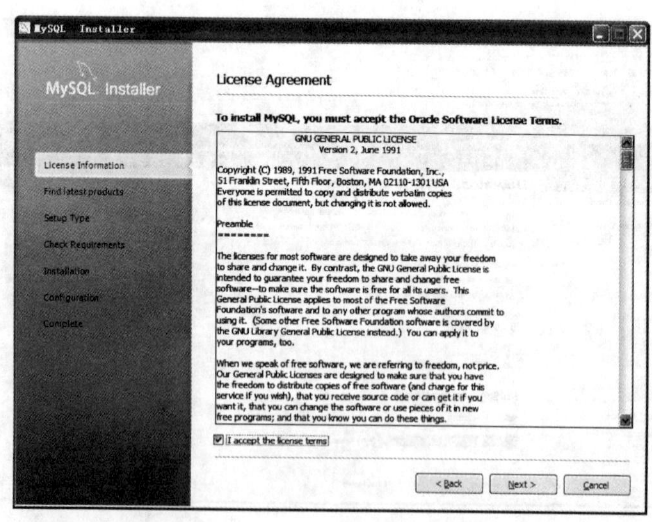

图 2-53　同意许可安装

3）单击 Next 按钮，打开“Find latest products（查找最新版的产品）”对话框，提示安装之前可以链接到官方网站进行核查并下载最新版的软件，这里单击选择“Skip the check for updates（not recommended）（跳过更新）”复选框，如图 2-54 所示。

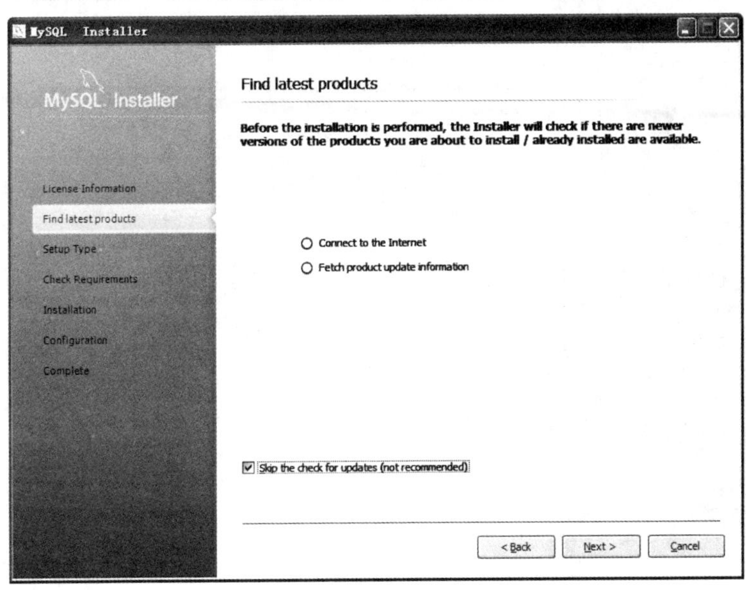

图 2-54　跳过更新设置

4）单击 Next 按钮，打开“Choose Setup Type（选择安装类型）”对话框，这时要选择 MySQL 的安装类型，单击“Custom（自定义）”单选按钮，同时将路径改为 C:\MySQL，如图 2-55 所示。

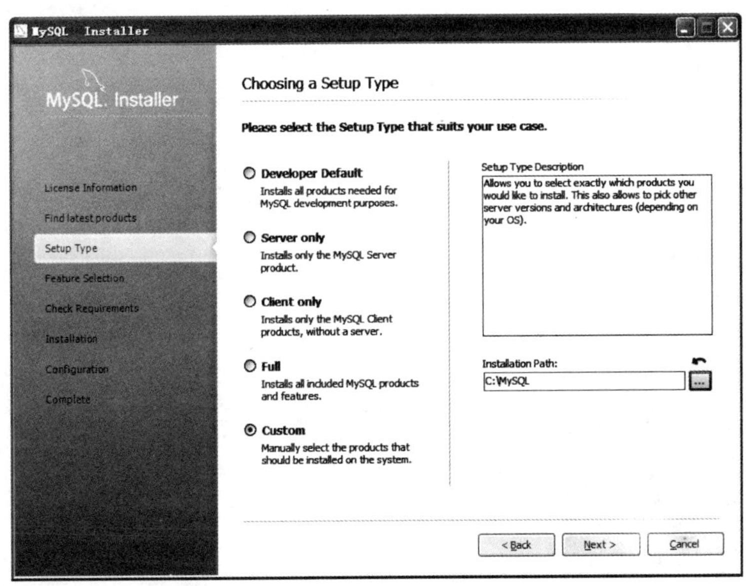

图 2-55　设定安装类型和目录安装

5）确认后，单击 Next 按钮，打开“Feature Selection（安装选择）”对话框，在这里建议保留安装的默认值，即勾选上所有的安装选择复选框，如图 2-56 所示。

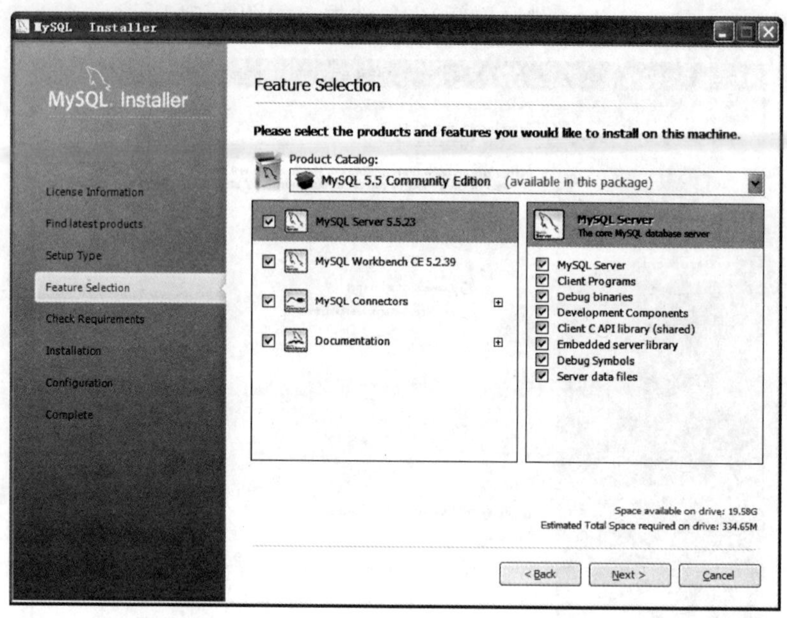

图 2-56　选择安装软件

6）单击 Next 按钮，打开“Check Requirements（检查组件）”对话框，在该对话框中要求安装的环境中必须有.NET Framework 4 和 Visual C++的开发组件，如图 2-57 所示。

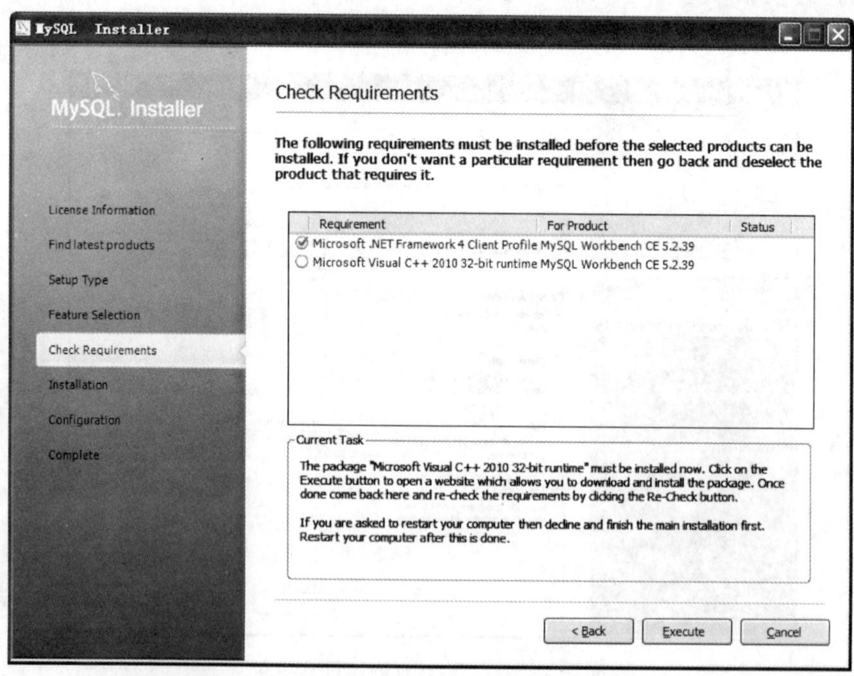

图 2-57　提示要安装的组件

7）如果用户的计算机中没有安装相应的组件，单击 Execute 按钮，安装程序就会自动从互联网上下载相应的组件安装程序，下载的进度提示如图 2-58 所示。

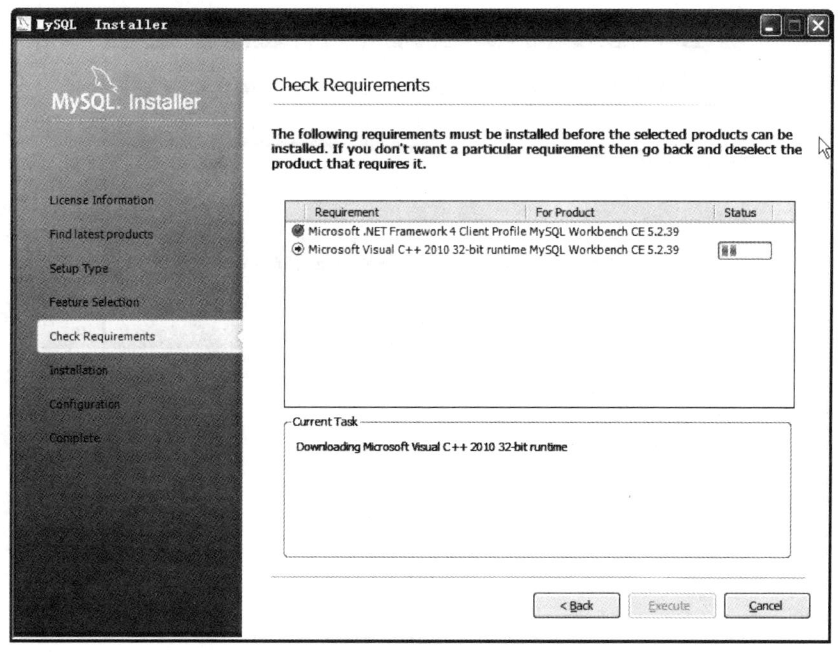

图 2-58　设定安装类型和目录安装

8）下载成功后会自动弹出开始安装相应组件的对话框，这里以安装 Microsoft Visual C++ 2010 为例，开始安装时打开安装的对话框，勾选“我已阅读并接受许可条款”复选框，如图 2-59 所示。

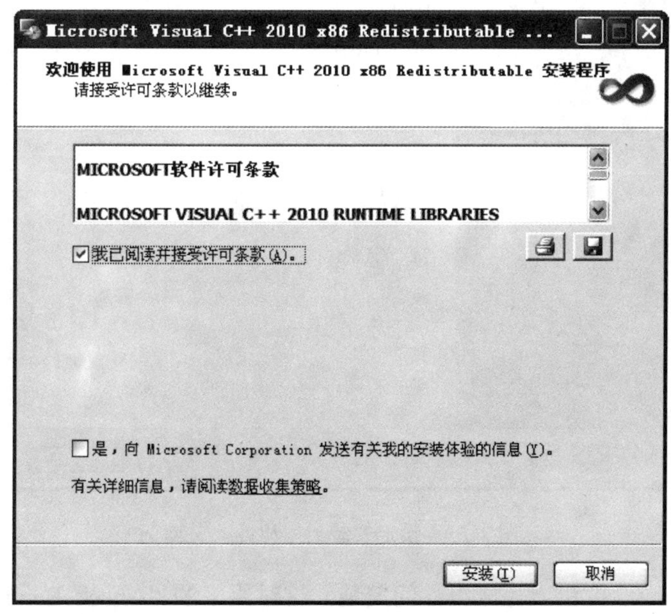

图 2-59　接受安装许可对话框

9）单击“安装”按钮，打开“安装进度”对话框，由于只是安装简单的环境组件，所以并不需要进行复杂的配置，只需等待安装完成即可，如图 2-60 所示。

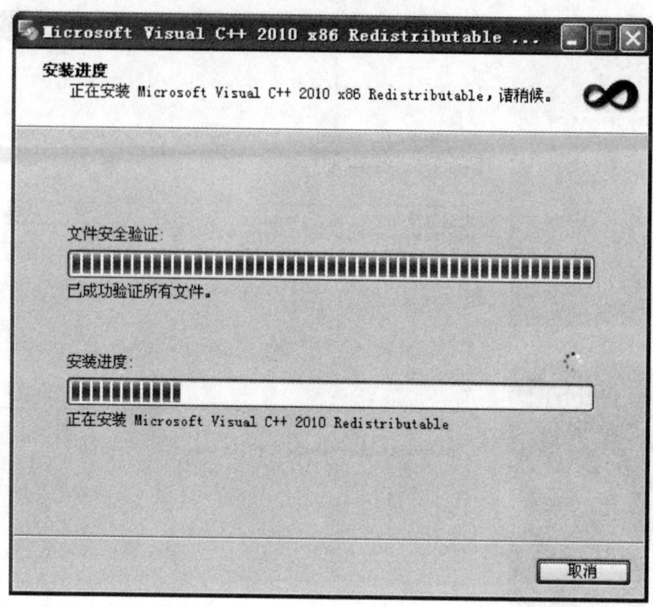

图 2-60　安装组件的过程

10）安装结束后会弹出“安装完毕”对话框，如图 2-61 所示。

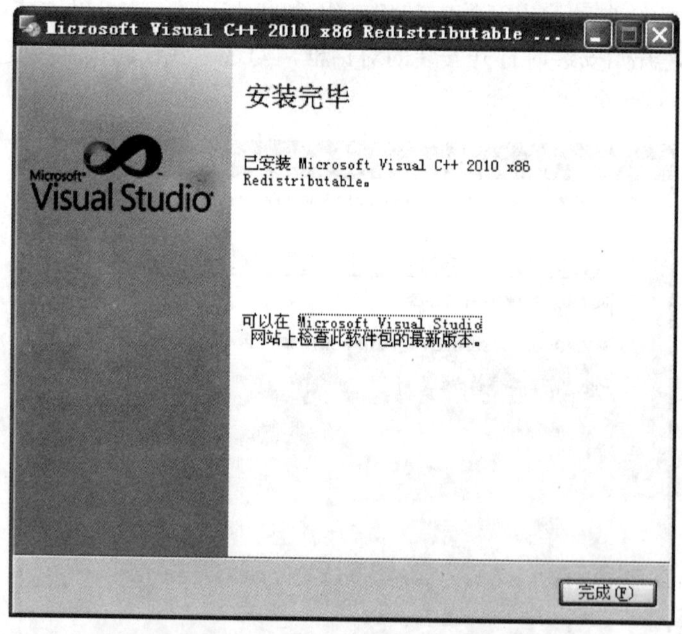

图 2-61　设定安装类型和目录安装

11）单击“完成”按钮，完成组件的安装，这时原来的“Check Requirements（检查组件）”对话框中的组件单选按钮就自动勾选上了，如图 2-62 所示。

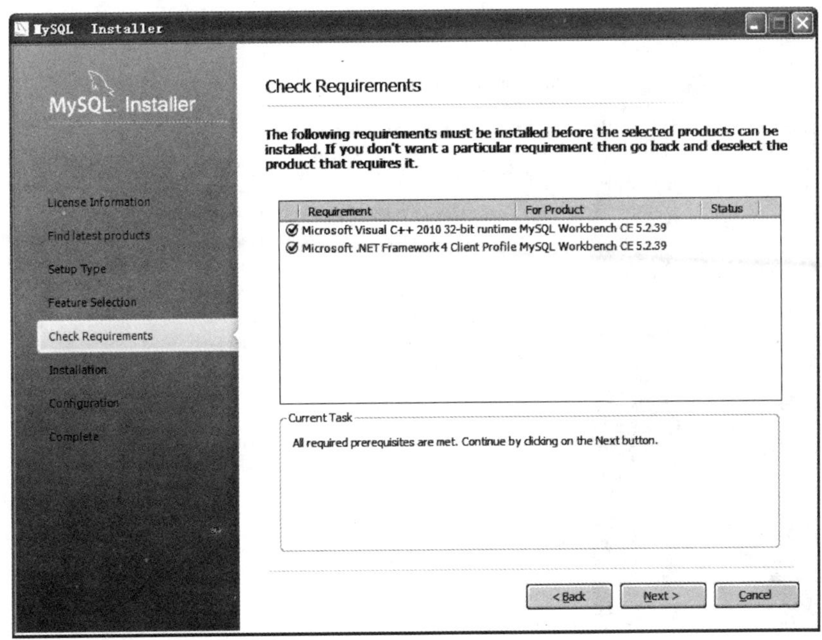

图 2-62　组件安装完成

12）单击 Next 按钮，打开“Installation Progress（安装进程）”对话框，对话框中显示了安装软件的进度为“To be Installed（即将被安装）”状态，如图 2-63 所示。

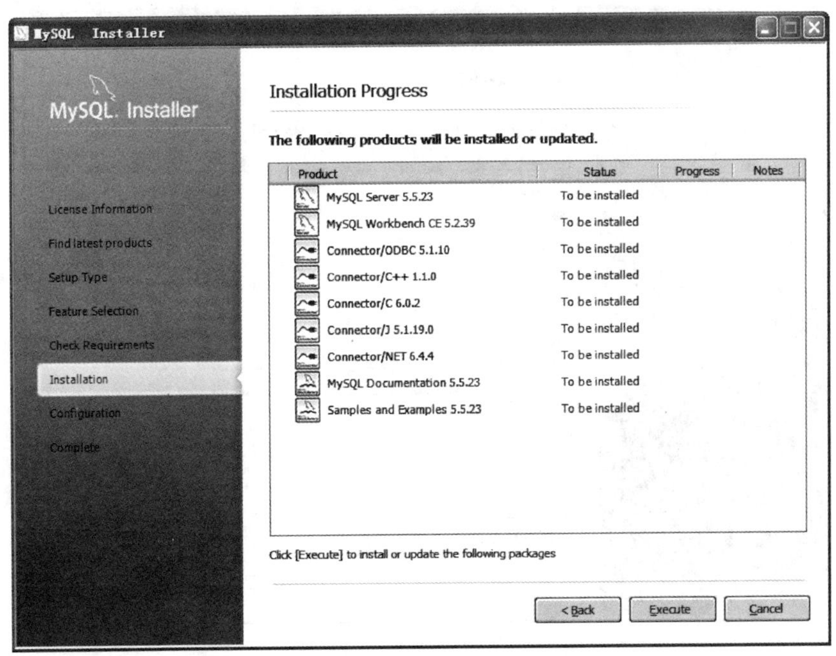

图 2-63　提示即将安装

13）单击 Execute 按钮，则安装程序自动开始安装所有的程序，并提示安装的进程，如图 2-64 所示。

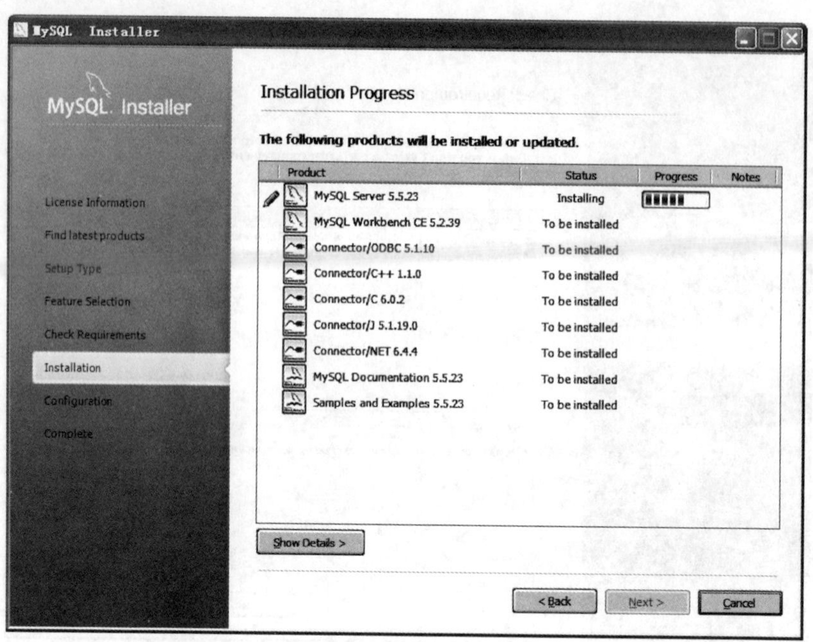

图 2-64　开始安装的进程

14）所有安装选项前面打上对勾时，表示该程序安装成功，安装完成的对话框如图 2-65 所示。

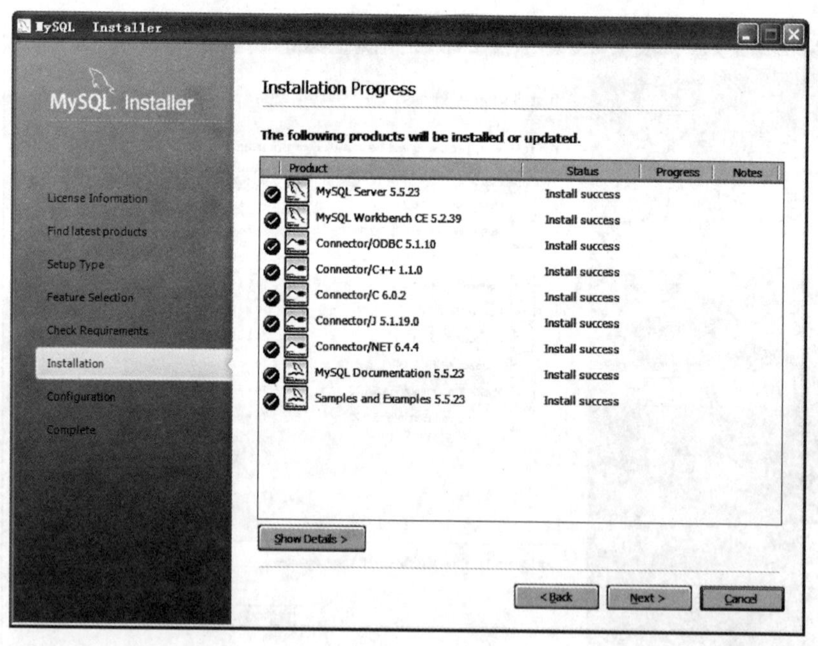

图 2-65　安装完成的对话框

15）单击 Next 按钮，打开“Configuration Overview（确认预览）”对话框，提示安装的 MySQL 数据库将要进行确认，如图 2-66 所示。

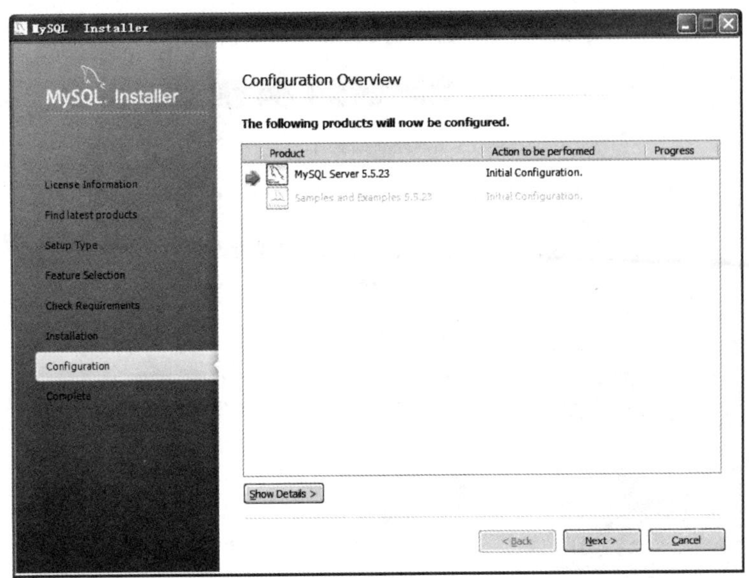

图 2-66　“Configuration Overview（确认预览）”对话框

16）单击 Next 按钮，打开“MySQL Server Configuration（数据库确认）”对话框，首先根据提示选择数据库服务器的安装类型，这里单击“Developer Machine（开发者机器）”单选按钮，如图 2-67 所示。

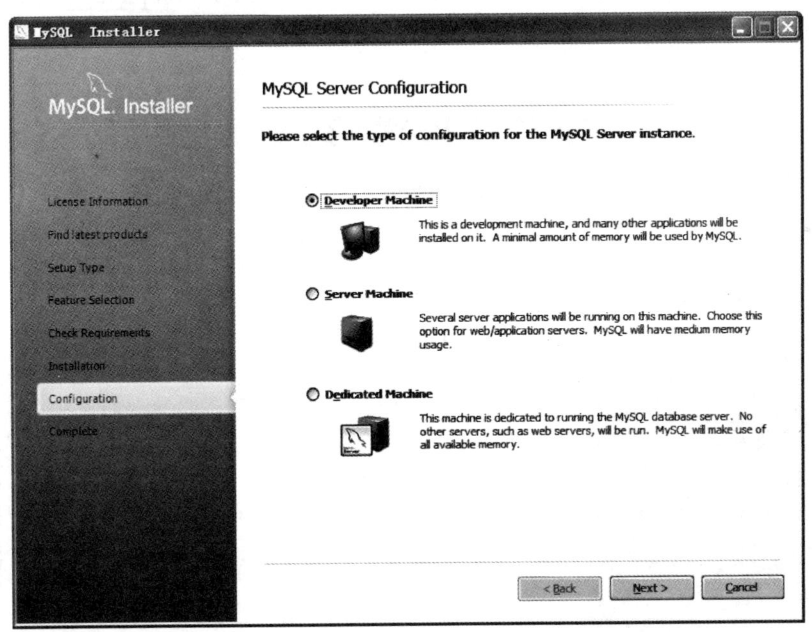

图 2-67　设定安装类型和目录安装

17）选择确认模式后再单击 Next 按钮，勾选所有的复选框，其中“Create Windows Service（设置 Windows 的选项）”表示将 MySQL 数据库服务器注册为 Windows 的服务以方便管理。设置端口为 3306，并两次输入前面安装时设置的 root 密码，这里设置的密码为

admin，后面章节数据库登录的密码全是使用 admin，具体的设置如图 2-68 所示。

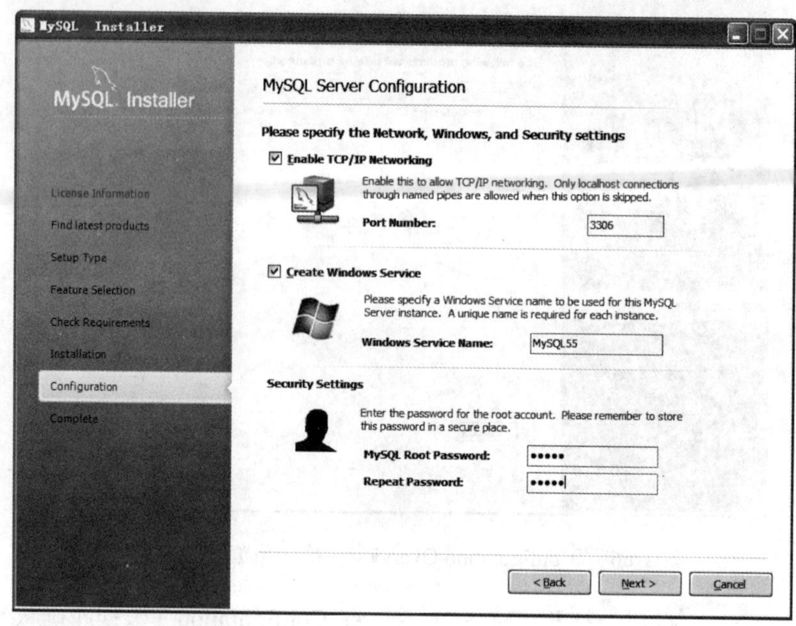

图 2-68　确认安全设置

18）确认后再单击 Next 按钮，打开最后的“Installation Complete（完成安装）”对话框，勾选“Star MySQL Workbench after Setup（完成安装后启动 MySQL 的工作界面）”复选框，如图 2-69 所示。

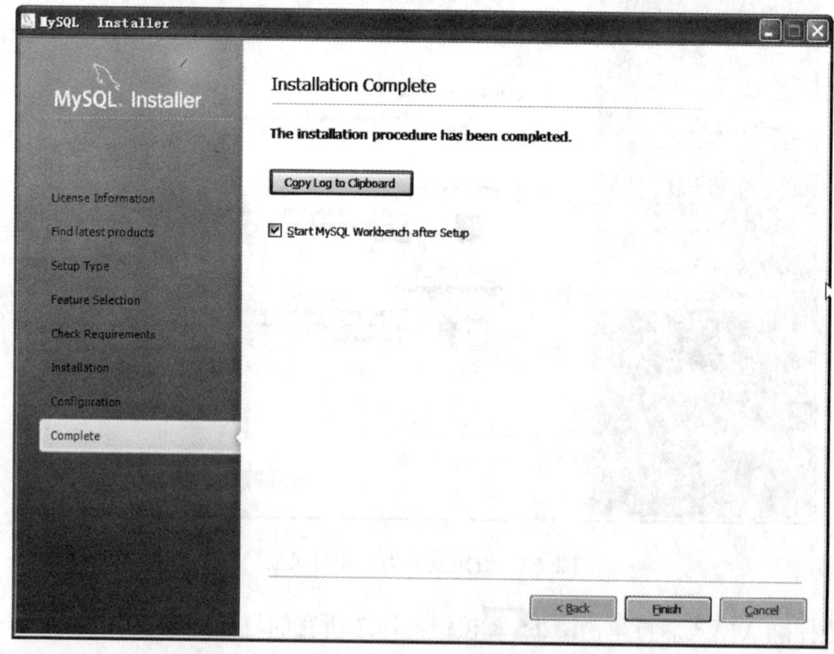

图 2-69　完成安装的对话框

安装完成后，单击 Finish 按钮，MySQL 数据库的安装就完成了。用上述的方法安装完数据库后打开 C 盘下的 Mysql 文件夹，里面有个 my.ini 的配置文件，由于是默认安装所以查找到如下的代码：

```
#Path to the database root
datadir="C:/Documents and Settings/All Users/Application Data/MySQL/MySQL Server 5.5/Data/"
```

表示存放数据库的默认位置，即后面章节所有制作的实例的数据库都可以直接放在这里。

2.6 MySQL 数据库的管理

在安装完 MySQL 数据库后，可以自动运行数据库的管理软件 MySQL Workbeach，如图 2-70 所示。该数据库管理软件是英文版的，对于英语不是很精通的人来说，去学习使用具有一定的难度。在国内比较普及的针对 MySQL 数据库进行管理的软件还有好几款，其中 phpMyAdmin 是最简单的网页版，由于该软件有中文版，配置也非常的简单，所以这里推荐使用 phpMyAdmin 对 MySQL 数据库进行管理应用。

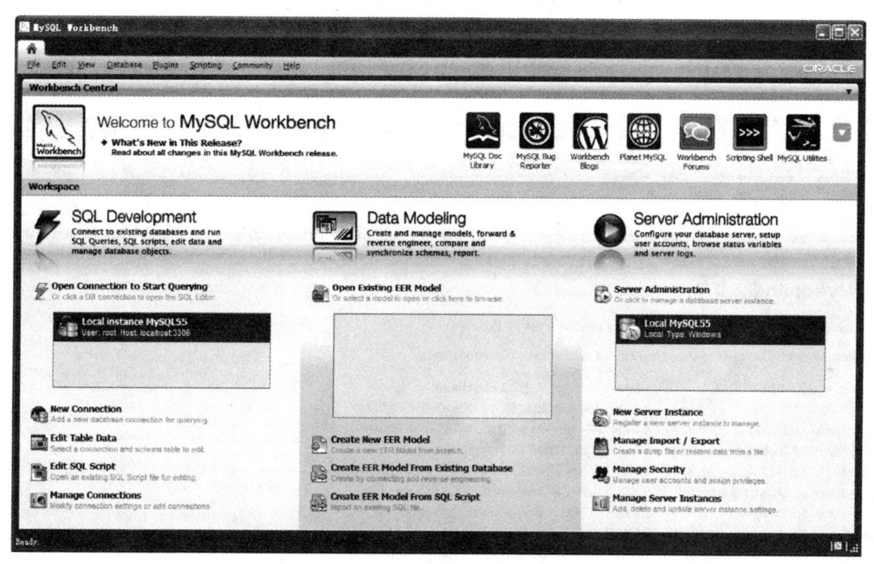

图 2-70　MySQL Workbeach 主界面

2.6.1　phpMyAdmin 的下载

phpMyAdmin 是一种 MySQL 的管理工具，安装该工具后，即可通过 Web 形式直接管理 MySQL 数据，而不需要通过执行系统命令来进行管理，phpMyAdmin 非常适合对数据库操作命令不熟悉的数据库管理者使用，下面就从 phpMyAdmin 官网上下载该软件。

下载的步骤如下：

1）打开 phpMyAdmin 的官方站点：http://www.phpmyadmin.net/ ，在页面中选择“Download（下载）”，进入下载页面，如图 2-71 所示。

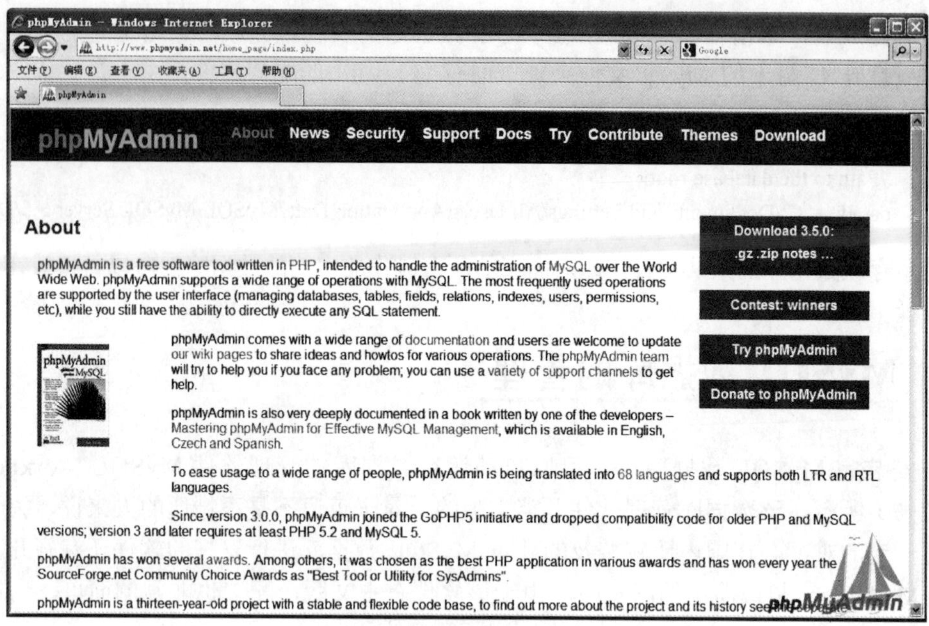

图 2-71　下载 phpMyAdmin 页面

2）查找到最新的版本后，选择“all-languages.zip”文件包进行下载，如图 2-72 所示。

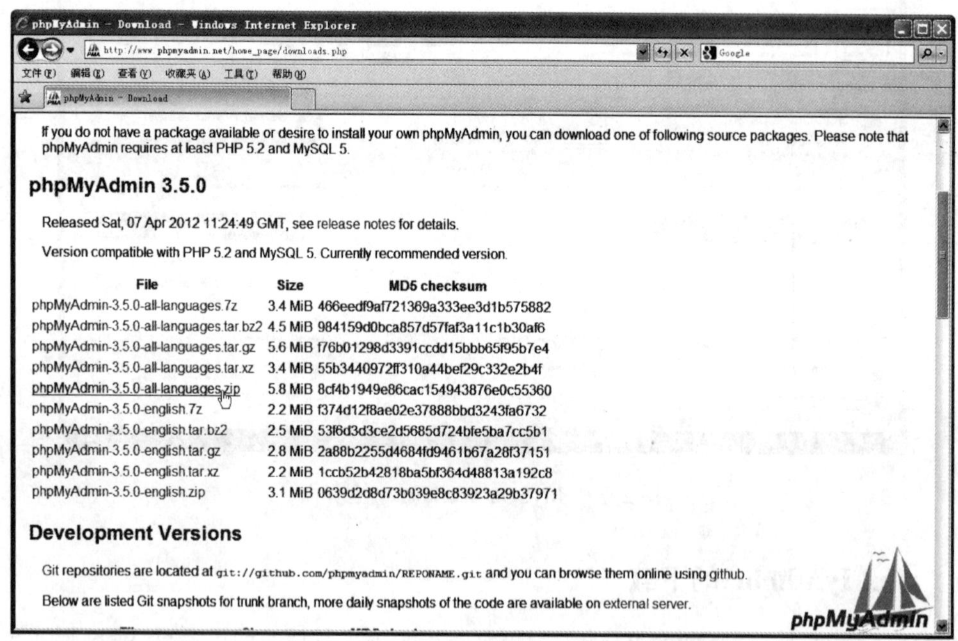

图 2-72　选择下载的文件包

3）下载完成的 ZIP 文件需通过解压软件解压到本地硬盘。如果本地有 MySQL，则可在本地进行测试，这里将所有的解压文件都复制到 C:\Apache\htdocs 文件夹内（图 2-73）。这样，就可以通过“http://localhost/phpmyadmin ”进行访问了。

图 2-73　解压缩到 Apache 站点文件内

2.6.2　phpMyAdmin 的安装

无论是在本地测试还是在远程服务器上测试，都需要进行如下的文件配置才能正常使用 phpMyAdmin。

配置的方法也比较简单，具体的配置步骤如下：

1）在下载并解压后的文件夹中查找到文件 config.sample.inc.php，这是 phpMyAdmin 配置文件的样本文件，需要复制该文件中的所有代码，同时新建一个文件 config.inc.php，然后将代码粘贴到新建的文件中。文件 config.inc.php 是 phpMyAdmin 的配置文件，上传服务器时必须上传该文件，如图 2-74 所示。

图 2-74　创建 config.inc.php 文件

2）对于 config.inc.php 文件，最重要的就是修改加入 phpMyAdmin 链接的 MySQL 的用户名和密码，寻找到代码行：

```
Php 代码
// $cfg['Servers'][$i]['controluser'] = 'pma';
// $cfg['Servers'][$i]['controlpass'] = 'pmapass';
// $cfg['Servers'][$i]['controluser'] = 'pma';
// $cfg['Servers'][$i]['controlpass'] = 'pmapass';
```

将“//”注释号删除，同时输入 MySQL 中配置的用户名和密码（远程服务器的请联系你的空间服务商），比如这里：

```
Php 代码
$cfg['Servers'][$i]['controluser'] = 'root';
$cfg['Servers'][$i]['controlpass'] = 'admin';
$cfg['Servers'][$i]['controluser'] = 'root';
$cfg['Servers'][$i]['controlpass'] = '******';
```

修改后的文档如图 2-75 所示。

图 2-75　修改用户名和密码

3）如果需要通过远程服务器调试使用 phpMyAdmin，则需要添加 blowfish_secret 内容定义 Cookie，寻找到代码行：

```
Php 代码
$cfg['blowfish_secret'] = '';
//设置内容为 COOKIE
```

修改为：

```
$cfg['blowfish_secret'] = 'evernory';
```

设置后如图 2-76 所示。

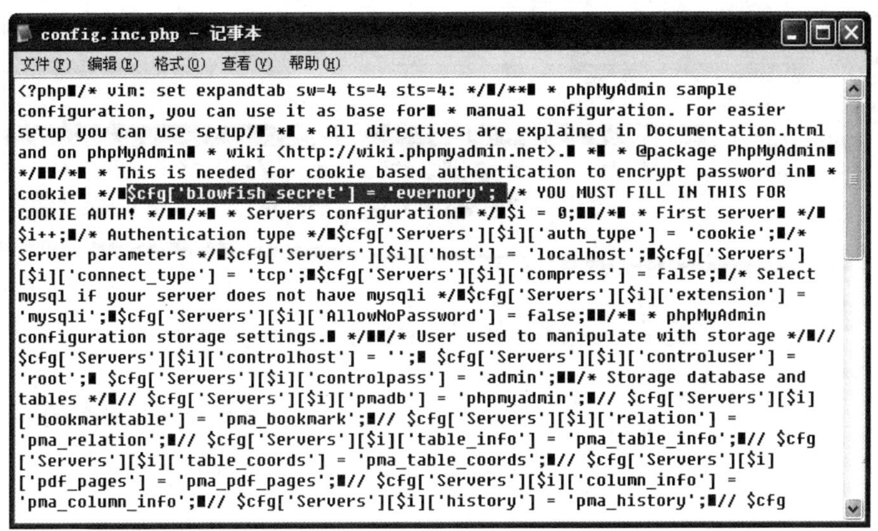

图 2-76　设置 Cookie 权限

2.6.3　phpMyAdmin 的使用

在 IE 浏览器中输入 http://127.0.0.1/phpmyadmin/ ，进入 phpMyAdmin 页面后输入 MySQL 用户的用户名和密码，如图 2-77 所示。

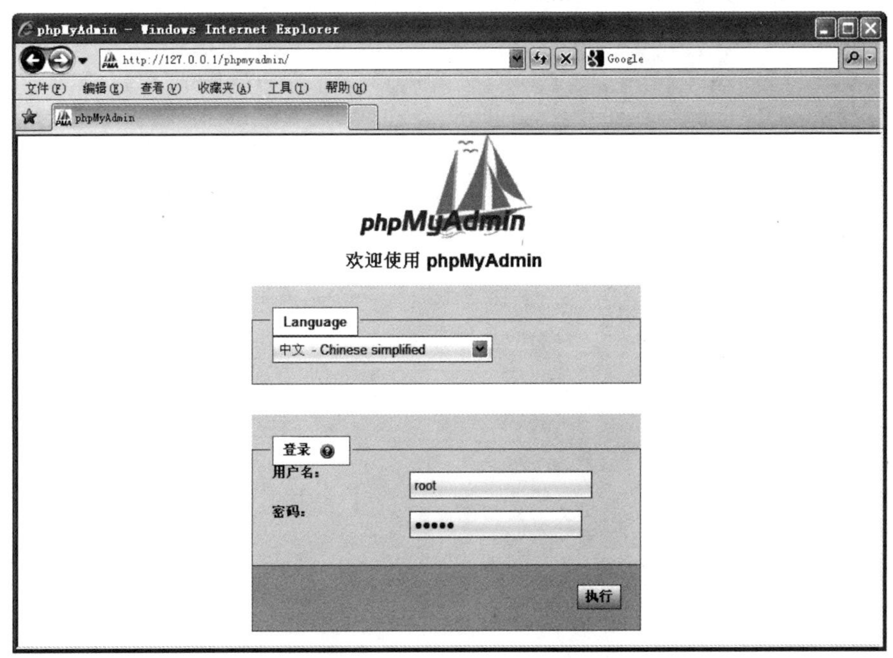

图 2-77　打开管理主界面

单击“执行”按钮即可进入软件的管理界面，选择相关数据库可以看到数据库中的各表，可以进行表、字段的增、删、改，也可以导入、导出数据库信息，如图 2-78 所示。

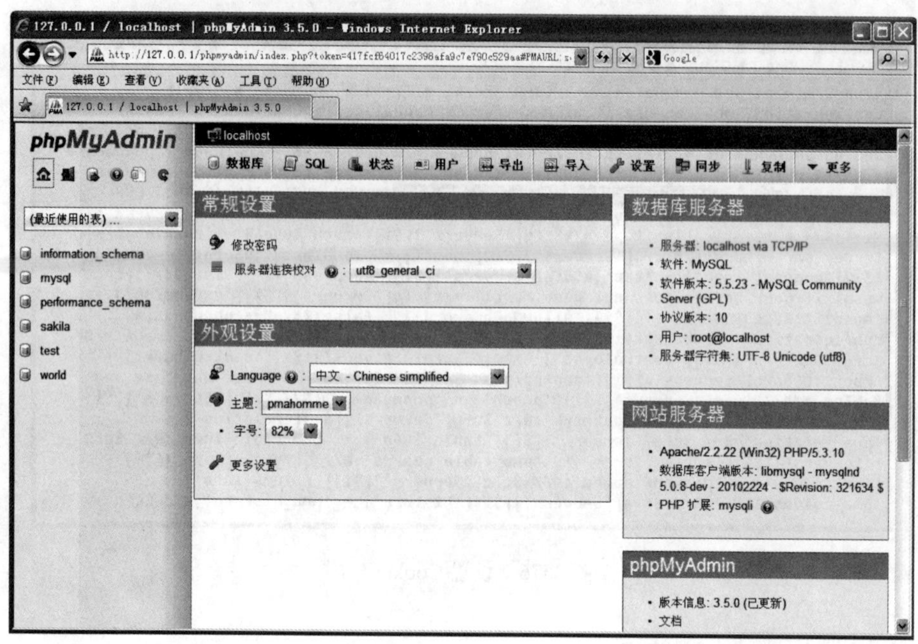

图 2-78 软件的管理界面

MySQL 数据库的管理软件有很多，读者也可以下载一些其他常用的软件进行管理，对于初学者而言，建议使用 phpMyAdmin 软件。

第 3 章　电子商务网站的界面设计

网站用户界面（Website User Interface）是指网站用于和用户交流的外观、部件和程序等。很多网站设计很朴素，看起来给人一种很舒服的感觉；有的网站很有创意，能给人带来意外的惊喜和视觉的冲击；而相当多的网站页面上充斥着怪异的字体、花哨的色彩和图片，给人网页制作粗劣的感觉。企业网站界面的设计是电子商务网站建设中的第一个环节。一般而言网站的 UI 设计是指网站整体的视觉美工设计，其中网站的首页设计尤为重要，因为其他页面的风格基本上是与首页的风格一致的。从设计的内容来说网站首页的设计主要包括版式的分析设计、网页的大小设计、导航条设计及页面框架的搭建与分割等工作，涉及的软件主要有用于设计的 Photoshop 和 Fireworks 等平面设计软件。由于 Photoshop 的使用较广泛，本书就使用 Photoshop 软件实现界面的设计。

本章重点介绍如下知识：

- 网页设计原则与内容
- 网站首页设计流程
- 网站首页设计实例
- 网站使用图片的分割

3.1 网页设计原则与内容

网站界面的设计，既要从外观上进行创意以达到吸引眼球的目的，还要结合图形和版面设计的相关原理，从而使得网站设计变成了一门独特的艺术。做网站设计的时候要注意一些设计原则。

3.1.1 界面设计原则

通常电子商务网站用户界面的设计应遵循以下几个基本原则（图 3-1）：

1. 用户实用原则

设计网页首先要明确到底谁是使用者，要站在用户的观点和立场上来考虑和设计网站。要做到这一点，必须和用户沟通，了解他们的需求、目标、期望和偏好等。网页的设计者要清楚，用户之间差别很大，他们的能力各有不同。另外，用户使用的计算机配置也是千差万别，包括显卡、声卡、内存、网速、操作系统以及浏览器等都会有所不同。设计者如果忽视了这些差别，设计出的网页在不同的机器上显示就会造成混乱的结果。

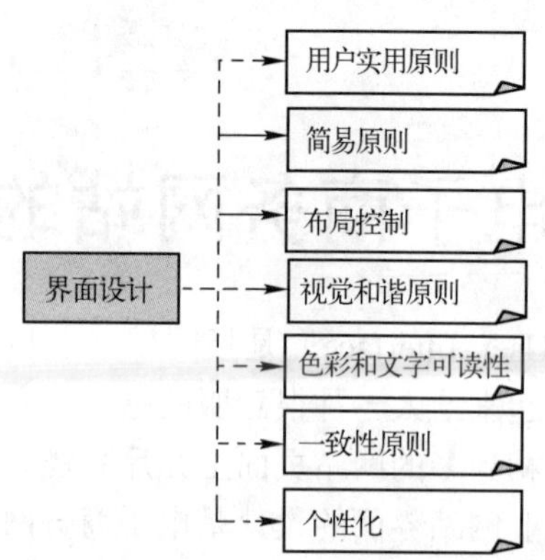

图 3-1　界面设计的原则

2．简易原则

简洁和易于操作是网页设计的最重要的原则。网站建设出来是用于普通网民来查阅信息和使用网络服务的。没有必要在网页上设置过多的操作，堆集很多复杂和花哨的图片。该原则一般的要求为：网页的下载不要超过 10 秒钟；尽量使用文本链接，而减少大幅图片和动画的使用；操作设计尽量简单，并且有明确的操作提示；网站所有的内容和服务都应在显眼处向用户予以说明等。

3．布局控制

关于网页排版布局方面，很多网页设计者重视不够，网页排版设计得过于死板，甚至照抄他人。如果网页的布局凌乱，仅仅把大量的信息堆集在页面上，会干扰浏览者的阅读。一般在网页设计上所要遵循的原理有：

（1）7±2 比特

根据心理学家 George A.Miller 的研究表明，人一次性接受的信息量在 7 个比特左右为宜。总结一个公式为：一个人一次所接受的信息量为 7±2 比特。这一原理广泛应用于网站建设中，一般网页上面的栏目选择最佳在 5～9 个之间，如果网站所提供给浏览者选择的内容链接超过这个区间，人在心理上就会烦躁、压抑，会让人感觉到信息太密集，看不过来，很累。很多国内的网站在栏目的设置上远远超出这个区间。

（2）分组处理

上面提到，对于信息的分类，不能超过 9 个栏目。但如果内容实在是要超出了 9 个，则需要进行分组处理。如果网页上提供几十篇文章的链接，则需要每隔 7 篇加一个空行或平行线进行分组。

4．视觉和谐原则

设计网页时，各种元素（如图形、文字、空白）都会起到视觉作用。根据视觉原理，图形与一块文字相比较，图形的视觉作用要大一些。所以，为了达到视觉平衡，在设计网页时需要以更多的文字来平衡一幅图片。另外，按照中国人的阅读习惯是从左到右，从上到下，因此视觉平衡也要遵循这个道理。如果很多的文字是采用左对齐，则需要在网页的右边加一些图片或一些较明亮、较醒目的颜色。一般情况下，每张网页都会设置一个页眉部分和一个页脚部分，页眉部分常放置一些 Banner 广告或导航条，而页脚部分通常放置联系方式和版权信息等，页眉和页脚在设计上也要注重视觉平衡。同时，也决不能低估空白的价值。如果网页上所显示的信息非常密集，这样不但不利于读者阅读，而且会引起读者反感，破坏该网站的形象。在网页设计时，可适当增加一些空白，精炼网页，使页面变得简洁。

5. 色彩和文字可读性

颜色是影响网页的重要因素，不同的颜色对人的感觉有不同的影响，例如：红色和橙色使人兴奋并使得心跳加速；黄色使人联想到阳光，是一种使人快活的颜色；黑颜色显得比较庄重。考虑到希望对浏览者产生什么影响，需要为网页设计选择合适的颜色（包括背景色、元素颜色、文字颜色、链节颜色等）。

为方便阅读网站上的信息，可以参考报纸的编排方式将网页的内容分栏设计，有时两栏要比一满页的视觉效果好。另一种影响文字可读性的因素是所选择的字体，通用的字体（Arial、Courier New、Garamond、Times New Roman 及中文宋体）最易阅读，特殊字体用于标题效果较好，但是不适合正文。如果在整个页面使用一些特殊字体，读者阅读起来感觉一定很糟糕。特殊字体如果在页面上大量使用，会使得阅读颇为费力，浏览者的眼睛很快就会疲劳，不得不转移到其他页面。

6. 一致性原则

通过对网站的各种元素（颜色、字体、图形及空白等）使用一定的规格，使得设计良好的网页看起来应该是和谐的。或者说，网站的众多单独网页应该看起来像一个整体。网站设计时要保持一致性，这也是很重要的一点。一致的结构设计，可以让浏览者对网站的形象有深刻的记忆；一致的导航设计，可以让浏览者迅速而又有效地进入网站中自己所需要的部分；一致的操作设计，可以让浏览者快速学会整个网站的各种功能操作。破坏这一原则，会误导浏览者，并且让整个网站显得杂乱无章，给人留下不良的印象。当然，网站设计的一致性并不意味着刻板和一成不变，有的网站在不同栏目使用不同的风格，或者随着时间的推移不断地改版，也会给浏览者带来新鲜的感觉。

7. 个性化原则

（1）注意网络文化

不同于传统的企业商务活动，企业电子商务网站要符合 Internet 网络文化的要求。首先，网络最早是非正式性、非商业化的，只是科研人员用来交流信息；其次，网络信息是只在计算机屏幕上显示而没有打印出来阅读，网络上的交流具有隐蔽性，谁也不知道对方的真实身份；另外，许多人是在家中或网吧等一些比较休闲、比较随意的环境下上网。因此，整个互联网的文化是一种休闲的、非正式性的、轻松活泼的文化。在网站上使用幽默的网络语言，创造一种休闲的、轻松愉快的、非正式的氛围会使网站的访问量大增。

（2）塑造网站个性

网站的整体风格和整体气氛表达要同企业形象相符合，并应该很好地体现企业 CI。如可口可乐个性鲜明的前卫网站，如图 3-2 所示。整个网站使用 Flash 开发，颜色使用企业 CI

的主色调红色，加上明星的代言图片，使得整个网站个性十足、'动感无限。

图 3-2 可口可乐的官网

3.1.2 界面设计内容

界面设计是为了满足网页专业化、标准化的需求而产生的对网页的使用界面进行美化、优化、规范化的设计分支。具体包括网页框架设计、按钮设计、面板设计、菜单设计、图标设计、滚动条设计及状态栏设计。

（1）网页框架设计

网页的框架设计比较复杂，涉及网页的使用功能，要求对该网页产品的程序和使用比较了解。这就需要设计师有一定的网页跟进经验，能够快速地学习网页产品，并且在和网页产品的程序开发员及程序使用对象间进行共同沟通，以设计出友好的、独特的、符合程序开发原则的网页框架。网页框架设计应该简洁明快，尽量少用无谓的装饰，应该考虑节省屏幕空间、各种分辨率的大小及缩放时的状态和原则，并且为将来设计的按钮、菜单、标签、滚动条及状态栏预留位置。设计中将整体色彩组合进行合理搭配，将网页商标放在显著位置，主菜单应放在左边或上边，滚动条放在右边，状态栏放在下边，以符合视觉流程和用户使用心理。

（2）网页按钮设计

网页按钮设计应该具有交互性，即应该有 3～6 种状态效果：点击时的状态、鼠标放在上面但未点击的状态、点击前鼠标未放在上面时的状态、点击后鼠标未放在上面时的状态、不能点击时的状态及独立自动变化的状态。按钮应具备简洁的图示效果，应能够让使用者产生功能关联反应，群组内按钮应该风格统一，功能差异大的按钮应该有所区别。

（3）网页面板设计

网页面板设计应该具有缩放功能，面板应该对功能区间划分清晰，应该和对话框、弹出框等风格匹配，尽量节省空间，切换方便。

（4）导航菜单设计

网页导航的二级菜单是经常设计的功能，现在很多平台就是简单的文字链接，如果菜单设计能和操作系统的菜单相溶合，如有选中状态和未选中状态，左边应为名称，右边应为快捷键，如果有下级菜单应该有下级箭头符号，不同功能区间应该用线条分割，则马上能够显示出菜单的与众不同的地方。

（5）图标设计

图标设计是方寸艺术，应该加以着重考虑视觉冲击力，它需要在很小的范围表现出企业的内涵，通常都是直接使用企业的 Logo。很多图标设计师在设计图标时使用简单的颜色，利用眼睛对色彩和网点的空间混合效果，做出了许多精彩的图标。

（6）滚动条及状态栏设计

滚动条的作用是对区域性空间的固定大小中的内容量进行变换，应该有上下箭头、滚动标等，有些还有翻页标。状态栏的作用是对网页当前状态进行显示和提示。

3.2 网站首页设计流程

在所有的页面设计当中，网站首页设计的好坏是一个网站成功与否的关键。通常人们看到首页就会对网站初步有一个整体的感觉，所以，首页的设计和制作知识是网站建设的重点，也是难点。对于电子商务网站而言，首页设计的好坏直接影响到网站的运营结果，本书以实例 JadeWEN 婚纱电子商务网站的设计制作为导向，让读者掌握整个电子商务网站的设计与制作全过程。

3.2.1 草图创意原则

设计首页版面的第一步是设计版面的布局，类似于传统的报刊杂志编辑一样，网页也需要排版布局。布局简单地说就是一个设计的概念，是指在一个限定的范围内合理地安排、布置图像和文字的位置，把文章、信息按照一定的顺序陈列出来，同时对页面进行装饰和美化。随着动态网页技术的发展，网站建设日益趋向于 Flash 等网页。当然网页版面的静态设计仍是必须学习和掌握的，因为它们的基本原理是相通的，领会要点，便可举一反三，触类旁通。

一个电子商务网站的首页，主要由导航、各功能模块、版权及店标等内容组成。传统的首页格式的设计并没有固定的规则与模式，主要是由设计师和用户来共同决定的。值得一提的是，上面提到的功能模块一个都不能少。

注意：

网页的版面指的是浏览者从浏览器上看到的完整页面（可以包含框架和层）。由于每个人设置的显示器分辨率有所不同，所以同一个页面可能出现 800×600 像素、1024×768 像素等不同屏幕尺寸。版面草案的形成决定着网页的基本面貌，相当于网站的初步设计创意，通常来自一些现有设计作品、图形图像素材的组合、改造及加工。

3.2.2 粗略创意布局

粗略创意布局是指在版面草案的基础上，将列举的功能模块安排到页面上的适当位置。本书策划的网站首页草图如图 3-3 所示。

注意：

这里必须遵循突出重点、平衡协调的原则，将网站标志、主菜单、商品目录等比较重要的模块放在最显眼、最突出的位置，然后再考虑次要模块的排放。

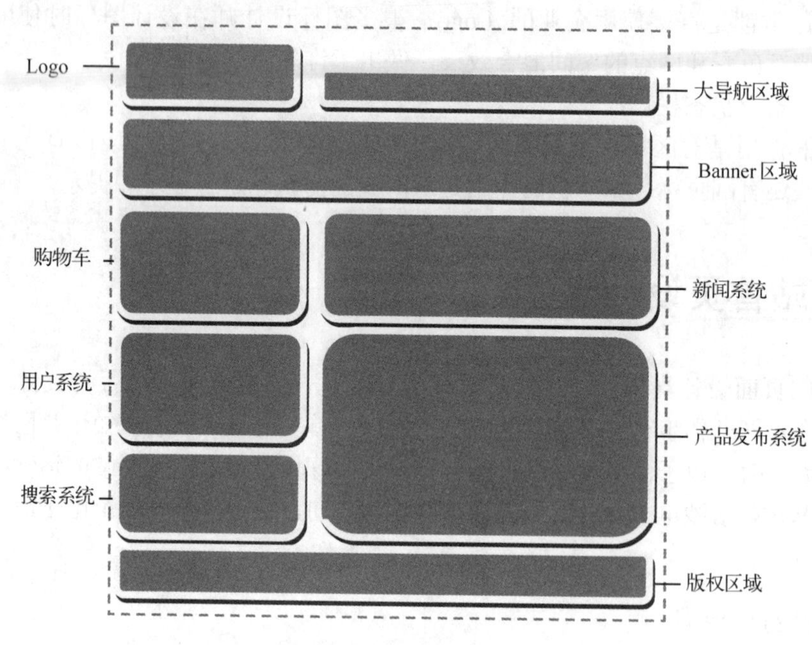

图 3-3　网站首页草图

3.2.3　最后定案首页

通俗地讲就是将粗略布局精细化、具体化。在布局过程中，需要遵循的原则有如下几条。

平衡：指版面的图像文字在视觉份量上左右、上下几个方位基本相等，分布匀称，能达到安定、平静的效果。

呼应：在不平衡布局中的补救措施，使一种元素同时出现在不同的地方，形成相互的联系。

对比：利用不同的色彩、线条等视觉元素相互并置对比，造成画面的多种变化，从而达到丰富视觉的效果。

疏密：疏密关系本是绘画的概念。疏，是指画面中形式元素稀少（甚至空白）的部分；密，是指画面中形式元素繁多的部分，在网页设计中就是空白的处理运用。太满、太密、太平均是任何版式设计的大忌，适当的疏密搭配可以使画面产生节奏感，体现出网站的格调与品位。

在制作网站时，能适当地把以上的设计原则运用到页面布局里，就会产生不一样的效果。例如：网页的白色背景太虚，则可以适当地加些色块；网站的版面零散，则可以把线条和符号串联起来；版面左边文字过多，则可以在右边插一张图片来保持平衡。经过不断地尝试和推敲，一个设计方案就会渐渐完善起来。

根据草图布局在 Photoshop 中设计的实际效果如图 3-4 所示。在图 3-4 所示的网站设计中，读者可以找到相应的功能模块。在这里要指出的是，并不是所有的网站界面都是千篇一律的，可以根据销售产品的需求，再设计更多的功能。

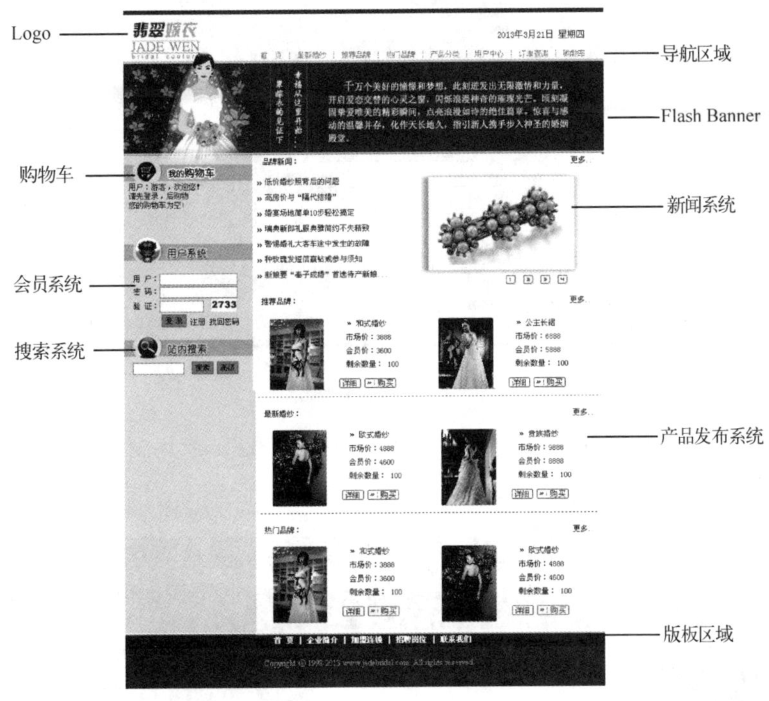

图 3-4　网站设计的实际效果

3.3　网站首页设计实例

现以上述首页效果的设计实现为例，简单介绍一下网站首页设计的流程。操作步骤中要特别注意一些标准，如页面的大小及像素，必须严格按照要求来设计，否则在发布网页时会出现图片不显示或者网页过大等错误。

3.3.1　首页的大小设计

制作网站的网页大小是有一定规定的，因为浏览者浏览网页的显示器大小是受限的，所以设计的网页大小要匹配显示器的大小，否则在浏览网页时就看不到完整的效果。首页的大小设计具体步骤如下：

1）打开 Photoshop CS6，选择菜单栏上的“文件”→“新建”命令，打开“新建”对话框，在对话框中的“名称”文本框中输入文件名“index”，在“宽度”文本框中输入“766”，单位为“像素”；在“高度”文本框输入“1051”，单位为“像素”；在“分辨率”文本框中输入“72”，单位为“像素/英寸”；把“颜色模式”设置为“RGB 颜色”，单位为“8 位”；把“背景内容”设置为“白色”。其他的设置保持不变，如图 3-5 所示。

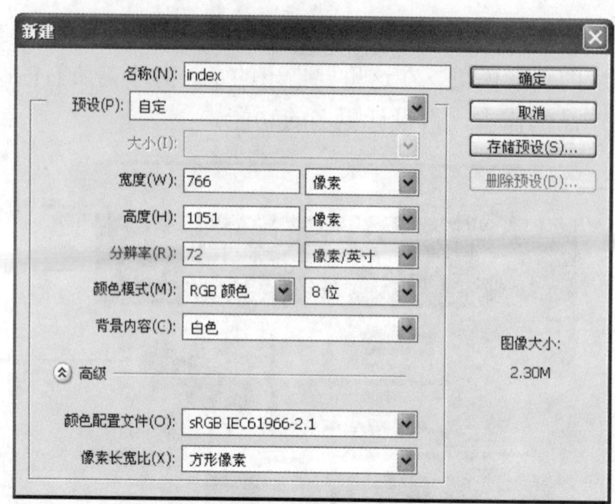

图 3-5 界面属性设置

2）打开图层后双击工具栏中的“缩放工具”按钮，或者同时按下〈Ctrl+）〉组合键，使场景按 100%的比例显示，此时的效果如图 3-6 所示。

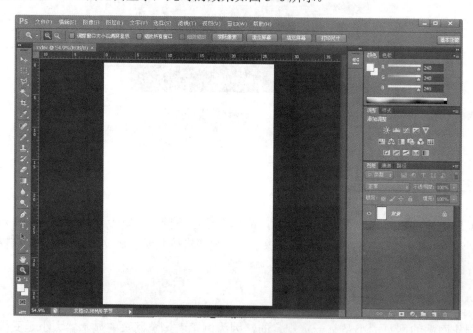

图 3-6 场景 100%显示效果

注意：

大部分浏览者是在 800×600 或者 1024 × 768 的分辨率模式下浏览网页，所以制作网页的时候，要首先考虑大众需求。由于用浏览器浏览网页的时候需要网页滚动条，所以实际的网页宽度不能达到 800 像素，一般为 780 像素。而分辨率设置小了会看不清，设置大了会影响访问的速度，72 像素/英寸的分辨率是最佳设置，这样设计出来的网页效果在显示器中可以看得很清楚。

3.3.2　页面框架的搭建

设计网页的框架，简单地说就是在首页上设计好整体的背景框架效果，以方便后面放置一些实际内容，比如前面提到的会员系统、新闻系统及网上购物车等，下面就实现网页的框架设计：

1）在建立了网站首页大小后，在“图层”面板中单击“创建新组”按钮，新建一个文件夹“组 1”，如图 3-7 所示。

2）用鼠标左键双击文件夹名称，在“名称”文本框中输入新命名的名称“版权”，其他的选项保持默认值，如图 3-8 所示。

图 3-7　创建新组

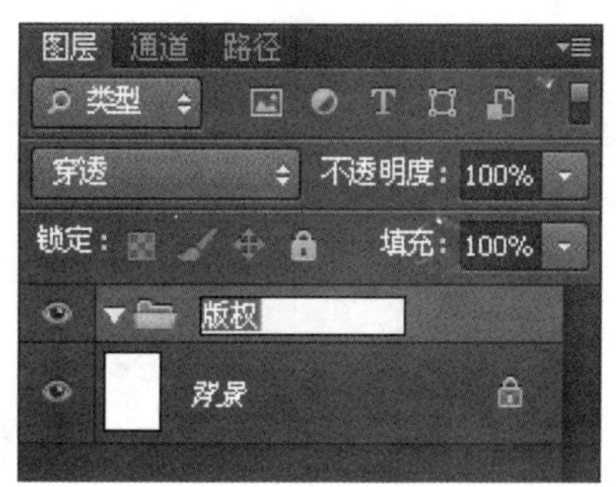

图 3-8　设置组名称

专家指导：

使用 Photoshop 设计的所有元素都是放置在图层上的，可是当设计的元素很多时，就会分不清元素到底是放在哪个图层上的，因此需要将图层分别命名并按功能分类，这样方便日后的维护与更改。

3）在“图层”面板中单击“创建新图层”按钮，在“版权”文件夹里，自动创建一个新的“图层 1”，如图 3-9 图所示。

4）双击“图层 1”文字，在“名称”文本框中输入新命名的名称“底纹”，其他的保持默认值，如图 3-10 所示。

图 3-9　新建的“图层 1”

图 3-10　设置“图层属性”名称

5）执行菜单栏上的“文件”→“打开”命令，弹出“打开”对话框，单击“查找范围”后面的下拉三角按钮，选择光盘中的源文件 shop/psd /底纹.bmp，如图 3-11 所示。

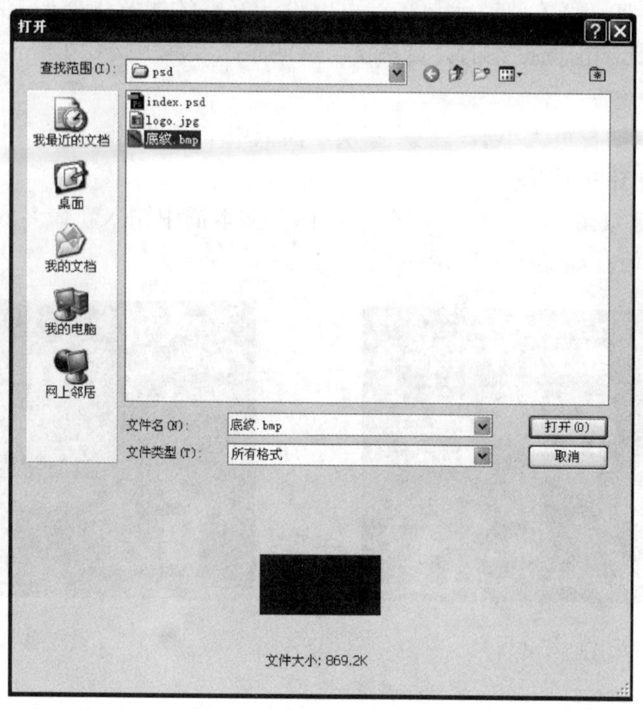

图 3-11　设置“打开”对话框

6）单击“打开”按钮，在 Photoshop 软件中打开准备的网页底纹效果，如图 3-12 所示。

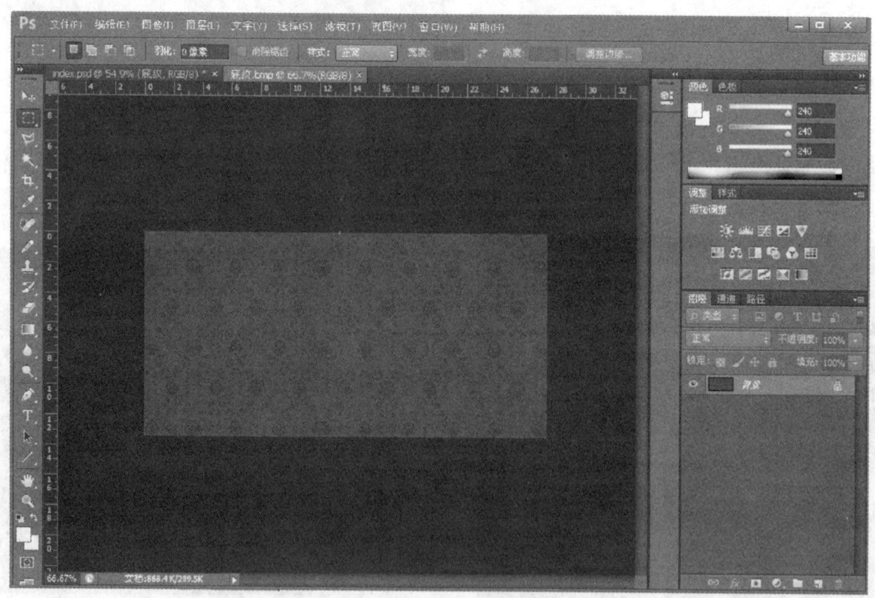

图 3-12　打开的底纹效果

7）按下全选组合键〈Ctrl+A〉，打开底纹图片，再同时按下〈Ctrl+C〉组合键复制底纹图片的效果，再单击前面设计的 index.psd 文档，切换回它的编辑窗口，用鼠标单击选择“底纹”图层，再执行〈Ctrl+V〉组合键，即可以将图片复制到建立的图层上，效果如图 3-13 所示。

图 3-13　复制底纹效果

专家指导：

复制的漂亮底纹用来做什么呢？网页设计注重龙头凤尾，意思是说网页的前半部分和后半部分需要用精美的背景来衬托，这样设计出来的网页会比较精美。

8）接下来就是用辅助线先划分出整个网页的龙头和凤尾的大小。单击工具栏中的“移动工具”按钮，从文档窗口的标尺位置向下拉五条辅助线，如图 3-14 所示。

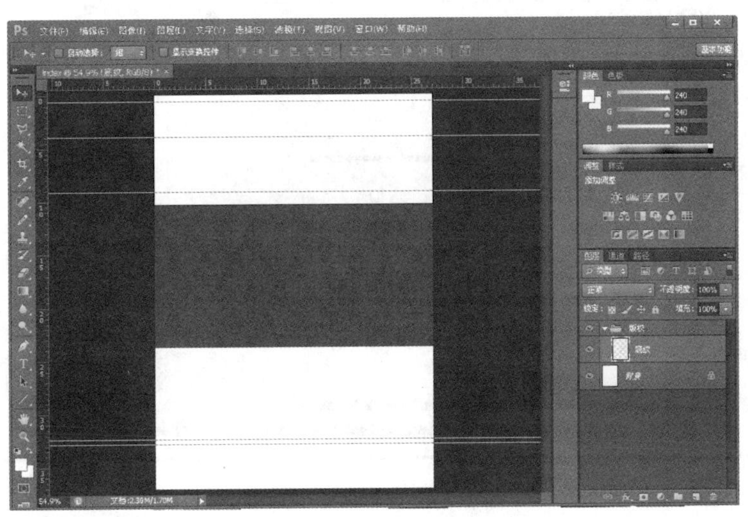

图 3-14　设置 5 条辅助线

9）用鼠标拖动“底纹”图层，至倒数第 2 条辅助线下，单击工具箱中的“矩形选框工具”按钮，拖动鼠标选择倒数第 1 条和第 2 条间的区域，同时按下〈Ctrl+C〉组合键，复制矩形选框内的底纹图片的效果。再执行〈Ctrl+V〉组合键，则“图层 1”将被自动创建，此时的“图层”面板如图 3-15 所示。

10）单击工具栏中的“移动工具”按钮，将“图层 1”拖放到第一条辅助线的上头，执行“复制图层”命令，打开“复制图层”对话框，如图 3-16 所示。

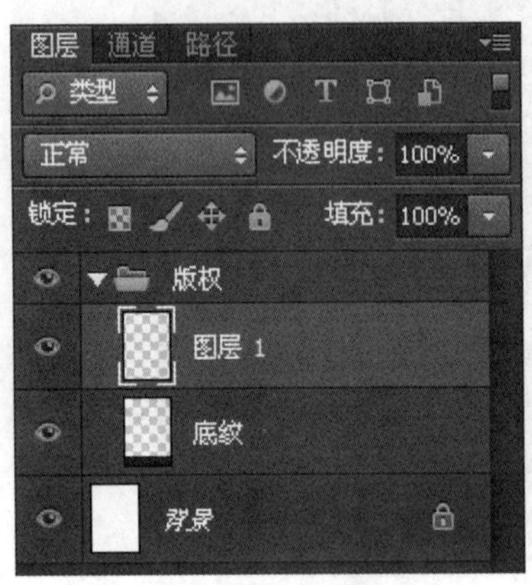

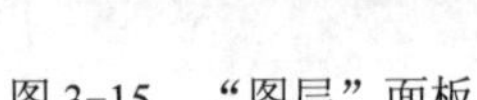

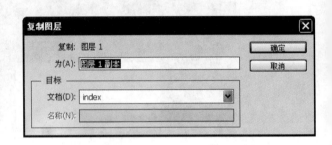

图 3-15 “图层”面板

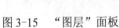

图 3-16 “复制图层”对话框

11）单击“确定”按钮，则在“图层 1”上自动生成“图层 1 副本”图层。拖动“图层 1 副本”图层，将其放置在第 4 条和第 5 条辅助线间，然后再执行菜单栏“图像”→“调整”→“色相 / 饱和度”命令，打开“色相 / 饱和度”对话框，在“明度”文本框中输入“-30”，其他的保持默认值。对话框的设置如图 3-17 所示。

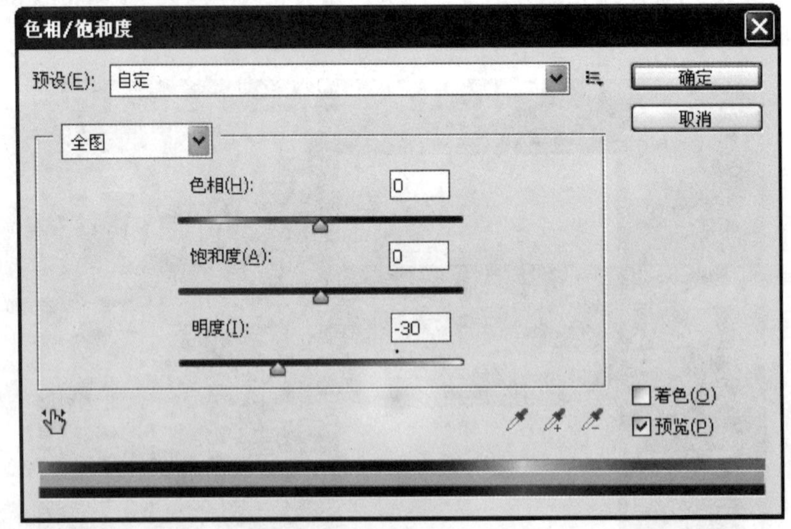

图 3-17 调整色相明度值

12）单击“确定”按钮，按住〈Shift〉键，同时选择制作的三个图层，执行〈Ctrl+E〉组合键，将图层合并成一个图层，并命名为“底纹”。此时网页的底纹应用效果已经出来了，如图 3-18 所示。

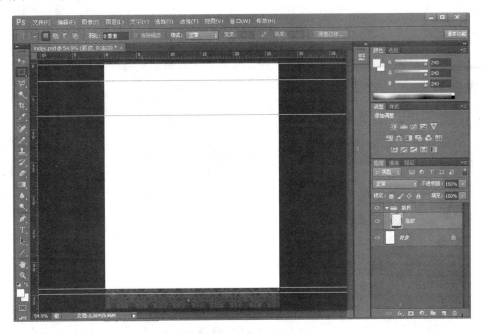

图 3-18　底纹应用效果

13）在“图层”面板中单击“创建新图层”按钮，在“版权”文件夹里，自动创建一个新的“图层 1”。用鼠标左键双击选择“图层 1”打开快捷菜单，在“名称”文本框中输入“导航底纹”，如图 3-19 所示。

14）单击工具箱中的“矩形选框工具”按钮，然后拖动“导航底纹”图层，将其放置在第 2 条和第 3 条辅助线之间的绘制矩形选区，绘制的效果如图 3-20 所示。

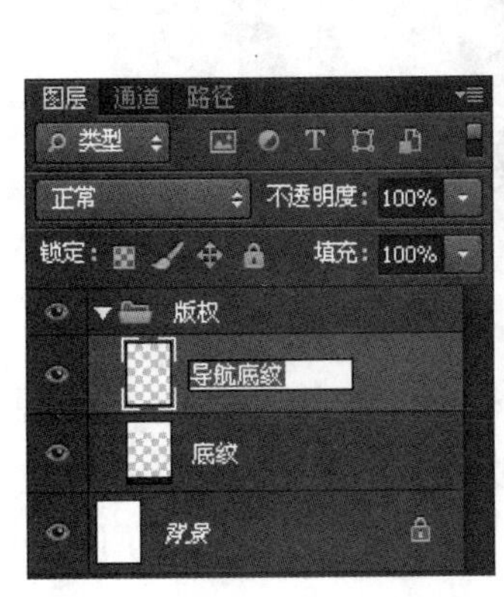

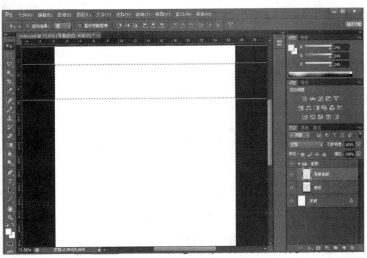

图 3-19　命名新建立的图层

图 3-20　绘制矩形选区

15）执行菜单栏“编辑”→“填充”命令，打开“填充”对话框，单击选择“使用”后面的下拉三角按钮，在打开的下拉菜单中选择“颜色...”选项，如图 3-21 所示。

16）选择选项后打开“拾色器”对话框，在这里设置颜色值为“#b00000”，对话框的设置如图 3-22 所示。单击“确定”按钮，返回“填充”对话框，再单击“确定”按钮，将选区填充上暗红色，设置后的效果如图 3-23 所示。

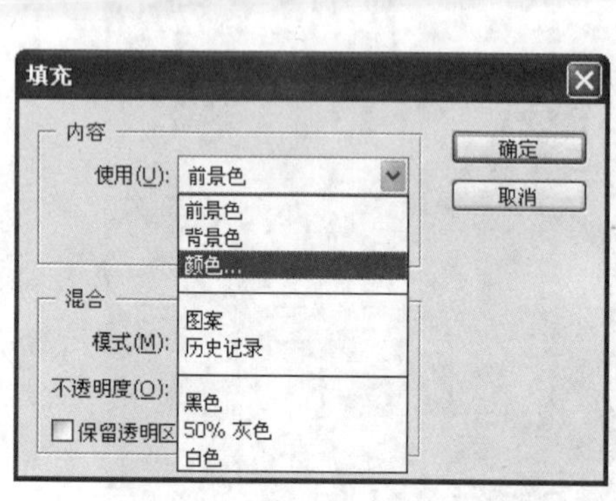

图 3-21　设置“填充”对话框

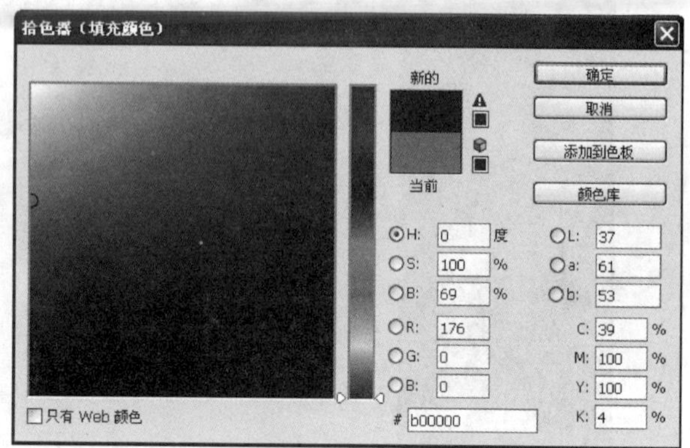

图 3-22　选择填充色

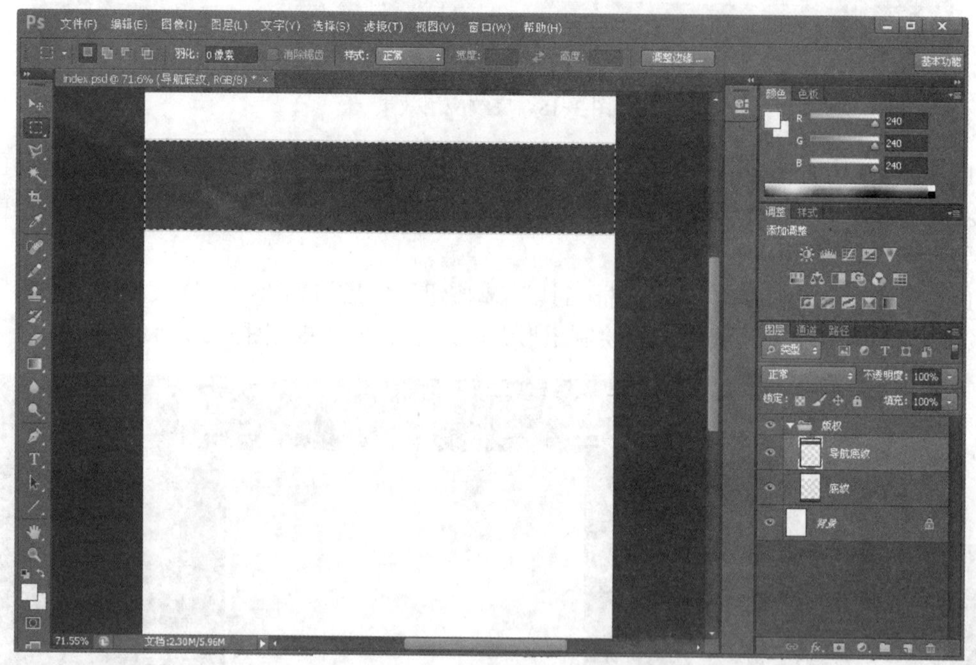

图 3-23　填充颜色后的效果

17）单击“确定”按钮完成描边操作，网页上下的结构已经划分出来，接下来就是设计中间白色这一块的竖向结构。从图 3-24 可以看出，页面的内容显示部分是划分成两大块的，左边灰色部分用来放置购物车、会员系统及搜索系统，右边白色域是用来显示新闻和产品的。

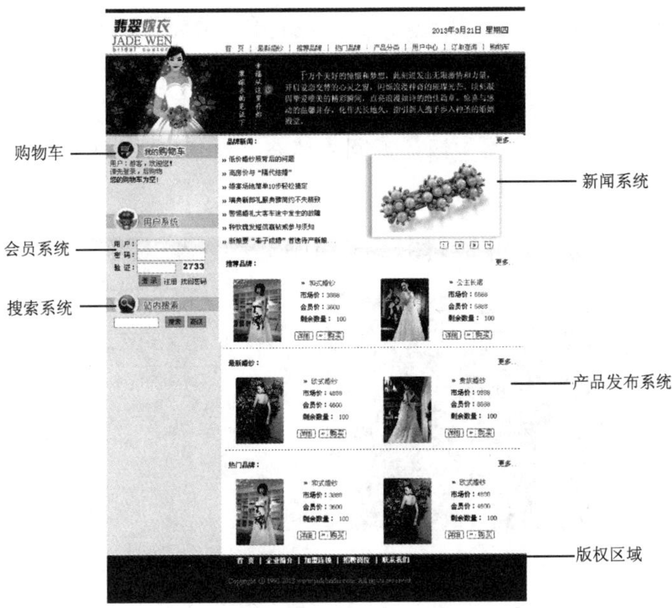

图 3-24　中间部分的设计规划

18）在“图层”面板中单击“创建新图层”按钮，在“版权”文件夹里自动创建一个新的“图层 1”，用鼠标左键双击选择“图层 1”，在“名称”文本框中输入“页面内容”。单击工具箱中的“矩形选框工具”按钮，然后拖动“导航底纹”图层，将其放置在第 3 条和第 4 条辅助线之间的左侧绘制矩形选区，绘制的效果如图 3-25 所示。

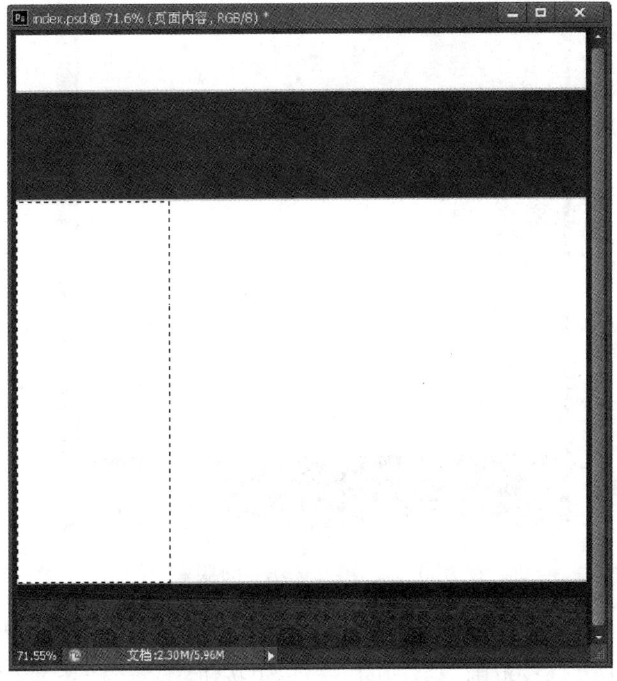

图 3-25　绘制矩形选区

19）执行菜单栏“编辑”→“填充”命令，打开“填充”对话框，单击选择“使用”后面的下拉三角按钮，在打开的下拉菜单中选择“颜色…”选项。

20）选择选项后打开“拾色器”对话框，在这里设置颜色值为“#f0f0f0”，对话框的设置如图 3-26 所示。单击“确定”按钮，返回“填充”对话框，再单击“确定”按钮，将选区填充上灰色的效果如图 3-27 所示。

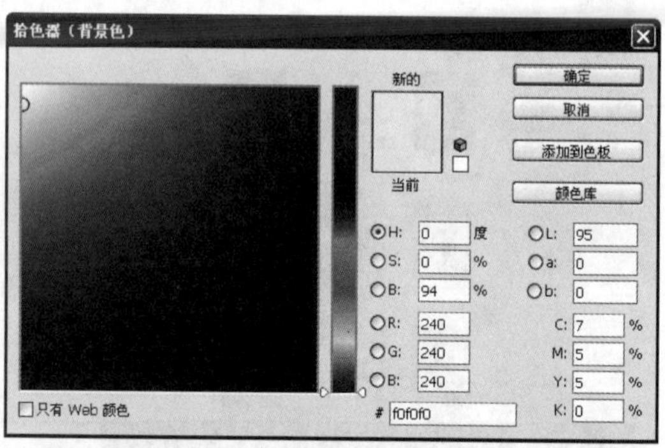

图 3-26 选择填充色

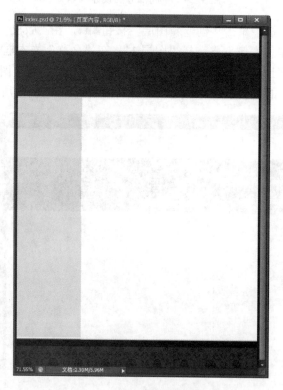

图 3-27 填充颜色后的效果

21）执行〈Ctrl+D〉组合键取消选择。执行菜单栏上的“文件”→“打开”命令，弹出“打开”对话框，单击“查找范围”后面的下拉三角按钮，选择光盘中的源文件 shop/psd / 购物车.psd，如图 3-28 所示。

22）单击“打开”按钮，在 Photoshop 软件中打开准备的购物车图片，如图 3-29 所示。

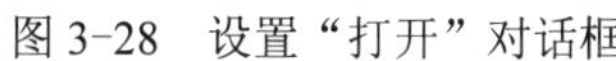

图 3-28 设置“打开”对话框

图 3-29 打开的底纹效果

23）按下〈Ctrl+A〉组合键全选购物车图片，再同时按下〈Ctrl+C〉组合键复制图片的效果，再单击 index.psd 文档，切换回它的编辑窗口，用鼠标单击选择“页面内容”图层，再执行〈Ctrl+V〉组合键，即可以将图片复制到新建立的“图层 1”上，单击工具栏中的“移动工具”按钮，将购物车拖放到前面创建的灰色底纹的左上角，此时的效果如图 3-30 所示。然后按住〈Shift〉键选择“页面内容”图层，再执行〈Ctrl+E〉键将这两个图层合并成一个图层。

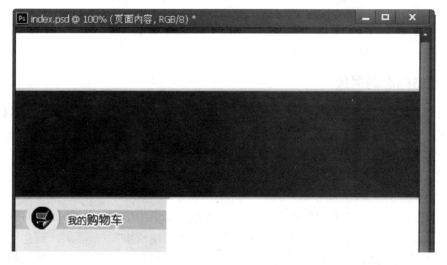

图 3-30 拖放购物车后的效果

24）同样在“页面内容”图层，右边的白色区域上合成图 3-31 所示的背景效果。

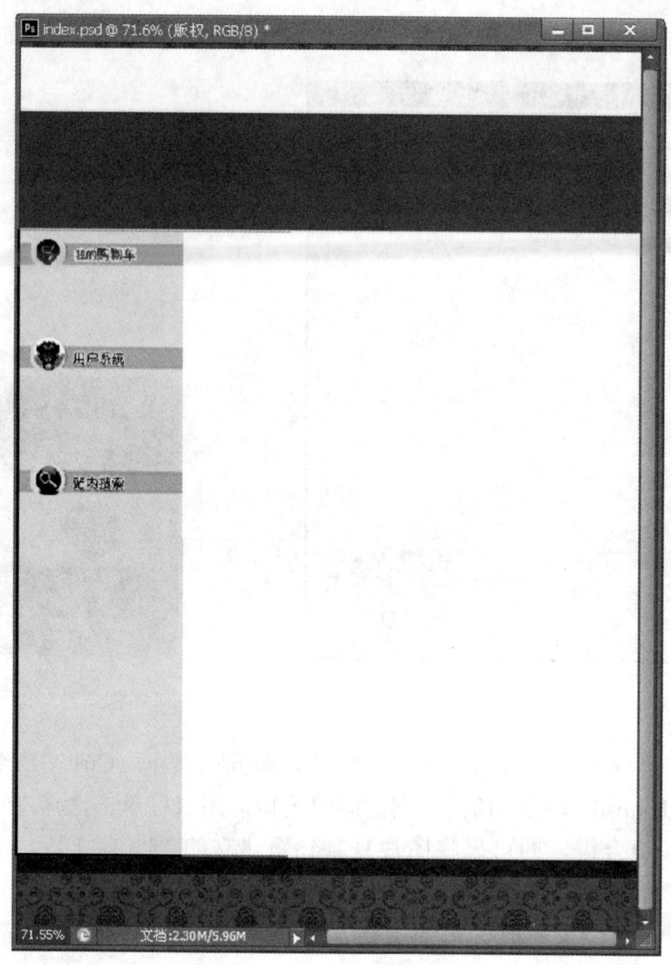

图 3-31　完成网页的整体背景框架设计后的效果

到这一步骤，网页的框架结构就设计完成了。需要说明的是框架的设计并不是一成不变的，读者可以根据自己的审美观适当地做一些调整，做出适合自己开设网站的风格即可。

3.3.3　网站标志的摆放

前面学习了网站首页框架的搭建，下面就要仔细地讲解一下首页框架里面具体内容的规划设计，它包括店标的摆放、页面内容的设计、网站版权的编辑及具体内容设计等操作。通过这些内容的细化定位，可以让首页的框架内容更加丰富、直观。通常情况下，一个网站必须拥有自己的网站标志（简称 logo），实例中的 logo 已经在光盘中为大家准备好。

往网页中放置 logo 的操作如下：

1）接图 3-31 完成的框架搭建设计操作，单击工具箱中的“移动工具”按钮，在“图层”面板中单击选择“版权”文件夹，然后再单击“创建新组”按钮，新建一个文件夹“组 1”，用鼠标左键双击“组 1”文件夹，在“名称”文本框中输入新命名的名称“网站导航”，如图 3-32 所示。

2）单击“确定”按钮，“组 1”文件夹名变为了“网站导航”，在“图层”面板中单击

“创建新图层”按钮，在“网站导航”文件夹里自动创建一个新的“图层 1”，此时“图层”面板如图 3-33 所示。

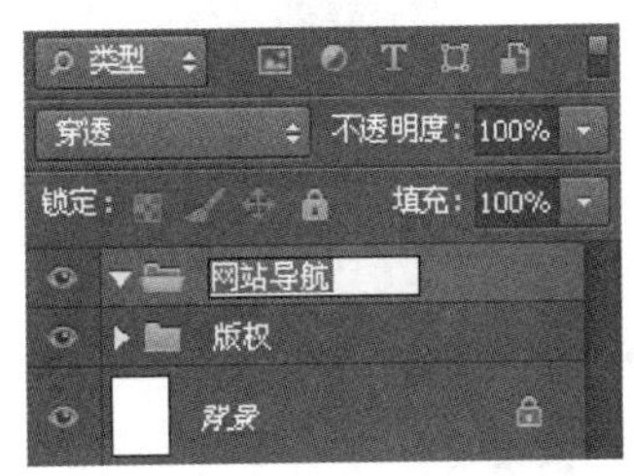

图 3-32　设置“组属性”对话框

图 3-33　创建图层后的“图层”面板

3）执行菜单栏上的“文件”→“打开”命令，调出“打开”对话框，单击“查找范围”后面的下拉三角按钮，选择光盘中的源文件 shop/psd /logo.jpg，如图 3-34 所示。单击“打开”按钮，在 Photoshop 软件中打开准备的店标效果，如图 3-35 所示。

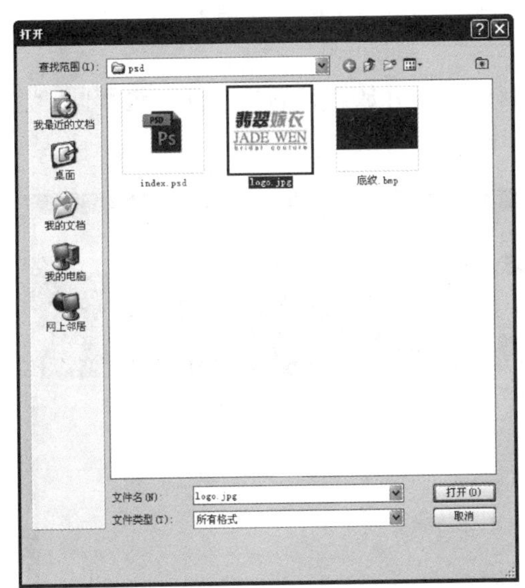

图 3-34　设置“打开”对话框

图 3-35　打开的店标效果

4）按下全选〈Ctrl+A〉组合键，打开店标图片。再同时按下〈Ctrl+C〉组合键，复制店标图片的效果。再单击前面设计的 index.psd 文档，切换回它的编辑窗口，用鼠标单击选择“图层 1”图层，再执行〈Ctrl+V〉组合键，即可以将图片复制到建立的图层上。同时将图层名更改为“logo”，单击工具箱中的“移动工具”按钮，将店标拖放到左上角，此时的效果如图 3-36 所示。

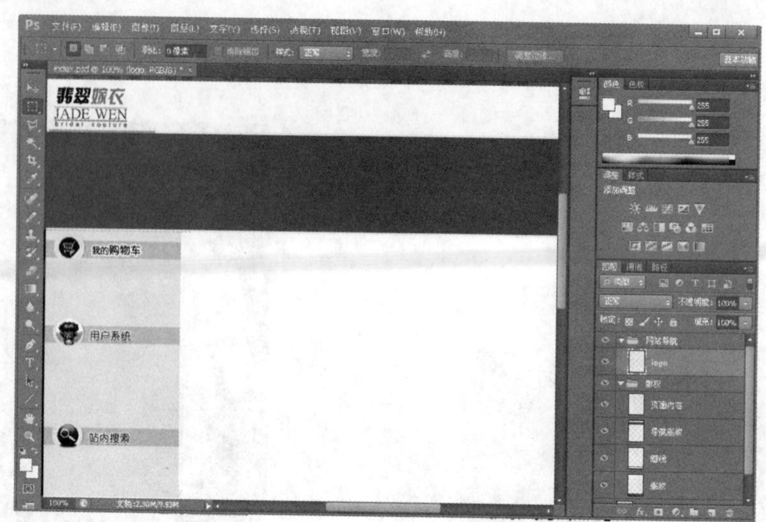

图 3-36　放置 logo 后的效果

3.3.4　广告栏的设计

一个电子商务网站，若希望它的广告宣传起到举足轻重的作用，这就要用到广告栏。广告栏的功能是展示网站形象，一般都是放一些网站经营产品的经营理念的广告语，也有的是通过 Flash 软件制作成产品的动画展示。实例中以网站经营广告中的一段话来表现。

具体的制作步骤如下：

1）首先再次从光盘中导入“新娘”素材图片，并放置在店标下面，过程同 3.3.3 节步骤 2～4 中的操作，此时的图层设置和效果如图 3-37 所示。

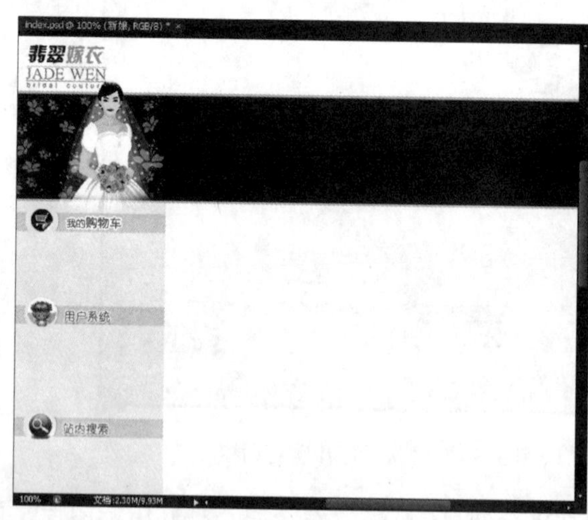

图 3-37　导入“新娘”图片的图层设置和效果

2）在“图层”面板中，单击“创建新图层”按钮，在“网站导航”文件夹里自动创建一个新的“图层 1”，将其命名为“分割线”。在默认输入法状态下，分别按下〈D〉和〈X〉快捷键，设置前景色为白色，然后再单击工具箱中的“直线工具”按钮，在工具预设状态栏上单击选择“像素”下拉列表项，在“粗细”文本框输入值为 1 像素，其他保持默认值，设置如图 3-38 所示。

图 3-38　设置“直线工具”的预选项

3）按住〈Shift〉键，拖动鼠标三次在“分割线”图层上绘制三条白线条，效果如图 3-39 所示。这里设计白色线条，是为了划分图片和文字所占的空间。

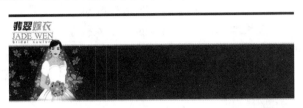

图 3-39　绘制的白色直线效果

4）单击工具箱中的“直排文字工具”按钮，在工具预设状态栏上选择字体为“汉仪细行楷简”，设置字号为“14 点”，模式为“平滑”，设置如图 3-40 所示。

图 3-40　设置直排文字工具的属性

专家指导：

如何安装需要的特殊字体，Photoshop 调用的一些特殊字体是需要安装的，如上面使用到的“汉仪细行楷简”字体，读者可以从网上搜索该字体，下载并放置到 C:\WINDOWS\Fonts 路径下即可，如图 3-41 所示。

5）在绘制的白色直线之间单击鼠标然后输入标题文字“翡翠嫁衣的见证下，幸福从这里开始...”，输入完成后单击文本工具预设状态栏上的“提交当前所有编辑”按钮，完成输入文字后的效果如图 3-42 所示。

图 3-41　特殊字体的安装

图 3-42　输入标题文字后的效果

6）然后再单击工具箱中的“横排文字工具”按钮T，在工具预设状态栏上选择字体为“宋体”，设置字号为“12 点”，模式为“无”，如图 3-43 所示。

图 3-43　设置文字输入属性

在文字标题后面输入如下说明文字：

千万个美好的憧憬和梦想，此刻迸发出无限激情和力量，开启爱恋交替的心灵之窗，闪烁浪漫神奇的璀璨光芒。顷刻凝固挚爱唯美的精彩瞬间，点亮浪漫如诗的绝佳篇章。惊喜与感动的温馨并存，化作天长地久，指引新人携手步入神圣的婚姻殿堂。

7）输入完成后再选择第一个文字“千”设置其字体为“18 点”，最后单击文本工具预设状态栏上的“提交当前所有编辑”按钮✓，输入并设置文字后的效果如图 3-44 所示。

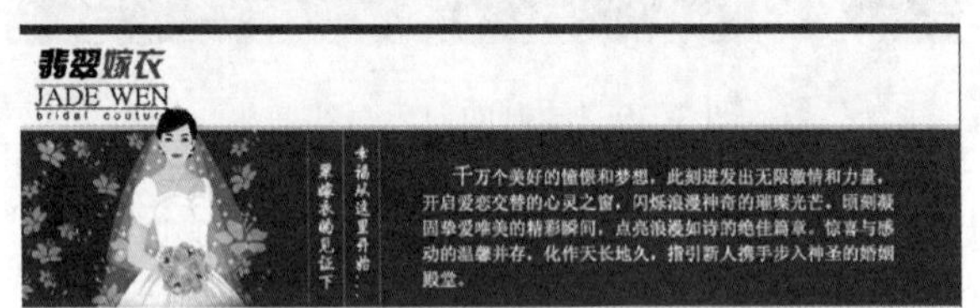

图 3-44　输入并设置文字后的效果

8）到这一步网站首页的上部分已经设计完成，用于链接部分的导航栏目在这里是不需要单独设计的，我们将在后面的章节中用 PHP 编辑直接设计出来，但在设计的时候为了查看整个网页的实际效果，暂时把导航的文字先输入到相应的位置，这里单击工具箱中的“横排文字工具”按钮T，在 logo 后面输入导航的文字，效果如图 3-45 所示。

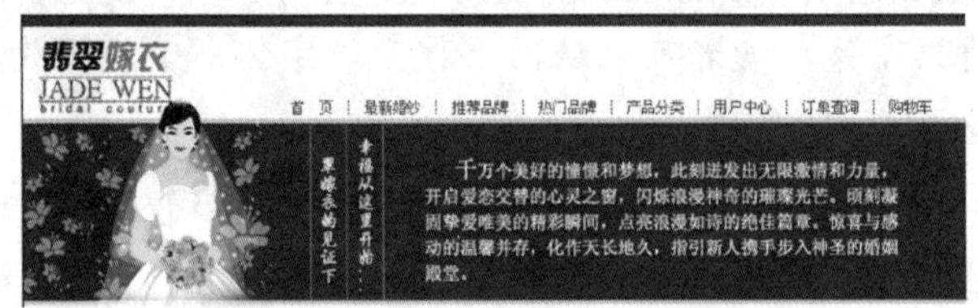

图 3-45　输入导航文字后的效果

3.3.5　功能模块设计

前面所提到的框架模块区域，就是用来安排首页内容的。首页所显示的内容是相当重要的，因为访问者进入网站首先看到的是首页，首页上的内容是否精彩、能否引人注目，在一定程度上会影响访问者是否继续浏览。在首要界面设计中，不需要把各部分的内容完整地加入，只需画出内容页面的背景图片。到这一步骤完成了图 3-46 所示的设计效果，网页的设计部分工作已经基本完成。

为了达到预览的效果，需要输入实际的文字内容和小图标进行编排效果。这里基本上是一些输入文字和引用光盘中 shop/psd/文件夹里面素材的操作，由于该操作在上面的步骤已经做了具体的介绍，这里就不再重复，设置后的效果图如 4-47 所示。读者也可以直接打开 shop/psd/index.psd 进行观看。

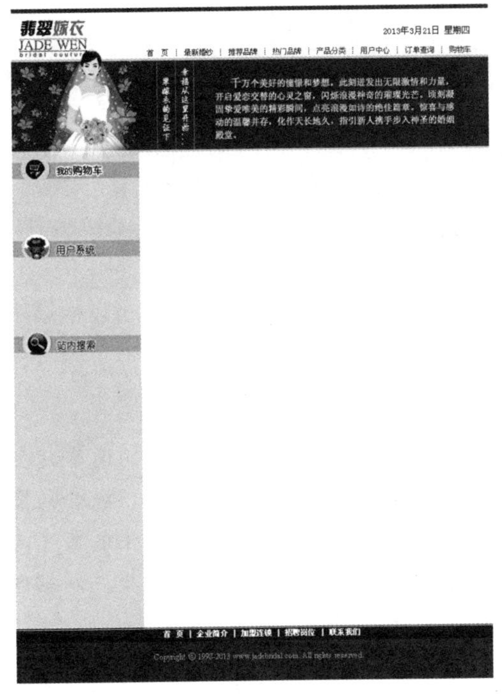

图 3-46　设计完成后的网页结构效果

图 3-47　编排内容页的整体效果

对于该实例还需要设计网站的次级页面，这里的次级页面的效果如图 3-48 所示，主要由栏目说明图片和显示相应内容的区域组成，设计得简洁大方，这里也不做具体的介绍。

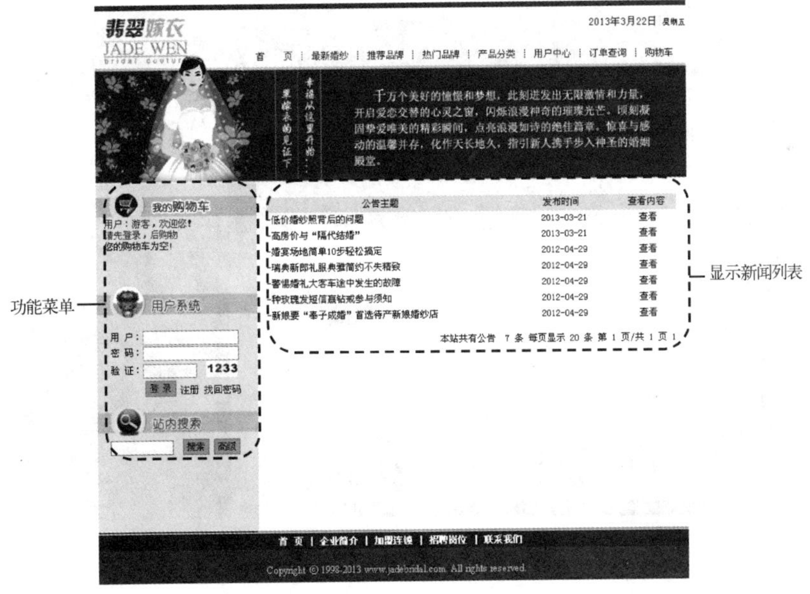

图 3-48　次级页面的效果

到这一步骤网站的网页美工就设计完毕，可以进入下一步的首页图片分割工作。

3.4 网站使用图片的分割

接下来就是利用 Photoshop 软件，对设计好的页面图片进行分割操作。

其中图片分割工具包含了以下两个工具：“切片工具”和“切片选择工具”。

“切片工具”按钮，使用它可以方便地对图片进行切片。

“切片选择工具”按钮，通过它可以方便地选取切片好的图片。

这两个工具是 Photoshop 所独有的，使用方便，当进行第一次切片后，它可以根据用户第一次切片的大小调整剩下图像的切片大小。

专家指导：

如果在制作的时候没有进行切片处理，浏览的就是整个图片，打开网页的速度就会很慢。在遇到这种问题的时候，通常是将图片进行切片处理。在浏览图片的时候，就会让图片一部分一部分的出现，实现快速下载。另外，应该尽量减少图片的使用。网页上的文字浏览速度要比图片快得多，在能够实现同样效果的前提下，用文字代替图片将大大提高网站的浏览速度。

3.4.1 图片切片过程

下面就开始用 Photoshop CS6 切片工具切片界面。

1）启动 Photoshop CS6。选择菜单栏上的“文件”→“打开”命令，打开前面所做的首页平面效果 index.psd 文件，如图 3-49 所示。

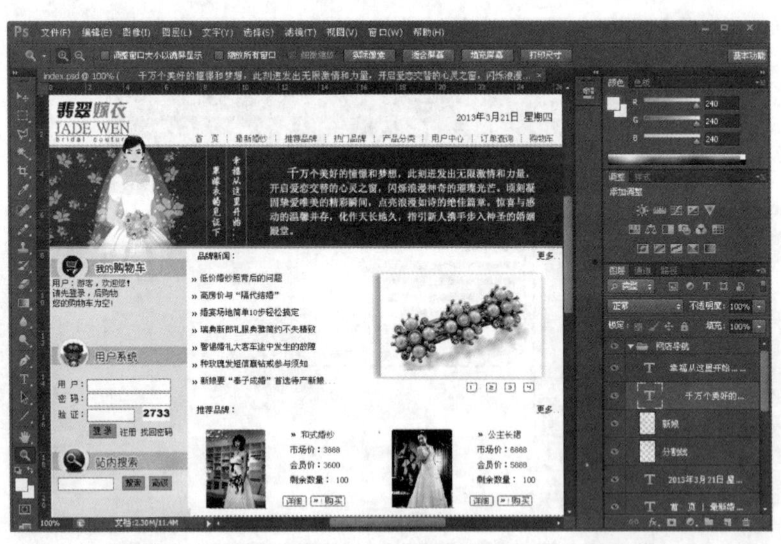

图 3-49 打开将要切片的首页图

2）由于网站后面的网页在编排时，使用的是一些图片和小图标，所以要将一些调用的动态文字关闭显示，这里通过单击“图层”面板上相应图层前面的“指示图层可视性”按钮，即可以关闭在界面中的显示。图 3-50 所示为关闭导航文字的显示。

3）单击工具箱中的“矩形选框工具”按钮，在“页面内容”图层上，拖放鼠标将一些产品显示的效果选择选区，然后按下〈Delete〉键删除，最后将首页编辑成图 3-51 所示的效果。

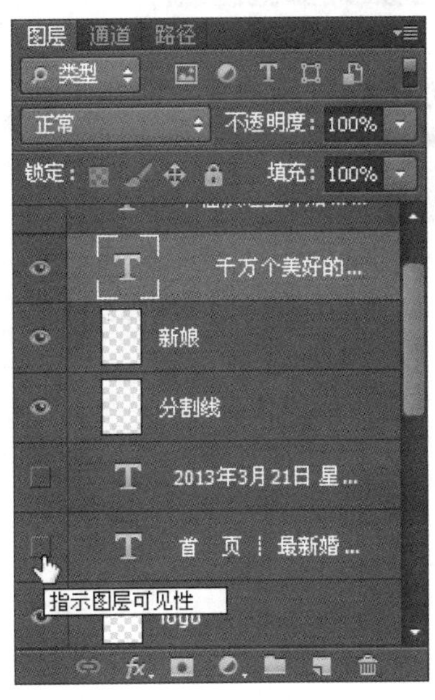

图 3-50　关闭导航文字的显示

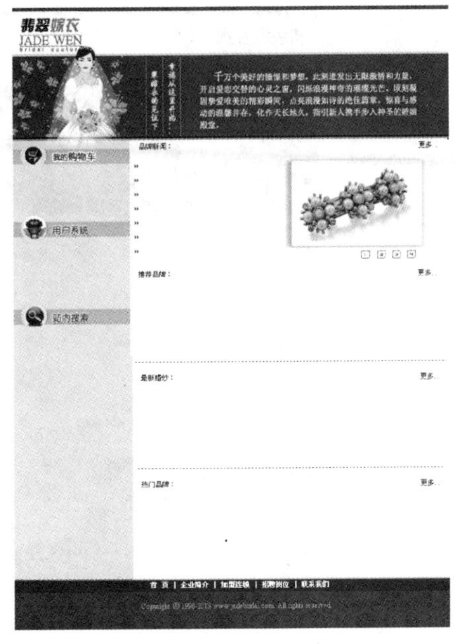

图 3-51　删除多余图片和文字后的显示效果

4）开始切片 logo 所在行的图片，单击工具箱中的“切片工具”按钮，从场景的左上角拉到 logo 的右下角，如图 3-52 所示，图中绘制虚线框的就是切片大小，切片后左上角会有一个 01 图标显示。

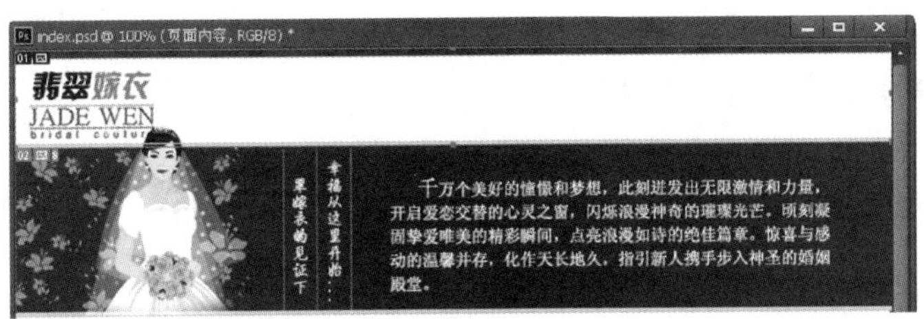

图 3-52　导航背景的切片效果

5）切片后再将 Banner 图片切割成两个图片，其中“新娘”为一张，说明文字为另一张，这样方便后面我们将文字部分制作成 Flash 动画。切片的效果如图 3-53 所示。

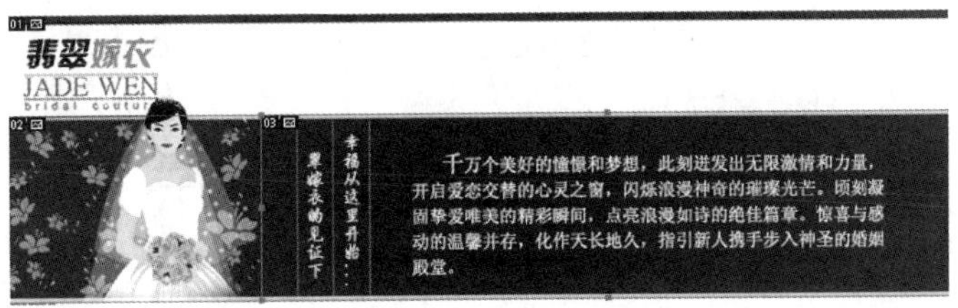

图 3-53　切片 Banner 图片

6）切片购物车的背景图片。保持“切片工具”按钮为选中状态，从小导航左边的背景开始，分别切片出 3 个有用的切片，如图 3-54 所示。

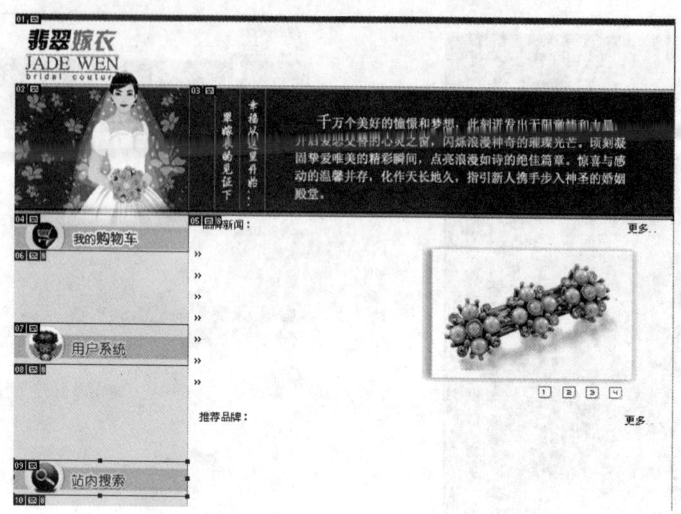

图 3-54　切片小导航

专家指导：

最好使切片选区的下边框与周边的线条重合。如果划分切片区域不够准确的话，先用放大镜工具进行放大，再选中“切片选择工具”进行调整。在切片的时候要注意切片的原则：所有带转角的背景图片，都需要单独切成一小片，这样方便后面网页的设计编排。

7）切片新闻前面的»符号。单击工具箱中的“缩放工具”按钮，然后单击鼠标左键拖放，选择第一条新闻前面的小花片并放大，最后单击工具箱中的“切片工具”按钮并拖放鼠标，切片符号效果如图 3-55 所示。

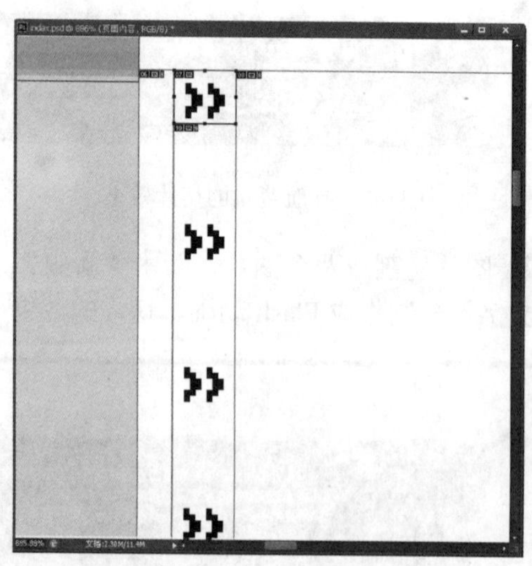

图 3-55　切片符号效果

8）切片新闻图片。在这里，要把新闻图片单独切开，在后面的章节中我们将以此图片的大小为模板，再设计一些图片在首页实现动态的切换效果，如图 3-56 所示。

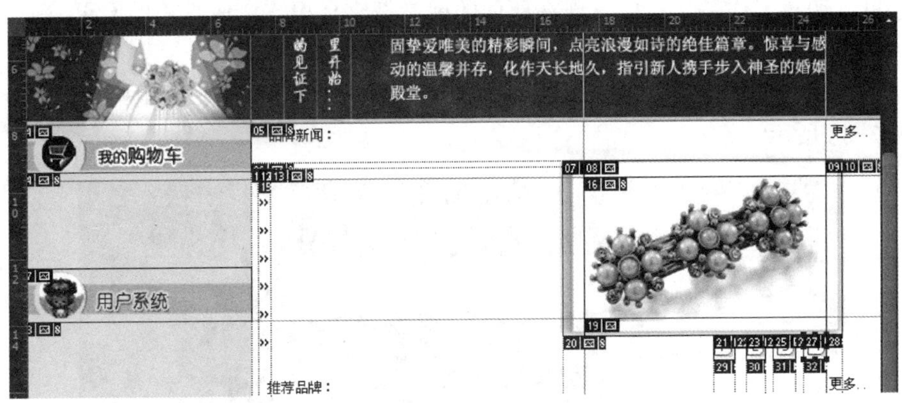

图 3-56　切片新闻图片

9）最后切片版权说明。保持“切片工具”按钮为选中状态，在场景的左下角拖动鼠标切片出两个矩形切片区域即可，如图 3-57 所示。

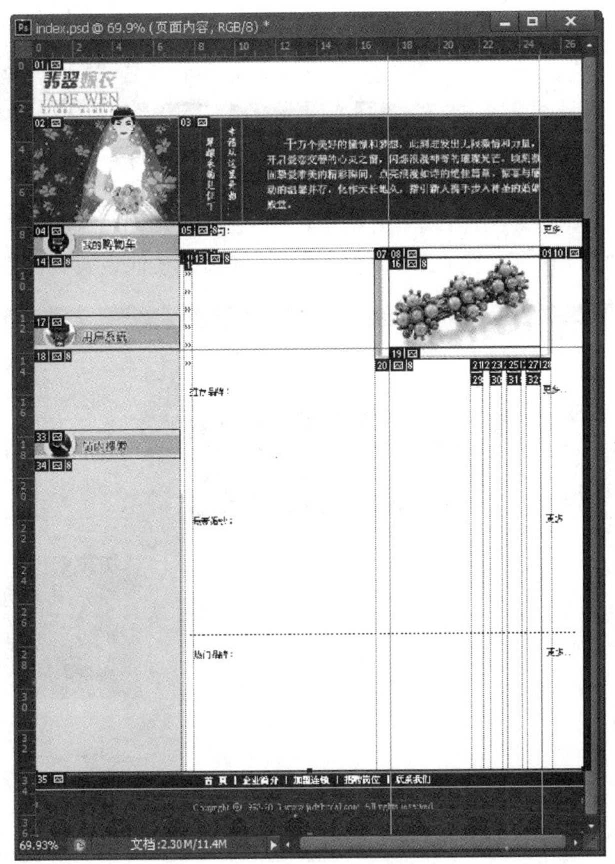

图 3-57　切片后的效果

3.4.2 发布切片效果

到这里，切片工作基本完成。现在要做的就是把它导出，变成真正的网页。

具体的操作步骤如下：

1）接上一节的操作，选择菜单栏中的“文件”→“存储为 Web 所用格式”命令，具体操作如图 3-58 所示。

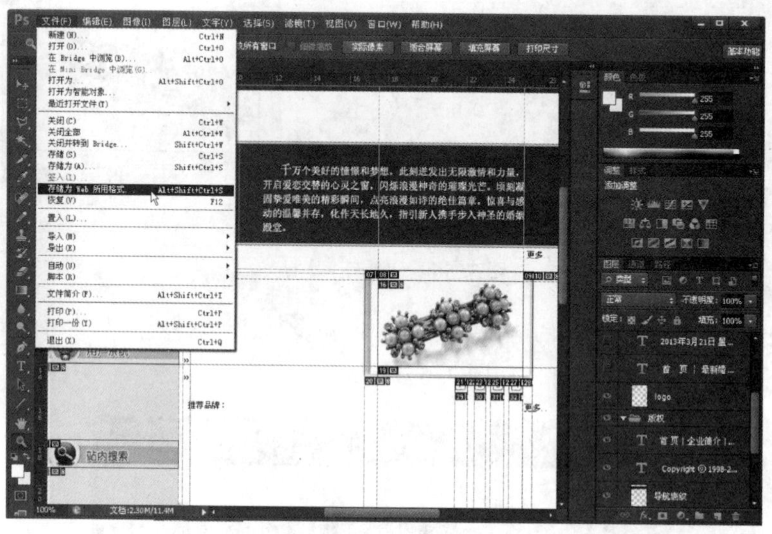

图 3-58 执行“存储为 Web 所用格式”命令

2）打开“存储为 Web 所用格式”对话框，设置为“GIF”格式，“颜色”值为 256，“扩散”模式，“仿色”值为 100%，“WEB 靠色”值为 100%，其他设置如图 3-59 所示。

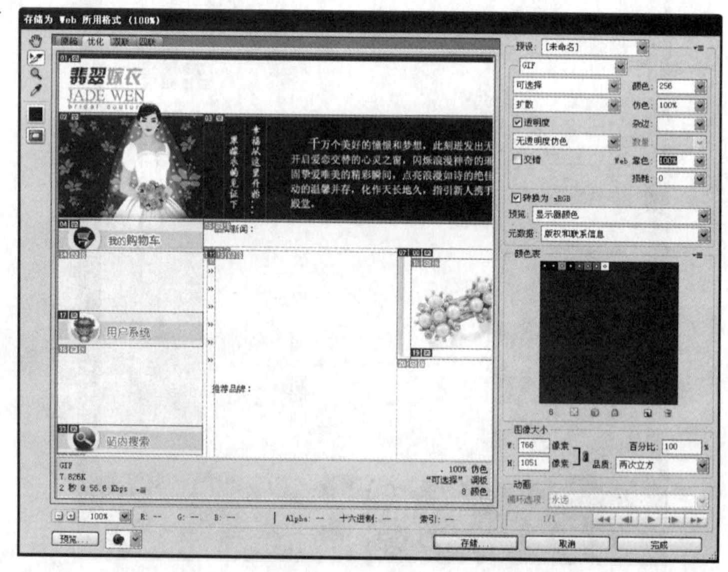

图 3-59 “存储为 Web 所用格式”对话框

3）单击“存储”按钮，打开“将优化结果存储为”对话框，在电脑的 D 盘下建立文件 shop，单击选择“保存在”选项后面的下拉三角按钮，选择建立的 shop 文件夹，其他保持默认值，具体设置如图 3-60 所示。

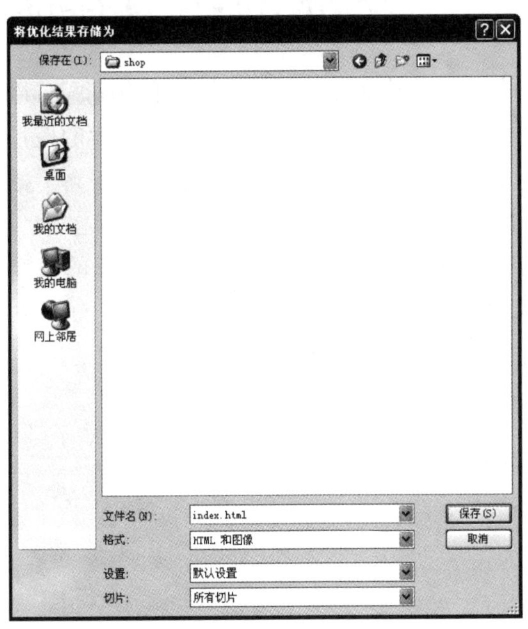

图 3-60　“将优化结果存储为”对话框设置

4）单击“保存”按钮，完成保存切片的操作。打开保存文件的路径，我们可以看到系统已经自动生成了一个名为 images 的文件夹，文件夹里是前面切片后产生的小图片，由这些小图片组成了首页的效果，在设计的时候可以分别调用这些小图片，具体操作如图 3-61 所示。

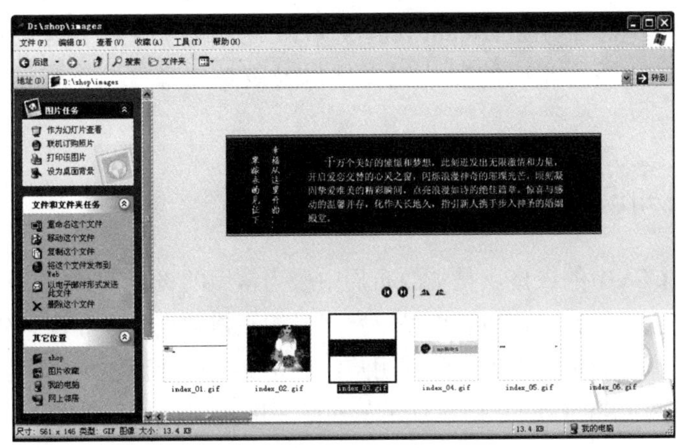

图 3-61　切割的小图片

为了后面编排网页的需要，可以将这些小图片根据各自的功能和位置，来改动文件名，以方便网页排版设计之用。

第 4 章　专业的网页排版布局

网站在建设的过程中，经常会遇到“选择什么样的网页布局方式”这种问题。通常网页的布局可以使用表格和 DIV（层）两种布局，对一般的应用型企业而言，使用简单易懂的表格布局即可。正如建造房子一样，网页的布局相当于搭建房子的结构框架。网站页面的编排并不像想象中的那么难，如果读者熟练掌握在 Word 中进行表格制作的方法，那么学习本章将是十分轻松的。网页的排版就像房子的搭建，首先要用表格搭好框架，然后再用图片和文字使整个网页充实起来。在这个操作中需要掌握 Dreamweaver CS6 软件的表格、图片、链接、CSS 样式等知识，掌握了这些对象的应用方法之后就可以排出精美的网站页面。

本章重点介绍如下知识：

- 网页布局的基础
- 网站首页的布局
- 网页的样式美化

4.1　网页布局基础

网页布局搭建是一项十分精细的工作，搭建的时候，我们需要在站点中把相应的背景图片先准备好，然后利用 Dreamweaver CS6 的图层和表格对象，按第 3 章设计的网页结构进行编排，插入相应的图片、文字以及表单对象，从而完成整个静态页面的搭建。

4.1.1　表格基础知识

Dreamweaver CS6 中的表格，是页面布局中极为常用的设计工具。在设计页面时，往往要利用表格来定位页面元素。使用表格可以实现导入表格数据、设计页面分栏、定位页面上的文本和图像等操作。表格基本上是随着用户添加正文或图像而扩展的。表格由三个主要元素构成：行、列和单元格（图 4-1）。行是从左到右的走向，列则是上下走向；单元格是行和列的交界部分，它是用户输入信息的地方，在 Dreamweaver CS6 中，单元格会自动扩展到与输入的信息相适应的大小。如果用户已启动了表格边框，那么在浏览器中会显示表格边框和其中包含的所有单元格。

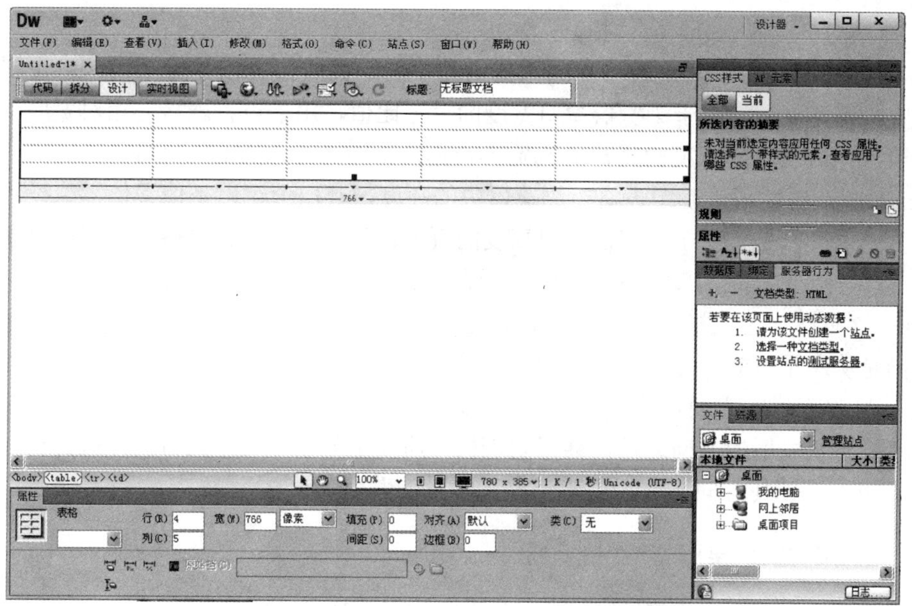

图 4-1　在 Dreamweaver CS6 中的表格

通常在 Dreamweaver CS6“文档”窗口中，可以通过单击代码按钮，打开 HTML 代码进行相应的管理，因此也要掌握表格在代码下的编辑控制方法。这里，用<table>和</table>标记分别定义一个表格的开始和结束（图 4-2）。表格的标题和内容包含在这两个标记之间。表格行由<tr>和</tr>标记表示，表格高度则由 <td>和</td>标记表示。

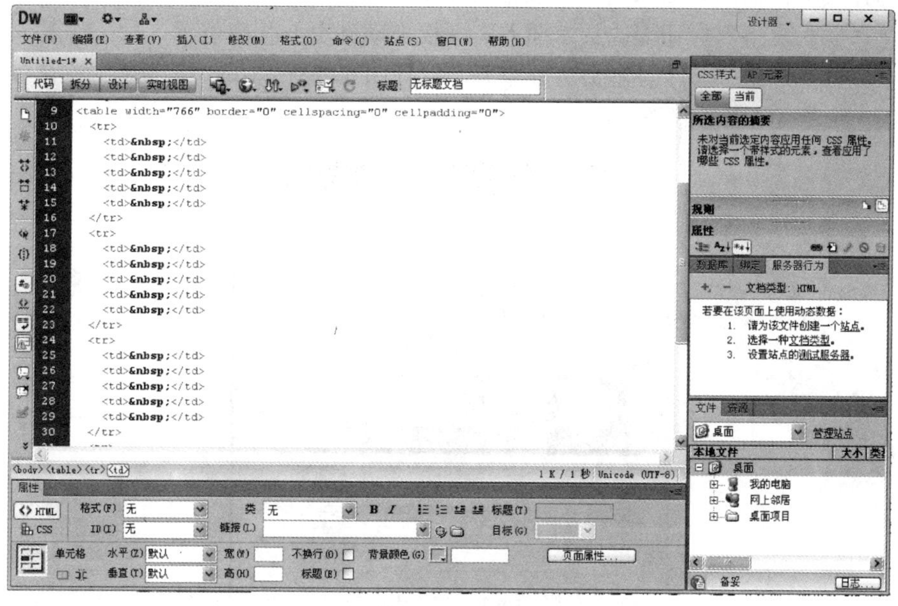

图 4-2　表格中的代码

<table>是带有很多属性的，现在将一些最为常用的属性介绍如下：

Align：该属性用于决定表格在文档中的对齐方式，其可选的属性值为 left（左对齐）、

center（居中对齐）和right（右对齐）等。

Width：该属性用于确定表格在浏览器中的宽度，其取值可以是像素值，以设置表格的绝对宽度；也可以是相对于浏览器窗口宽度的百分比值，用于设置表格的相对宽度。如果不设置该属性，则表格的宽度由用户的浏览器根据表格中各项设置自行确定。

Height：该属性用于确定表格在浏览器中的高度，其取值可以是像素值，以设置表格的绝对高度；也可以是相对于浏览器窗口高度的百分比值，用于设置表格的相对高度。如果不设置该属性，则表格的高度由用户的浏览器根据表格中各项设置自行确定。

Dir：该属性描述表格的方向，其取值是一个用于说明方向的字符串。默认状态下，表格的方向是从左至右的，这时表格的顶端是第0行，左端是第0列；如果将dir属性值指定为RTL，则将表格的方向设置为从右至左，这时表格的顶端同样是第0行，但是右端才是第0列。设置了表格的方向之后，会影响表格中所有单元格中文本的方向，因此可以针对特定的单元格，设置其方向属性，以避免这种情况的发生。

4.1.2 表格的基础操作

在介绍了表格的基本概念以及表格的属性之后，下面将学习如何在Dreamweaver CS6“文档”窗口中进行表格的编辑。

1. 在网页中插入表格

1）任选以下操作之一创建表格：

- 将鼠标移到“文档”页面上相应位置，打开“插入”面板，然后单击“表格”按钮。
- 选择菜单栏上的“插入”→“表格”命令。
- 将“插入表格”按钮，从“插入”面板拖动到页面相应位置。

通过以上任一方式执行创建表格命令后，打开图4-3所示的“表格”对话框，在这里根据需要进行表格的参数设置。

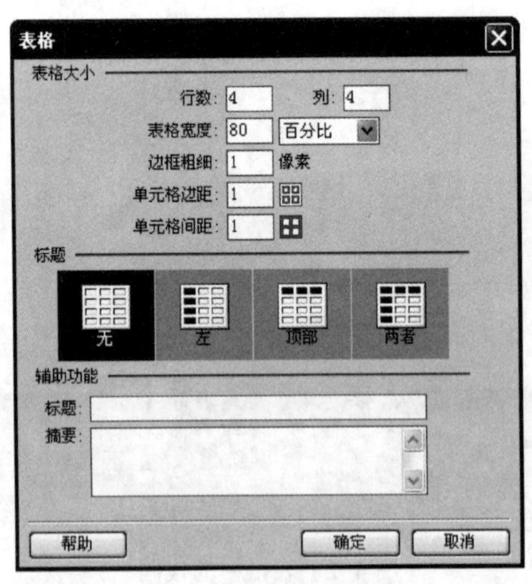

图4-3 “表格”对话框

2）在“行数”文本框中，输入需要插入表格的行数。

3）在“列”文本框中，输入需要插入表格的列数。

4）在“表格宽度”文本框中，输入以像素为单位，或以浏览器窗口百分比为单位的表格宽度。默认的表格大小设置为占据浏览器窗口的 75%，通过在“表格宽度”文本框中改变数值，就可以改变这个百分比数值（在添加文本或图像时，表格会保持这个比例）。如果想以一个绝对像素数值作为表格宽度，而不是相对百分比，则可以在“表格宽度”文本框中输入像素数值，并且单击“表格宽度”文本框右侧的三角按钮，打开下拉菜单，选择“像素”选项。

5）在“边框粗细”文本框中，输入表格的边框宽度。如果不希望显示边框，则需要在这里输入 0。

6）在“单元格边距”文本框中，输入单元格中的内容与单元格边界之间的距离。

7）在“单元格间距”文本框中，输入单元格之间的距离。

8）在“标题”列选项中，可以选择表格的说明在表格中的位置，主要有“无”“左”“顶部”“两者”几个选项。

9）在“标题”文本框中可以输入标题的说明文字，用于说明标题。

10）在“摘要”文本框中，输入表格的摘要。

11）设置完成之后，单击“确定”按钮，从而完成表格的创建。

2．表格和表格的嵌套

表格嵌套，是指把一个新表格插入到已有的表格单元格中。当然，嵌入的表格宽度将受到所在表格单元格的大小的限制。Dreamweaver CS6 在嵌套表格上没有操作上的限制条件。用户可以将表格放在任意单元格中。

进行表格嵌套的操作如下：

1）选择下列操作之一创建嵌套表：

- 将鼠标移入某个单元表格，然后选择菜单栏上的“插入”→“表格”命令。
- 将鼠标移到页面上相应位置，单击“插入”面板中的“表格”按钮。
- 将“表格”按钮，从“插入”面板拖动到页面所需位置。

2）在打开的插入“表格”对话框中设置表格属性，在“行数”文本框中输入 3，在“列”文本框中输入 3；在“表格宽度”文本框中输入 100，并且单击三角按钮打开下拉菜单，选择“百分比”单位；在“边框粗细”文本框中输入 1，其他的参数保持默认值。具体设置如图 4-4 所示。

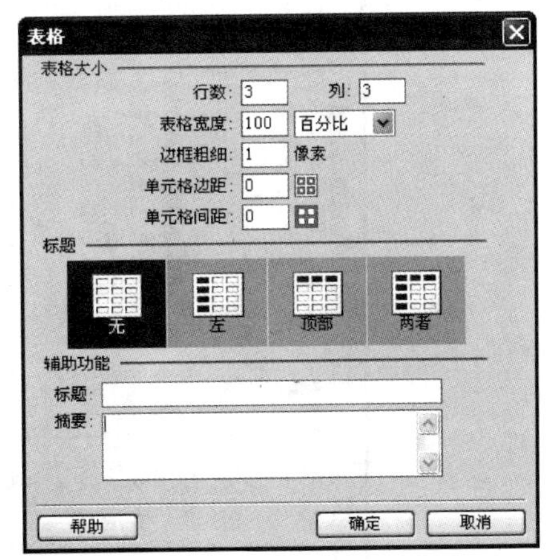

图 4-4　设置表格的属性

3）设置完成后，单击“确定”按钮退出。嵌套表格的效果如图 4-5 所示。

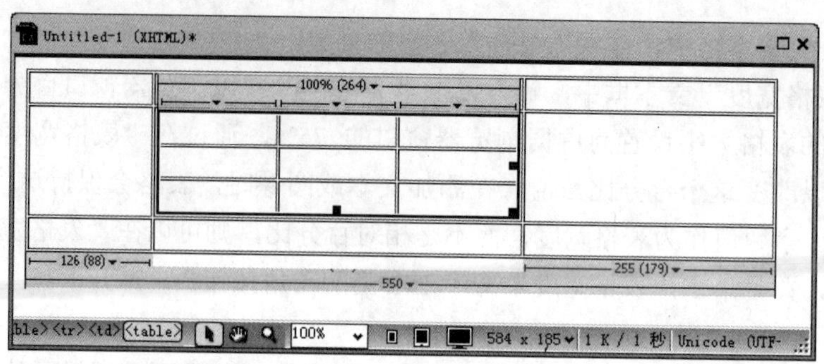

图 4-5　嵌套表格

3．在表格中输入文字或者插入图片

在表格单元格中可以插入文本、图片等其他内容。

在表格中插入文字的操作步骤如下：

将鼠标移到一个表格单元格中，然后任选以下操作之一插入文字。

- 直接输入文本。当输入的文本长度超过表格单元格宽度时，表格单元格会自动调整其宽度。
- 将 Dreamweaver CS6 或其他文本编辑器中的文本，复制并粘贴到表格单元格中。

在表格中插入图像的操作步骤如下：

1）将鼠标移到需要插入图像的单元格中。

2）在"插入"面板中单击"图像"按钮，或选择菜单栏上的"插入"→"图像"命令。

3）在打开的"选择图像源文件"对话框中选中要插入的图片，单击"确定"按钮即可完成图片的插入操作，如图 4-6 所示。

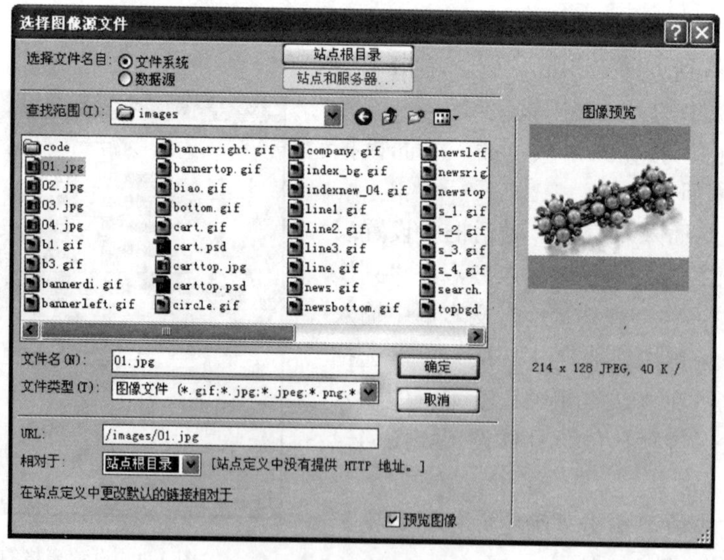

图 4-6　插入图片操作

4．选定表格

在创建表格和输入表格内容之后，有时需要修改表格中的数据，这就要对表格元素进行选择，以便做下一步的操作。选择表格元素时，可以选择整个表格，也可以选择一行、一列或多行、多列，还可以选择表格中连续或不连续的多个单元格。选定表格或单元格之后，可以修改选定单元格及其所包含的文本，也可以复制和粘贴连续的单元格（值得注意的是：在 Dreamweaver CS6 中，不能复制或粘贴非连续的单元格）。

4.1.3　表格的属性面板

要设置整个表格的属性，首先必须选定整个表格，然后利用“属性”面板来设置表格的属性。选择菜单栏上的“修改”→“表格”→“选择表格”命令，或者使用前面介绍的其他方法选择表格。选定表格后，如果“属性”面板是打开的，它会显示图 4-7 中所示的表格属性；如果“属性”面板未打开，则用户可以通过选择菜单栏上的“窗口”→“属性”命令，打开“属性”面板来查看表格属性。

图 4-7　表格“属性”面板

1．设置表格整体属性

1）在“属性”面板左边的“表格”文本框中，可以设置表格的名称。

2）在“行”和“列”文本框中，输入表格的行数和列数。

3）在“宽”文本框中，输入表示表格宽度的数值，并以“像素”或浏览器窗口的百分比“%”为单位。

注意：

表格的高度一般不需要指定。

4）使用“对齐”下拉列表，可以设置该表格与同一段落中的其他元素（如文本或图像）的对齐方式。单击右边的三角按钮，弹出“对齐”下拉菜单，下面简单的说明一下下拉菜单中的各项功能：

“左对齐”选项，使表格与其他元素左对齐；

“右对齐”选项，使表格与其他元素右对齐；

“居中对齐”选项，使表格相对于其他元素居中对齐；

当然，在这里也可以选择浏览器的默认对齐方式“默认”选项。

2．设置单元格格式

1）在单元格“填充”文本框中，指定单元格内容与单元格边线之间的像素值。

2）在单元格“间距”文本框中，指定每个表格单元之间的像素值。

3．设置表格的边框

1）在“边框”文本框中，可以设置表格的边框宽度值，单位为像素。如果将边框宽度设置为 0，则不显示边框。为了方便用户的操作，在默认状态下，在“文档”窗口中将显示表格的虚拟边框。

2）在“边框”文本框中也可以设置是否显示表格的虚拟边框，方法是选择菜单栏上的“查看”→“可视化助理”命令，在打开的子菜单中取消对“表格边框”命令的选择。

4．取消显示表格的宽度

在 Dreamweaver CS6 中，当选中一个激活的表格时，默认情况下，在“文档”窗口中会显示表格的宽度（图 4-8）。可以选择“查看”→“可视化助理”命令，在打开的子菜单中取消对“表格宽度”命令的选择，即可取消显示表格的宽度。

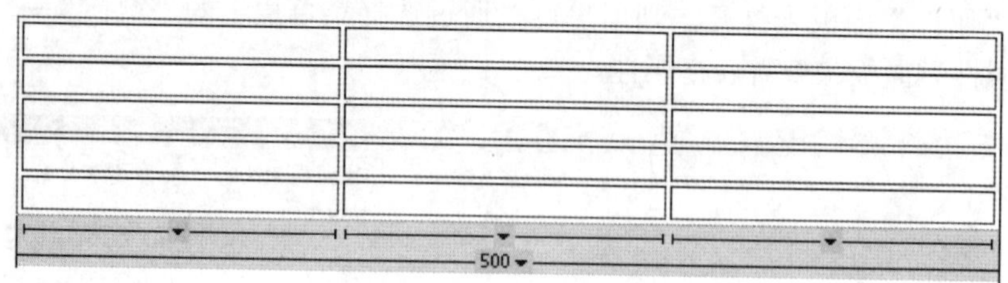

图 4-8　显示表格的宽度

5．设置表格的背景

1）在“背景图像”文本框中，可以设置表格的背景图像的链接地址，或单击该文本框右侧的“浏览文件”按钮，从打开的“选择文件”对话框中选择一个图像文件，如图 4-9 所示。

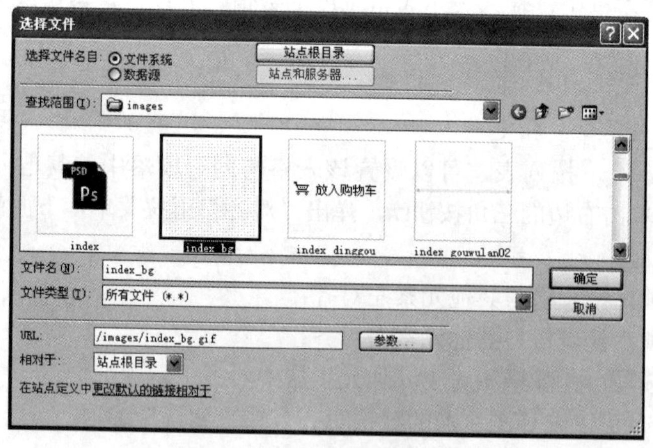

图 4-9　设置表格的背景图像

2）在“背景颜色”文本框中可以设置表格的背景颜色，或单击该文本框左侧的“颜色选择”框，从打开的颜色选择器中选择一种颜色，具体操作如图 4-10 所示。

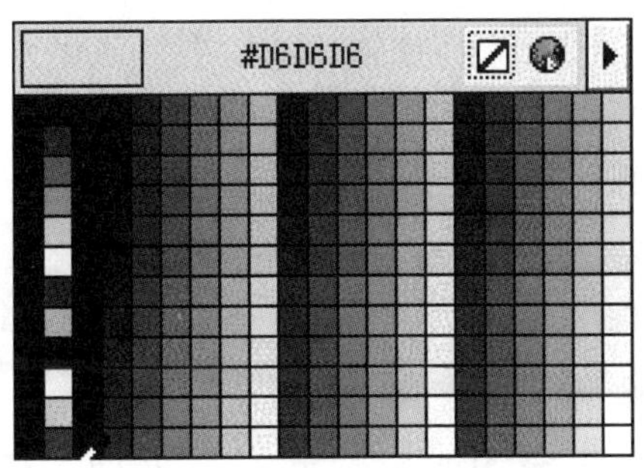

图 4-10　选择背景颜色的色值

4.1.4　网页的布局设计

决定网页是否精彩的因素有很多，比如色彩的搭配、文字的变化、图片的处理等，除了这些不可忽略的因素之外，还有一个非常重要的因素——网页的结构设计（也称网页布局）。网页的布局可以使用 Dreamweaver 的表格和框架来搭建完成。这里介绍一下网页的布局类型，网页布局大致可分为国字型、拐角型、标题正文型、左右框架型、上下框架型、综合框架型、封面型和 Flash 型。

1）国字型：是一些大型网站所喜欢的类型，即最上面是网站的标题以及横幅广告条，接下来是网站的主要内容，左右分列一些小条内容，中间是主要部分，与左右一起罗列到底，最下面是网站的一些基本信息、联系方式、版权声明等。这种结构是在网上见到的差不多最多的一种结构类型，如图 4-11 所示。

图 4-11　国字型布局网站

2）拐角型：这种结构上面是标题及广告横幅，接下来的左侧是一窄列链接等，右列是很宽的正文，下面也是一些网站的辅助信息。在这种类型中，一种很常见的类型是最上面是标题及广告，左侧是导航链接，如图 4-12 所示。

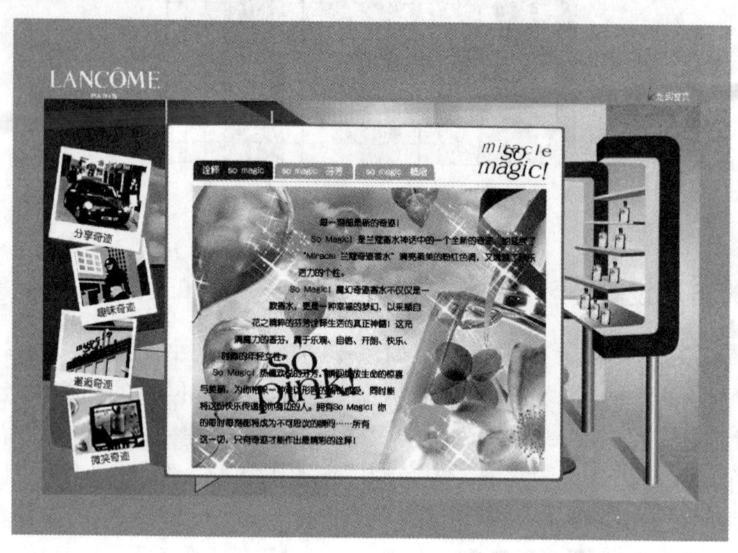

图 4-12　拐角型布局网站

3）标题正文型：这种类型最上面是标题或标志，下面是正文，比如一些文章页面或注册页面等就是这种类型，如图 4-13 所示。

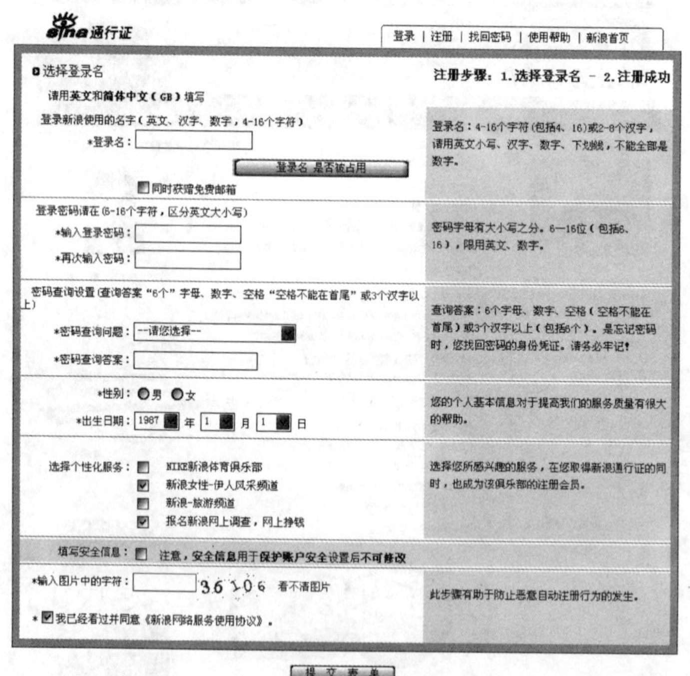

图 4-13　标题正文型网页布局

4）左右框架型：这是一种框架结构，一般左面是导航链接，有时最上面会有一个小的标题或标志，右面是正文。见到的大部分的大型论坛都是这种结构的，有一些企业网站也喜欢采用。这种类型结构非常清晰，一目了然，如图 4-14 所示。

图 4-14　左右框架网页布局

5）上下框架型：与上面类似，区别仅仅在于是一种上下分为两页的框架。

6）综合框架型：上页两种结构的结合，相对复杂的一种框架结构，较为常见的是类似于“拐角型”结构的，只是采用了框架结构，如图 4-15 所示。

图 4-15　综合框架网页布局

7）封面型：这种类型基本上是出现在一些网站的首页，大部分为一些精美的平面设计结合一些小的动画，放上几个简单的链接或者仅是一个“进入”的链接甚至直接在首页的图片上做链接而没有任何提示，如图 4-16 所示。

图 4-16　封面型网页布局

8）Flash 型：其实这与封面型结构是类似的，只是这种类型采用了目前非常流行的 Flash，与封面型不同的是，由于 Flash 强大的功能，页面所表达的信息更丰富，如图 4-17 所示。

图 4-17　Flash 型网页布局

4.2　网站首页的布局

本节介绍本实例中网站首页在 Dreamweaver CS6 中的编排方法。操作过程中，将涉及 Dreamweaver CS6 软件的站点建立、表格插入、表单插入、图片插入以及文字插入等基础的网页编排操作。

4.2.1　搭建本地站点

首先在 Dreamweaver CS6 中创建一个本地站点 shop，以方便网站页面的设计。定义站点以及设置站点的方法有两种：一种是通过定义站点向导来定义站点，另一种是直接定义站点。下面就定义站点向导的方法进行介绍。

用定义站点向导定义站点的操作步骤如下：

1）在本地计算机 C 盘路径下 C:\Apache\htdocs\建立 shop 站点文件夹（即 Apache 服务器的 htdocs 文件夹），在文件夹内建立 images 子文件夹。启动 Dreamweaver CS6，打开 Dreamweaver CS6 的工作界面，如图 4-18 所示。

图 4-18　Dreamweaver CS6 的操作界面

2）执行菜单栏上的“站点”→“管理站点”命令，打开的“管理站点”对话框如图 4-19 所示。在该对话框的上边是站点列表框，将显示所有已经定义的站点。

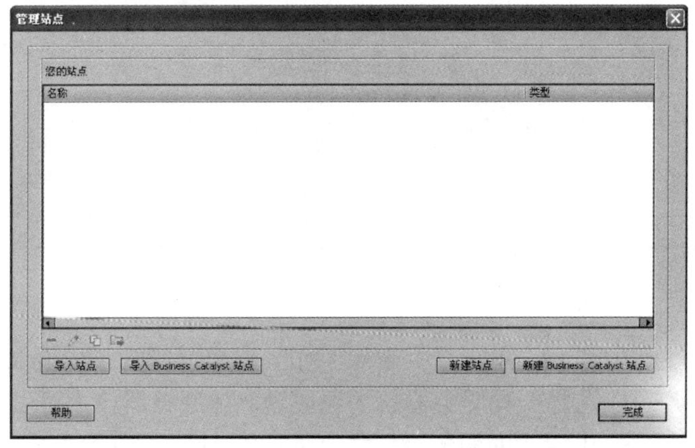

图 4-19　打开的“管理站点”对话框

3）单击“新建站点”按钮，即打开“站点设置对象 未命名站点 1”对话框，如图 4-20 所示。

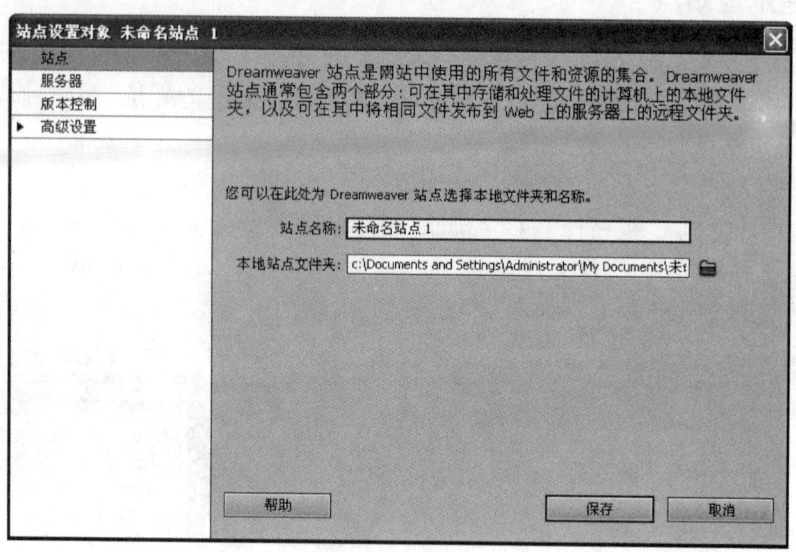

图 4-20　打开“站点设置对象”对话框

4）在“站点名称”文本框中输入将要建立的站点名称，这里输入“shop”作为站点的名称。在“本地站点文件夹”文本框中输入“C:\Apache\htdocs\shop\”，输入的这个地址是本地计算机的站点的地址，输入后如图 4-21 所示。

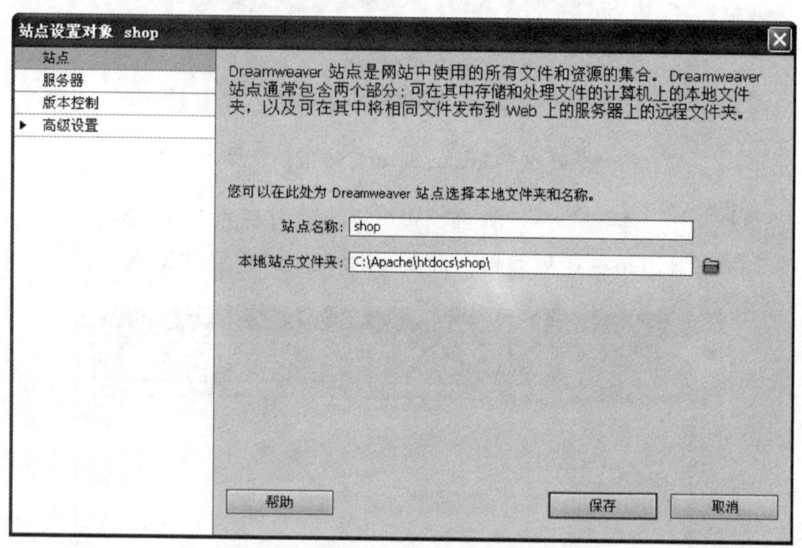

图 4-21　输入站点名称和地址

5）输入站点名称和地址后，单击“服务器”列选项，进行站点的服务器设置（图 4-22）。通过该对话框，用户可以选择一种服务器技术。通过选择服务器技术可以实现动态网站的建设，在 Dreamweaver CS6 中包含的服务器技术有 ASP JavaScript、ASP VBScrip、ASP.NET、

JSP 及 PHP MySQL 等。

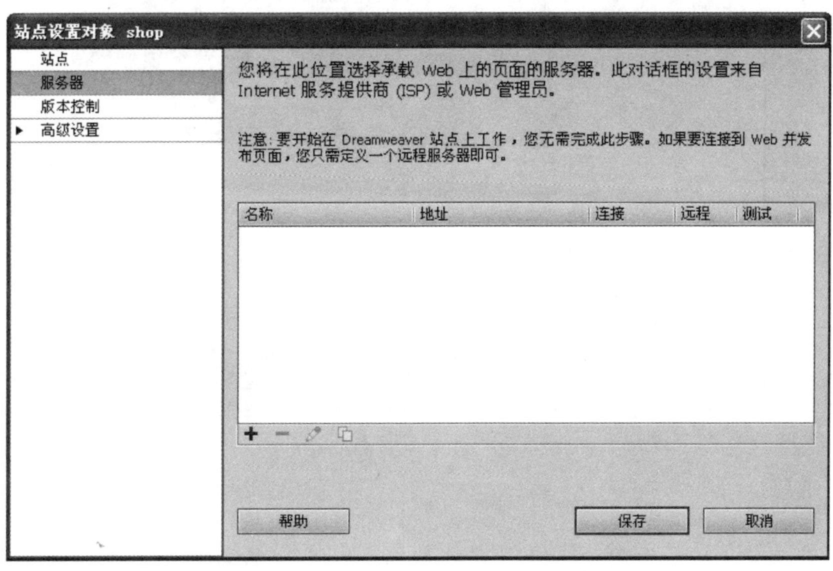

图 4-22　“站点设置对象 shop”对话框

6）单击对话框上的“添加新服务器”按钮，打开“基本”选项卡，并在里面对服务器进行设置，在“服务器名称”文本框中输入 shop，在“连接方法”的下拉列表项中选择“本地/网络”，将“服务器文件夹”的路径设置为 C:\Apache\htdocs\shop，将“Web URL（网站地址）”设置为 http://127.0.0.1/，设置完成后如图 4-23 所示。

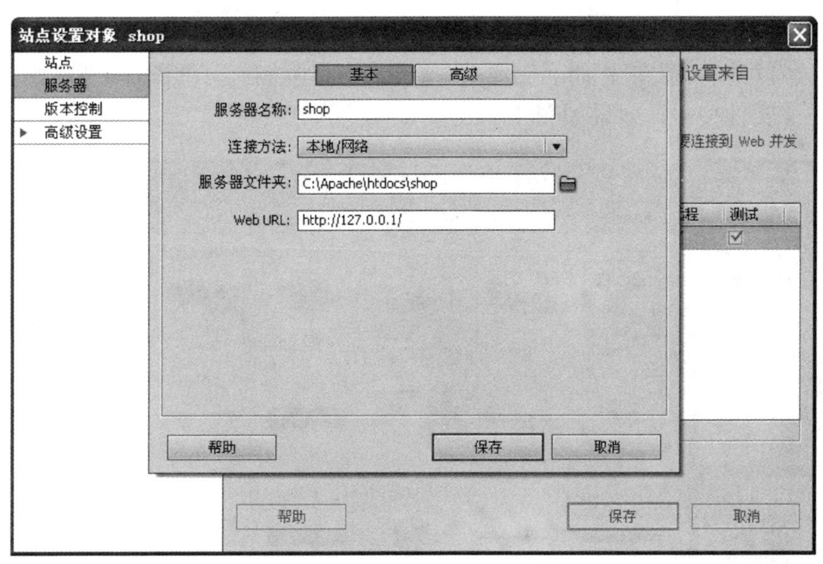

图 4-23　设置服务器属性

7）设置好服务器技术后，单击“保存”按钮，则会打开一个选择文件储存位置的对话框，如图 4-24 所示。

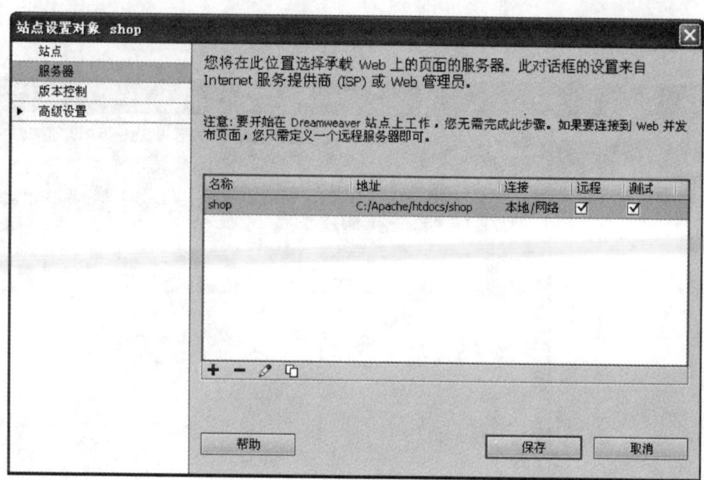

图 4-24 选择存储文件的位置

说明：

如果用户选择了远程和测试，并且在计算机上安装了 Apache，则可以在本地计算机上编辑和测试文件。

（8）最后，单击“保存”按钮，即可完成站点的设置。

到这里就完成了本地站点服务器的规划设计，这一个关键的设置可以方便后面的章节进行设计并应用。

4.2.2 图片素材的准备

前面在第 3 章中将首页的设计图片进行了切片，并将改名的图片放置到 images 文件夹下面，这里读者可以从源文件 shop/images 文件夹中，复制所有的图片至自己本地计算机中的 shop/images 文件夹中，效果如图 4-25 所示。

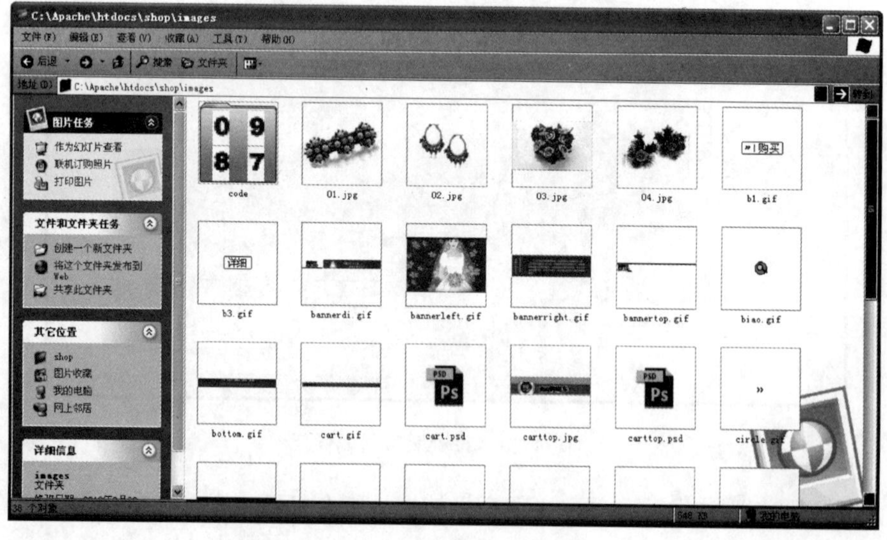

图 4-25 建立站点文件夹并复制文件

4.2.3　设计导航 top.php

本实例中导航部分的搭建相对比较简单，导航就是网站页面的上半部分，通常位于网页的上端。单独建立了一个 top.php 文件，主要包括表格的插入和图片的嵌入设置，具体的制作步骤如下：

1）运行 Dreamweaver CS6，选择建立的 shop 站点，进入网站站点的编辑页面，如图 4-26 所示。

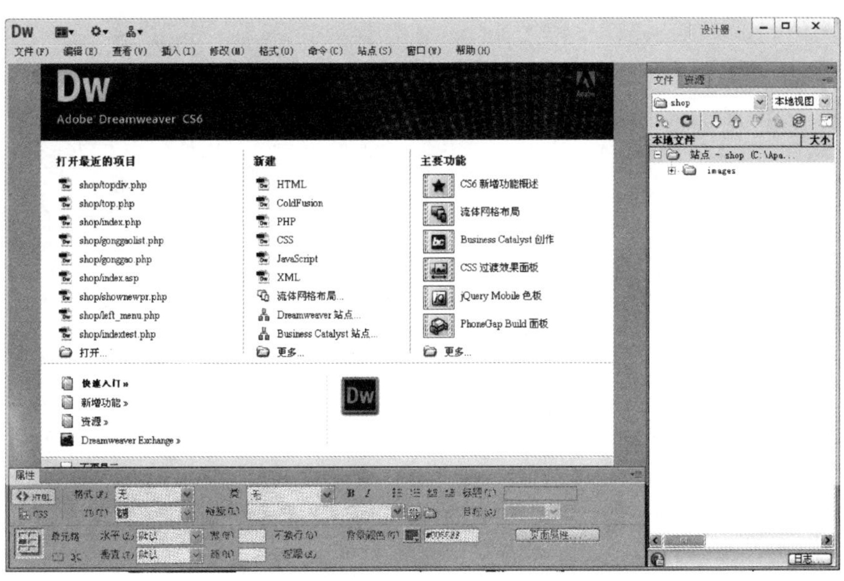

图 4-26　打开网站站点

2）执行菜单“文件”→“新建”命令，打开“新建文档”对话框，在“空白页”选项卡中，选择“页面类型”选项组中的“PHP”选项，在“布局”中选择“无”选项，具体设置如图 4-27 所示。

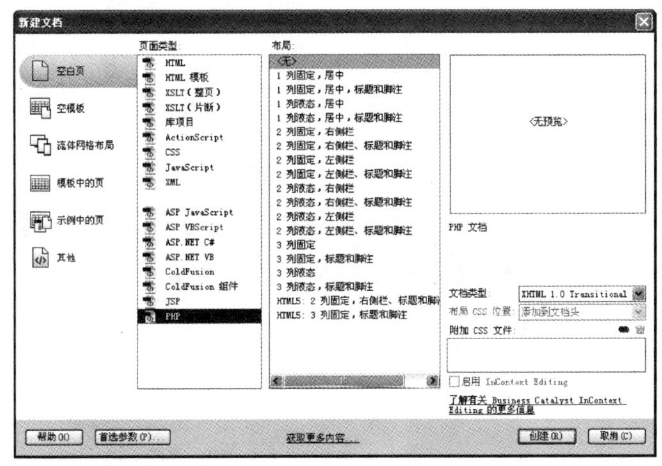

图 4-27　“新建文档”对话框

3）设置完成后，单击“创建”按钮，即在 Dreamweaver CS6 中创建了一个 PHP 页面。首先将文档保存为 top.php，然后在“标题”文本框中输入“翡翠电子商城”，设置如图 4-28 所示。

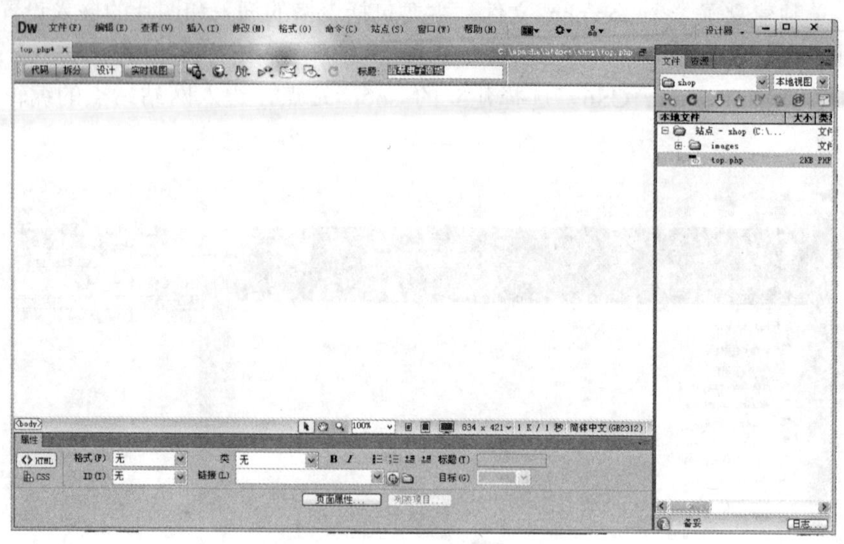

图 4-28　设置“标题”名称

操作说明：

“标题”文本框中输入的“翡翠电子商城”，将在对文件测试时显示在网页的标题栏中。

4）执行菜单“插入”→“表格”命令，打开“表格”对话框，在“行数”文本框中，输入需要插入表格的行数为 2；在“列”文本框中，输入需要插入表格的列数为 2；在“表格宽度”文本框中输入 766 并选择“像素”；“边框粗细”“单元格边距”和“单元格间距”都为 0；其他设置保持默认值。具体设置如图 4-29 所示。

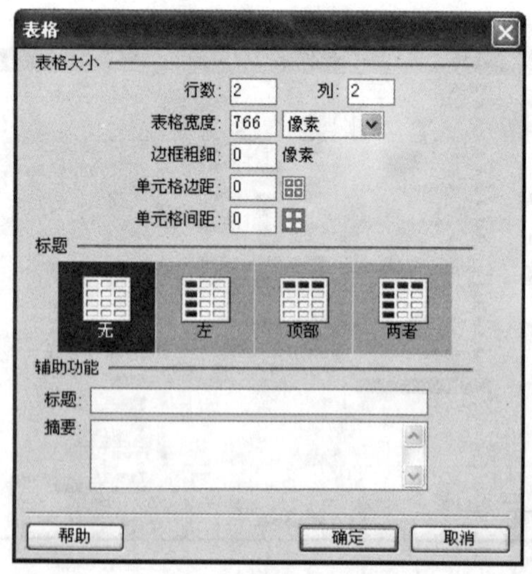

图 4-29　“表格”设置对话框

5）单击“确定”按钮，完成此设置。这时在首页的顶部，就建立了一个 2 行 2 列的表格，在“属性”面板中，设置对齐方式为“居中对齐”，具体设置如图 4-30 所示。

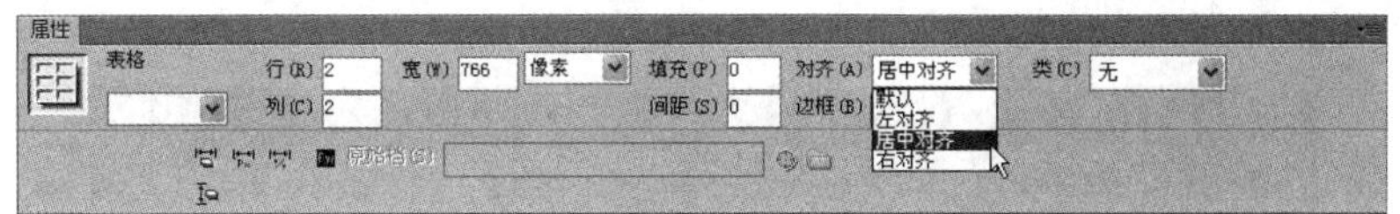

图 4-30　设置表格属性

6）拖动鼠标选择第一行的表格，再单击“属性”面板上的“合并单元格”按钮，将第一行合并成一整个表格，选择表格的第 1 个单元格，单击“拆分”按钮，在<td>后面嵌入背景图片即加入代码 background="images/bannertop.gif"，如图 4-31 所示。

图 4-31　插入 Logo 背景的效果

7）单击“设计”按钮，返回文档窗口，单击选择第 2 行第 1 个单元格，选择菜单栏上的“插入”→“图像”命令。在打开的“选择图像源文件”对话框中，选中要插入的图片 bannerleft.gif，单击“确定”按钮就可以完成图片的插入操作，如图 4-32 所示。

图 4-32　插入第一张图片

8）单击选择第 2 行第 2 个单元格，执行菜单栏上的“插入”→“图像”命令。在打开的“选择图像源文件”对话框中选中要插入的图片 bannerright.gif，单击“确定”按钮就可以完成图片的插入操作，如图 4-33 所示。

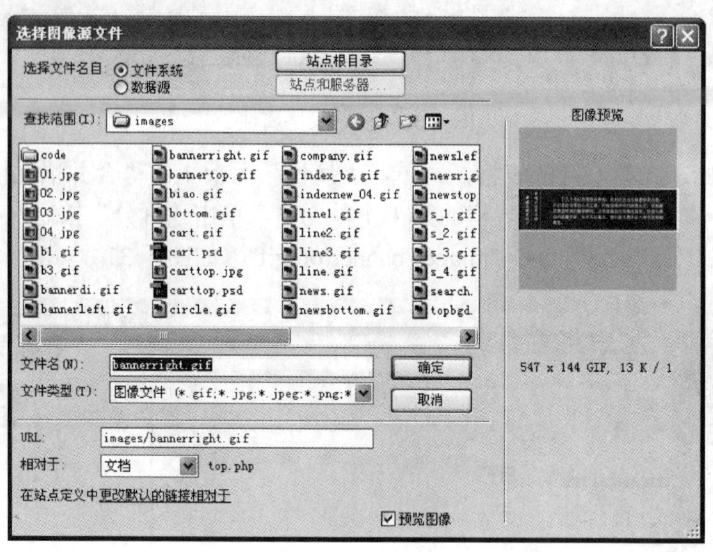

图 4-33　插入第 2 张图片

9）单击“确定”按钮，插入图片。整体效果如图 4-34 所示。当然，用户在实际操作的时候，可以根据需要设置不同的表格属性参数和选择不同的图片来做导航。

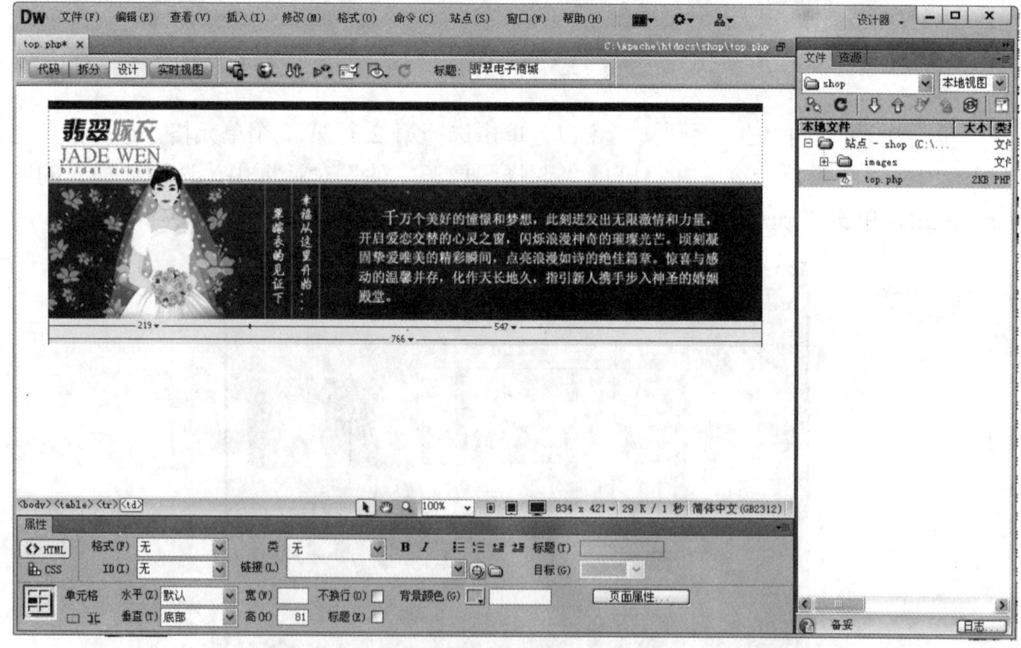

图 4-34　制作的网页效果

10）单击选择第 1 行第 1 个单元格，执行菜单“插入”→“表格”命令，打开“表格”对话框，在“行数”文本框中，输入需要插入表格的行数为 2；在“列”文本框中，输入需要插入表格的列数为 2；在“表格宽度”文本框中输入 100 并选择“百分比”；“边框粗细”“单元格边距”和“单元格间距”都为 0；其他设置保持默认值。具体设置如图 4-35 所示。

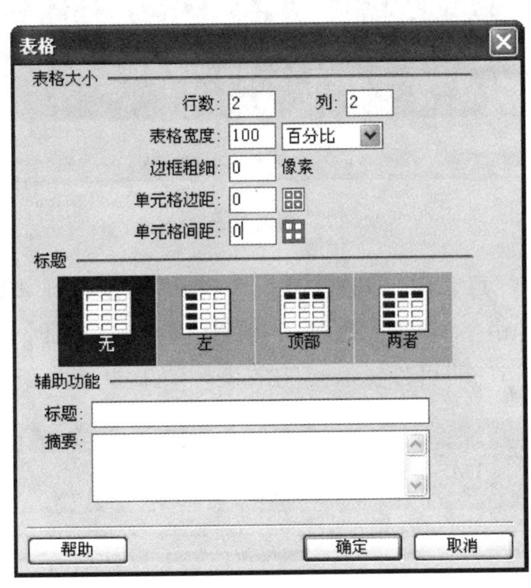

图 4-35　加入新的表格

11）单击“确定”按钮加入表格，然后再单击“拆分”按钮，在<td>中加入 valign="bottom"代码，意思是让加入的表格能居下对齐，如图 4-36 所示。

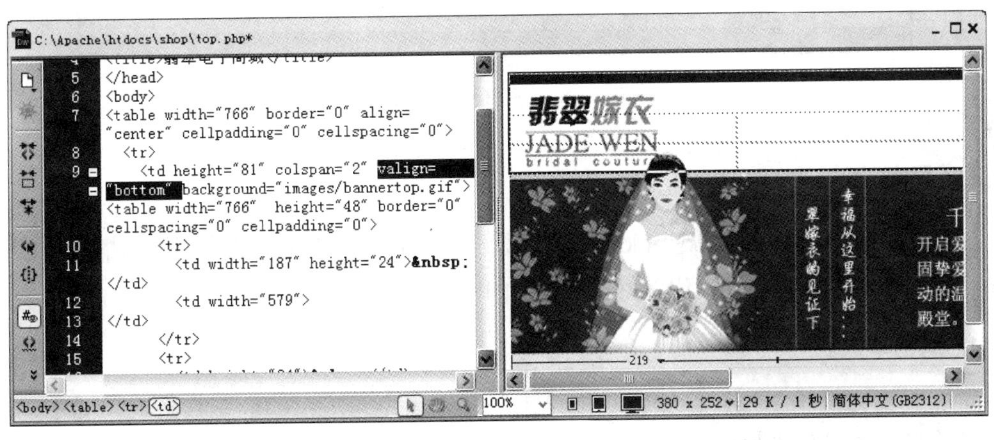

图 4-36　居下对齐设置

12）单击“设计”按钮，返回文档窗口，在新加入表格的第 2 行第 2 列输入导航的文字内容“首页┆最新婚纱┆推荐品牌┆热门品牌┆产品分类┆用户中心┆订单查询┆购物车”，即设计完成 top.php，效果如图 4-37 所示。

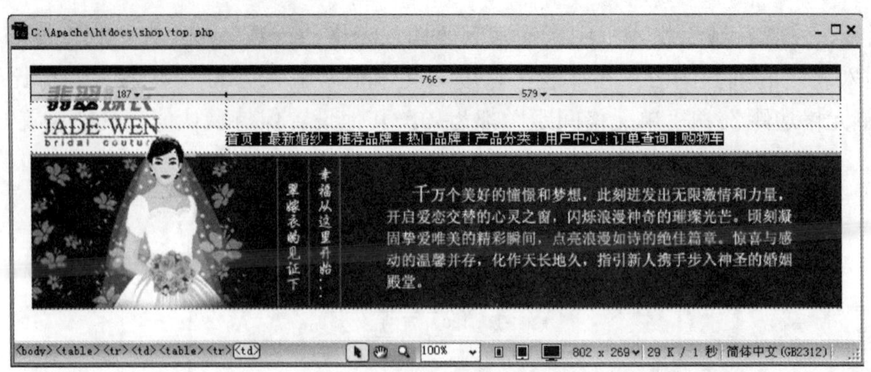

图 4-37　加入导航的效果

13）在制作的过程中，每完成一部分的设计，都需要发布到 IE 进行浏览，看看设计的效果如何，避免出现错误，如果设计出现问题要及时修改。在地址栏输入 http://127.0.0.1/shop/top.php，即可预览制作的效果，效果如图 4-38 所示。

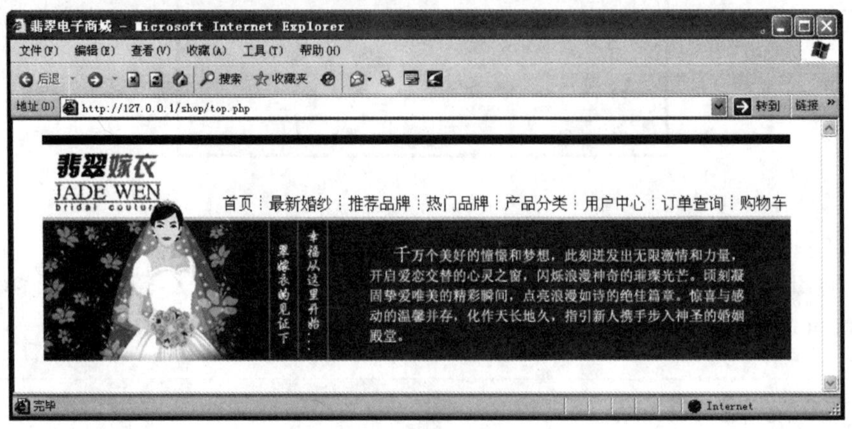

图 4-38　预览制作的效果

4.2.4　导航菜单 left_menu.php

制作的 left_menu.php 是被 index.php 页面导入使用的，即几个功能模块的搭建，实例中包括了购物车、用户系统和站内搜索系统三个模块。

1. 购物车模块

首先来搭建购物车模块，购物车模块用于显示用户网上定购的一些数据，并不需要插入表单，具体的操作步骤如下：

1）执行菜单“文件”→“新建”命令，打开“新建文档”对话框，在“空白页”选项卡中，选择“页面类型”选项组中的“PHP”选项，在“布局”中选择“无”选项，单击“创建”按钮，即在 Dreamweaver CS6 中创建了一个 PHP 页面，首先将文档保存为 left_menu.php，然后单击“拆分”按钮，将所有的代码删除。

2）执行菜单“插入”→“表格”命令，打开“表格”对话框，在“行数”文本框中，输入需要插入表格的行数为 3；在“列”文本框中，输入需要插入表格的列数为 1；在“表格宽度”文本框中输入 209 并选择“像素”；“边框粗细”“单元格边距”和“单元格间距”都为 0；其他设置保持默认值，设置完成后单击“确定”按钮。在 table 属性中加入 bgcolor="#F0F0F0"设置背景色后的效果如图 4-39 所示。

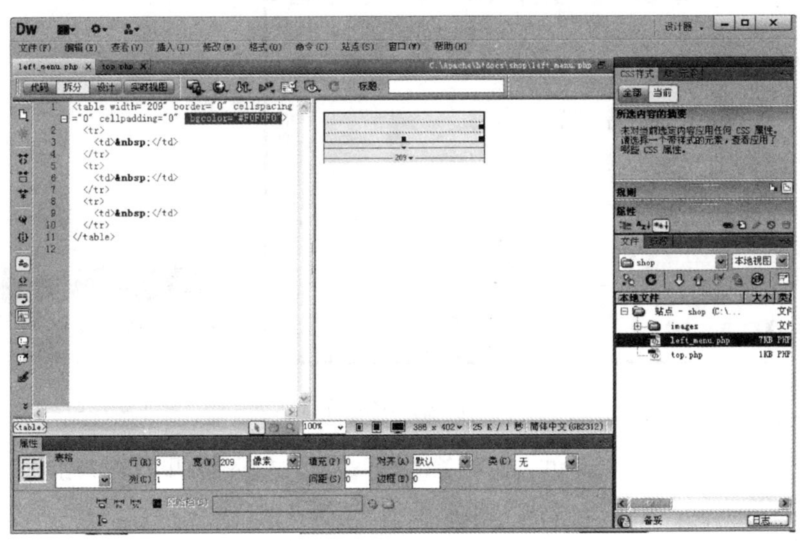

图 4-39　创建新表格效果

3）设置好表格属性后，还要在表格内嵌套一个表格。单击“设计”按钮，首先在第 1 列表格嵌套一个 2 行 1 列的表格，执行菜单“插入”→“表格”命令，打开“表格”对话框，在“行数”文本框中，输入需要插入表格的行数为 2；在“列”文本框中，输入需要插入表格的列数为 1；在“表格宽度”文本框中输入 100 并选择“百分比”；“边框粗细”“单元格边距”和“单元格间距”都为 0，其他的保持不变。具体设置如图 4-40 所示。

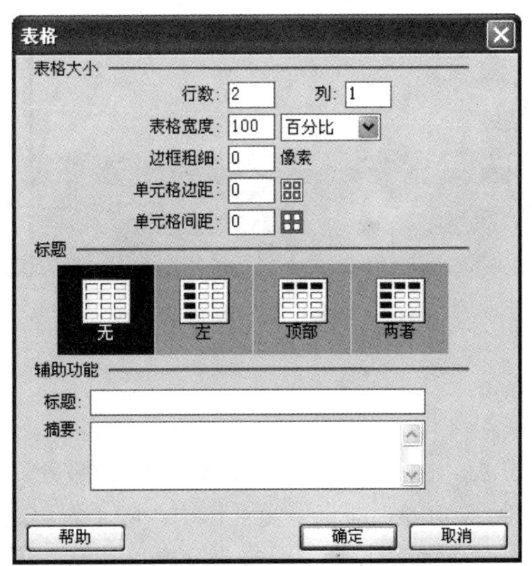

图 4-40　嵌入表格属性设置

4）单击“确定”按钮，完成此操作。单击选择第 1 行表格，选择菜单栏上的“插入”→“图像”命令。在打开的“选择图像源文件”对话框中，选中要插入的图片 carttop.jpg，单击“确定”按钮就可以完成图片的插入操作，如图 4-41 所示。

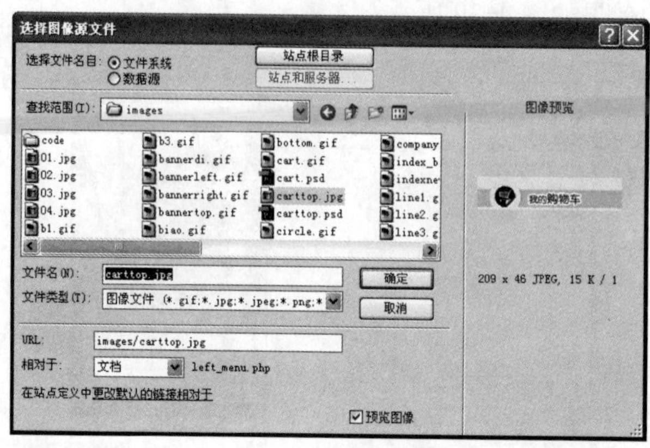

图 4-41 插入购物车图片

5）设置好第一行表格后，单击选择第 2 行表格，输入说明文本“用户：游客，欢迎您！购物车总计：0 元 去收银台 清空购物车”，如图 4-42 所示。

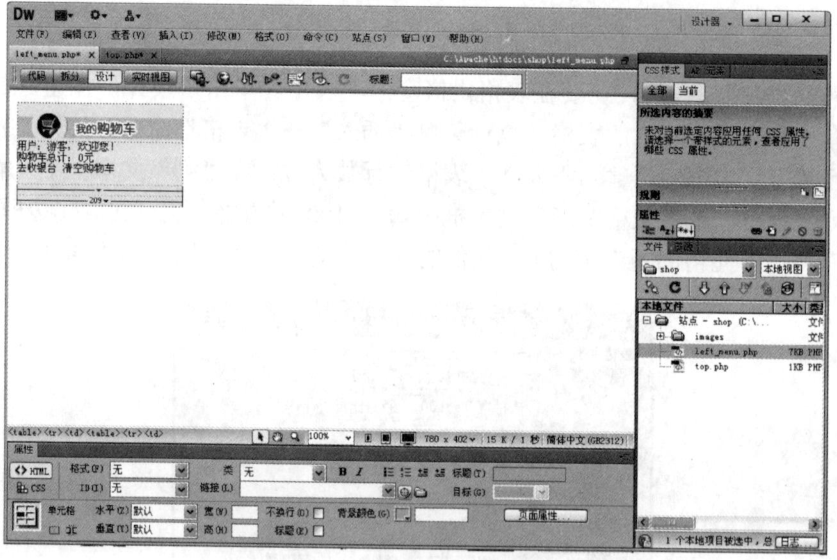

图 4-42 表格第 2 行的文本输入

2. 用户系统模块

设计用户注册系统模块。由于该模块是动态交互的部分，所以需要加入表单。在 HTML 中，表单拥有一个特殊功能，即支持交互作用。除了表单之外其他任何的 HTML 元素，都可以嵌入到表单中进行页面的设计。单击提交表单按钮，可以将动态元素由表单传递给服务器进行处理，并将处理的动态结果返回网页进行显示。

下面就开始进行用户系统模块的搭建，具体的操作步骤如下：

1）单击选择制作的第一个表格的第 2 行表格，单击“表单”插入面板中的“表单”按钮，或执行菜单栏上的“插入”→“表单”命令，插入一个表单对象。插入表单后，页面中会出现一个红色的框框，表单规定了放置表单对象的区域，其对应的 HTML 标识符是 <form></form>，加入表单的操作及加入之后的效果如图 4-43 所示。

图 4-43　加入表单的操作及加入之后的效果

2）在表单中执行菜单“插入”→“表格”命令，打开“表格”对话框，在“行数”文本框中，输入需要插入表格的行数为 5；在“列”文本框中，输入需要插入表格的列数为 2；在“表格宽度”文本框中输入 100 并选择“百分比”；“边框粗细”“单元格边距”和“单元格间距”都为 0；其他的保持不变。具体设置如图 4-44 所示。

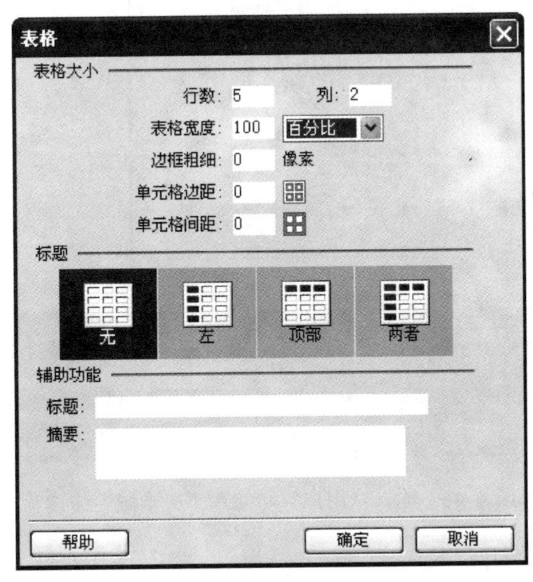

图 4-44　设置插入表格的属性

3）单击“确定”按钮，即建立了一个 5 行 2 列的表格。在“属性”面板中，设置对齐方式为“居中对齐”，拖动鼠标选择第一行的表格，在“属性”面板中，单击“合并单元格”按钮，将第 1 行表格合并。合并后选择菜单栏上的“插入”→“图像”命令。在打开的“选择图像源文件”对话框中，选中要插入的图片 user.gif，单击“确定”按钮就可以完成图片的插入操作，如图 4-45 所示。

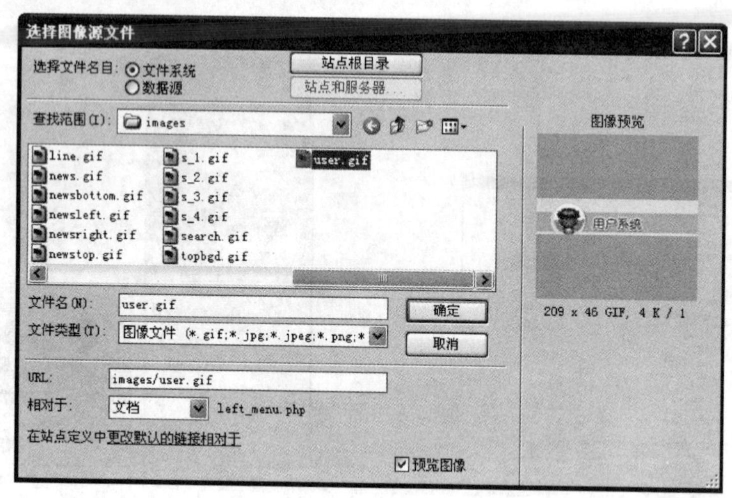

图 4-45 插入用户系统图片

4）在第 2 行第 1 列中，输入说明文字“用户：”，然后在第 2 列执行菜单“插入”→“表单”→“文本域”命令，插入一个单行文本域表单对象，并定义文本域名为 username，“文本域”属性设置及此时的效果如图 4-46 所示。

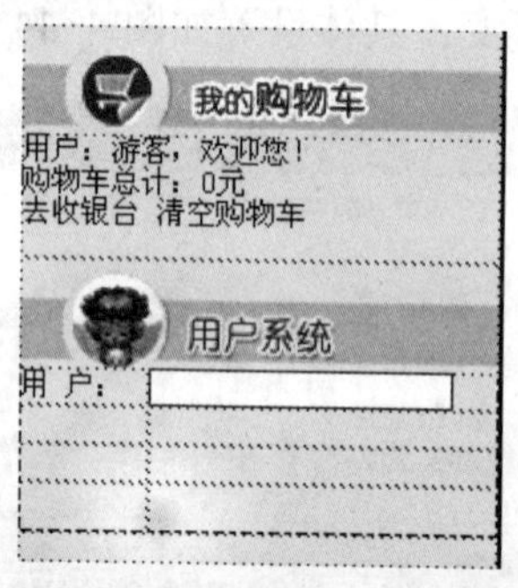

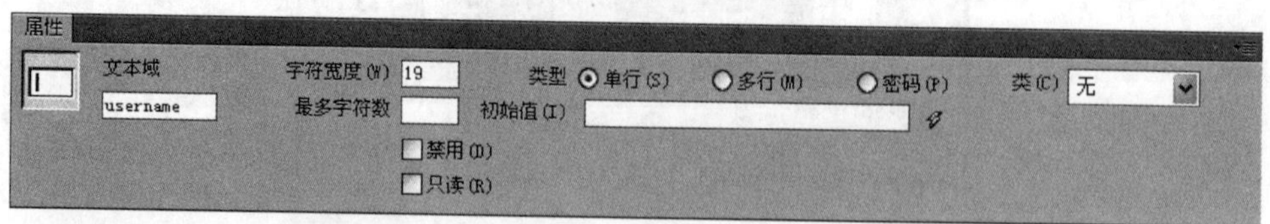

图 4-46 输入“用户”和插入“文本域”的设置

设置文本域的属性说明如下：

● 在“文本域”文本框中，可以为文本域指定一个名称。每个文本域，都必须有一个唯一的名称。表单对象名称不能包含空格或特殊字符，可以使用字母、数字、字符和下画线（_）的任意组合。请注意：为文本域指定的标签，是存储该域的值（输入的数据）的变量名，这是发送给服务器进行处理的值。

- 字符宽度：设置文本域中最多可显示的字符数。“最多字符数”指定在文本域中最多可输入的字符数，如果保留为空白，则输入不受限制。“字符宽度”可以小于“最多字符数”，但大于字符宽度的输入将不被显示。
- 类型：用于指定文本域是“单行”“多行”还是“密码”。通常，“单行”只能显示一行文字；“多行”则可以输入多行文字，达到字符宽度后换行；“密码”文本域，则用于输入密码。
- 初始值：指定在首次载入表单时，域中显示的值。例如，通过包含说明或示例值，可以指示用户在域中输入信息。
- 类：可以将 CSS 规则，应用于不同的对象。

5）学习了文本域的属性之后，要在第 3 行第 1 列表格中输入说明文字“密码”，在第 3 行表格的第 2 列中，执行菜单“插入”→“表单”→“文本域”命令，插入密码文本域表单对象，定义“文本域”名为 userpwd。“文本域”属性设置及此时的效果如图 4-47 所示。

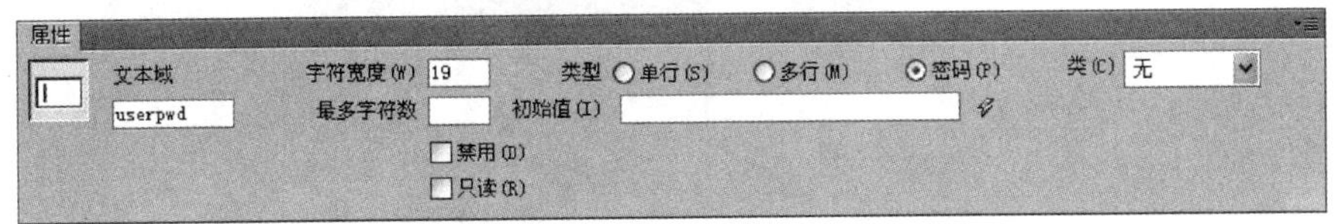

图 4-47　密码“文本域”的设置

6）在第 4 行第 1 列表格中输入说明文字“验证”，在第 4 行表格的第 2 列中，执行菜单“插入”→“表单”→“文本域”命令，插入密码文本域表单对象，定义“文本域”名为 yz。“文本域”属性设置及此时的效果如图 4-48 所示。

图 4-48　设置验证码文本域

7）选择第 5 行第 1 个单元格，执行菜单“插入”→“表单”→“按钮”命令，插入一个按钮，并在“属性”面板中，设置“值”为“登录”，“动作”为“提交表单”。具体设置如图 4-49 所示。

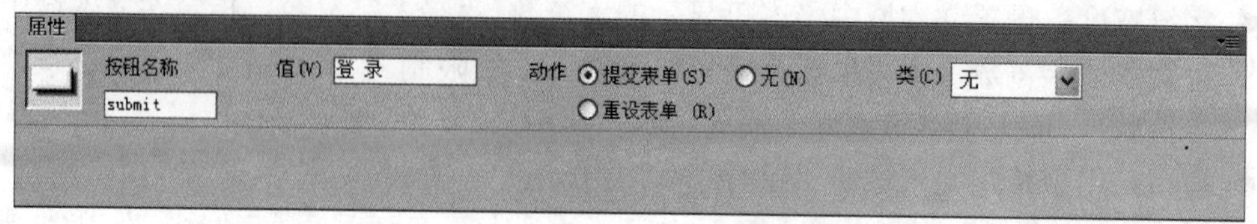

图 4-49　设置按钮名称和值

8）选择第 4 行第 2 个单元格，输入将用于链接的文字“注册，找回密码”，完成的用户系统模块的效果如图 4-50 所示。

3. 站内搜索模块

搜索系统也是一个动态交互的模块，在单击“站内搜索”按钮的时候，需要通过表单提交给后台进行处理，所以也需要插入表单，产品搜索系统设计步骤如下：

1）在第一个表格第 3 行中，执行菜单“插入”→“表格”命令，打开“表格”对话框，在“行数”文本框中，输入需要插入表格的行数为 2；在“列”文本框中，输入需要插入表格的列数为 1；在“表格宽度”文本框中输入 209 并选择“像素”；“边框粗细”“单元格边距”和“单元格间距”都为 0；其他的保持不变。具体设置如图 4-51 所示。

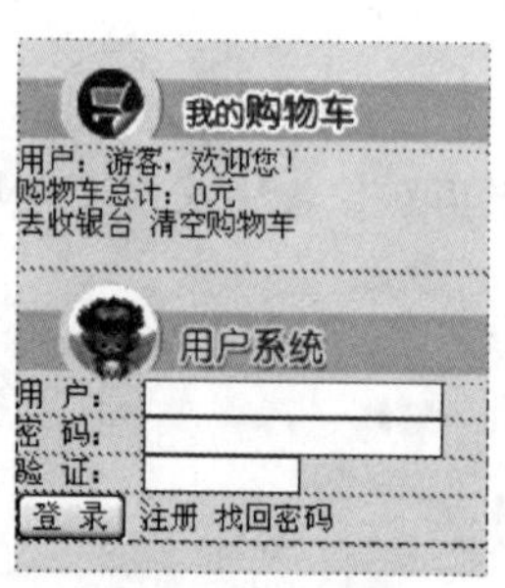

图 4-50　完成的用户系统模块的效果

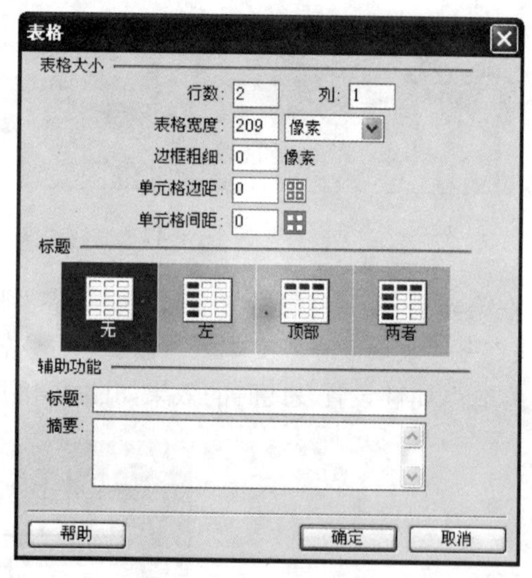

图 4-51　设置插入表格的属性

2）单击“确定”按钮，即建立了一个 2 行 1 列的表格，在“属性”面板中，设置对齐方式为“居中对齐”，选择菜单栏上的“插入”→“图像”命令。在打开的“选择图像源文件”对话框中，选中要插入的图片 search.gif，单击“确定”按钮就可以完成图片的插入操作，如图 4-52 所示。

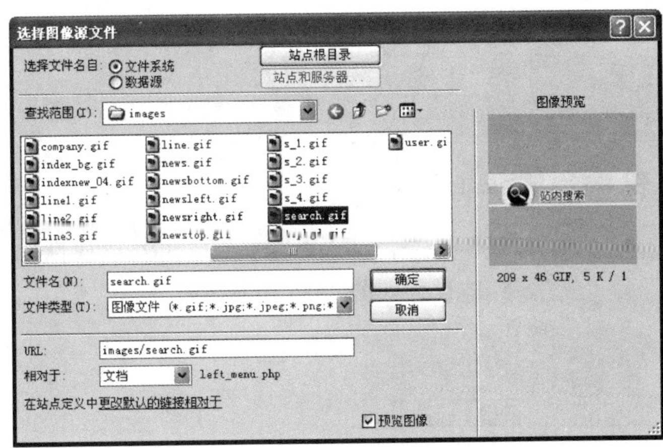

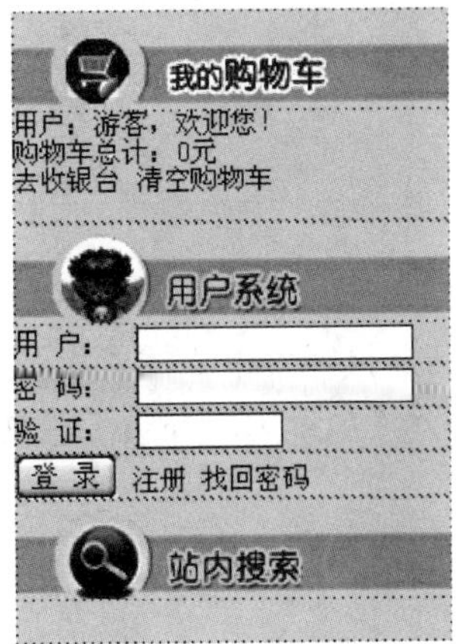

图 4-52　插入站内搜索图片

3）选择刚创建的表格的第 2 行，再单击“表单”插入面板中的“表单”按钮，或执行菜单栏上的“插入”→“表单”命令，插入一个表单对象，加入表单之后的效果如图 4-53 所示。

图 4-53　加入表单的效果

4）在第 2 行表单中，执行菜单“插入”→“表单”→“文本域”命令，插入一个单行文本域表单对象，并定义文本域名为 name，“字符宽度”为 12，“文本域”属性设置及此时的效果如图 4-54 所示。

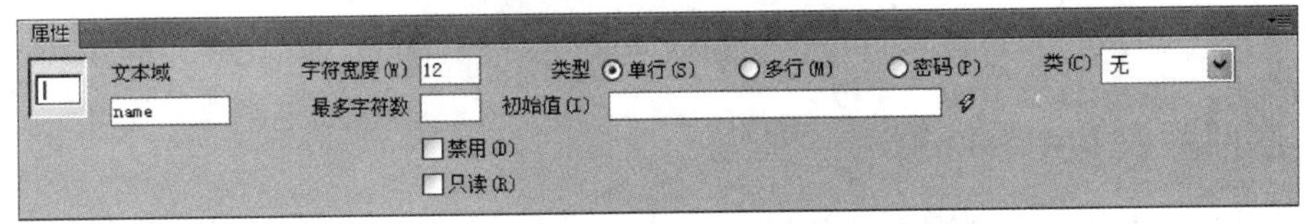

图 4-54　关键词文本域的设置及效果

5）执行菜单“插入”→“表单”→“按钮”命令，插入一个按钮，并在“属性”面板中设置“值”为“搜索”，“动作”为“提交表单”，具体设置如图 4-55 所示。

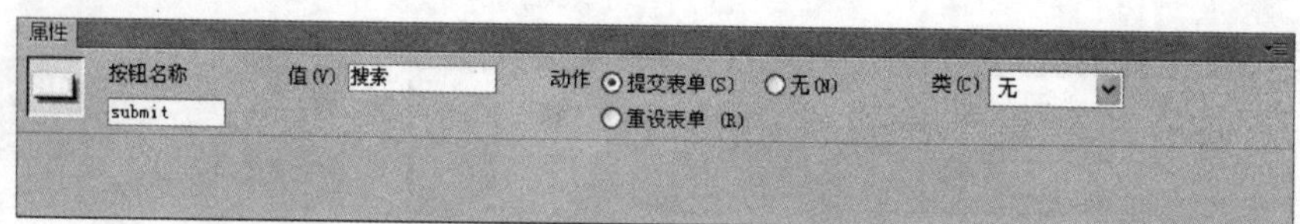

图 4-55　设置按钮名称和值

6）执行菜单“插入”→“表单”→“按钮”命令，插入一个按钮，并在“属性”面板中设置“值”为“高级”，“动作”为“无”，具体设置如图 4-56 所示。

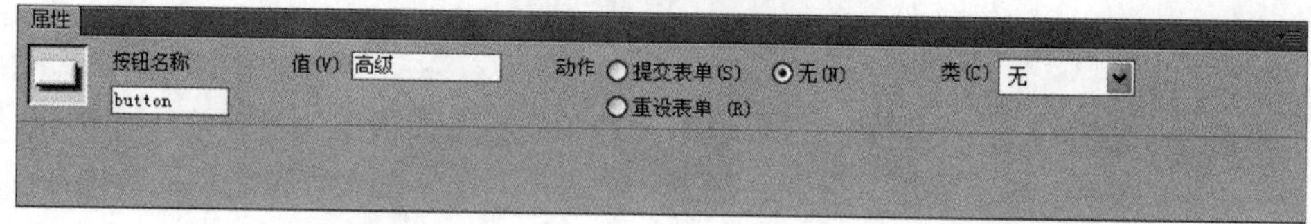

图 4-56　设置按钮名称和值

7）执行菜单栏上的“文件”→“保存”命令，将制作的内容保存。在地址栏输入 http://127.0.0.1/shop/left_menu.php，即可预览制作的效果，效果如图 4-57 所示。

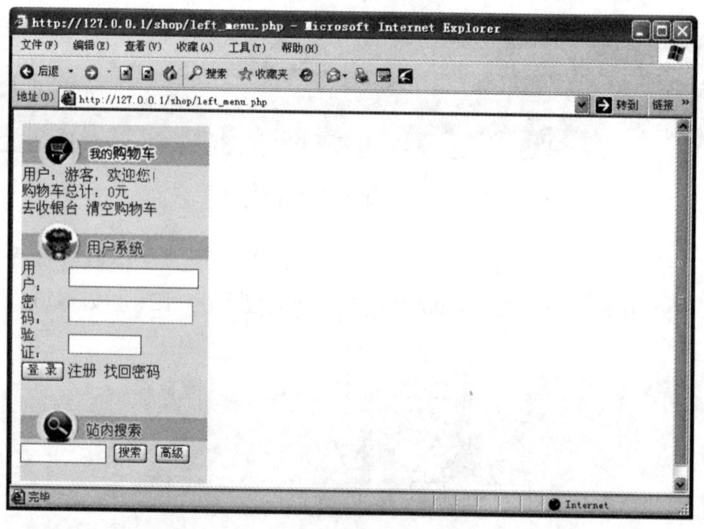

图 4-57　预览制作模块的效果

4.2.5　底部版权 bottom.php

制作到这一步骤，一个网页的效果已经基本完成，还需要加入最后的版权部分，即可完成整个网页的设计。该实例的版权部分设计得比较简单，直接用一张已经设计好的图片表示，接上面的制作步骤，直接加入一个 766 像素的表格，插入 bottom.gif 文件，并输入一些购物常用的说明文字即可完成，整体的效果如图 4-58 所示。

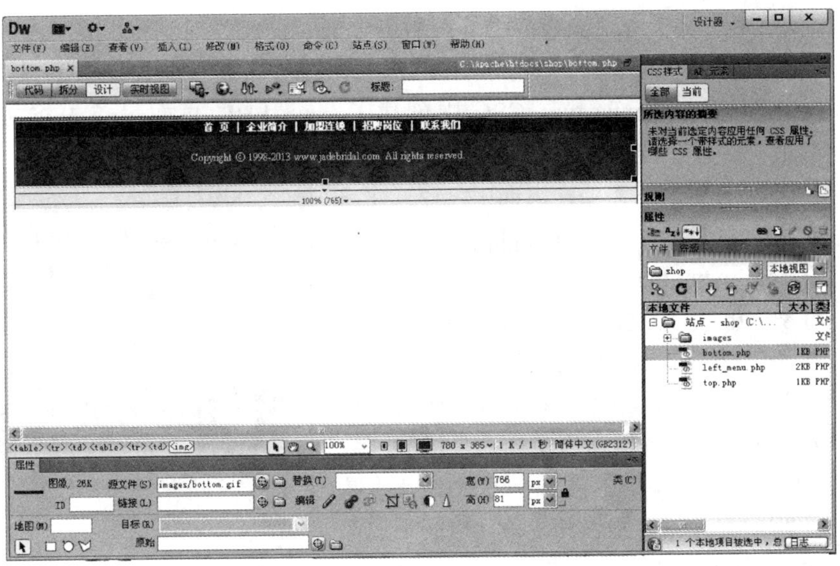

图 4-58　bottom.php 效果图

4.2.6　首页的合成 index.php

在设计的“页面内容”中，新闻和产品模块都是在空白背景上显示的，之所以不做任何的背景，是因为产品图片和新闻图片的颜色都是很多种的，从网页的配色来看，只有使用白色作背景，才能使整体设计效果看上去比较协调。

1）index.php 页面中需要将前面制作的 top.php、left_menu.php 和 bottom.php 全部嵌入到页面中，嵌入的关系如图 4-59 所示。在 PHP 中嵌套的代码非常简单，使用<?php include("");?>即可轻松实现。

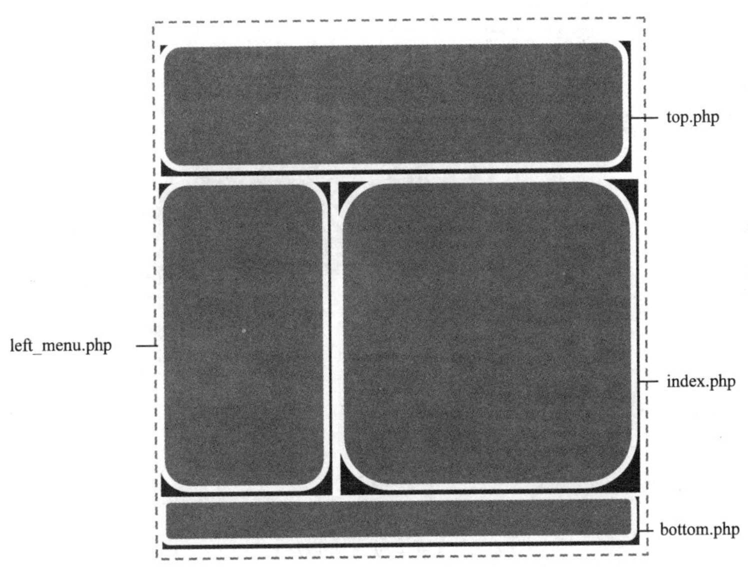

图 4-59　网站首页嵌套的结构图

2）执行菜单“文件”→“新建”命令，打开“新建文档”对话框，在“空白页”选项卡中，选择“页面类型”选项组中的“PHP”选项，在“布局”中选择“无”选项，单击“创建”按钮，即在 Dreamweaver CS6 中创建了一个 PHP 页面，首先将文档保存为 index.php，单击“拆分”按钮，将所有的代码删除。

3）按图 4-59 所示，只需要在页面中创建一个 3 行 2 列的表格即可，第 1 行嵌套 top.php 页面，第 2 行第 1 列嵌套 left_menu.php 页面，第 2 行第 2 列在本页上创建对象，第 3 行嵌套 bottom.php 页面。执行菜单“插入”→“表格”命令，打开“表格”对话框，在“行数”文本框中，输入需要插入表格的行数为 3；在“列”文本框中，输入需要插入表格的列数为 2；在“表格宽度”文本框中输入 766 并选择“像素”；“边框粗细”“单元格边距”和“单元格间距”都为 0；其他的保持不变。具体设置如图 4-60 所示。

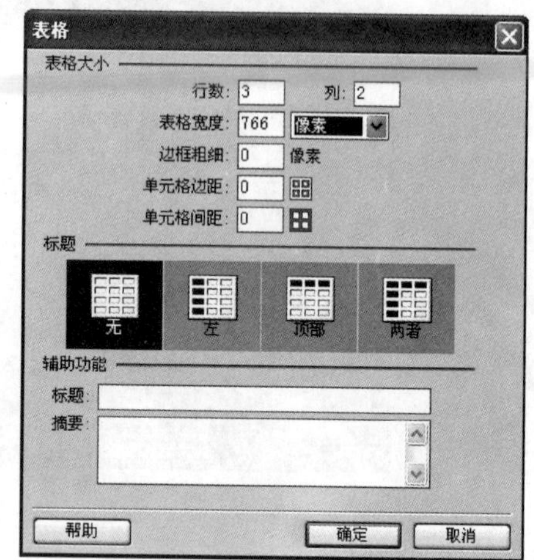

图 4-60　设置插入表格的属性

4）单击“确定”按钮，即建立了一个 3 行 2 列的表格，在“属性”面板中，设置对齐方式为“居中对齐”，同时合并第 1 行和第 3 行的表格。再单击“拆分”按钮，在第 1 行加入嵌套的代码：

```
<?php
 include("top.php");
?>
```

嵌套后的设计页面如图 4-61 所示。

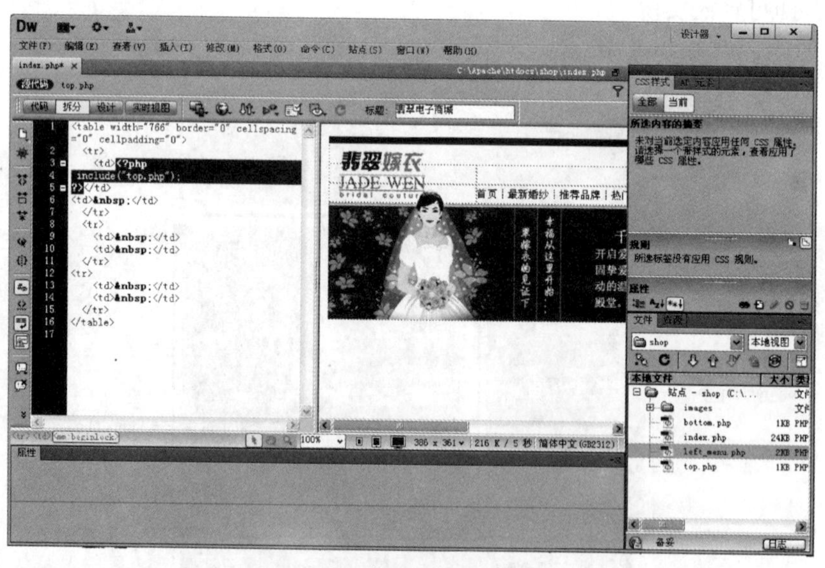

图 4-61　嵌套页面的效果

5）其他两个页面的嵌套方法都是一样的，这里就不再做具体的介绍。在新闻部分也是简单的文字和图片编排，完成的最后效果如图 4-62 所示。

图 4-62　制作新闻模块和产品的效果

主页排版制作完成，按下快捷键〈F12〉，打开 IE 浏览器进行预览。或者在地址栏中，输入 http://127.0.0.1/shop/index.php，也可以预览主页的效果，主页的整体效果如图 4-63 所示。

图 4-63　网页编排的整体效果图

操作说明：

通过上面的排版制作可以发现，在 IE 浏览器中看到的网页的排版，与在 Dreamweaver 软件中的排版是一样的。其实，在 Dreamweaver 中进行排版是一项非常细致的工作，每一个图片和表格的尺寸都需要经过严格的定义，也只有这样才能制作出整齐好看的网页。

其他的一些网页排版方法均大同小异，以图 4-64 所示的新闻网页效果图为例，导航和版权两块区域，可以直接从前面制作的网站首页中进行复制，对于中间部分，也是很简单的表格排版和图片插入操作。页面上有很多 php 图标，每个图标都表示需要插入单独的 PHP 编程代码，用于实现相应的动态效果。

图 4-64　新闻介绍网页编排的整体效果图

由于篇幅的关系，就不一一介绍各个网页的搭建方法。读者可以打开光盘中的站点，查看各个页面的排版效果，也可以根据自己的风格和要求进行单独的设计。

4.3　网页的样式美化

在创建首页面的搭建过程中，细心的读者会发现预览的网页有很多细节方面的问题，如网页文字不统一，输入的文本框和整体网页的设计不和谐等。浏览者想要看的是网页上的内容结构，而为了让浏览者更好地看到这些信息，就要通过格式控制来实现了。以前两者在网页上的分布是交错结合的，查看或者修改很不方便，而现在把两者分开就会大大方便网页的设计者。内容结构和格式控制相分离，使得网页可以只由内容构成，而将所有网页的格式控制指向某个 CSS 样式表文件。

下面就简单的介绍一下，如何在 Dreamweaver CS6 中进行自定义 CSS 样式，并通过实例讲解如何应用 CSS 美化网页。

4.3.1　美化大师 CSS

CSS 对于设计者来说是一种非常灵活的工具，不必再把繁杂的样式定义编写在文档中，可以将所有有关文档的样式指定内容全部脱离出来，在行定义、在标题中定义，甚至作为外部样式文件供 HTML 调用。简单地说，在制作网站的时候，可以使用外部的 CSS 功能来美化网页的效果。

CSS（Cascading Style Sheets）层叠样式表可以使页面完全按照制作者的设想显示，可以对网页上的元素精确地定位，并且轻易地控制文字、图像等各种对象。它是现在广泛使用的一种格式控制技术。

使用 CSS 的好处表现在两个方面：

第一：简化了网页的格式代码，外部的样式表被浏览器保存在缓存里，加快了下载显示的速度，同时减少了需要上传的代码数量（因为重复设置的格式将被只保存一次）。

第二：只要修改保存着网站格式的 CSS 样式表文件就可以改变整个站点的风格特色，这在修改页面数量庞大的站点时，显得格外有用。避免了一个一个网页的修改，大大减少了重复劳动的工作量。

Dreamweaver CS6 提供了对 CSS 样式创建的完美支持，利用 Dreamweaver CS6，用户不需要了解 CSS 复杂繁琐的语法，就可以创建出具有专业风格的 CSS 样式。不仅如此，Dreamweaver CS6 还能够识别现存文档中定义的 CSS 样式，这更方便用户对现有文档进行修改。

4.3.2　自定义 CSS 样式

自定义 CSS 样式是最常用的一种 CSS 样式创建方式，方法是将一系列格式组合起来，并以适当的形式命名。要创建自定义 CSS 样式，其具体的操作步骤如下：

1）打开 Dreamweaver CS6 软件，选择菜单栏上的“窗口”→“CSS 样式”命令，打开“CSS 样式”面板，如图 4-65 所示。

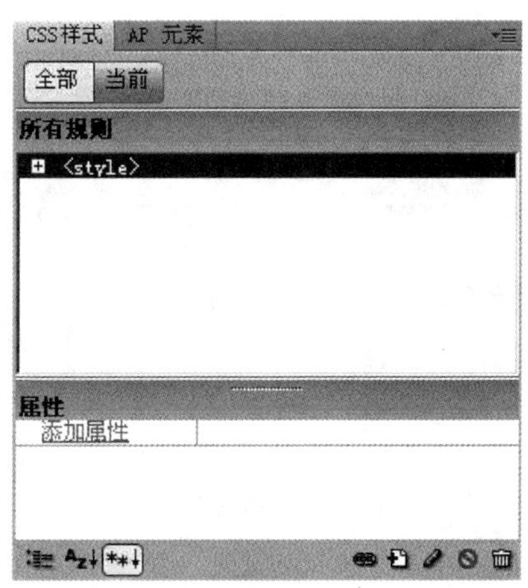

图 4-65　“CSS 样式”面板

2）在“CSS 样式”面板中，可以用三种方法打开“新建 CSS 规则”对话框，可执行如下操作之一：

① 单击该面板底部的“新建 CSS 规则”图标。

② 单击该面板顶部右边的按钮，从打开的下拉菜单中选择“新建”命令。

③ 在该面板内单击鼠标右键，从弹出的快捷菜单中选择“新建”命令。

通过以上方法都可以打开“新建 CSS 规则”对话框，如图 4-66 所示。

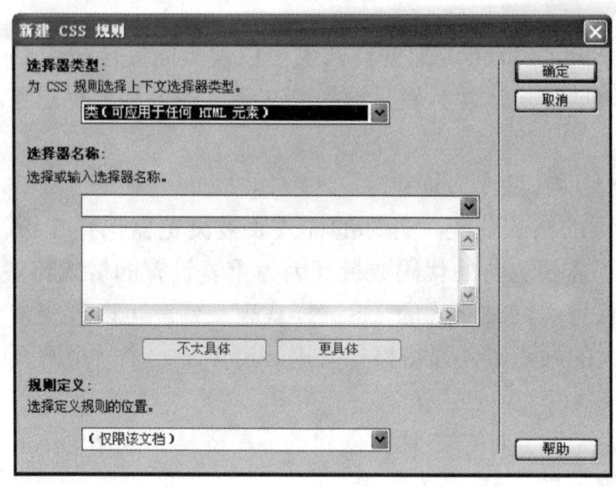

图 4-66 “新建 CSS 规则”对话框

3）在“选择器类型”选项组中，单击选择“类（可应用于任何 HTML 元素）”下拉列表项，用来建立一种由自己定制的样式表。“类”由用户自己给定样式表元素名称，并且可以在整个 HTML 中被调用。有一点值得注意的是，当新建样式时，默认的样式名称是“.unmaned1”，在此样式名称前有一个“.”，这个“.”说明了此样式是一个类样式（CLASS）。根据 CSS 规则，类样式（CLASS）可以在一个 HTML 元素中被多次调用。

4）在“名称”文本框中设置样式的名称，这里输入名为 font。

5）在“规则定义”选项组中，单击选择“(新建样式表文件)”下拉列表项，此时“新建 CSS 规则”对话框如图 4-67 所示。

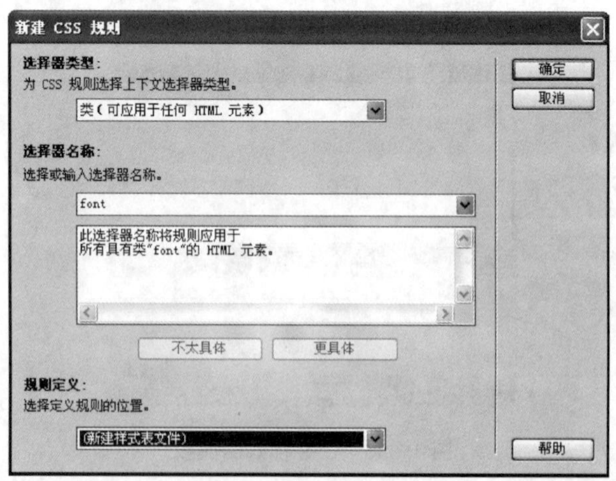

图 4-67 设置“新建 CSS 规则”对话框

6）因为是在该文档中第一次建立样式，因此，单击“确定”按钮后，会打开“将样式表文件另存为”对话框，单击选择“保存在”右侧的下拉三角按钮，选择样式保存的文件夹为 css，输入文件名为 font，其他的保持默认值，如图 4-68 所示。

图 4-68　“保存样式表文件为”对话框

7）设置完成后，单击“保存”按钮，即可打开“.font 的 CSS 规则定义（在 font.css 中）”对话框，如图 4-69 所示。

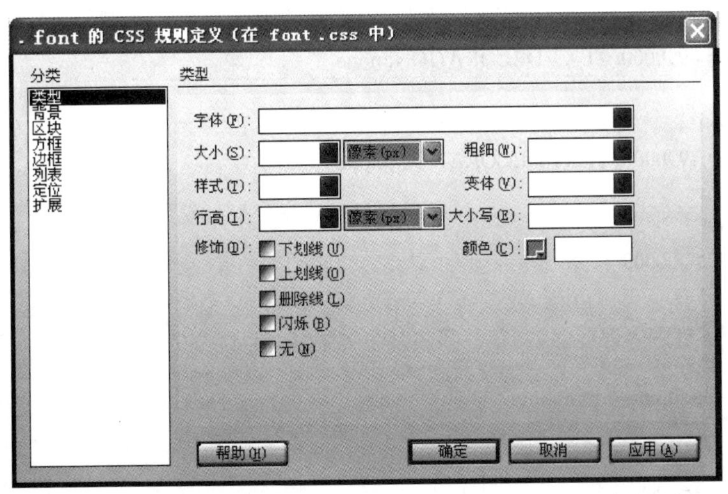

图 4-69　“.font 的 CSS 规则定义（在 font.css 中）”对话框

8）最后根据自己设计网页的需要，分别选择“分类”下面的列选项，在“类型”下面的选择项中分别设置其属性，如“大小”“颜色”等需要统一的样式。设置完成后单击“确定”按钮，即在 css 文件夹下面创建了 font.css 文件。创建完成 font.css 文件之后，在首页中会自动创建使用 font.css 样式的链接代码，如图 4-70 所示。

图 4-70　首页与样式文件 font.css 的链接代码

4.3.3　网站首页的美化

为了让制作的网站首页更加的引人注目，可以应用 CSS 对首页进行进一步的美化，包括背景的样式设计、各模块的样式设计、统一链接的样式等，下面就开始使用 CSS 美化网站首页，具体的操作步骤如下：

1）在 Dreamweaaver CS6 中打开 font.css 样式表文件，输入如下的样式控制代码：

```
A:link {
COLOR: #990000;
TEXT-DECORATION: none
}
A:visited {
COLOR: #990000; TEXT-DECORATION: none
}
A:active {
COLOR: #990000; TEXT-DECORATION: none
}
A:hover {
COLOR: #000000
}
//网页链接属性设置
body {
margin-top: 0px;
}
td,th {
FONT-SIZE:12px;
COLOR: #000000;
}
//网页的整体属性控制
.buttoncss {
    font-family: "Tahoma", "宋体";
    font-size: 9pt; color: #003399;
    border: 1px #fff solid;
```

```
	color:006699;
	BORDER-BOTTOM: #93bee2 1px solid;
	BORDER-LEFT: #93bee2 1px solid;
	BORDER-RIGHT: #93bee2 1px solid;
	BORDER-TOP: #93bee2 1px solid;
	background-color: #ccc;
	CURSOR: hand;
	font-style: normal ;
}
.inputcss {
	font-size: 9pt;
	color: #003399;
	font-family: "宋体";
	font-style: normal;
	border-color: #93BEE2 #93BEE2 #93BEE2 #93BEE2 ;
	border: 1px #93BEE2 solid;
}
.inputcssnull {
	font-size: 9pt;
	color: #003399;
	font-family: "宋体";
	font-style: normal;
	border: 0px #93BEE2 solid;
}
.scrollbar{
    SCROLLBAR-FACE-COLOR: #FFDD22;
    FONT-SIZE: 9pt;
    SCROLLBAR-HIGHLIGHT-COLOR: #69BC2C;
    SCROLLBAR-SHADOW-COLOR: #69BC2C;
    SCROLLBAR-3DLIGHT-COLOR: #69BC2C;
    SCROLLBAR-ARROW-COLOR: #ffffff;
    SCROLLBAR-TRACK-COLOR: #69BC2C;
    SCROLLBAR-DARKSHADOW-COLOR: #69BC2C

  }
.scrollbar{
    SCROLLBAR-FACE-COLOR: #FFDD22;
    FONT-SIZE: 9pt;
    SCROLLBAR-HIGHLIGHT-COLOR: #69BC2C;
    SCROLLBAR-SHADOW-COLOR: #69BC2C;
    SCROLLBAR-3DLIGHT-COLOR: #69BC2C;
    SCROLLBAR-ARROW-COLOR: #ffffff;
    SCROLLBAR-TRACK-COLOR: #69BC2C;
    SCROLLBAR-DARKSHADOW-COLOR: #69BC2C

  }
//网页表单对象的样式设置
```

2）切换回 index.php 页面，选择<body>标签，然后用鼠标右键单击选择 CSS 面板中的 body 样式，具体操作如图 4-71 所示。

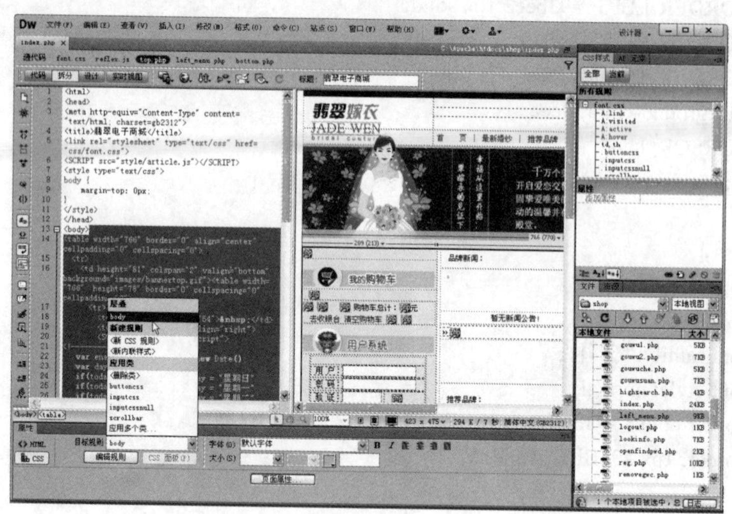

图 4-71　套用背景样式

3）套用后，可以发现整个网页按样式的定义加入了背景的效果。用同样的样式定义方法，可以分别给购物车、用户系统、搜索系统等模块设计不同的样式，以达到让网页美化的目的。由于操作方法都一样，这里也不再做具体的介绍。打开 font.css 样式文档，可以看到里面不同的定义样式，在 index.php 页面中，找到相应命名的 Class 命名，即可知道该实例使用了哪些具体的设计，美化后的整体效果，即最终完成的网页美工效果如图 4-72 所示。

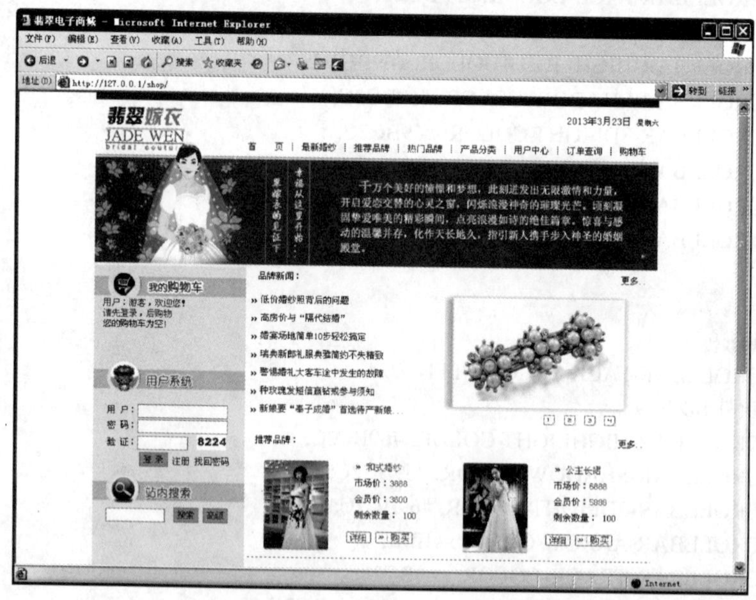

图 4-72　用 CSS 美化后的网页效果

到这一步骤，所有有关网站网页的静态部分的设计工作全部完成。

第 5 章　电子商务网站的动画

前面我们学习了网站静态页面的制作，但是要创建一个完美的、吸引人的电子商务网站，适当地加入动画效果是必不可少的。网站建设已经从简单的技术支持时代，到了现在的视觉美化时代。当然，如何让设计的电子商务网站更加高人一筹，达到让人过目不忘的效果，以及如何以最简单的特效让网站“亮”起来，成了开办成功电子商务网站最关心的话题。本章将以 JavaScript 和 Flash 这两种嵌入技术为主，介绍一些最常用也最实用的特效动画制作方法。

本章重点介绍如下知识：

- 网站的动画制作技术
- 脚本动画的嵌入
- 炫酷的 Flash 动画
- Flash 动画的制作

5.1　网站的动画制作技术

许多网站的设计者使用了动态 GIF 图片和 Flash 动画，这样的技术处理可以让网站上的图片或文字产生动态的效果。这虽然增加了一定的网页下载时间，但它会吸引用户对网站信息的注意力。创建网站的技术语言有很多种，支持网页动画的主流技术是嵌入技术。嵌入技术是指使用第三方软件或其他的编程语言，在传统的 HTML 语言中插入不同的编程对象，从而达到在 IE 浏览器中实现动画效果的目的。

5.1.1　掌握网页代码标记

要应用动画技术，首先要求网站建设者具有一定的网页编程基础，能看得懂 HTML 程序，本节对此做简单介绍。HTML 的全称为 HyperText Mark-up Language，可以翻译为“超文本标记语言”，它是一种为普通文件中的某些字句加上标记的语言，其目的在于运用标记，使文件达到预期的显示效果。HTML 文件的基本架构如下：

```
<HTML>
<HEAD>
<TITLE> 网页的标题 </TITLE>
</HEAD>
<BODY>
网页的内容，很多标记都作用于此
```

</BODY>
</HTML>

整个文件处于标记<HTML>与</HTML>之间，所以<HTML>的作用就是向网页浏览器声明这是 HTML 文件，让浏览器认出并正确处理此 HTML 文件。

HTML 文件分两部分，<HEAD>和</HEAD>之间的内容为文件头，<BODY>至</BODY>之间的内容为文件体。

文件头用于存载重要信息，而只有文件体会在网页中显示出来，所以大部分标记会运用于文件体部分。但文件头部分也很重要，比如<TITLE>所表示的是文件的标题，这个标题名称会出现于浏览器顶部。

HTML 常用标记，见表 5-1。

表 5-1 HTML 常用标记

标　记	意　义	作　用
<HTML>	文件声明	让浏览器知道这是 HTML 文件
<HEAD>	文件头	提供文件整体信息
<TITLE>	标题	定义文件标题，将显示于浏览器顶端
<BODY>	文件体	设计文件格式及内容所在
<!--注解-->	注解标记	为文件加上说明，但不被显示
<P>	段落标记	为字、画、表格等之间留一空白行
 	换行标记	令字、画、表格等显示于下一行
<HR>	水平线	插入一条水平线
<CENTER>	居中	令字、画、表格等显示于中间
<PRE>	预设格式	令文件按照原始码的排列方式显示
<DIV>	区隔标记	设定字、画、表格等的摆放位置
<B>	粗体标记	出现字体加粗的效果
<I>	斜体标记	字体出现斜体效果
<U>	加上底线	加上底线
<H1>	一级标题标记	将字体变粗变大加宽，程度与级数成反比
<H2>	二级标题标记	将字体变粗变大加宽，程度与级数成反比
<H3>	三级标题标记	将字体变粗变大加宽，程度与级数成反比
<H4>	四级标题标记	将字体变粗变大加宽，程度与级数成反比
<H5>	五级标题标记	将字体变粗变大加宽，程度与级数成反比
<H6>	六级标题标记	将字体变粗变大加宽，程度与级数成反比
<FONT>	字形标记	设定字形、大小、颜色
<TABLE>	表格标记	设定该表格的各项参数
<CAPTION>	表格标题	制作成一列以填入表格标题
<TR>	表格列	设定该表格的列
<TD>	表格栏	设定该表格的栏

（续）

标　记	意　义	作　用
<FORM>	表单标记	决订单一表单的运作模式
<TEXTAREA>	文字区块	提供文字方盒以输入较大量文字
<INPUT>	输入标记	决定输入形式
<SELECT>	选择标记	建立 pop-up 卷动清单
<OPTION>	选项	每一标记标示一个选项
<IMG>	图形标记	用以插入图形及设定图形属性
<A>	连接标记	加入超级链接
<FRAMESET>	框架设定	设定框架
<FRAME>	框窗设定	设定框窗
<IFRAME>	页内框架	于网页中间插入框架
<NOFRAMES>	不支持框架	设定当浏览器不支持框架时的提示
<MAP>	影像地图名称	设定影像地图名称
<BGSOUND>	背景声音	播放声音或音乐
<EMBED>	多媒体	加入声音、音乐或影像
<MARQUEE>	走动文字	令文字上下左右走动
<BLINK>	闪烁文字	闪烁文字
<META>	开头定义	让浏览器知道这是 HTML 文件
<LINK>	关系定义	定义该文件与其他 URL 的关系
<STYLE>	样式表	控制网页版面
<span>	自定标记	独立使用或与样式表同用

5.1.2　网站动画制作技术

目前在 Internet 网上创建网站的技术语言有很多种，能支持网页动画的主流技术就是嵌入技术。可以让网页动起来的方法还是有很多种的，常见的嵌入技术介绍如下：

（1）简单的 GIF 动画

GIF（Graphics Interchange Format）是一种图片格式，它的原意是“图像互换格式”，是 CompuServe 公司在 1987 年开发的图像文件格式。GIF 是一种基于 LZW 算法的连续色调的无损压缩格式，其压缩率一般在 50%左右，并且不属于任何应用程序。目前几乎所有相关软件都支持它，公共领域中有大量的软件在使用 GIF 图像文件。GIF 图像文件的数据是经过压缩的，而且是采用了可变长度等压缩算法。GIF 最多支持 256 种色彩的图像。GIF 格式的另一个特点是其在一个 GIF 文件中可以存多幅彩色图像，如果把存于一个文件中的多幅图像数，据逐幅读出并显示到屏幕上，就可构成一种最简单的动画。如图 5-1 所示的一个简单的小孩子推东西的动作，在 1 秒钟的 GIF 动画，就需要 12 张的不同图片。

GIF 分为静态 GIF 和动画 GIF 两种，支持透明背景图像，适用于多种操作系统，体型很小，网上很多小动画都是 GIF 格式。其实 GIF 是将多幅图像保存为一个图像文件，从而形成动画的，所以归根到底 GIF 仍然是图片文件格式。GIF 图片动画在网站中的应用也是比较多的，由于它具有较小的体积，一些比较简单的形象动画，比如网站变化的 Logo，就经常使用 GIF 动画制作。

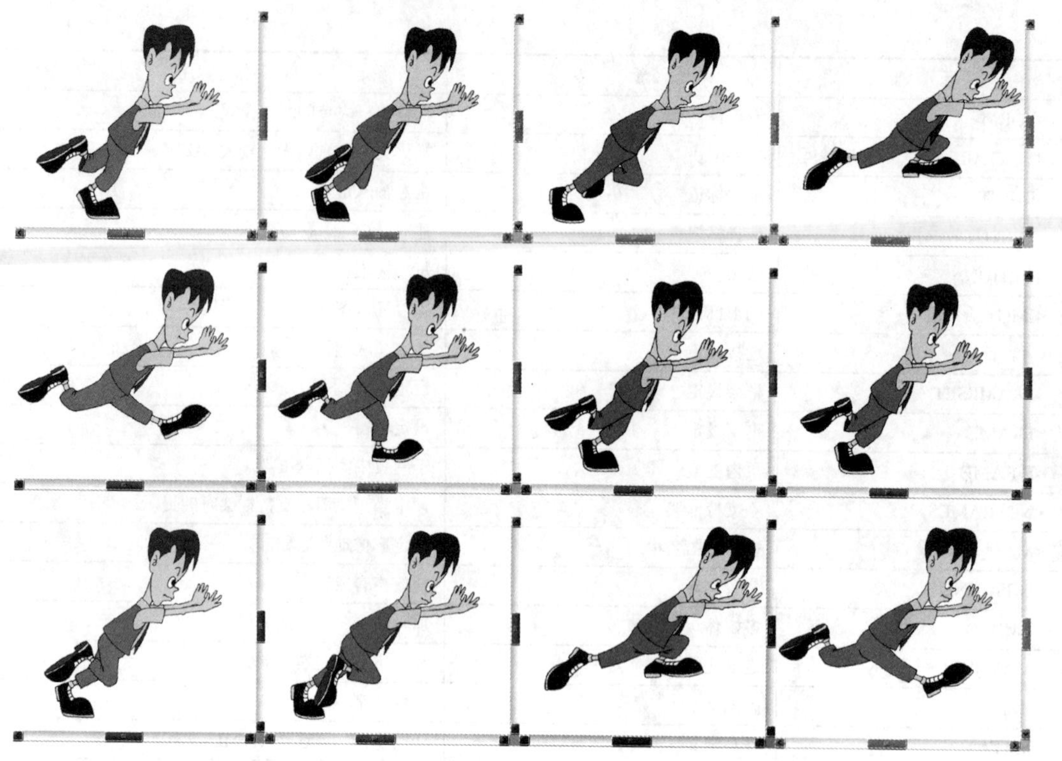

图 5-1 GIF 动画动作分解

（2）CSS 样式动画

CSS 样式动画，在第 4 章也介绍过了，其中涉及一些简单的网页文字显示触发动画，主要是指鼠标触发动画功能，包括链接的变化动画、鼠标显示替换动画等，这类小动画应用得比较多。

（3）JavaScript 特效动画

为了获得交互功能，网页设计者开始在网页中，加入 JavaScript、VBScript 这样的脚本语言，以及 Java 小程序来接收用户的信息，并给出具体的响应。比如说，当用户把鼠标放到网页的某个地方时，网页中将给出友好的动画文本提示。这种效果大大区别于以前的静态网页，具有了人性化的交互功能。但是组织制作这么一个 Web 页面是需要付出更多的创意和程序编写工作的，必须掌握 Java、JavaScript 这样的编程语言，这种要求使得许多 Web 动画设计者望而却步。即使能够熟练地使用这些语言，为了获得类似的效果将要耗费大量的时间和精力，使 Web 网页的制作周期大大加长了。解决的方案一般都是从网上查找相应的 JavaScript 脚本，直接引用嵌入即可。

（4）Flash 动画

Flash 是制作网络交互动画的优秀工具，它能让网页的动画制作变得轻松简单，并且支持动画、声音以及交互，具有强大的多媒体编辑功能，可以直接生成主页代码。基于矢量图形的 Flash 动画在尺寸上可以随意调整缩放，而不会影响图形文件的大小和质量，线性流媒体技术允许用户在动画文件全部下载完之前播放已下载的部分，从而在不知不觉中下载完剩余的动画；Flash 提供的透明技术和物体变形技术，使复杂动画的创建更容易，给网页动画的设计者的丰富想象提供了实现的窗口。交互设计可以让设计者随心所欲地控制动画，并赋予用户更多的主动权。Flash 还具有导出独立运行程序的能力，其优化下载的配置功能更令人为之赞叹。可以说，Flash 为制作适合网络传输的网页动画开辟了新的道路。

5.2 脚本动画的嵌入

网站在开发设计的时候，如果在网页中嵌入一些常用的 JavaScript 动画，可以起到吸引人的效果。学习 JavaScript 其实并不难，只要掌握了基础的概念和使用方法，就可以将一些常用的 JavaScript 脚本应用到自己的网页中去。在本小节中，我们首先一起来了解一下 JavaScript 的基础知识和使用方法，然后将一些常用的特效应用到实例中。

5.2.1 实例嵌入的动画

JavaScript 是一种基于对象的脚本语言，使用它可以开发 Internet 客户端的应用程序。JavaScript 在 HTML 页面中以语句形式出现，并且可以执行相应的操作。JavaScript 脚本是一种能够完成某些特殊功能的小程序段，这些小的程序段并不是像一般程序那样被编译，而是在程序运行过程中被逐行地解释。在脚本中所使用的命令与语句集称为脚本语言，它的命令和函数，可以同其他的正文和 HTML 标识符一同放置在用户的网站网页中。当用户的浏览器检索网页时，将运行这些程序并实现相应的动画效果。

下面从实例的角度，来看一看最简单的 JavaScript 代码的结构组成，如下所示：

```
<html>
<head>
<Script Language ="JavaScript">
var helloA="Hello,welcom to our website ";
var helloB="你好，欢迎访问我们的企业网站";
function helloworld(){
alert(helloA);
alert(helloB);
 }
</Script>
</Head>
<body onload=helloworld()>
</body>
</Html>
```

将其发布后的效果如图 5-2 所示。

图 5-2 JavaScript 实例

从上面的程序段中，可以看到 HTML 语言的主体部分是包含在标签<html>和</html>之间的，而 JavaScript 语言是包含在标签<Script Language ="JavaScript">和</Script>之间的。

实例里面出现了关键字 var，这个关键字在 JavaScript 语言中是定义变量用的。如上面的语句，var helloB="你好，欢迎访问我们的企业网站"，这段语句中，我们把“你好，欢迎访问我们的企业网站”这句话当作字符串赋给变量 helloB，这以后，helloB 就代表了上面的整句话。

说明：

这里要注意，JavaScript 语句的结尾都是以“;”来进行分割的。

Function 的作用就是定义函数，函数名后面要跟 ( )，函数的主体写在{}之间。

Alert()是 JavaScript 的一个内置函数，其作用是弹出信息提示窗口。

onload()是 JavaScript 的一个事件，当 HTML 文件被载入时，该事件就触发了。onload 一个作用就是在首次载入一个文档时检测 Cookie 的值，并用一个变量为其赋值，使它可以被源代码使用。

在开发的实例当中，就引用到了很多关于 JavaScript 实现的动画效果，读者可以在本地架设服务器后，将光盘中的网站源代码先进行运行，如图 5-3 所示。实例中一共有 3 个动画效果，这些动画分别是：

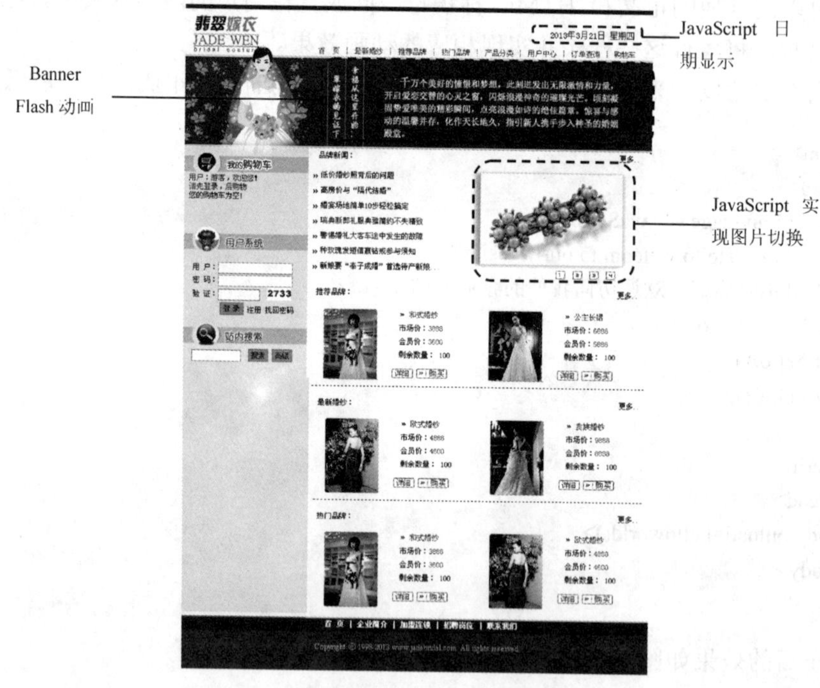

图 5-3　首页中的动画应用

（1）Banner Flash 动画

网站 Logo 后面使用的是 Flash 制作的一个.swf 动画文件。通过简单的代码，也就实现了让一张静态的图片完全“动”起来。在 5.3 节我们将具体介绍它的实现方法。

（2）JavaScript 日期显示

使用 JavaScript 实现打开网页时，随着日期的改变而自动改变了日期显示效果，并且显示了当日是星期几，这样的一个时间变化动画，能让浏览网站的人感觉到网站设计的人性化，同时也感觉到网站随时都有人在维护更新。

（3）JavaScript 实现图片切换

“品牌新闻”后面的图片动画，也是使用 JavaScript 实现自动切换的功能，在单击 1、2、3、4 几个文字图片时，能自动切换过渡到不同的图片。单击下面的文字，也能立即切换到相应的图片。

5.2.2　显示日期的动画

上面简单地介绍了 JavaScript 的使用方法，这一小节就按照实例的效果，在网站的首页加入日期时间的动画，具体的操作步骤如下：

1）运行 Dreamweaver CS6 软件，打开 shop 站点文件夹，然后打开 top.php 页面，此时的页面如图 5-4 所示。

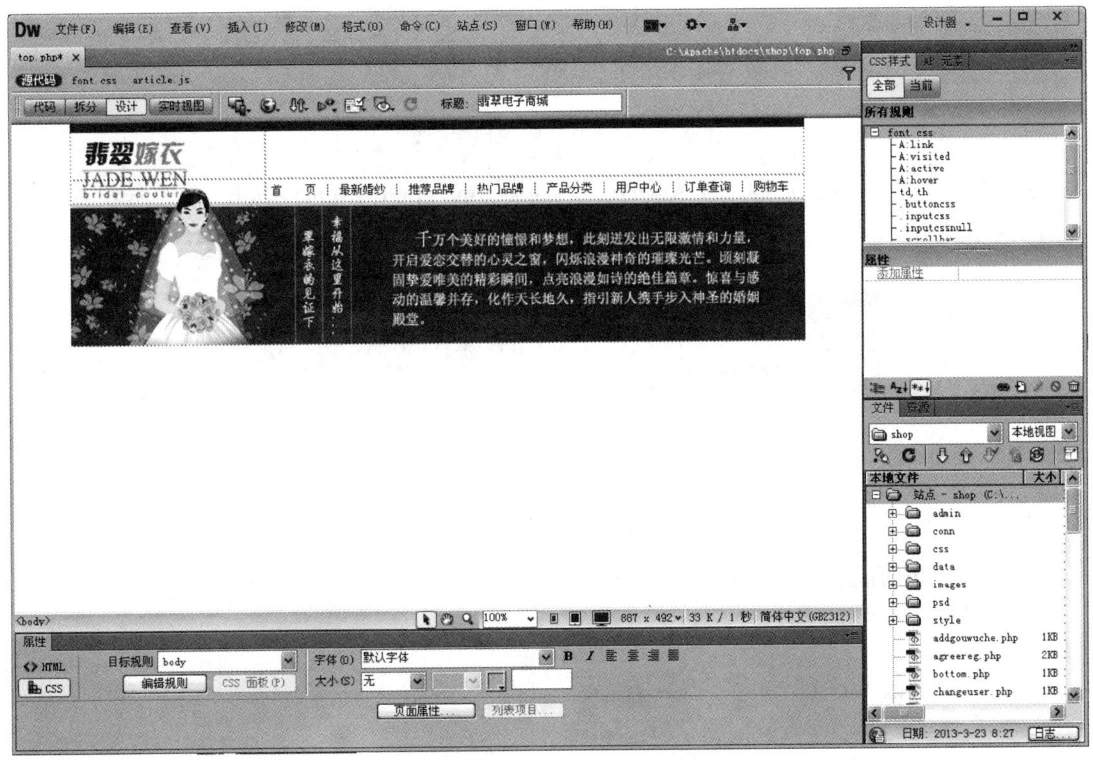

图 5-4　打开制作好的 top.php

2）单击工具栏中的“拆分”按钮拆分，切换到代码和视图的编辑状态，如图 5-5 所示。

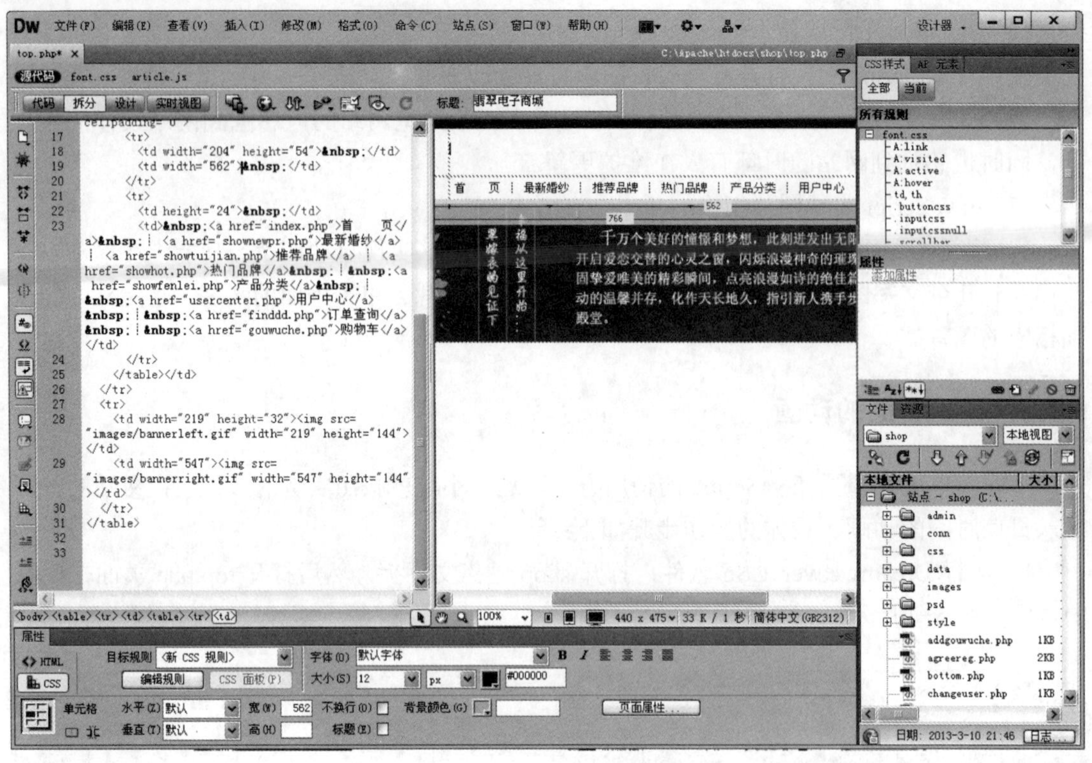

图 5-5　切换到代码和视图的状态

3）单击右上角的单元格，加入一个右居的层<div align="right"></div>（表示在该地方加入显示的时间，并让它右对齐显示），如图 5-6 所示。

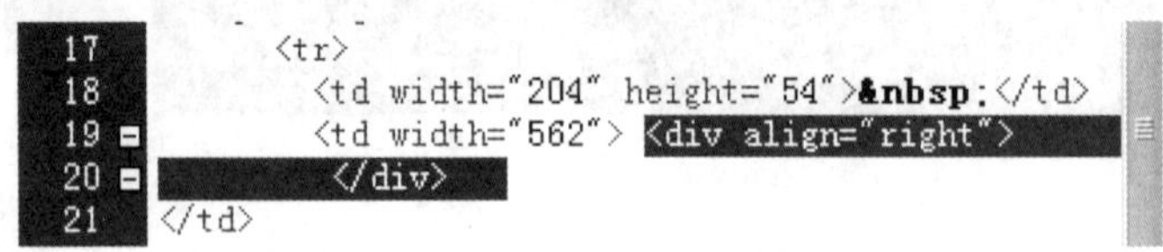

图 5-6　设置右对齐的层

4）在<div align="right"></div>中间，加入如下的 JavaScript 脚本：

```
<SCRIPT language="JavaScript">
//嵌入 JavaScript 脚本
<!-----------
    var enabled = 0;      today = new Date();
    var day;     var date;
//定义 var 值为当天最新的时间
    if(today.getDay()==0)       day = "星期日"
    if(today.getDay()==1)       day = "星期一"
    if(today.getDay()==2)       day = "星期二"
    if(today.getDay()==3)       day = "星期三"
    if(today.getDay()==4)       day = "星期四"
```

```
        if(today.getDay()==5)      day = "星期五"
        if(today.getDay()==6)      day = "星期六"
    //从系统获得时间，并显示星期几
        document.fgColor = " A70977";
    //设置文字颜色
        date1 = "<font size=2 color=black>" + (today.getYear())  + "年" + (today.getMonth() + 1 ) + "月" +
today.getDate() + "日   " + "</font>";
        date2 = "<font size=1 color=black>" +   day + "</font>";
        document.write("<left>" + date1.fontsize(3) + date2.fontsize(3) + "</left>");
    //获取年、月、日并显示
    //----->
    </SCRIPT>
```

上面的这段程序其实很简单，基本大意可以随英文进行解释。代码在运行过程中，不会有任何的提示出现，这是因为标识符“<!—”和标识符“—>”之间，可以在一些不支持 JavaScript 的浏览器里隐藏 JavaScript。

5）保存后输入浏览地址 http://127.0.0.1/shop/top.php，即可在 IE 浏览器中看到显示的日期，具体效果如图 5-7 所示。

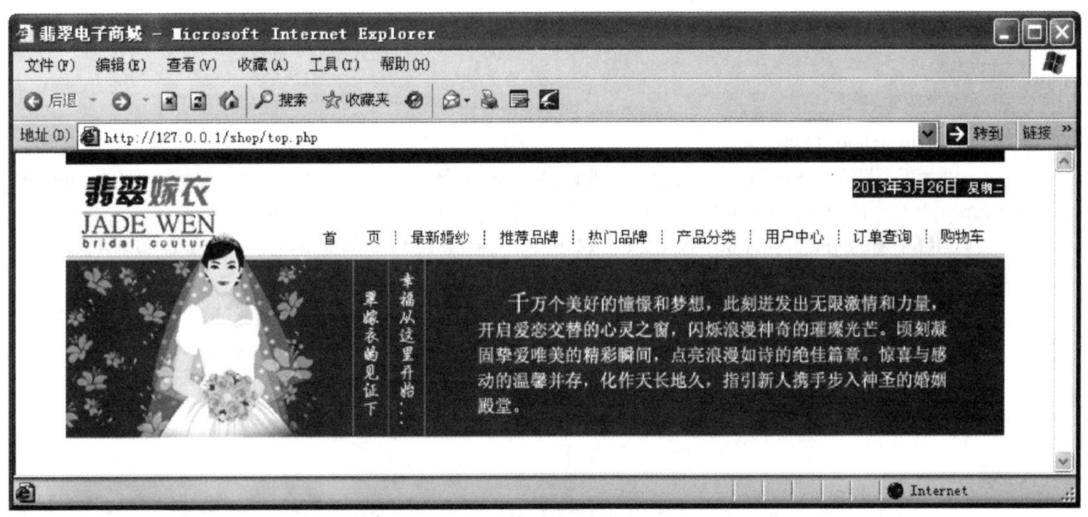

图 5-7　在右上角显示出当前的日期

5.2.3　新闻图片切换动画

在“品牌新闻”后面的图片是自动切换的，单击相应的数字图片能打开相应指定的图片，这样的动画也是通过使用 JavaScript 脚本语言加以实现的，制作的步骤如下：

1）在站点 images 文件夹里，准备 4 张一样大小的 jpg 图片，并分别命名为 01.jpg、02.jpg、03.jpg 以及 04.jpg，所有图片都要在 Photoshop 软件中进行统一的处理，以保证图片的大小和格式都一样，准备的 4 张图片如图 5-8 所示。

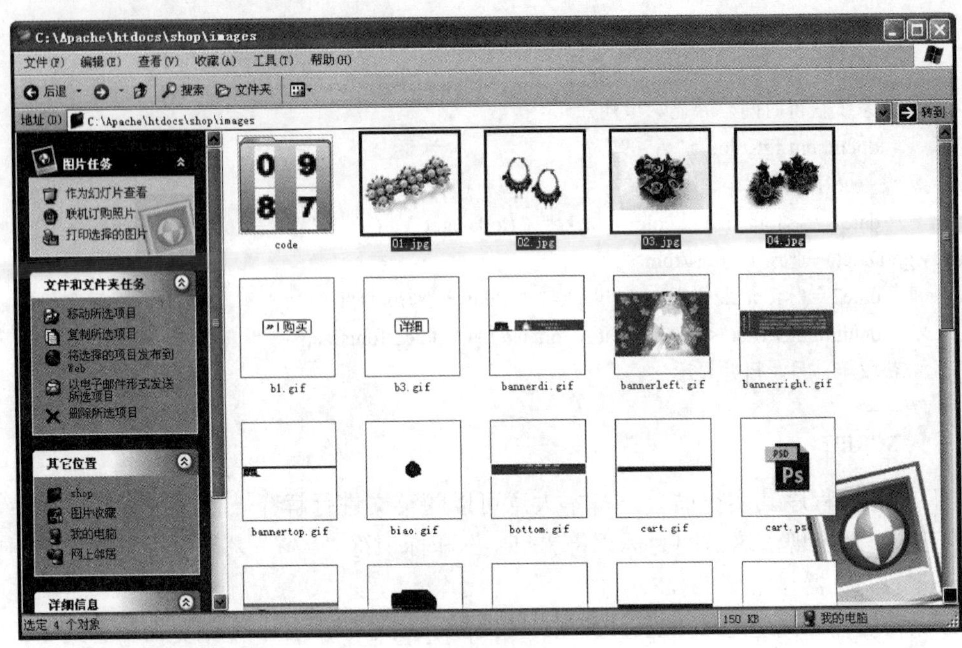

图 5-8　准备的 4 张图片

2）在 Dreamweaver CS6 软件中打开 index.php 页面，在第 1 张图片的位置加入如下的代码：

```
<DIV id=oTransContainer
style="FILTER: progid:DXImageTransform.Microsoft.Wipe(GradientSize=1.0,wipeStyle=0, motion='forward'); WIDTH:214px; HEIGHT: 128px">
<IMG src="images/01.jpg" name="oDIV1" width=214 height=128 border=0 id=oDIV1 style="DISPLAY: yes;">
<IMG id=oDIV2 style="DISPLAY: none;"height=128 src="images/02.jpg" width=214 border=0>
<IMG id=oDIV3 style="DISPLAY: none;" height=128 src="images/03.jpg" width=214 border=0>
<IMG id=oDIV4 style="DISPLAY: none;" height=128 src="images/04.jpg" width=214 border=0>
</DIV>
```

说明：

这段程序的意思是，将 images 文件夹下面的 4 张图片以<DIV>层的形式放置到页面里面，并分别定义层的名称。定义层的名称，是为了方便 JavaScript 脚本语言的调用。设置 01.jpg 这张图片，在默认状态下为可见。

3）在插入图片的表格外面，加入 JavaScript 的控制语言，具体设置如图 5-9 所示。

```
<script>var MaxImg = 4; fnToggle();</script>
//这段程序的意思是，定义显示图片的数量为 4。
```

4）由于具体实现的 JavaScript 脚本语言太长，所以将其单独写了一段程序，并保存在站点 style 文件夹的 Article.js 文件中，具体操作如图 5-10 所示。

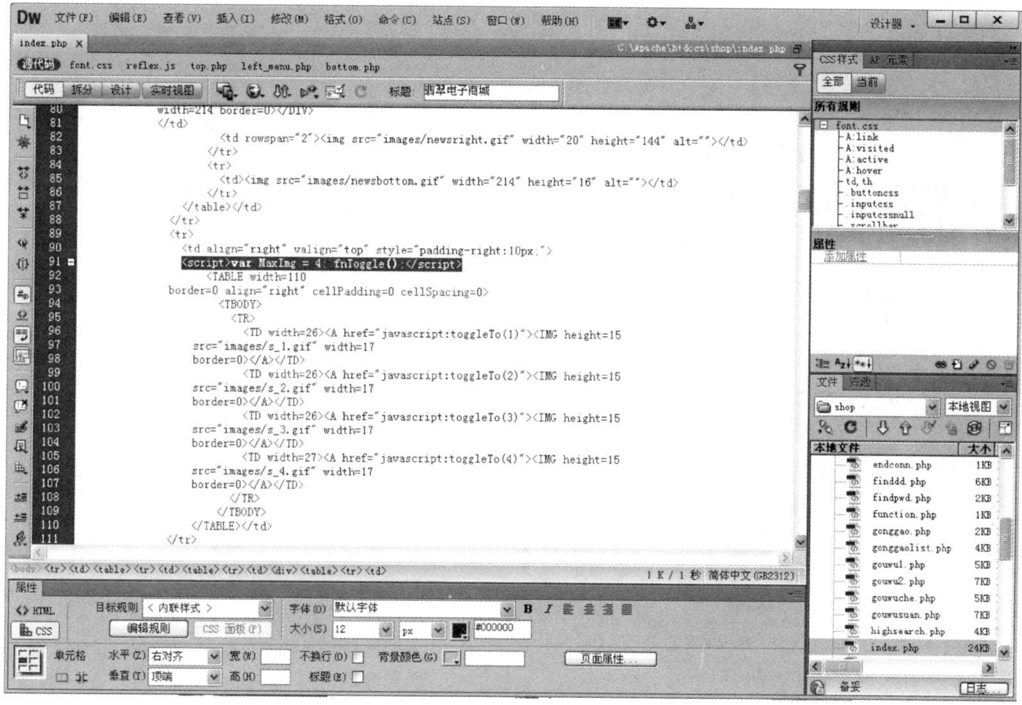

图 5-9　加入控制图片的数量值

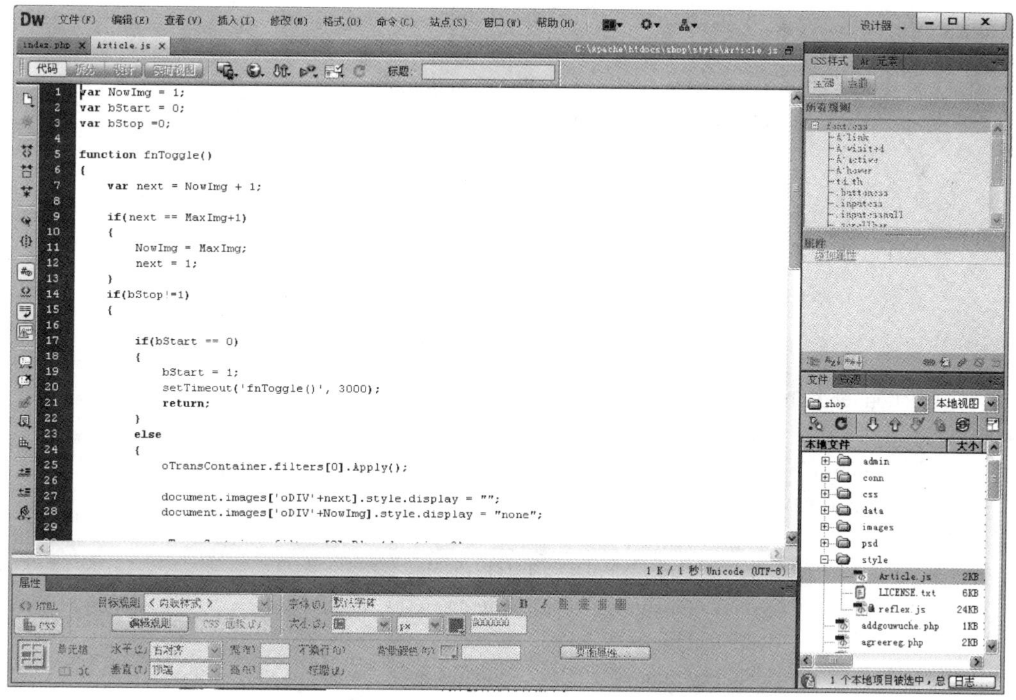

图 5-10　脚本语言保存的文件

具体的程序内容如下：

```
var NowImg = 1;
var bStart = 0;
var bStop =0;
//定义三个变量的初始值
function fnToggle()
{
	var next = NowImg + 1;
	if(next == MaxImg+1)
	{
		NowImg = MaxImg;
		next = 1;
	}
	if(bStop!=1)
	{
		if(bStart == 0)
		{
			bStart = 1;
			setTimeout('fnToggle()', 3000);
			return;}
		else
		{
			oTransContainer.filters[0].Apply();
			document.images['oDIV'+next].style.display = "";
			document.images['oDIV'+NowImg].style.display = "none";
			oTransContainer.filters[0].Play(duration=2);
			if(NowImg == MaxImg)
				NowImg = 1;
			else
				NowImg++;
		}
		setTimeout('fnToggle()', 3000);
	}
}
function toggleTo(img)
{
	bStop=1;
	if(img==1)
	{
			document.images['oDIV1'].style.display = "";
			document.images['oDIV2'].style.display = "none";
			document.images['oDIV3'].style.display = "none";
			document.images['oDIV4'].style.display = "none";
	}
	else if(img==2)
	{
```

```
            document.images['oDIV2'].style.display = "";
            document.images['oDIV1'].style.display = "none";
            document.images['oDIV3'].style.display = "none";
            document.images['oDIV4'].style.display = "none";
    }
    else if(img==3)
    {
            document.images['oDIV3'].style.display = "";
            document.images['oDIV1'].style.display = "none";
            document.images['oDIV2'].style.display = "none";
            document.images['oDIV4'].style.display = "none";
    }
    else if(img==4)
    {
            document.images['oDIV4'].style.display = "";
            document.images['oDIV1'].style.display = "none";
            document.images['oDIV2'].style.display = "none";
            document.images['oDIV3'].style.display = "none";
    }
}
```

5）那么这段程序要如何调入到网页中并进行应用呢？方法很简单，只要在 top.php 页面中<head>和</head>之间加入图 5-11 所示的链接代码<SCRIPT src="style/article.js"></SCRIPT>即可。

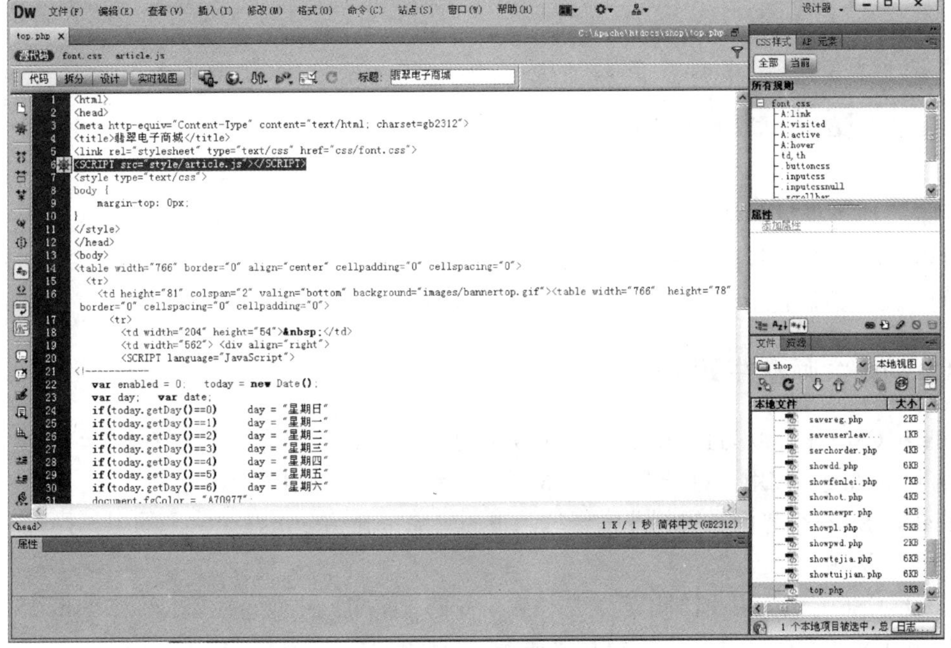

图 5-11　加入链接代码

6）最后还要用鼠标分别选择数字图片 1、2、3、4，加入不同的脚本，用于控制单击时所指向的不同图片命令。如在图片 1 上加入的代码为 javascript:toggleTo(1)，“属性”面板设置如图 5-12 所示。

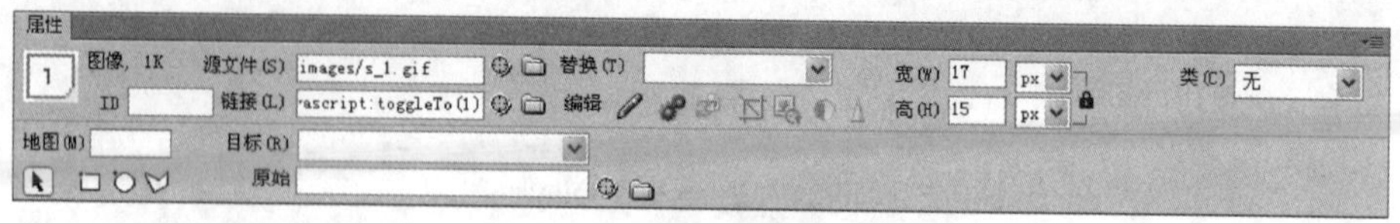

图 5-12　加入链接的属性

7）执行菜单栏“文件”→“保存”命令后，输入地址 http://127.0.0.1/shop/，即可看到图片切换的效果，效果如图 5-13 所示。

1 2 3 4

图 5-13　图片切换的动画效果

5.3　炫酷的 Flash 动画

Flash 是现在制作网站动画必不可少的一个软件，对于建立网站的读者来说，如果不是专业的网站建设者，只要能使用它制作一些最简单的动画效果即可。本节将对 Flash 做一个简单的介绍，然后使用这个软件制作实例中的 Banner 动画。

5.3.1　动画大师软件 Flash

Flash CS6 是迄今为止 Adobe 公司推出的最新版本，其界面较以前版本有了较大的变化，而且更加美观实用，打开 Flash CS6 后，其界面如图 5-14 所示。

Flash CS6 整个界面布置得非常合理，下面将简单介绍一下几个常用的工具栏。

（1）主菜单

Flash CS6 工作环境顶部显示的是包含命令的主菜单，主菜单用于控制 Flash CS6 的常用功能。主菜单包括“文件”“编辑”“命令”“窗口”和“帮助”菜单，每一个菜单又包括若干菜单项和子菜单，几乎所有的 Flash 功能都可以从主菜单中找到其对应的选项。

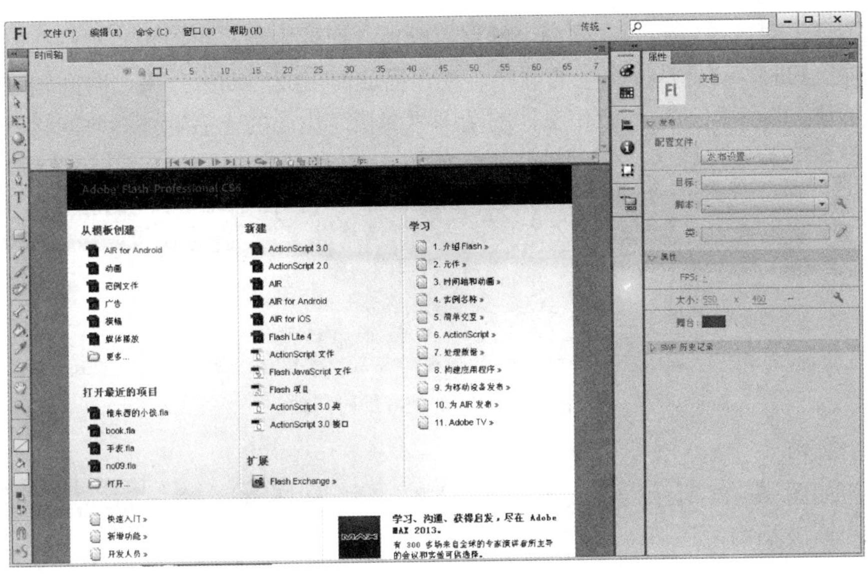

图 5-14 Flash CS6 主界面

（2）主工具栏

主菜单栏正下方是主工具栏。主工具栏包含了 Flash CS6 的一些常用命令的快捷按钮，包括“新建”“打开”“转到 Bridge”“保存”“打印”“剪切”“复制”“粘贴”“撤销”“重做”“贴紧至对象”“平滑”“拉直”“旋转与倾斜”“缩放”和“对齐”等按钮。Flash CS6 中的主工具栏如图 5-15 所示，它显示了操作的基本功能。

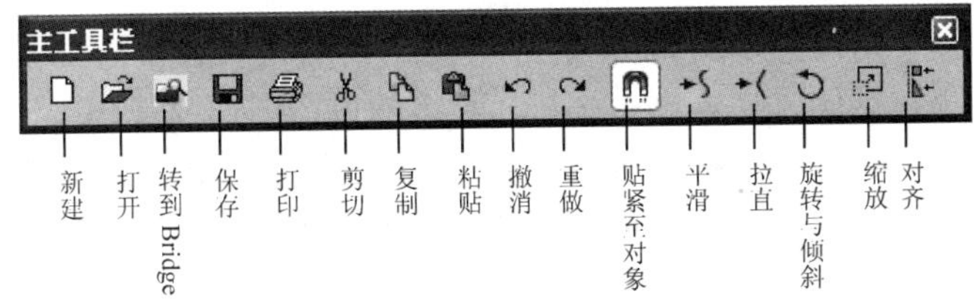

图 5-15 工具栏基本功能

说明：

如果读者的 Flash CS6 界面中没有显示工具栏，那是由于没有打开它，选择菜单栏中的“窗口”→“工具栏”→“主工具栏”命令即可打开。

（3）编辑栏

主工具栏正下方是编辑栏。编辑栏包含了用于编辑场景和元件以及用于更改工作舞台的缩放比率的控件和信息。要在屏幕上查看整个舞台，或者要在高缩放比率情况下查看绘画的特定区域，可以更改缩放比率。当发布包含多个场景的 Flash 文档时，文档中的场景，将按照它们在“场景”面板中列出的顺序进行回放，如图 5-16 所示。

图 5-16 编辑栏

（4）时间轴

时间轴包含两个基本的元素，即层和帧。时间轴起着组织和控制动画内各元素的作用，使用图层，可以设定动画在排列上的前后顺序；而使用帧，可以设定动画在时间上出现的前后顺序。Flash 动画是按照帧的顺序，逐帧播放而形成的动态效果。时间轴显示的是动画中各帧的排列顺序，即是创者作设计的动画“演员”出场的先后顺序。时间轴分为两个区域，即层操作区和帧操作区，它的操作界面如图 5-17 所示。

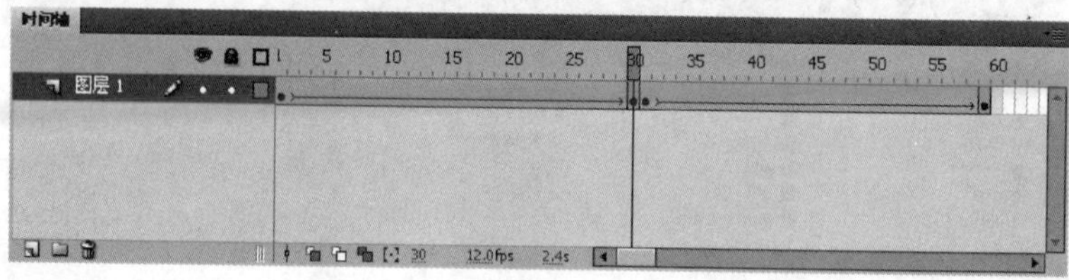

图 5-17　Flash CS6 的时间轴

（5）工具箱

工具箱如图 5-18 所示。工具箱中的工具使用户可以绘制、涂色、选择和修改插图，还可以更改舞台的视图，工具箱主要分为以下 4 个区域。

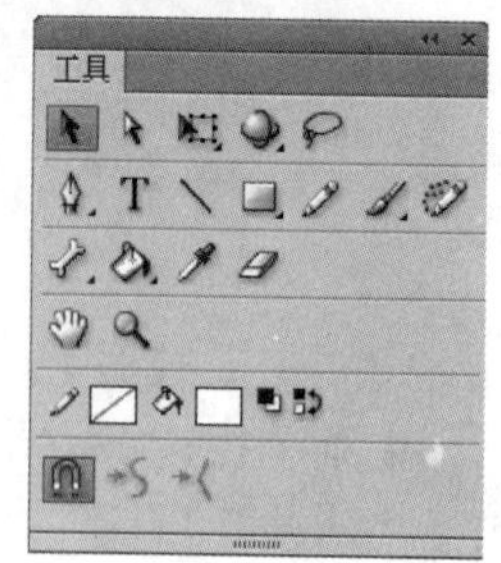

图 5-18　Flash CS6 的工具箱

“工具”区域：包含绘画、涂色和选择等设计工具。

“查看”区域：包含在应用程序窗口内进行缩放和移动的工具。

“颜色”区域：包含用于笔触颜色和填充颜色的功能键。

“选项”区域：显示选定工具的组合键，这些组合键会影响工具的涂色或编辑操作。

（6）工作舞台

时间轴下方是工作舞台，如图 5-19 所示。工作舞台是用于放置图形内容的矩形区域，这些图形内容包括矢量插图、文本框、按钮、导入的位图图形或视频剪辑等。Flash 工作环境中的舞台相当于在 Flash Player 中回放 Flash 文档的矩形空间。用户可以在工作时放大或缩小舞台的视图。当放大了舞台时，用户可能无法看到整个舞台。“手形”工具可以移动舞台，因此不必更改缩放比率即可更改视图。

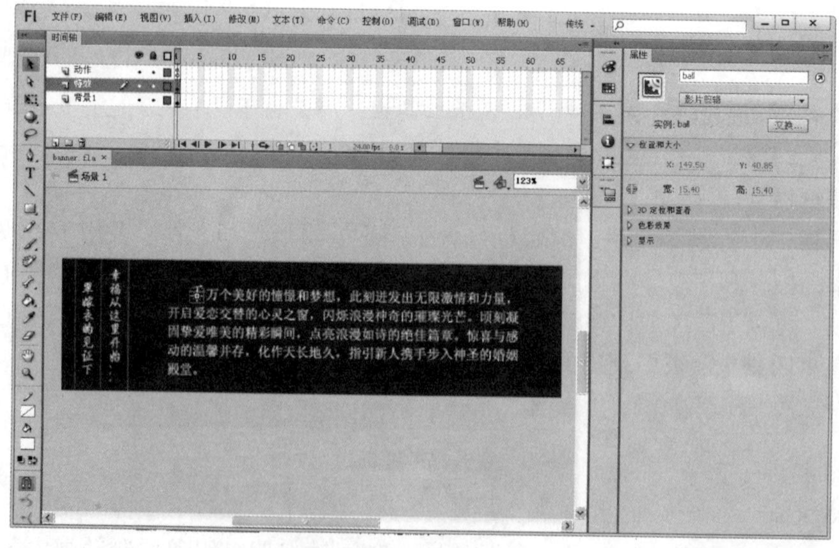

图 5-19　工作舞台

（7）属性面板

工作舞台右方是“属性”面板，如图 5-20 所示。使用“属性”面板，可以很容易地获取舞台或时间轴上当前选定对象的最常用属性，从而简化了文档的创建过程。可以在“属性”面板中，更改对象或文档的属性，而不用访问包含这些功能的菜单或面板。

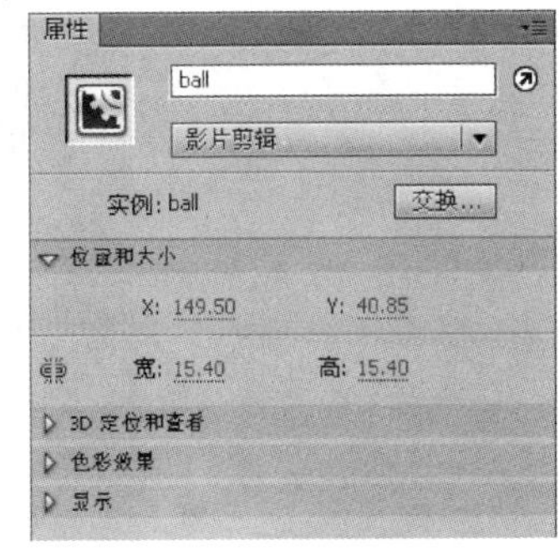

图 5-20 “属性”面板

“属性”面板可以显示当前文档、文本、元件、形状、位图、视频、组、帧或工具的信息和设置，具体取决于当前选定的内容。当选定了两个或多个不同类型的对象时，“属性”面板会显示选定对象的数量。

（8）开发常用面板

Flash CS6 工作环境，还向用户提供了一系列的面板。Flash 中的面板有助于用户查看、组织和更改文档中的元素。面板中的可用选项控制着元件、实例、颜色、类型、帧和其他元素的特征。面板使用户可以处理对象、颜色、文本、实例、帧、场景和整个文档。例如，可以使用“颜色”面板创建颜色，使用“对齐”面板来将对象彼此对齐或与舞台对齐。大多数面板都包含一个带有附加选项的弹出菜单。要查看 Flash 中可用面板的完整列表，可查看菜单栏中的“窗口”菜单项。

这里介绍最常用的“动作”面板和“库”面板。

Flash 功能的强大在于它的 Action（动作），这是动画和脚本的结合。在 Flash CS6 中，所有的 ActionScript 都是在图 5-21 所示的 Action 栏中进行编辑的。对于动态网页的开发应用而言，这个“动作”面板的使用频率是最高的。

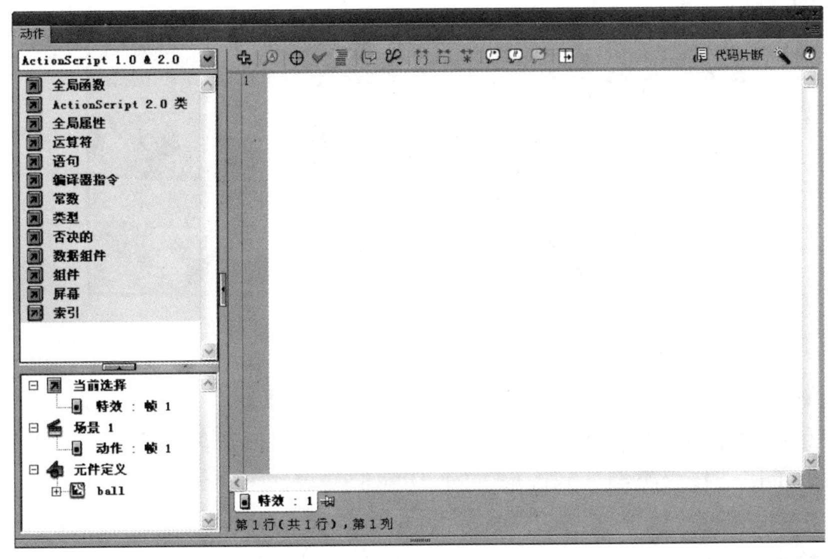

图 5-21 “动作”脚本面板

“库”面板里面有用户所有的动画元件，包括声音、图片、按钮元件。当要使用时，只需按下〈Ctrl+L〉组合键，就可以打开“库”面板，如图 5-22 所示。

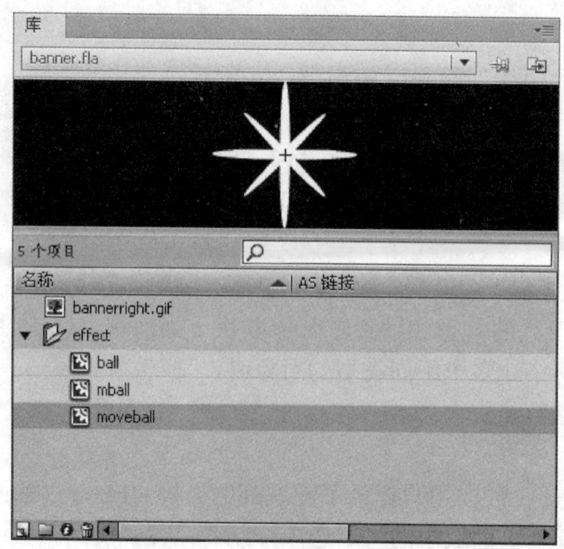

图 5-22 “库”面板

5.3.2 制作导航 Banner 动画

前面学习了 Flash CS6 的基本操作，读者都对 Flash CS6 有了一个大概的认识。本小节将介绍如何使用 Flash CS6 制作一个闪亮的 Banner 动画。为了保证网页的整体效果，通常是将需要突出的部分制作成动画效果，如本实例就可以将说明文字“千”制作成动画，在设计的过程中已经考虑好使用 Flash 制作一个简单的特效，让本来静止的 Banner 更具有动感，效果如图 5-23 所示。

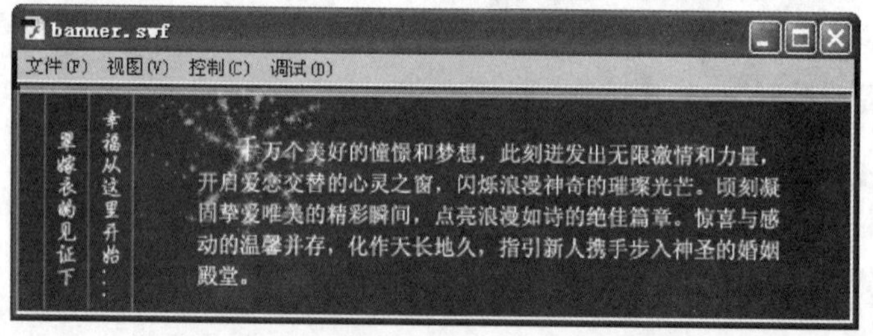

图 5-23 制作的 Flash 动画效果

具体的制作步骤如下：

1）运行 Flash CS6 软件，选择菜单栏上的“文件”→“新建”命令，打开“新建文档”对话框。单击选择“类型”列选框中的“Flash 文档（ActionScript 2.0）”选项，然后单击“确定”按钮，即新建了一个空的 Flash 文档。以 banner 背景图片切片后的大小为标准，单击“属性检查器”面板中的“大小”后面的“编辑”按钮，打开“文档属性”对话框，在文本框中输入“宽（W）”为 547，“高（H）”为 144，“背景颜色”为黑色，“帧频（F）”为 24.00，其他保持默认设置，具体的“文件属性”设置如图 5-24 所示。

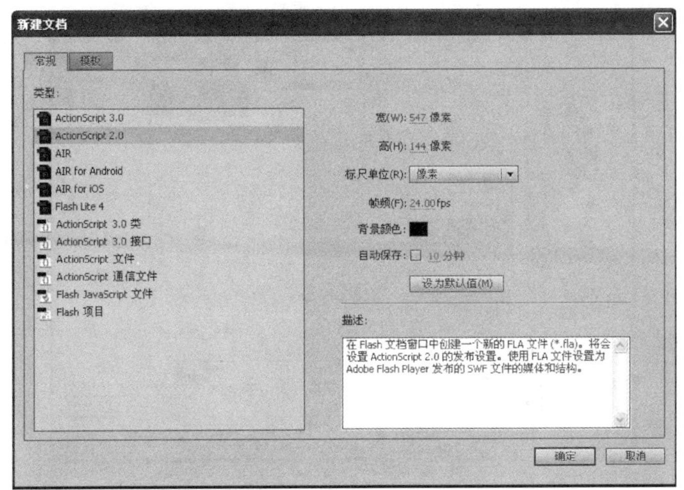

图 5-24　设置文档属性

2）单击“确定”按钮，即创建了一个 Flash 文档。选择菜单栏上的“文件”→“保存”命令，打开“另存为”对话框，在“文件名”文本框中输入“banner”，将文件保存为 banner.fla（图 5-25）。这样先保存的目的是为了方便后面的操作，防止文件的丢失。

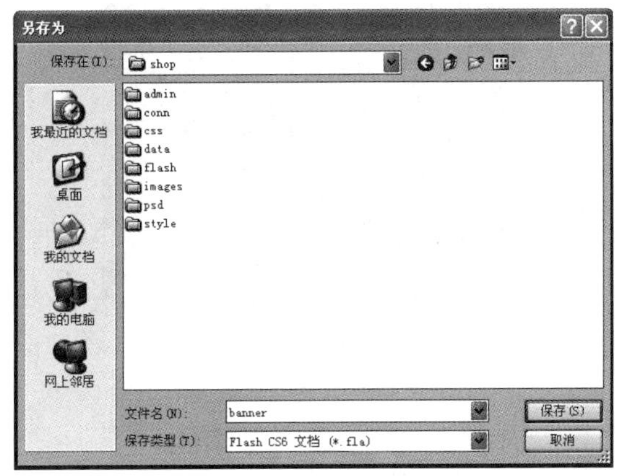

图 5-25　保存文件

3）下面开始动画的背景导入操作，双击时间轴上的“图层 1”，将其命名为“背景”，如图 5-26 所示。

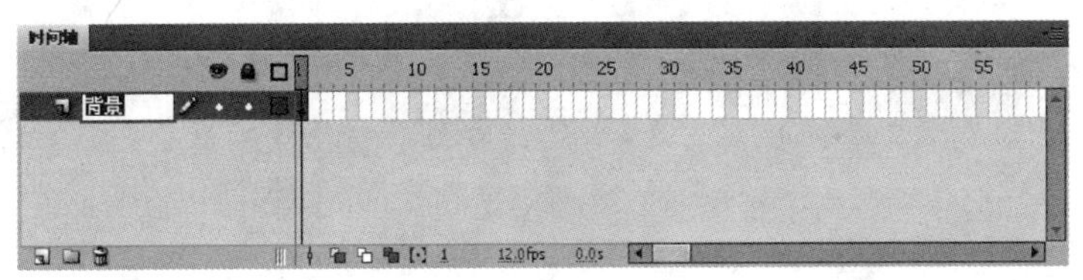

图 5-26　更改图层名称

4）选择菜单栏“文件”→“导入”→“导入到舞台”命令，打开“导入”对话框，选择 images 文件夹下的 bannerright.gif 图片，如图 5-27 所示。

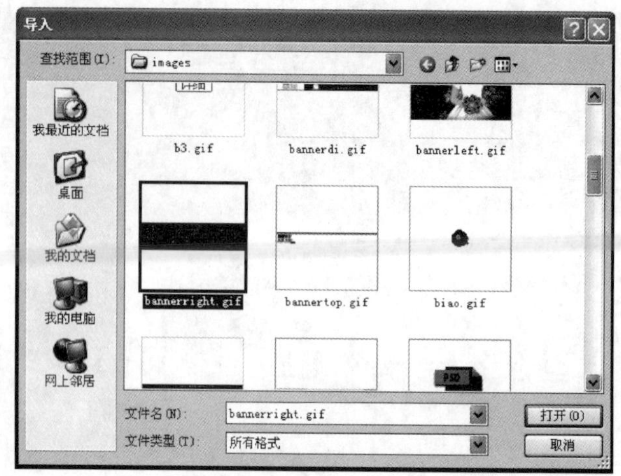

图 5-27　选择要导入的背景图片

5）单击“打开”按钮，则图片导入到了 Flash 舞台上。单击工具箱中的“选择工具”按钮，选择导入的图片，在“属性”面板中，设置图片的“宽”和“高”的位置分别为 X：0.00 和 Y：0.00，设置如图 5-28 所示。通过这样的设置可以让图片和场景完全重叠。

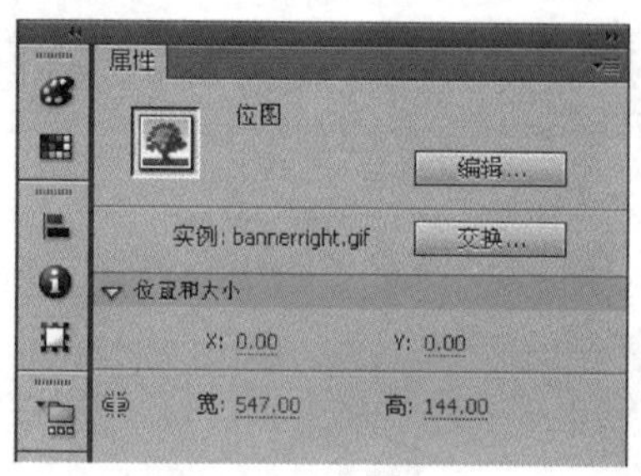

图 5-28　设置图片的位置

6）设置后的舞台效果如图 5-29 所示。

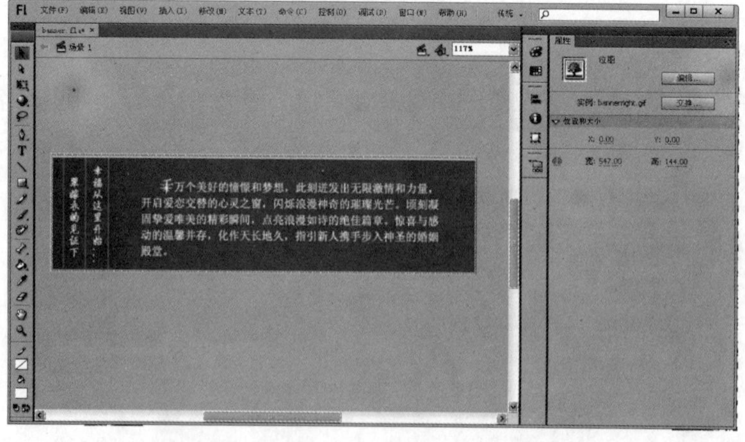

图 5-29　设置图片的位置后的舞台效果

7）单击时间轴上的“新建图层”按钮，新建一个图层，并命名为“星星”，接下来制作“星星”的影片剪辑 moveball，选择菜单栏“插入”→“新建元件”命令，或者按下〈Ctrl+F8〉组合键，在打开的“创建新元件”对话框中，输入“名称”为 moveball，单击选择“类型”下拉列选菜单中的“影片剪辑”选项，具体设置如图 5-30 所示。

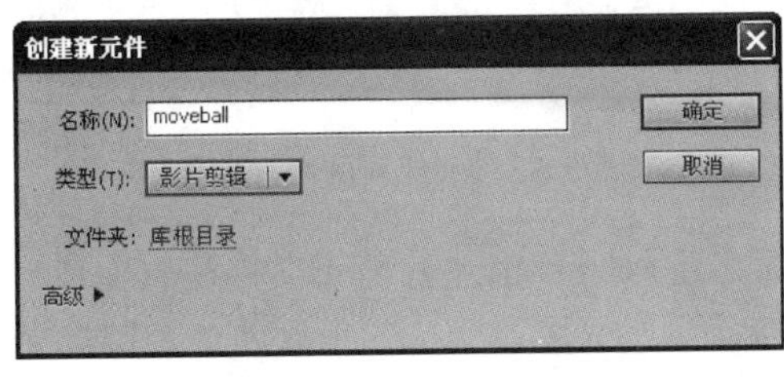

图 5-30　创建新影片剪辑元件

8）单击“确定”按钮，进入 moveball 影片剪辑文档编辑窗口，单击工具箱中的“多角星形工具”按钮，设置“填充颜色”为白色，然后在舞台中绘制出一个图 5-31 所示的星形。

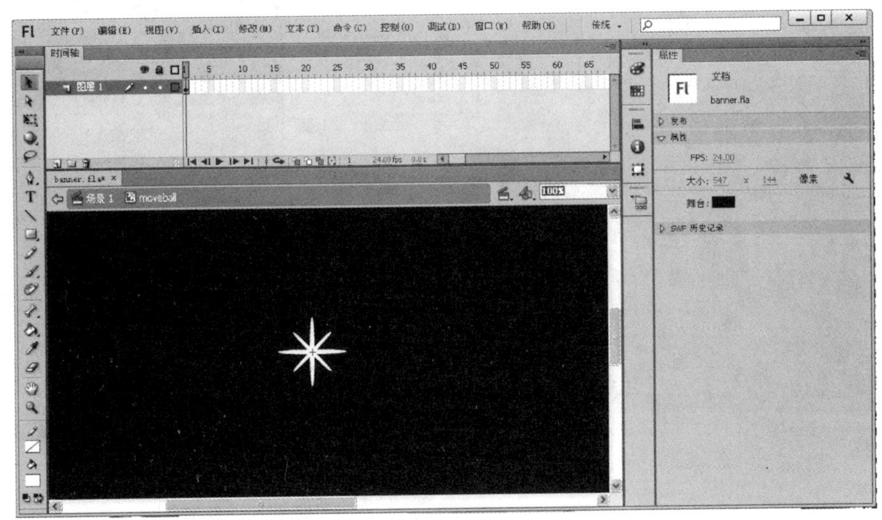

图 5-31　绘制白色星形的效果

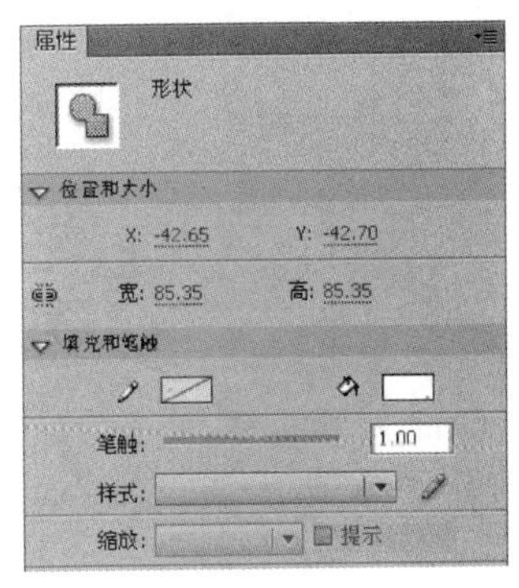

图 5-32　设置白色星形的属性

9）单击工具箱中的“选择工具”按钮，选择绘制的白色星形，在“属性”面板中设置“宽”为 85.35，“高”为 85.35，具体设置如图 5-32 所示。

10）选择菜单栏上的“插入”→“新建元件”命令，或者按〈Ctrl+F8〉组合键，在打开的“创建新元件”对话框中，输入“名称”为 mball，单击选择“类型”下拉列选菜单中的“影片剪辑”选项，具体设置如图 5-33 所示。

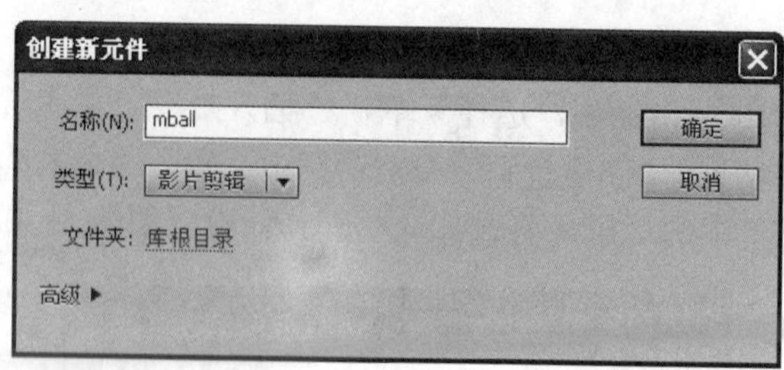

图 5-33 创建新的影片剪辑

11）单击“确定”按钮，进入 mball 影片剪辑文档编辑窗口，在第 13、23、35 帧分别按下〈F6〉插入关键帧，接着，在“图层 1”的任意两个关键帧之间，单击鼠标右键，在弹出的快捷菜单中选择“创建传统补间”命令，操作如图 5-34 所示。

图 5-34 创建补间动画

12）选择菜单栏“插入”→“新建元件”命令，或者按下〈Ctrl+F8〉组合键，创建影片剪辑 ball，在场景中建立两个图层。其中“图层 1”是将 ball 动画影片剪辑拖入到文档窗口中，再建立一个从下往上的动画效果。在“图层 2”上的第 21 帧，按下〈F6〉快捷键建立一个关键帧，如图 5-35 所示。

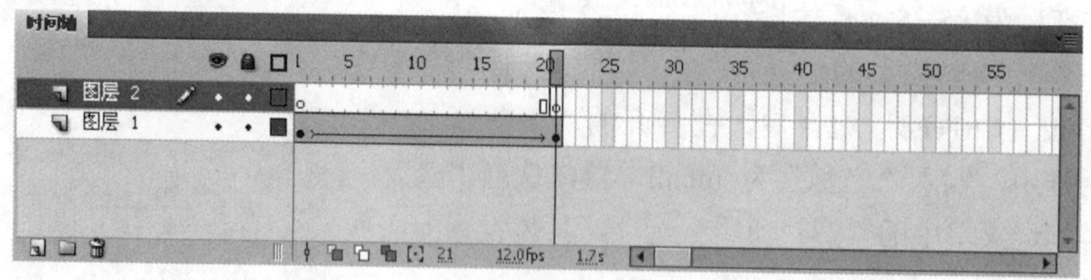

图 5-35 创建 ball 动画

13）按下〈F9〉快捷键打开“动作-帧”面板，输入如下的命令：

```
this.removeMovieClip();
//表示清除所有的影片剪辑
```

如图 5-36 所示。

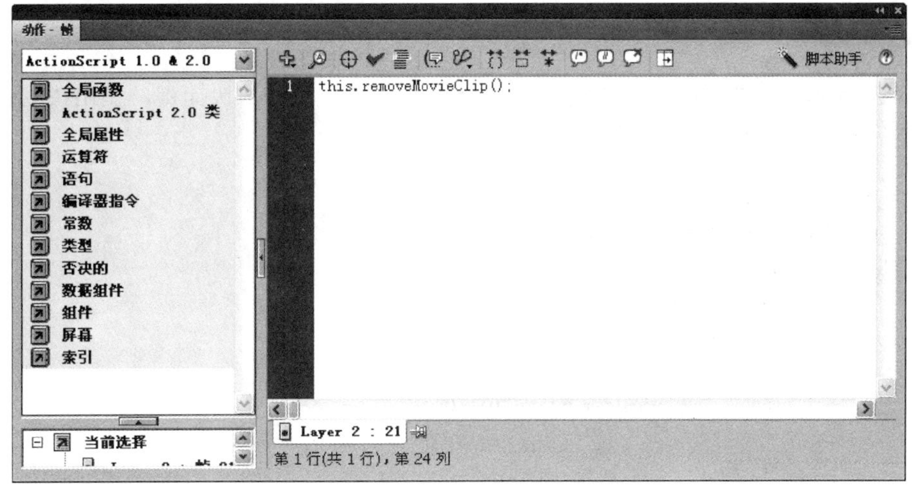

图 5-36　输入清除影片命令

14）单击场景 1返回到主场景中，从“库”面板中，将制作的 ball 星形影片剪辑并拖放到“星星”所在图层上的第 1 帧，在“属性”面板中定义它的“实例”名称为 ball，具体设置如图 5-37 所示，即完成了该图层的制作。

图 5-37　定义 ball 实例名称

15）最后建立“action”层，加入 Flash 命令，实现 Flash 中的星形能够朝四面八方飞射的效果。单击时间轴上的“新建图层”按钮，新建一个图层，并命名为 action，如图 5-38 所示。

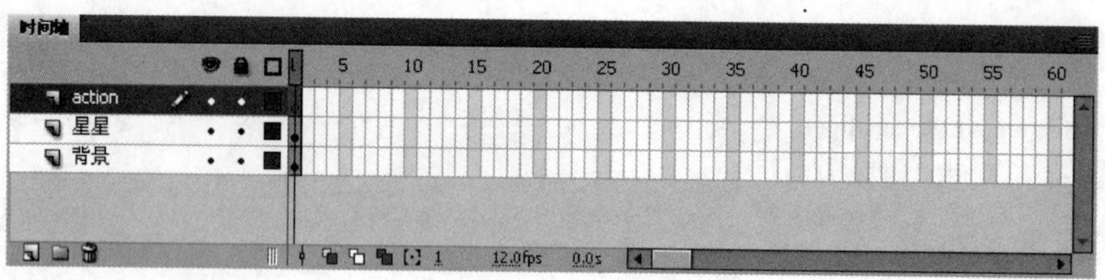

图 5-38 建立“action”图层

16）选择菜单栏“窗口”→“动作”命令，或者按下〈F9〉快捷键，调出“动作-帧”面板，然后输入如下的命令：

```
_root.ball._visible = 0;
_root, ball.onEnterFrame=function () {
for (var j = 0; j<8; j++) {
        mc = this.duplicateMovieClip("ball"+i, i);
        mc._rotation = j*40;
        mc._alpha = random(30)+30;
        mc._xscale = mc._yscale=random(30)+50;

        i++;
    }
};
```

如图 5-39 所示。

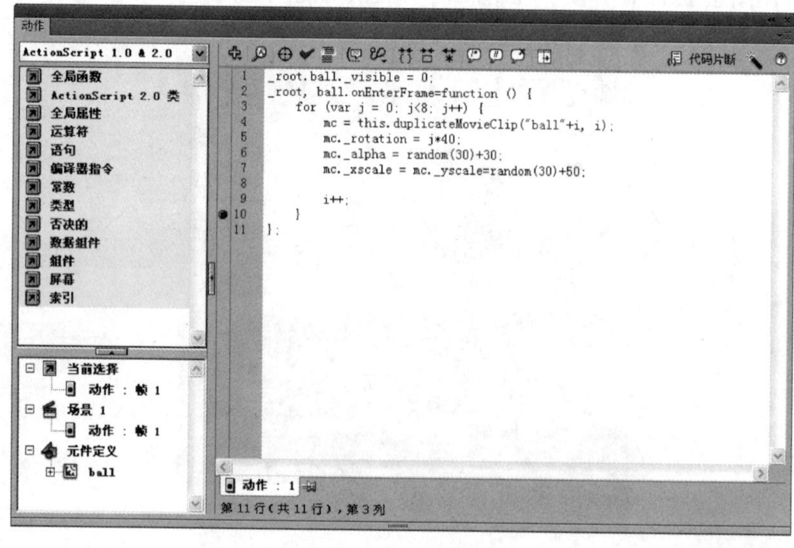

图 5-39 建立 action 图层并加入命令

17）到这里，动画效果就制作完成了。选择菜单栏上的“文件”→“发布设置”命令，设置如图 5-40 所示。发布后，即在制作的文件夹下面生成一个 banner.swf 文件，双击该文件可以单独打开并显示动画效果。

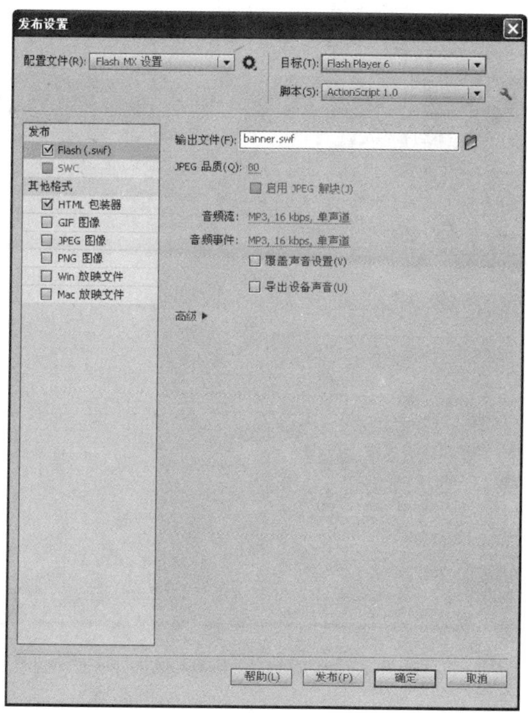

图 5-40　发布设置

18）最后，还需要将发布的 banner.swf 文件嵌入到网页中，具体方法就是，打开 Dreamweaver CS6，进入站点文件夹中的 top.php 页面，将原来网页的 banner 图片删除，单击选择需要嵌入 Flash 文档的地方，执行菜单栏“插入”→“媒体”→“SWF”命令，如图 5-41 所示。

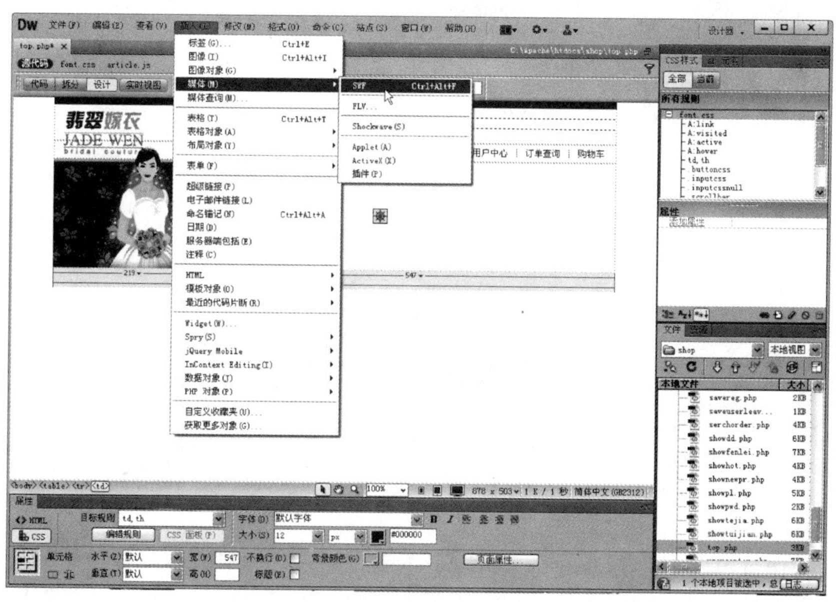

图 5-41　嵌入 SWF 命令

19）打开“选择 SWF”对话框，选择发布的 banner.swf 文档，如图 5-42 所示。

图 5-42　选择需要嵌入的文档

20）单击“确定”按钮，即可在 Dreamweaver 软件中插入一个 Flash 动画，如图 5-43 所示。

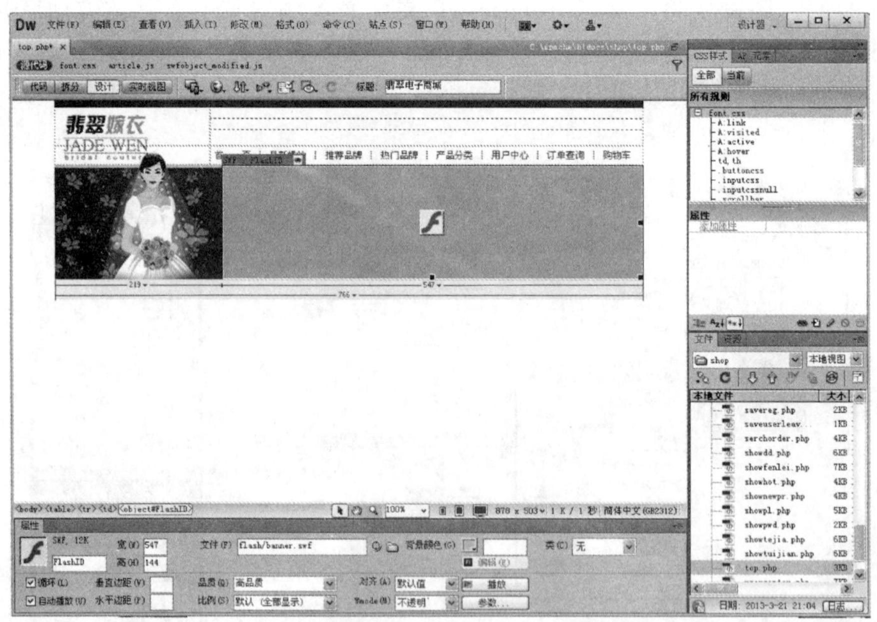

图 5-43　嵌入 Flash 的效果

最后，保存首页的嵌入操作，即可在 IE 浏览器中浏览制作的所有动画效果。实例使用的 Flash 技术还是相对比较简单的，读者在实际应用的时候可以在网上搜索更多的 Flash 动画源码，不需要更多的程序变更，进行简单的应用即可。

第 6 章 数据库和首页动态功能设计

在制作一个 PHP 电子商城系统时，提前规划网站的架构是一件很重要的事情。在我们的脑子里这个网站要有一个雏形，例如网站大概有哪些页面、页面间的关系如何等。数据库的架构规划也是一样的，需要提前考虑该数据库要有哪些数据表、字段，如何跟网页配合等。本章是电子商城动态功能开发的开始，首先分析电子商城的动态功能有哪些，然后进行电子商城数据库的设计，最后实现首页上的动态功能开发。

本章重点介绍如下知识：

- 网站模版功能特点分析
- 电子商城数据库设计
- 首页动态功能开发

6.1 网站模版功能特点分析

电子商务网站需要拥有普通企业网站的一些常用功能，如新闻系统、会员管理系统、产品发布系统、购物车系统和后台维护系统等。所有的动态系统并不是独立开发的，而是相互之间存在关联的。对于建立网站的读者而言，没有必要成为一个专业写程序的开发人员，但要使用自己的独立网站，对本书的实例做一个全面的了解还是很有必要的，这也是为了满足后面维护和修改网站的需要。

6.1.1 模版站点文件夹规划

在应用网站模版之前，应该把网站模版程序内容放置在本地计算机的硬盘上。为了方便站点的设计及上传，设计好的网页都应存储在一个目录下，再用合理的文件夹来管理文档。本模版的特点如下：

1. 合理的文件夹

在本地站点中应该用文件夹来合理构建文档的结构。首先为站点创建一个主要文件夹（实例在 C 盘下 C:\Apache\htdocs\shop 创建了 shop 文件夹），然后在文件夹中再创建多个子文件夹，最后将文档分类存储到相应的文件夹下。例如，可以在 images 的文件夹中放置网站页面的图片，可以在 date 文件夹中放置数据库文件，可以在 admin 文件夹中放置关于管理者后台管理的网页，图 6-1 所示的是将要完成的实例中建立的文件夹以及网页文档。

2. 合理的文件名称

由于网站建设要生成的文件很多，所以要使用合理的文件名称。这样操作的目的，一是为了在网站的规模变得很大时，可以方便地进行修改和更新；二是为了使浏览者在看了网页的文件名之后，就能够知道网页所要表述的内容。

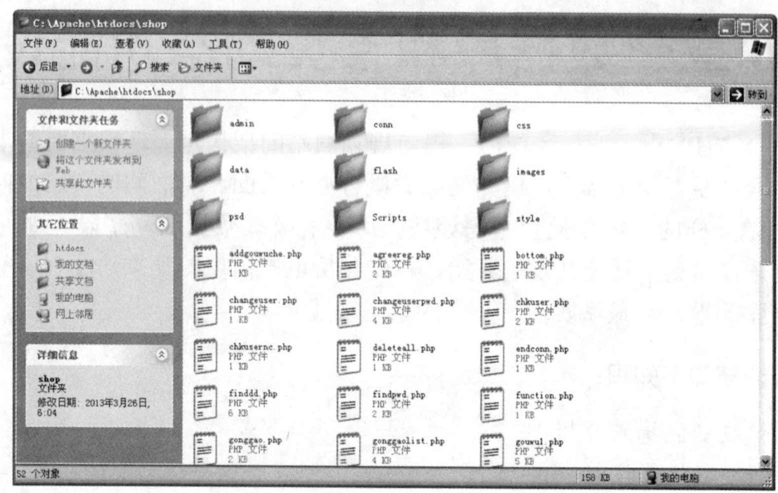

图 6-1　网站在本地硬盘上的文件夹建立

在设计合理的文件名时要注意以下几点：

第一：尽量使用短文件来命名。

第二：应该避免使用中文文件名，一方面，因为很多 Internet 服务器使用的是英文操作系统，不能对中文文件名提供很好的支持；另一方面，浏览网站的用户也可能使用的是英文操作系统，中文文件名同样可能导致浏览错误或访问失败。

第三：建议在构建的站点中，全部使用小写的文件名称。

在应用模版时，只需要将整个模版的程序复制到 Apache 服务器的 htdocs 文件夹即可。不要乱改文件夹和文件的名称，否则会出错。

3．本地和远程站点为相同的文件结构

在本地站点中规划设计的网站文件结构，要同上传到 Internet 服务器中被人浏览的网站文件结构相同。这样在本地站点上相应的文件夹和文件上的操作，都可以同远程站点上的文件夹和文件一一对应。Dreamweaver CS6 将整个站点上传到 Internet 服务器上，以保证远程站点是本地站点的完整的复制，同时方便浏览和修改。

4．流畅的浏览顺序

在创建网站的时候首先要考虑的是网站所有页面的浏览顺序，注意主次页面之间的链接是否流畅。如果采用标准统一的网页组织形式，则可以让用户轻松自如地访问每个需要访问的网页，这样能加大网站的访问量。

建立站点的浏览顺序，要注意如下几个方面：

第一：每个页面建立首页的链接

在网站所有的页面上，都要放置返回主页的链接。如果在网页中包含返回主页的链接，就可以保证用户在不知道自己目前位置的情况下，快速地返回到首页中，重新开始浏览

站点中的其他内容。

第二：建立网站导航

应该在网站任何一个页面上建立网站导航，通过导航提供站点的简明目录结构，引导用户从一个页面快速地进入到其他的页面。

第三：突出当前页位置

在网站页面很多的情况下，往往需要加入当前页在网站中的位置说明，或者是加入说明的主题，以帮助浏览者了解他们现在访问的是什么地方。如果页面嵌套过多，则可以通过创建“前进”和“后退”之类的链接，来帮助浏览者进行浏览。

第四：增加搜索和索引功能

对于一些带数据库的网站，还应该给浏览者提供搜索的功能，或是给浏览者提供索引检索的权利，使用户能快速地查找到自己需要的信息。

第五：必要的信息反馈功能

网站建立发布后，都会存在一些小问题，从浏览者那里及时获取他们对网站的意见和建议是非常重要的。为了及时从用户那里了解到相关的信息，应该在网页上提供用户同网页创作者或网站管理员的联系途径。常用的方法是建立留言板或创建一个 E-mail 超级链接，帮助用户快速地将信息回馈到网站中。

6.1.2 电子商城系统功能

B2C 电子商城实用型网站是在网络上建立一个虚拟的购物商场，让访问者在网络上购物。网上购物以及网上商店的出现，简化了挑选商品的繁琐过程，让人们的购物过程变得轻松、快捷、方便，很适合现代人快节奏的生活；同时又能有效地控制“商场”运营的成本，为商家开辟了一个新的销售渠道。本实例是通过 PHP+MySQL 直接用手写程序完成的实例，完成的首页如图 6-2 所示。

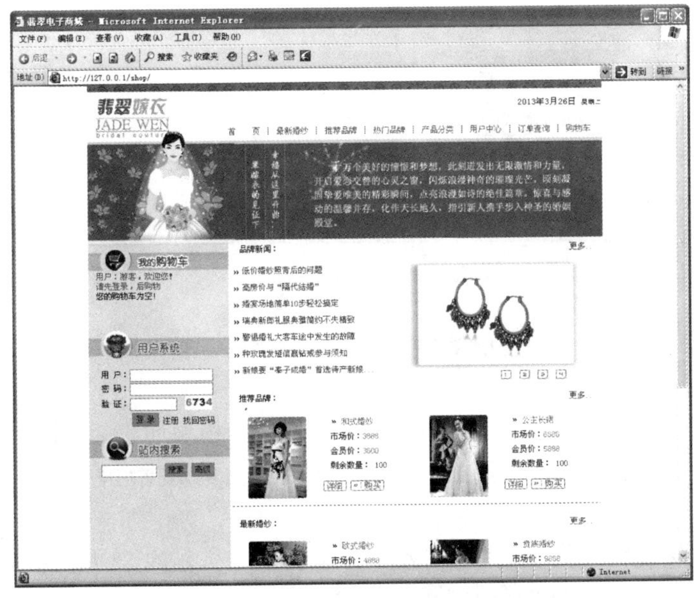

图 6-2 翡翠嫁衣电子商城首页

本网站主要能够实现的功能如下：

1）开发了强大的搜索以及高级查询功能，能够快捷地找到感兴趣的商品。

2）采取会员制保证交易的安全性。

3）流畅的会员购物流程：浏览、将商品放入购物车、去收银台。每个会员都有自己专用的购物车，可随时订购自己中意的商品，然后结账完成购物。购物的流程是指导购物车系统程序编写的主要依据。

4）完善的会员中心服务功能：可随时查看账目明细、订单明细。

5）设计会员价商品展示，能够显示企业近期所促销的一些会员价商品。

6）人性化的网站留言设置，可以方便会员和管理者进行沟通。

7）后台管理模块，可以通过使用本地数据库，保证购物订单安全及时有效地处理，强大的统计分析功能，便于管理者及时了解财务状况、销售状况。

6.1.3 功能模块需求分析

将要建设的电子商城系统主要由如下几个功能模块组成：

1）前台网上销售模块。指客户在浏览器中所看到的直接与店主面对面的销售程序，包括浏览商品、订购商品、查询定购及购物车等功能。本实例的搜索页面如图 6-3 所示。

图 6-3　用户高级搜索

2）后台数据录入模块。前台所销售商品的所有数据，其来源都是后台所录入的数据。后台的产品录入页面如图 6-4 所示。

3）后台数据处理功能模块。是相对于前台网上销售模块而言的，网上销售的数据都放在销售数据库中，后台数据处理模块的功能就是对这部分的数据进行处理。后台订单处理页面如图 6-5 所示。

4）用户注册功能模块。用户当然并不一定立即就要买东西，可以先注册，任何时候都可以来买东西，用户注册的好处在于买完东西后无须再输入一大堆个人信息，只须将账号和密码输入就可以了。会员注册页面如图 6-6 所示。

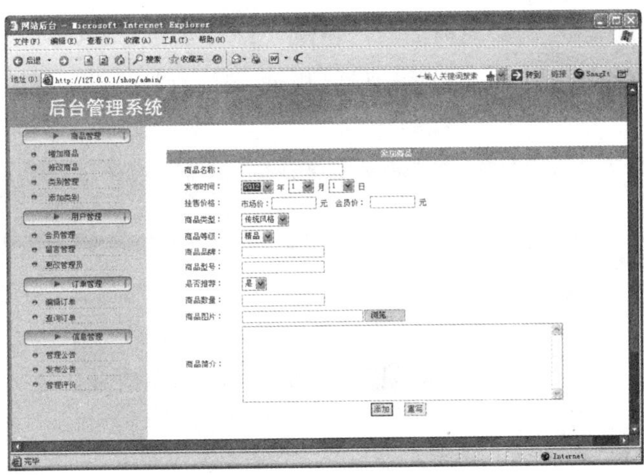

图 6-4　产品录入页面

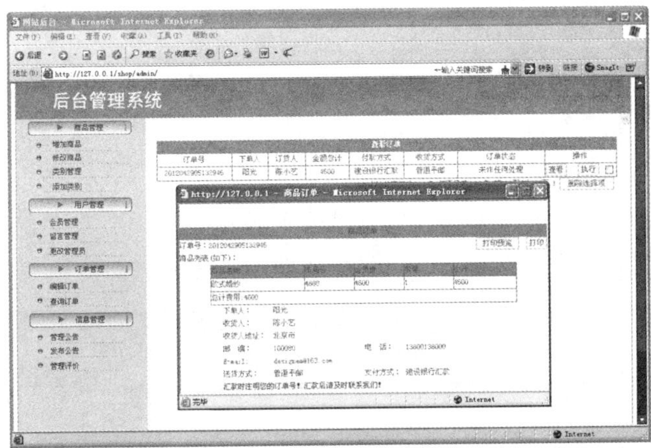

图 6-5　后台订单处理页面

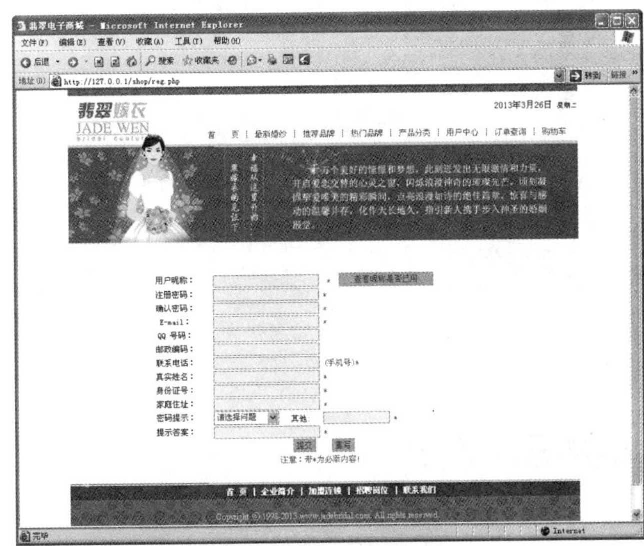

图 6-6　会员注册页面

5）购物车模块。客户购买完商品后，系统会自动分配一个购物号码给客户，以方便客户随时查询账单的处理情况，了解当前货物的状态。客户订购后结算中心页面如图 6-7 所示。

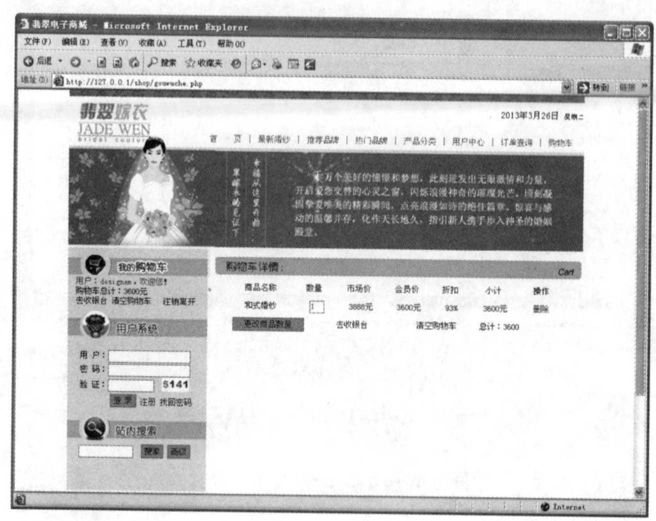

图 6-7　结算页面

6）会员留言模块。通过该模块，客户能及时反馈信息，管理员能在后台及时回复信息，从而真正地做到处处为顾客着想。留言页面如图 6-8 所示。

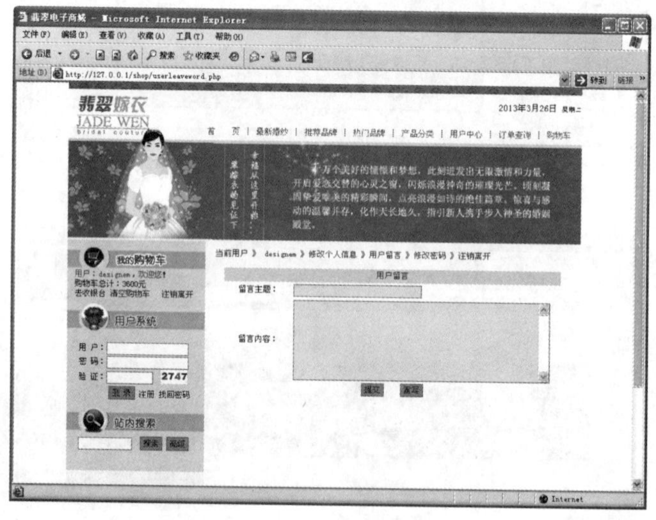

图 6-8　用户留言页面

6.2　电子商城数据库设计

网上购物系统的数据库也是比较庞大的，在设计的时候需要从使用的功能模块入手，分别创建不同命名的数据表，命名的时候也要与使用的功能命名相配合，方便后面相关页面设计制作时的调用。本章节将要完成的数据库命名为 db_shop，在数据库中建立 8 个不同的数据表，如图 6-9 所示。

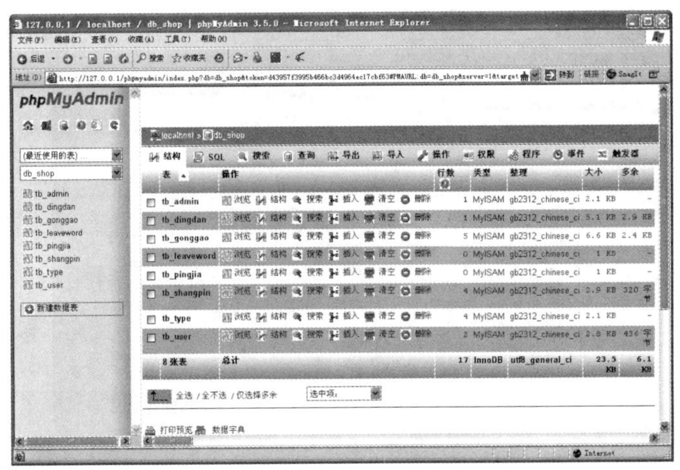

图 6-9　建立的 db_shop 数据库

6.2.1　创建系统数据库

经过前面的功能分析发现，数据库应该建立不同的数据表来分别保存注册用户、管理员、留言、商城订单和产品表等。在数据库中必须包含一个容纳上述信息的数据表，将数据库命名为 db_shop，接下来就要使用 phpmyAdmin 软件建立网站数据库 db_shop，作为任何数据表查询、新增、修改与删除的后端支持，下面将详细介绍 tb_admin 数据表的创建方法。

创建的操作步骤如下：

1）在 IE 浏览器中输入 http://127.0.0.1/phpmyadmin/，在打开的页面中，输入 MySQL 的用户名 root 和密码 admin（这里要注意，如果是 XAMPP 集成的环境则密码为空），如图 6-10 所示。

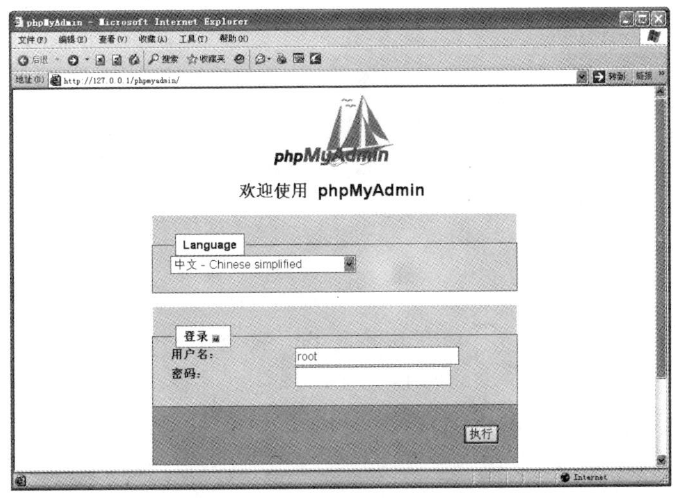

图 6-10　打开 phpMyAdmin 登录界面

2）单击“执行”按钮即可进入软件的管理界面，选择相关数据库可看到数据库中的各表，可进行表、字段的增、删、改，可以导入、导出数据库信息，如图 6-11 所示。

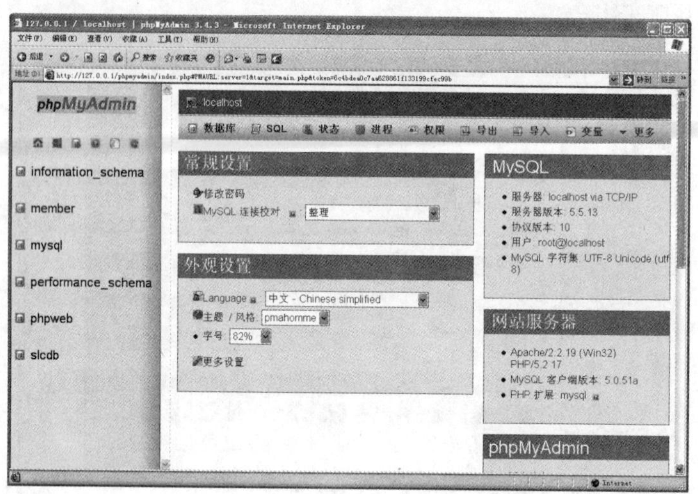

图 6-11　软件的管理界面

3）单击选择 数据库 命令，打开本地的“数据库”管理页面，在“新建数据库”文本框中输入数据库的名称 db_shop，单击后面的数据库类型下拉菜单，在弹出的选择项中选择 gb2312_chinese_ci 选项，如图 6-12 所示。

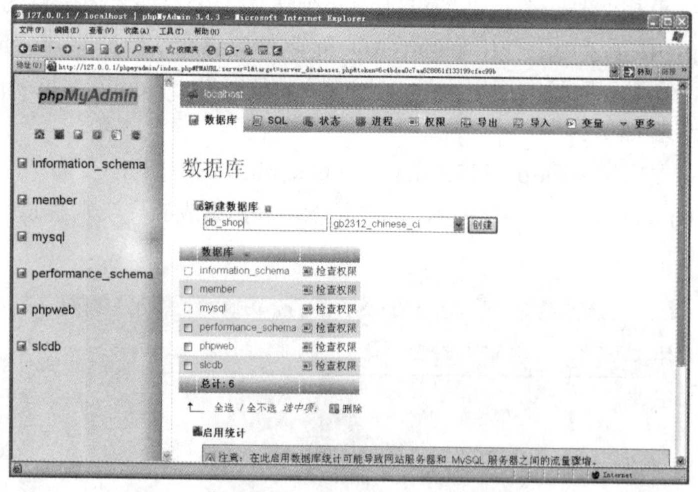

图 6-12　创建数据库页面

说明：

gb2312 是数据库的编码格式，通常在开发 php 动态网站的时候 Dreamweaver 默认的格式就是 utf8 格式，在创建数据库的时候也要保证数据库储存的格式和网页调用的格式一样，这里要介绍一下 gb2312_bin 和 gb2312_chinese_ci 的区别。其中 ci 是 case insensitive，即“大小写不敏感”，a 和 A 会在字符判断中被当做一样的；bin 是二进制，a 和 A 会被区别对待。

4）单击“创建”按钮，返回“常规设置”页面，此时在数据库列表中就已经建立了 db_shop 的数据库，如图 6-13 所示。

图 6-13　创建后的页面

5）数据库建立后还要建立网站数据库所需的数据表。这个网站数据库的数据表是 tb_admin。建立数据表后，接着单击左边的 db_shop 数据库将其链接上，如图 6-14 所示。

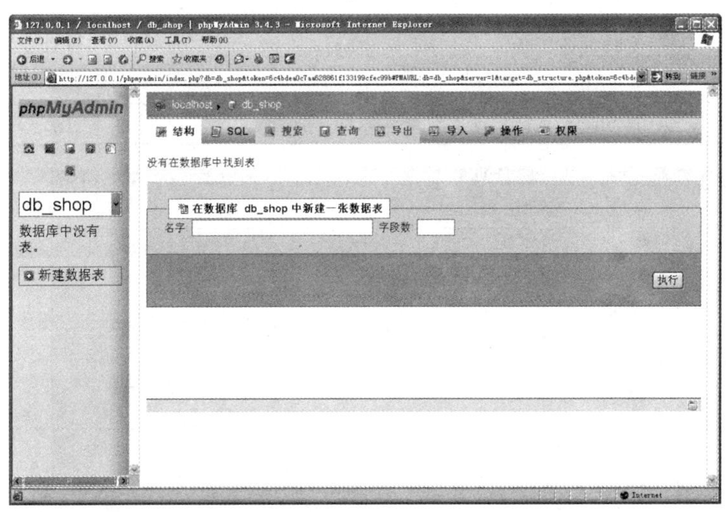

图 6-14　开始建数据表

6）打开数据库右方画面会出现“新建数据表”的设置区域，含有“名字”“字段数”两个文本框，在“名字”中输入数据表名 tb_admin，“字段数”文本框中输入本数据表的字段数为 3，表示将创建 3 个字段来储存数据，如图 6-15 所示。

7）再单击“执行”按钮，切换到数据表的字段属性设置页面，输入数据域名以及设置数据域位的相关数据，具体设置如图 6-16 所示。各字段的意义见表 6-1。这个数据表主要是记录后台管理者的信息表。

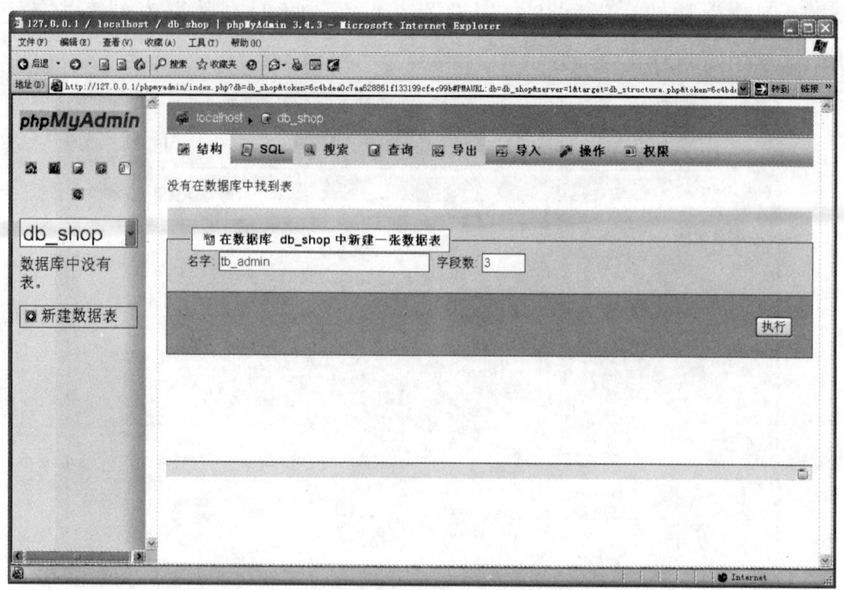

图 6-15　输入数据表名 tb_admin 和字段数

表 6-1　tb_admin 数据表

字 段 名 称	字 段 类 型	字 段 大 小	说　　明
id	int	11	自动编号
name	varchar	25	管理员用户名
pwd	varchar	50	登录密码

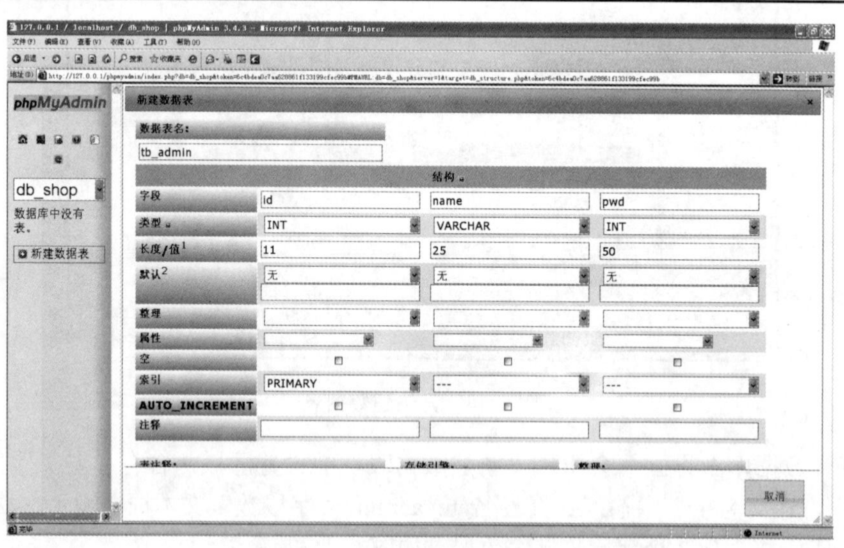

图 6-16　设置数据库字段属性

8）最后再单击“保存”按钮，切换到“结构”页面。实例将要使用的数据库建立完毕，如图 6-17 所示。

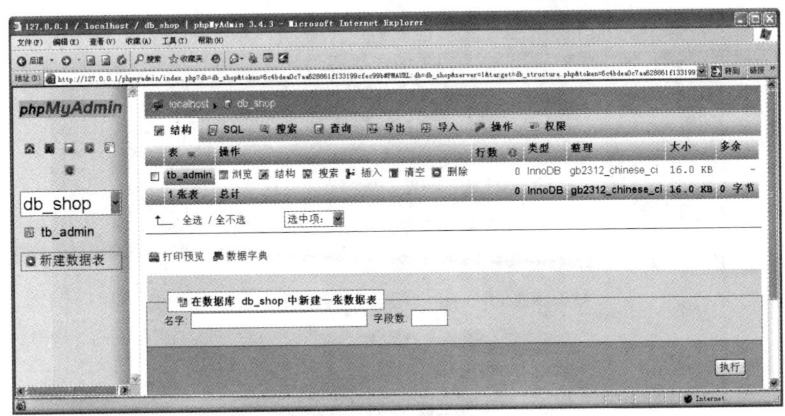

图 6-17　建立的数据库页面

6.2.2　设计商城数据表

数据库 db_shop 里面是根据开发的网站的几大动态功能来设计不同数据表的，本实例需要创建 8 个不同的数据表，下面分别介绍一下这些数据表的功能及设计的字段要求：

1）tb_admin 用来储存后台管理员的信息表，上一小节设计的 tb_admin 数据表如图 6-18 所示。其中 name 是管理员名称，pwd 是管理员密码。

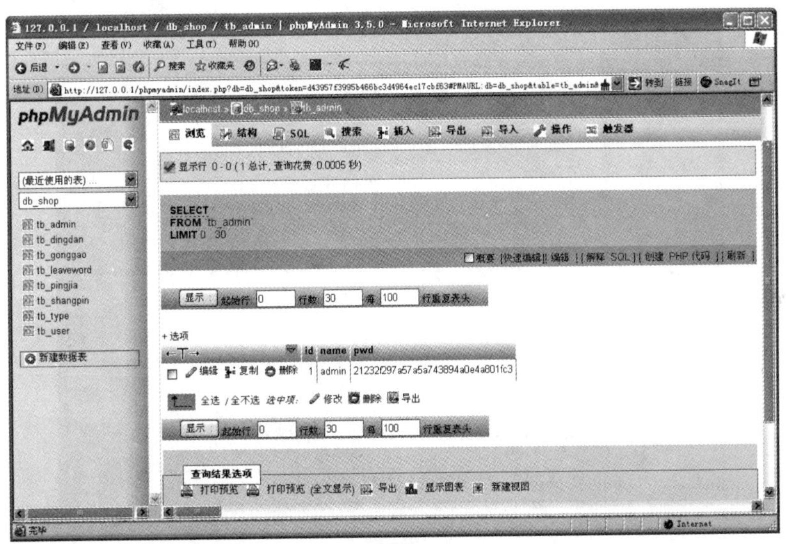

图 6-18　后台管理者表 tb_admin

2）tb_dingdan 用来储存会员在网上下的订单的详细内容表，设计的 tb_dingdan 数据表如图 6-19 所示。

3）tb_gonggao 用来保存网站公告的信息表，设计的 tb_gonggao 数据表如图 6-20 所示。

4）tb_leaveword 是用户给网站管理者留言的数据表，设计的 tb_leaveword 数据表如图 6-21 所示。

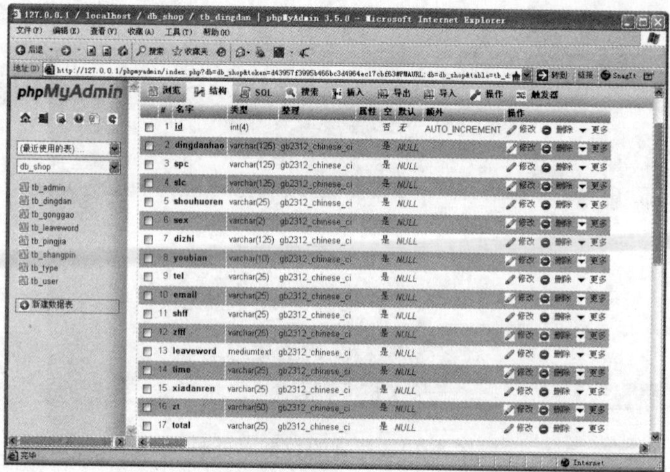

图 6-19　用户订单表 tb_ dingdan

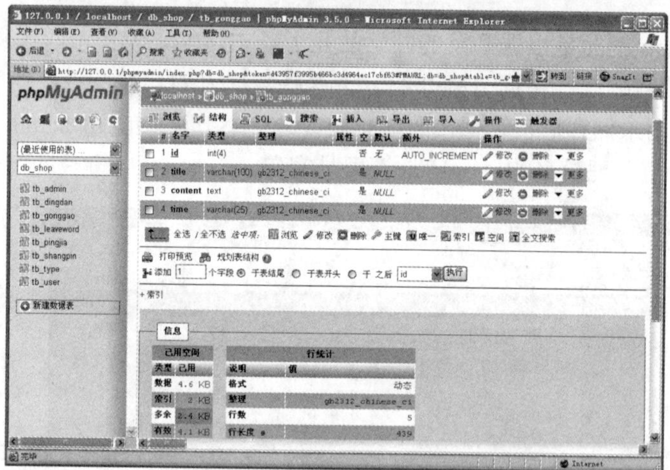

图 6-20　网站公告表 tb_gonggao

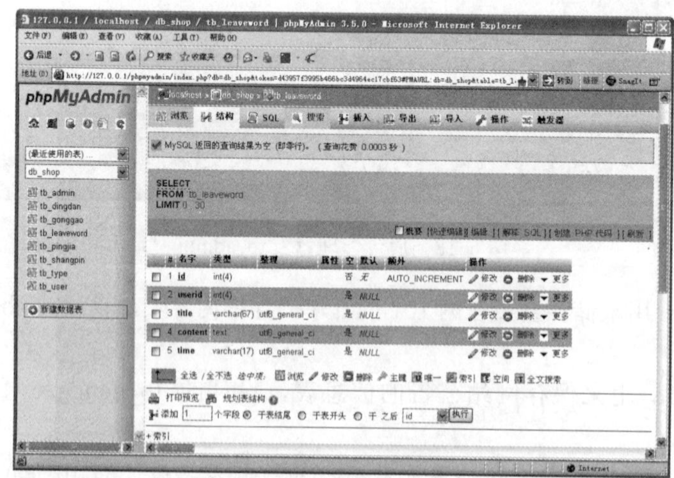

图 6-21　用户留言表 tb_leaveword

5）tb_pingjia 是用户对网上商品的评价表，设计的 tb_pingjia 数据表如图 6-22 所示。

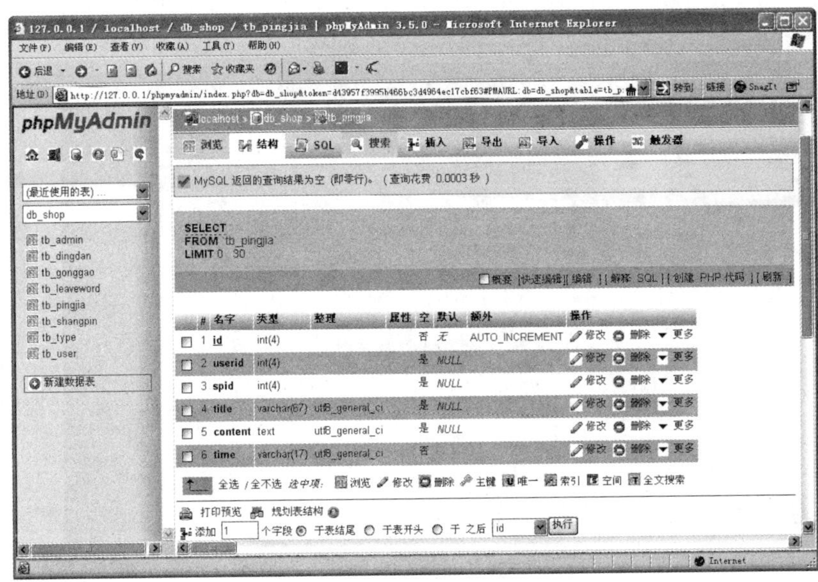

图 6-22　商品用户评价表 tb_pingjia

6）tb_shangpin 是商品表，购物系统中核心产品的发布以及定购时的结算都要调用该数据表的内容，设计的 tb_shangpin 数据表如图 6-23 所示。

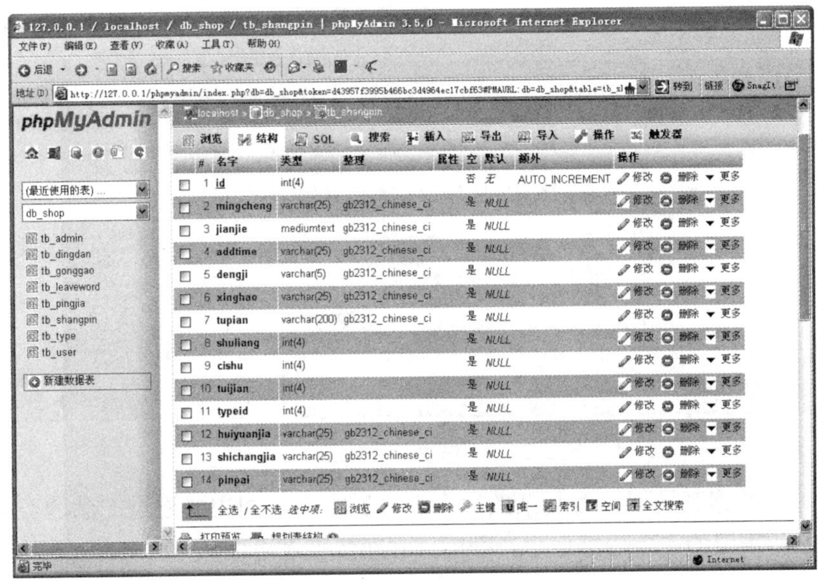

图 6-23　商品表 tb_shangpin

7）tb_type 是商品的分类表，设计的 tb_type 数据表如图 6-24 所示。

8）tb_user 用来保存网站会员注册用的数据表，设计的 tb_user 数据表如图 6-25 所示。

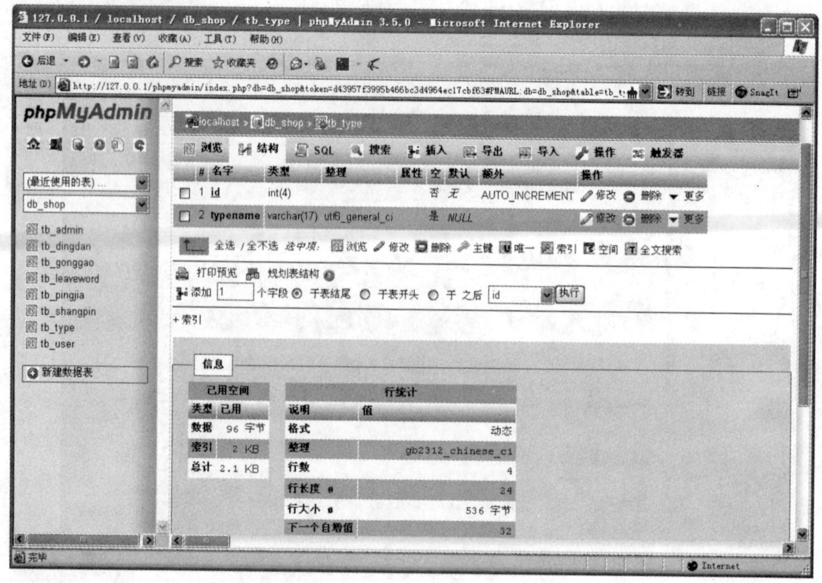

图 6-24 商品分类表 tb_type

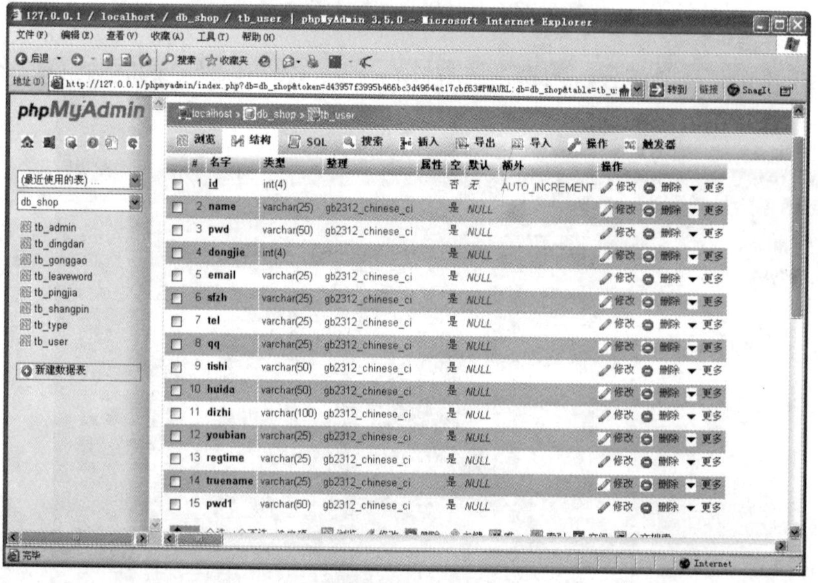

图 6-25 网站用户信息表 tb_user

上面设计的数据表属于比较复杂的数据表，数据表之间主要通过产品的类别 ID 相关联。建立网站所需要的主要内容信息，都能储存在数据表里面。

6.2.3 建立数据库连接

数据库设计之后，需要将数据库链接到网页上，这样网页才能调用数据库和储存相应的信息。用 PHP 开发的网站，一般将数据库链接的程序代码文件命名为 conn.php。在站点文件夹中创建 conn.php 空白页面，并输入图 6-26 所示的数据库链接代码。

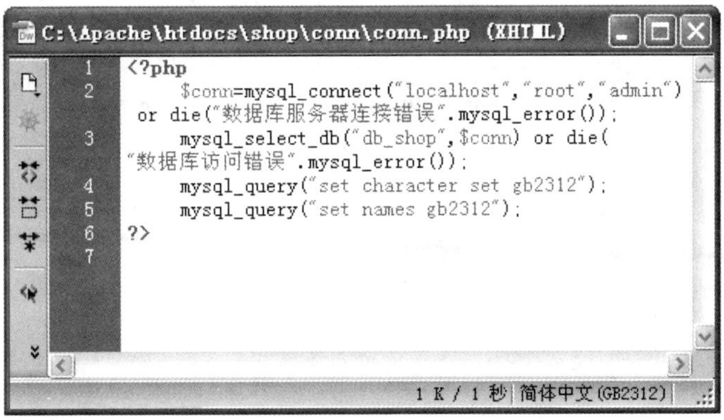

C:\Apache\htdocs\shop\conn\conn.php (XHTML)

```
<?php
    $conn=mysql_connect("localhost","root","admin")
 or die("数据库服务器连接错误".mysql_error());
    mysql_select_db("db_shop",$conn) or die(
"数据库访问错误".mysql_error());
    mysql_query("set character set gb2312");
    mysql_query("set names gb2312");
?>
```

1 K / 1 秒 简体中文(GB2312)

图 6-26　设置数据库链接

本链接的程序说明如下：

```
<?php
    $conn=mysql_connect("localhost","root","admin") or die("数据库服务器连接错误".mysql_error());
//设置数据库连接，本地服务器，用户名为 root，密码为 admin，如果连接错误调用 mysql_error()
函数。
    mysql_select_db("db_shop",$conn) or die("数据库访问错误".mysql_error());
//连接 db_shop 数据库，如果连接错误调用 mysql_error()。
        mysql_query("set character set gb2312");
    mysql_query("set names gb2312");
//设置数据库的字体为 gb2312 即中文简体。
?>
```

读者使用时如果需要更改数据库名称，只需要将该页面中的 db_shop 做相应地更改即可实现。

6.3 首页动态功能开发

对于一个电子商城系统来说，需要一个主页面来给用户进行注册、搜索商品、浏览商品等操作。实例首页 index.php 主要嵌套了 font.css、top.php、left_menu.php、bottom.php 等共 5 个页面，本小节将介绍 left_menu.php 和 index.php 所涉及的动态功能的设计。

6.3.1 网站导航 top.php

导航频道是网站建设中很重要的部分，通常情况下一个网站的页面会有几十个，更大型一点的可能会达到几千个甚至几万个，并且每个页面都会有导航栏。但是，在网站后期维护或者需要更改的时候，这个工作量就会变得很大，所以为了方便，通常都会把导航栏开发成单独的一个页面，然后让每个页面都单独调用它。这样当需要变更的时候，只要修改导航栏这一个页面，其他的页面就全部自动更新了。实例创建的导航栏如图 6-27 所示。实例的导航在前面章节已经详细介绍过，实例中并没有使用到 PHP 编程部分。

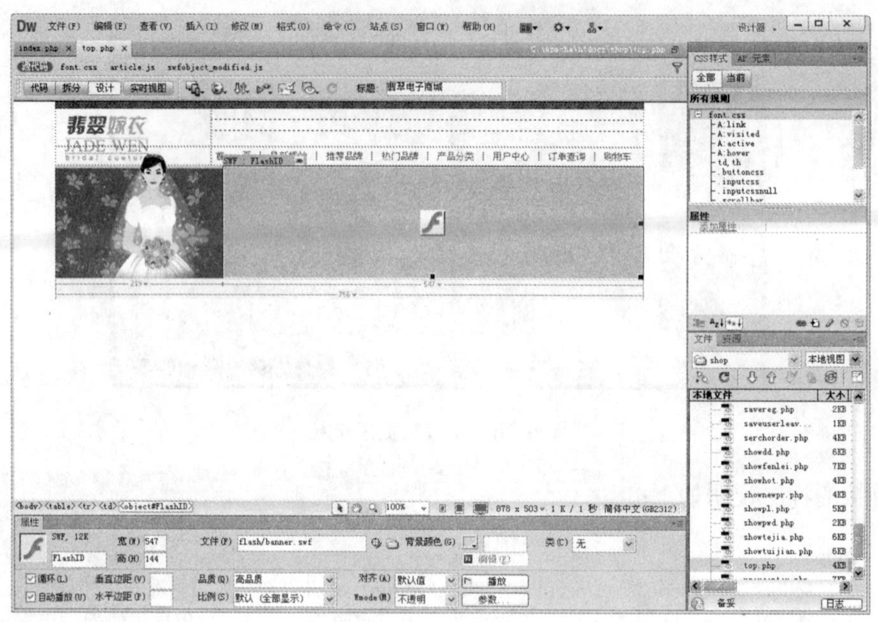

图 6-27　导航频道

6.3.2　购物车、登录和搜索

left_menu.php 页面中的“我的购物车”“用户系统”以及“站内搜索”3 个栏目，是动态网站开发中经常遇到的功能，在电子商城中这几个功能也是必不可少的，下面将详细介绍这些功能的开通方法，制作步骤如下：

1）打开第 4 章创建的 left_menu.php 静态页面，然后在<head>代码之前，加入调用数据库链接页面 conn.php 的命令，如下：

```
<?php
    session_start();
    include("conn/conn.php");
?>
//启动阶段变量，并调用数据库连接
```

加入后简单地设计一下“用户系统”和“我的购物车”两个功能的显示效果，设计完成后编辑文档窗口，如图 6-28 所示。

2）“我的购物车”模块的基本功能是这样的，当以游客身份登录时，提示游客要先登录后购物；如果是会员登录，就要显示登录会员的名字以及其购物车的总价，并引导用户去购物车模块下订单，如图 6-29 所示。

该模块用 PHP 编写的代码如下：

```
<table width="100%" border="0" cellspacing="0" cellpadding="0">
                <tr>
                    <td><font color="#FF3300">
        <?php
```

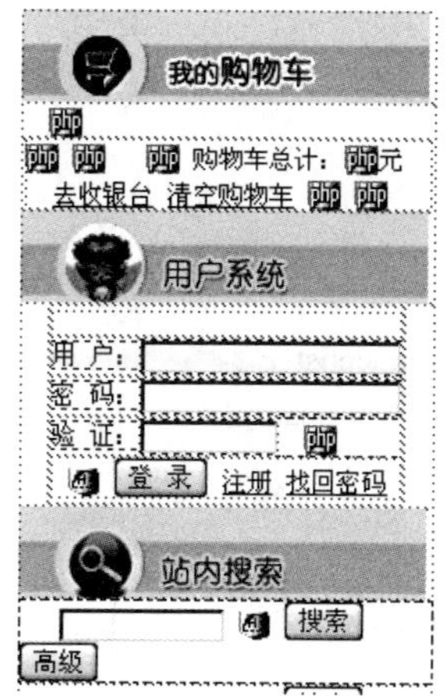

图 6-28　加入 PHP 后的美工效果

图 6-29　会员登录后的购物车效果

```
    if($_SESSION[username]!=""){
      echo "用户：$_SESSION[username]，欢迎您！";
        }
        else
        {echo "用户：游客，欢迎您！<br>  请先登录，后购物";}
?>
```

//如果登录者是会员就显示会员的名字，并显示“欢迎您!”，如果不是则显示“用户：游客，欢迎您！请先登录，后购物”。

```
                </font></td>
              </tr>
              <tr>
                <td>
 <table width="209" border="0" align="center" cellpadding="0" cellspacing="0">
 <form action="gouwuche.php" method="post" name="form1" id="form1">
```

//单击去收银台，提交表单到 gouwuche.php 页面。

```
                    <tr>
                      <td>
                            <?php
                    session_register("total");
                    if($_GET[qk]=="yes"){
                        $_SESSION[producelist]="";
                         $_SESSION[quatity]="";
                    }
                     $arraygwc=explode("@",$_SESSION[producelist]);
                     $s=0;
                     for($i=0;$i<count($arraygwc);$i++){
                           $s+=intval($arraygwc[$i]);
                     }
                     if($s==0 ){
                           echo "<tr>";
                     echo"   您的购物车为空!";
```

```
                echo"</tr>";
                }
                else{
            ?>
                <?php
                $total=0;
                $array=explode("@",$_SESSION[producelist]);
                 $arrayquatity=explode("@",$_SESSION[quatity]);
                  while(list($name,$value)=each($_POST)){
                        for($i=0;$i<count($array)-1;$i++){
                          if(($array[$i])==$name){
                               $arrayquatity[$i]=$value;
                          }
                        }
                }
                $_SESSION[quatity]=implode("@",$arrayquatity);

                 for($i=0;$i<count($array)-1;$i++){
                     $id=$array[$i];
                     $num=$arrayquatity[$i];

                   if($id!=""){
                     $sql=mysql_query("select * from tb_shangpin where id='".$id."'",$conn);
                     $info=mysql_fetch_array($sql);
                     $total1=$num*$info[huiyuanjia];
                     $total+=$total1;
                     $_SESSION["total"]=$total;
            ?>
//建立数组，从数据库查询出购物车的总价。
 
                <?php
                }
                 }
            ?>
购物车总计：<?php echo $total;?>元
//显示总价。
        <br>
          <a href="gouwusuan.php">去收银台</a> <a href="gouwuche.php?qk=yes">
清空购物车</a>
//单击"清空购物车"，提交变量 qk=yes 到 gouwche.php 页面。
                <?php
            }
            ?>
        <?php
    if($_SESSION[username]!=""){
        echo "  <a href='logout.php'>注销离开</a>";
```

```
            }
    //单击"注销离开"链接到 logout.php 页面。
        ?></br>
                </td>
                    </tr>
                  </form>
                </table></td>
              </tr>
            </table>
```

3）在"用户系统"的显示界面上，提供给用户登录、注册以及找回密码的功能，具体的注册和找回密码的功能将在下一节介绍，这里重点介绍如何使用 PHP 实现验证码随机调用并显示数字的功能，程序如下：

```
<?php
    $num=intval(mt_rand(1000,9999));
//使用到了 mt_rand（）函数调用介于 1000-9999 的任意一个数字。
    for($i=0;$i<4;$i++){
echo "<img src=images/code/".substr(strval($num),$i,1).".gif>";
    }
//调用 images/code/文件夹下的随机字母图片，并显示成 4 位数。
?>
```

该程序能够实现图 6-30 所示的随机显示图片验证码数字的效果。

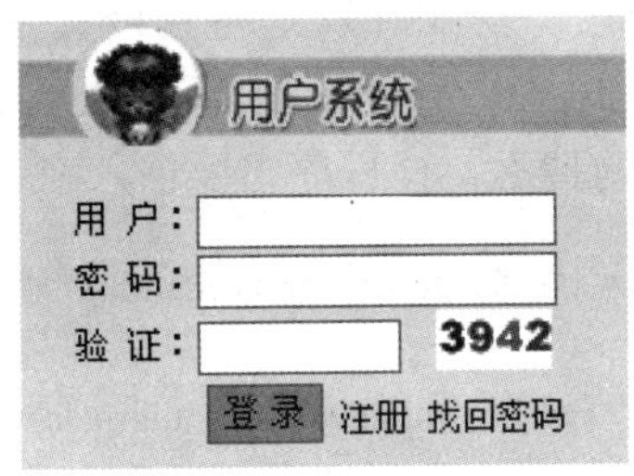

图 6-30　显示验证码效果

4）用户输入用户名和密码，并单击"登录"按钮后，要将输入的数据传递到 chkuser.php 页面进行登录验证。

代码如下：

```
<form name="form2" method="post" action="chkuser.php" onSubmit="return chkuserinput(this)">
```

说明：

该段代码包含了两个意思，第一个 action="chkuser.php"意思是，转到 chkuser.php 页面进行验证；第二个 onSubmit="return chkuserinput(this)"意思是，直接调用 JavaScript 的 chkuserinput(this)进行数据输入的验证，即在提交表单时通常要验证一下输入的数据是否为空以及输入的数据格式是否符合要求。调用的程序如下：

```
<script language="javascript">
function chkuserinput(form){
    if(form.username.value==""){
  alert("请输入用户名!");
  form.username.select();
  return(false);
}
//如果用户名没输入，则提示“请输入用户名!”
if(form.userpwd.value==""){
  alert("请输入用户密码!");
  form.userpwd.select();
  return(false);
}
//如果用户密码没输入，则提示“请输入用户密码!”
if(form.yz.value==""){
  alert("请输入验证码!");
  form.yz.select();
  return(false);
}
//如果用户验证码没有输入，则提示“请输入验证码!”
    return(true);
}
  </script>
```

5）页面最下面的“站内搜索”功能开发是将查询文本框放置到一个表单内，在单击“搜索”时提交到 serchorder.php 页面进行搜索并显示结果页面，在单击“高级”按钮时提交到 highsearch.php 页面进行高级的搜索，该程序主要嵌入在<form>表单之内，程序如下：

```
<form name="form" method="post" action="serchorder.php">
  <tr>
<td width="500" height="30" valign="middle"><div align="center">
<input type="text" name="name" size="15" class="inputcss" style="background-color:#fff " onMouseOver="this.style.backgroundColor='#ffffff'" onMouseOut="this.style.backgroundColor='#e8f4ff'">
<input type="hidden" name="jdcz" value="jdcz">
<input name="submit" type="submit" class="buttoncss" value="搜索">
<input name="button" type="button" class="buttoncss" onClick="javascript:window.location=' highsearch.php';" value="高级">
</div></td>
</tr>
</form>
```

到这里，left_meau.php 页面就开发完毕了，将其保存以方便其他页面的嵌套。

6.3.3 首页新闻显示功能

在首页设计了显示品牌新闻标题的功能，能够从 tb_gonggao 新闻表中按最新时间顺序查询出 7 条，并将其标题显示在首页上，通过单击新闻的标题又能链接到相应新闻的详细页面。

实现的步骤如下：

1）为了能够实现页面的调用，需要首先打开数据库 db_shop 文件，然后再打开 tb_gonggao 数据表，加入一些数据，如图 6-31 所示。

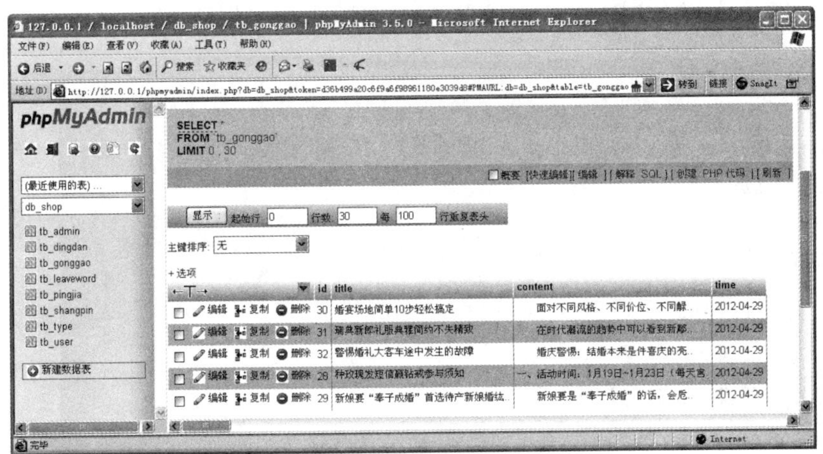

图 6-31　加入数据信息

2）在主页的“品牌新闻”显示的数据要实现的效果是调出新闻的标题，在单击标题时能打开详细页面，调出 7 条所有的数据，将所有的代码列出，说明如下：

```
<?php
$sql=mysql_query("select * from tb_gonggao order by time desc limit 0,7",$conn);
//按时间顺序从 tb_gonggao 数据表中调用 7 条数据
$info=mysql_fetch_array($sql);
if($info==false){
  ?>
<tr>
<td height="20" align="center">暂无新闻公告!</td>
</tr>
//如果没有数据则显示为“暂无新闻公告！”
<?php
}
else{
    do{
  ?>
<tr>
  <td height="20"><div align="center">
  <table width="180"  border="0" align="center" cellpadding="0" cellspacing="0">
  <tr>
<td width="16" height="5"><div align="center"><img src="images/circle.gif" width="11" height="12">
</div></td>
  <td width="164" height="24"><div align="left"> <a href="gonggao.php?id=<?php echo $info[id];?>">
//单击链接到 gonggao.php 页面显示详细内容页面。
```

```
  <?php
echo substr($info[title],0,30);
   if(strlen($info[title])>30){
echo "...";
   }
//调用新闻标题并控制显示的字符数为 30，如果标题比较长则显示为“...”
     ?>
</a> </div></td>
</tr>
</table>
</div></td>
</tr>
<?php
}
while($info=mysql_fetch_array($sql));
}
//循环数据调出数据库中的几笔数据。
?>
```

3）在 IE 浏览器中浏览制作的调用数据的结果，其具体效果如图 6-32 所示。

图 6-32 “最新新闻”的效果

说明：

如此轻易地就实现了数据库的调用、查询以及显示操作，读者会发现 PHP 动态网页的开发并不是很难，只需要掌握简单的代码即可实现。下面的所有其他功能区域都是采用调用、条件查询、绑定显示、关闭数据库这样一个相同的操作步骤来实现的。

6.3.4 产品的前台展示

网站实现在线购物，一般都是通过用户自身的登录、浏览、定购、结算这样的流程来实现的，所以在首页上制作产品的动态展示功能非常的重要，实例在首页上设计了“推荐品牌”“最新婚纱”以及“热门品牌”三个显示区域，下面将介绍产品展示区域的实现方法。

1）上述的三个显示区域在使用程序开发之前，首先要在 Dreamweaver CS6 中设计好最终的网页效果，实例设计的三个展示区域如图 6-33 所示，每个区域显示最新发布的两款产品信息，将产品的图片、价格、数量全部展示出来，并加入“购买”和“详细”按钮。

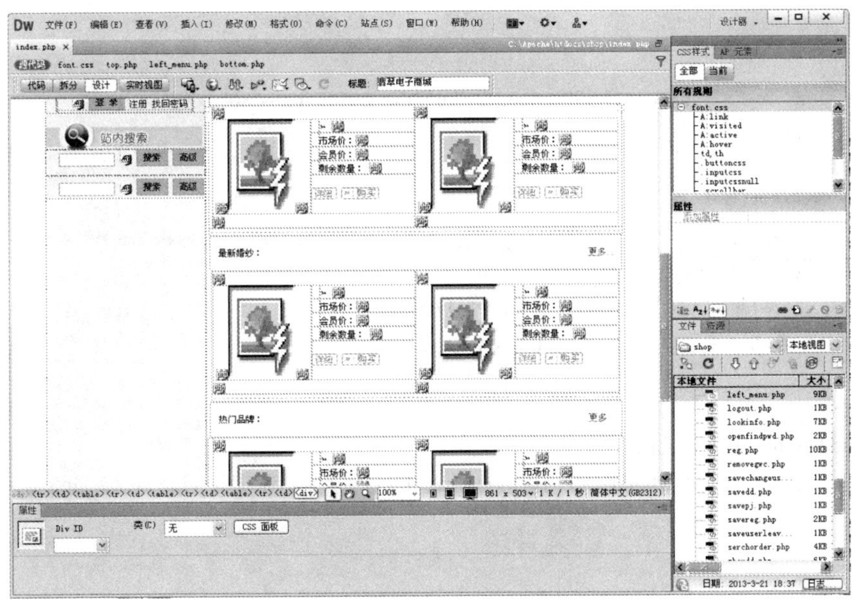

图 6-33　设计产品展示的区域效果

2）“推荐品牌”区域的实现方法是，按照字段值如果为 1 的查询条件查询 tb_shangpin 商品表，具体实现的代码如下：

```
<table width="550" border="00" align="center" cellpadding="0" cellspacing="0">
<tr>
<td width="555" height="110"><table width="530" height="110" border="0" align="center" cellpadding="0" cellspacing="0">
<tr>
<td width="265">
<?php
  $sql=mysql_query("select * from tb_shangpin where tuijian=1 order by addtime desc limit 0,1");
//按 tujian=1 的值调用数据
  $info=mysql_fetch_array($sql);
  if($info==false){
   echo "本站暂无推荐商品!";
  }
//如果没有数据显示为"本站暂无推荐商品!"
  else{
  ?>
  <table width="270"  border="0" cellspacing="0" cellpadding="0">
<tr>
<td width="130" rowspan="5"><div align="center">
<?php
    if(trim($info[tupian]=="")){
  echo "暂无图片";
}
//如果没有产品图片则显示为"暂无图片"
```

```
else{
  ?>
  <img src="<?php echo $info[tupian];?>" width="80" height="80" border="0">
   <?php
     }
  ?>
</div></td>
<td width="11" height="16"> </td>
<td width="124"><font color="FF6501"><img src="images/circle.gif" width="10"
height="10"> <?php echo $info[mingcheng];?></font></td>
</tr>
<tr>
<td height="16"> </td>
<td><font color="#000000">市场价：</font><font color="FF6501"><?php echo $info[shichangjia];?>
</font></td>
</tr>
<tr>
<td height="16"> </td>
<td><font color="#000000">会员价：</font><font color="FF6501"><?php echo $info[huiyuanjia];?>
</font></td>
</tr>
 <tr>
<td height="16"> </td>
<td><font color="#000000">剩余数量：</font><font color="13589B">          <?php
  if($info[shuliang]>0)
  {
      echo $info[shuliang];
  }
  else
  {
      echo "已售完";
  }
  ?>
</font></td>
   </tr>
  <tr>
<td height="30" colspan="2"><a href="lookinfo.php?id=<?php echo $info[id];?>"><img src=
"images/b3.gif" width="34" height="15" border="0"></a> <a href="addgouwuche.php?id=<?php echo
$info[id];?>"><img src="images/b1.gif" width="50" height="15" border="0"></a>    </td>
  </tr>
</table>
<?php
   }
  ?>
</td>
  <td width="265">
```

```
  <?php
 $sql=mysql_query("select * from tb_shangpin where tuijian=1 order by addtime desc limit 1,1");
 $info=mysql_fetch_array($sql);
 if($info==true)
 {
 ?>
  <table width="270"   border="0" cellspacing="0" cellpadding="0">
 <tr>
 <td width="130" rowspan="5"><div align="center">
 <?php
   if(trim($info[tupian]=="")){
 echo "暂无图片";
}
else{
 ?>
 <img src="<?php echo $info[tupian];?>" width="80" height="80" border="0">
<?php
     }
 ?>
</div></td>
<td width="11" height="16"> </td>
<td  width="124"><font  color="FF6501"><img  src="images/circle.gif"  width="10"  height="10">
 <?php echo $info[mingcheng];?></font></td>
</tr>
<tr>
<td height="16"> </td>
<td><font color="#000000">市场价：</font><font color="FF6501"><?php echo $info[shichangjia];?>
</font></td>
</tr>
<tr>
<td height="16"> </td>
<td><font color="#000000">会员价：</font><font color="FF6501"><?php echo $info[huiyuanjia];?>
</font></td>
</tr>
<tr>
<td height="16"> </td>
<td><font color="#000000">剩余数量：</font><font color="13589B">
<?php
  if($info[shuliang]>0)
  {
     echo $info[shuliang];
  }
  else
  {
     echo "已售完";
  }
```

```
?>
</font></td>
</tr>
<tr>
<td height="30" colspan="2"><a href="lookinfo.php?id=<?php echo $info[id];?>"><img src="images/b3.gif" width="34" height="15" border="0"></a> <a href="addgouwuche.php?id=<?php echo $info[id];?>"><img src="images/b1.gif" width="50" height="15" border="0"></a> </td>
</tr>
</table>
  <?php
    }
  ?>
</td>
</tr>
</table></td>
</tr>
<tr>
<td height="10" background="images/line1.gif"></td>
</tr>
</table>
```

3）“最新婚纱”显示的是后台数据库中最新加入的两笔数据，在条件查询的时候只要按照增加时间值的方法查询最新的两笔数据并显示在首页上即可，实现的代码如下：

```
<table width="540" height="110" border="0" align="center" cellpadding="0" cellspacing="0">
<tr>
<td width="265">
<?php
$sql=mysql_query("select * from tb_shangpin order by addtime desc limit 0,1");
//按增加的时间值调用数据
$info=mysql_fetch_array($sql);
if($info==false){
echo "本站暂无推荐产品!";
}//如果没有数据则显示“本站暂无推荐产品”
  else{
?>
<table width="270"  border="0" cellspacing="0" cellpadding="0">
  <tr>
      <td width="130" rowspan="5"><div align="center">
 <?php
        if(trim($info[tupian]=="")){
              echo "暂无图片";
              }
              else{
              ?>
  <img src="<?php echo $info[tupian];?>" width="90" height="120" border="0">
      <?php
```

```
                }
                ?>
            </div></td>
             <td width="11" height="16"> </td>
              <td  width="124"><font  color="FF6501"><img  src="images/circle.gif"  width="10"  height=
"10"> <?php echo $info[mingcheng];?></font></td>
               </tr>
                <tr>
              <td height="16"> </td>
             <td><font color="#000000">市场价：</font><font color="FF6501"><?php echo $info[shichangjia];?>
</font></td>
              </tr>
              <tr>
                <td height="16"> </td>
            <td><font color="#000000">会员价：</font><font color="FF6501"><?php echo $info[huiyuanjia];?>
</font></td>
          </tr>
            <tr>
          <td height="16"> </td>
          <td><font color="#000000">剩余数量：</font><font color="13589B">
          <?php
                              if($info[shuliang]>0)
                              {
                                  echo $info[shuliang];
                              }
                              else
                              {
                                  echo "已售完";
                              }
                              ?>
          </font></td>
             </tr>
      <tr>
      <td   height="30"   colspan="2"><a   href="lookinfo.php?id=<?php   echo   $info[id];?>"><img   src=
"images/b3.gif"  width="34"  height="15"  border="0"></a>  <a  href="addgouwuche.php?id=<?php  echo
$info[id];?>"><img src="images/b1.gif" width="50" height="15" border="0"></a>
      </td>
        </tr>
      </table>
      <?php
      }
      ?>
      </td>
      <td width="265">
      <?php
      $sql=mysql_query("select * from tb_shangpin order by addtime desc limit 1,1");
```

```
$info=mysql_fetch_array($sql);
if($info==true)
{
?>
<table width="270"   border="0" cellspacing="0" cellpadding="0">
<tr>
<td width="130" rowspan="5"><div align="center">
<?php
if(trim($info[tupian]=="")){
echo "暂无图片";
}
else{
?>
<img src="<?php echo $info[tupian];?>" width="90" height="120" border="0">
    <?php
    }
    ?>
    </div></td>
<td width="11" height="16"> </td>
 <td  width="124"><font  color="FF6501"><img  src="images/circle.gif"  width="10"  height="10">
 <?php echo $info[mingcheng];?></font></td>
 </tr>
  <tr>
   <td height="16"> </td>
  <td><font  color="#000000">市场价：</font><font  color="FF6501"><?php  echo  $info[shichangjia];?>
</font></td>
  </tr>
  <tr>
   <td height="16"> </td>
   <td><font  color="#000000">会员价：</font><font  color="FF6501"><?php  echo  $info[huiyuanjia];?>
</font></td>
   </tr>
  <tr>
    <td height="16"> </td>
<td><font color="#000000">剩余数量：</font><font color="13589B">
  <?php
    if($info[shuliang]>0)
          {
          echo $info[shuliang];
          }
    else
          {
          echo "已售完";
          }
          ?>
</font></td>
```

```
        </tr>
          <tr>
        <td height="30" colspan="2"><a href="lookinfo.php?id=<?php echo $info[id];?>"><img src="images/b3.gif" width="34" height="15" border="0"></a> <a href="addgouwuche.php?id=<?php echo $info[id];?>"><img src="images/b1.gif" width="50" height="15" border="0"></a> </td>
          </tr>
        </table>
       <?php
          }
          ?>
         </td>
        </tr>
         </table>
```

4）“热门品牌”在条件查询的时候按照符合 cishu 字段被访问最多的次数显示，实现的代码如下：

```
<table width="540" height="110" border="0" align="center" cellpadding="0" cellspacing="0">
      <tr>
        <td width="275">
          <?php
    $sql=mysql_query("select * from tb_shangpin order by cishu desc limit 0,1");
    $info=mysql_fetch_array($sql);
    if($info==false){
    echo "本站暂无推荐产品!";
                   }
                   else {
                   ?>
      <table width="270"  border="0" cellspacing="0" cellpadding="0">
        <tr>
          <td width="130" rowspan="5"><div align="center">
            <?php
          if(trim($info[tupian]=="")){
          echo "暂无图片";
          }
          else{
          ?>
     <img src="<?php echo $info[tupian];?>" width="90" height="120" border="0">
          <?php
          }
          ?>
       </div></td>
          <td width="11" height="16"> </td>
       <td width="124"><font color="FF6501"><img src="images/circle.gif" width="10" height="10"> <?php echo $info[mingcheng];?></font></td>
          </tr>
     <tr>
```

```
<td height="16"> </td>
<td><font color="#000000">市场价：</font><font color="FF6501"><?php echo $info[shichangjia];?>
</font></td>
</tr>
<tr>
<td height="16"> </td>
<td><font color="#000000"> 会 员 价 ： </font><font color="FF6501"><?php echo $info
[huiyuanjia];?> </font></td>
</tr>
<tr>
<td height="16"> </td>
<td><font color="#000000">剩余数量：</font><font color="13589B">
<?php
if($info[shuliang]>0)
{
echo $info[shuliang];
}
else
{
echo "已售完";
}
?>
</font></td>
</tr>
<tr>
<td height="30" colspan="2"><a href="lookinfo.php?id=<?php echo $info[id];?>"><img
src="images/b3.gif" width="34" height="15" border="0"></a> <a href="addgouwuche.php?id=<?php echo
$info[id];?>"><img src="images/b1.gif" width="50" height="15" border="0"></a> </td>
</tr>
</table>
<?php
}
?>
</td>
<td width="255">
<?php
        $sql=mysql_query("select * from tb_shangpin order by cishu desc limit 1,1 ");
        $info=mysql_fetch_array($sql);
        if($info==true){
?>
<table width="270"  border="0" cellspacing="0" cellpadding="0">
<tr>
<td width="130" rowspan="5"><div align="center">
<?php
if(trim($info[tupian]=="")){
echo "暂无图片";
```

```
            }
            else{
            ?>
        <img src="<?php echo $info[tupian];?>" width="90" height="120" border="0">
            <?php
            }
        ?>
    </div></td>
        <td width="11" height="16"> </td>
        <td width="124"><font color="FF6501"><img src="images/circle.gif" width="10" height="10"> <?php echo $info[mingcheng];?></font></td>
        </tr>
       <tr>
        <td height="16"> </td>
    <td><font color="#000000">市 场 价 ： </font><font color="FF6501"><?php echo $info[shichangjia];?></font></td>
          </tr>
          <tr>
          <td height="16"> </td>
    <td><font color="#000000">会 员 价 ： </font><font color="FF6501"><?php echo $info[huiyuanjia];?></font></td>
       </tr>
       <tr>
        <td height="16"> </td>
        <td><font color="#000000">剩余数量：</font><font color="13589B">
          <?php
                     if($info[shuliang]>0)
                     {
                        echo $info[shuliang];
                     }
                     else
                     {
                        echo "已售完";
                     }
                     ?>
            </font></td>
           </tr>
          <tr>
          <td height="30" colspan="2"><a href="lookinfo.php?id=<?php echo $info[id];?>"><img src="images/b3.gif" width="34" height="15" border="0"></a> <a href="addgouwuche.php?id=<?php echo $info[id];?>"><img src="images/b1.gif" width="50" height="15" border="0"></a> </td>
           </tr>
        </table>
          <?php
    }
    ?></td>
```

```
        </tr>
    </table>
```

按上述的程序实现方法，最后可以实现的效果如图 6-34 所示。

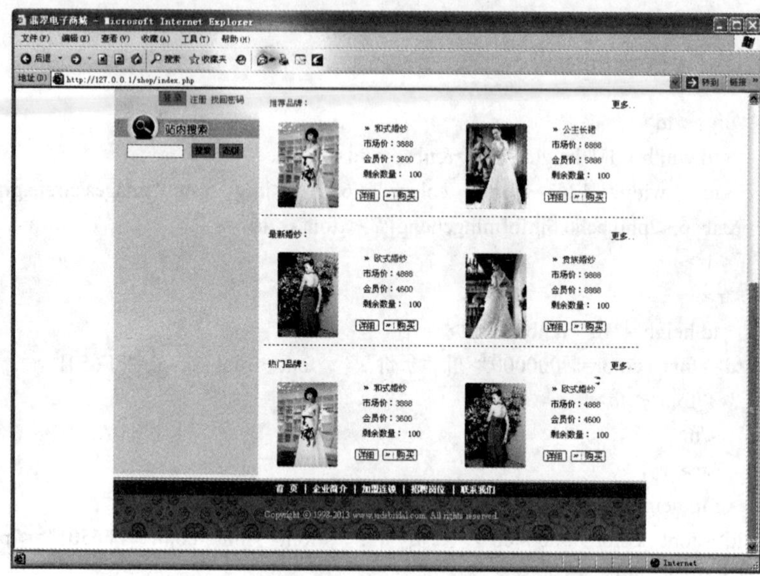

图 6-34　首页的商品展示效果

第 7 章　电子商城模块功能开发

网上购物系统通常拥有产品发布功能、订单处理功能、购物车功能等动态功能。管理者登录后台管理，即可进行商品维护和订单处理操作。从技术角度来说主要是通过“购物车”就可以实现电子商务功能。网络商店是比较庞大的系统，它必须拥有会员系统、查询系统、购物流程、会员服务等功能模块，这些系统通过用户身份的验证后统一进行使用，从技术角度上来分析，难点就在于数据库中各系统数据表的关联。本章主要介绍使用 PHP 进行网上购物系统前台功能模块开发的方法。

本章重点介绍如下知识：

- 会员管理系统功能
- 品牌新闻展示系统
- 产品的定购功能
- 网站的购物车功能

7.1 会员管理系统功能

网站的会员管理系统，在首页上只是一个让用户登录和注册的窗口。输入用户名和密码后，单击“提交”按钮，即转到 chkuser.php 页面进行判断登录。当单击“注册”文字链接时，将会打开网站的会员注册页面 agreereg.php 进行注册。单击“找回密码”会弹出找回密码的 Windows 对话窗口，本小节就介绍会员管理系统的开发。

7.1.1 会员登录判断

会员在首页输入用户名和密码后单击“提交”按钮时，用户名、密码、验证码全部正确才可以登录成功；如果有错误就需要显示相关的错误信息，所有的功能都要用 PHP 进行分析判断，创建一个空白 PHP 页面，并命名为“chkuser.php”。

在该页面中加入如下代码：

```
<?php
include("conn/conn.php");
//调用数据库连接
$username=$_POST[username];
$userpwd=md5($_POST[userpwd]);
$yz=$_POST[yz];
$num=$_POST[num];
if(strval($yz)!=strval($num)){
```

```
    echo "<script>alert('验证码输入错误!');history.go(-1);</script>";
    exit;
   }
  //如果验证码错误则提示“验证码输入错误!”，并且返回登录页面
  class chkinput{
     var $name;
     var $pwd;
     function chkinput($x,$y){
        $this->name=$x;
        $this->pwd=$y;
  }
    function checkinput(){
    include("conn/conn.php");
  $sql=mysql_query("select * from tb_user where name='".$this->name."'",$conn);
  $info=mysql_fetch_array($sql);
        if($info==false){
              echo "<script language='javascript'>alert('不存在此用户！ ');history.back();</script>";
              exit;
           }
  //如果数据库里不存在该用户名则显示“不存在此用户”，并返回。
           else{
              if($info[dongjie]==1){
                     echo "<script language='javascript'>alert('该用户已经被冻结！ ');history.back();</script>";
                   exit;
                   }
  //如果用户已经在后台冻结，则显示“该用户已经被冻结！”并且返回
                 if($info[pwd]==$this->pwd)
                   {
                       session_start();
                  $_SESSION[username]=$info[name];
                       session_register("producelist");
                       $producelist="";
                       session_register("quatity");
                         $quatity="";
                      header("location:index.php");
                      exit;
                   }
                 else {
                     echo "<script language='javascript'>alert('密码输入错误！ ');history.back();</script>";
                     exit;
                   }
  //如果用户密码错误，则显示“密码输入错误！”并且返回
            }
        }
    }
```

```
    $obj=new chkinput(trim($username),trim($userpwd));
    $obj->checkinput();
?>
```

该段程序中，加入了判断是否验证码、用户名以及密码正确的代码，如果不正确则显示相应的错误信息；如果全部正常则登录成功并返回登录的首页。

7.1.2 会员注册功能

会员注册的功能并不只是简单的一个网页就能实现的，它需要同意协议来判断用户是否存在。写入数据等细节的步骤，这里介绍如下：

1）单击“注册”文字链接时，将会打开网站的会员注册页面 agreereg.php，该页面的效果如图 7-1 所示。该页面的内容是必不可少的，提示一下网站管理者，为了避免日后注册用户会发生一些纠纷，需要提前将网站所提供的具体服务和约束等，放到注册信息里面，这样可以有效的保护自己的利益。

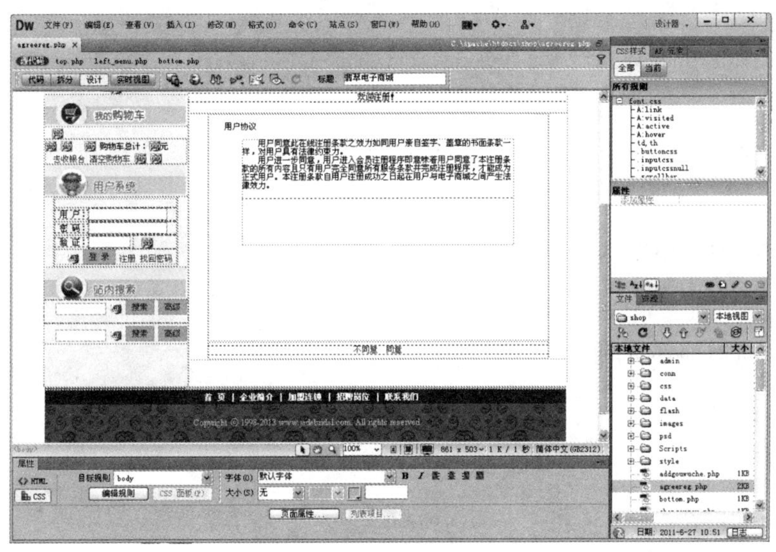

图 7-1 全员注册页面的效果

2）单击“同意”按钮后，就打开具体的注册用户信息填写内容页，该页面的制作也比较简单，只需要按数据库中 tb_user 数据表的字段名为准，在注册页面分别创建相应的文本框即可，设计的页面如图 7-2 所示。

3）其中的技术难点在于“查看昵称是否已用”功能，在输入用户昵称时，需要单击该按钮检查数据库中是否存在该用户昵称，实现该功能的代码如下：

```
<script language="javascript">
  function chknc(nc)
  {
window.open("chkusernc.php?nc="+nc,"newframe","width=200,height=10,left=500,top=200,menubar=
no,toolbar=no,location=no,scrollbars=no,location=no");
  }
```

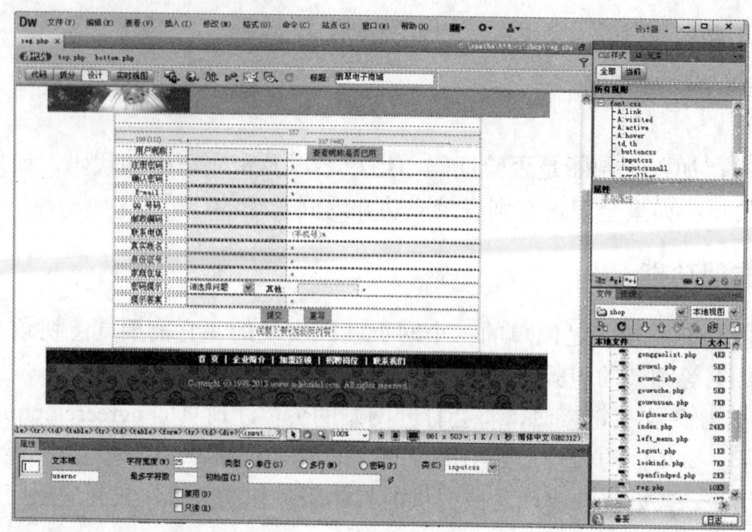

图 7-2　用户注册信息的页面

```
//单独打开 Windows 窗口通过调用 chkusernc.php 页面进行判断
</script>
```

所以嵌套的实际判断页面是 chkusernc.php，该页面的代码如下：

```
<?php
 $nc=trim($_GET[nc]);
?>
<?php
 include("conn/conn.php");
?>
<html>
<head>
<title>
昵称重用检测
</title>
<link rel="stylesheet" type="text/css" href="css/font.css">
</head>
<body topmargin="0" leftmargin="0" bottommargin="0">
<table width="200" height="100" border="0" align="center" cellpadding="0" cellspacing="0" bgcolor="#eeeeee">
  <tr>
    <td height="50"><div align="center">
  <?php
    if($nc=="")
    {
      echo "请输入昵称!";
    }
    else
    {
```

```
            $sql=mysql_query("select * from tb_user where name='".$nc."'",$conn);
            $info=mysql_fetch_array($sql);
              if($info==true)
              {
                echo "对不起,该昵称已被占用!";
              }
              else
              {
                echo "恭喜,该昵称没被占用!";
              }
          }
        ?>
        </div></td>
        </tr>
        <tr>
          <td height="50"><div align="center"><input type="button" value="确定" class="buttoncss"
onClick="window.close()"></div></td>
        </tr>
      </table>
      </body>
```

4）在单击“提交”按钮时还要实现所有的字段检查功能，调用的 JavaScript 程序进行检查的代码如下：

```
      <script language="javascript">
        function chkinput(form)
        {
          if(form.usernc.value=="")
        {
         alert("请输入昵称!");
         form.usernc.select();
         return(false);
        }
        if(form.p1.value=="")
        {
         alert("请输入注册密码!");
         form.p1.select();
         return(false);
        }
          if(form.p2.value=="")
        {
         alert("请输入确认密码!");
         form.p2.select();
         return(false);
         }
        if(form.p1.value.length<6)
         {
```

```
  alert("注册密码长度应大于 6!");
  form.p1.select();
  return(false);
  }
 if(form.p1.value!=form.p2.value)
  {
  alert("密码与重复密码不同!");
  form.p1.select();
  return(false);
  }
  if(form.email.value=="")
 {
  alert("请输入电子邮箱地址!");
  form.email.select();
  return(false);
  }
 if(form.email.value.indexOf('@')<0)
 {
  alert("请输入正确的电子邮箱地址!");
  form.email.select();
  return(false);
  }
  if(form.tel.value=="")
 {
  alert("请输入联系电话!");
  form.tel.select();
  return(false);
  }
 if(form.truename.value=="")
 {
  alert("请输入真实姓名!");
  form.truename.select();
  return(false);
  }
 if(form.sfzh.value=="")
 {
  alert("请输入身份证号!");
  form.sfzh.select();
  return(false);
  }
 if(form.dizhi.value=="")
 {
  alert("请输入家庭住址!");
  form.dizhi.select();
  return(false);
  }
```

```
    if(form.tsda.value=="")
    {
     alert("请输密码提示答案!");
     form.tsda.select();
     return(false);
     }
     if((form.ts1.value==1)&&(form.ts2.value==""))
        {
     alert("请选择或输入密码提示答案!");
     form.ts2.select();
     return(false);
     }
     return(true);
    }
</script>
```

该段程序是验证表单经常使用到的方法，读者可以重点浏览并掌握其功能。

5）在验证表单没问题后，才将表单的数据传递到 savereg.php 页面进行数据表的插入记录操作，也就是实质上的保存用户注册信息的操作，具体的代码如下：

```
<?php
session_start();
include("conn/conn.php");
$name=$_POST[usernc];
$pwd1=$_POST[p1];
$pwd=md5($_POST[p1]);
//md5 加密
$email=$_POST[email];
$truename=$_POST[truename];
$sfzh=$_POST[sfzh];
$tel=$_POST[tel];
$qq=$_POST[qq];
if($_POST[ts1]==1)
   {
   $tishi=$_POST[ts2];
   }
else
  {
  $tishi=$_POST[ts1];
  }
$huida=$_POST[tsda];
$dizhi=$_POST[dizhi];
$youbian=$_POST[yb];
$regtime=date("Y-m-j");
$dongjie=0;
$sql=mysql_query("select * from tb_user where name='".$name."'",$conn);
$info=mysql_fetch_array($sql);
```

```
if($info==true)
  {
    echo "<script>alert('该昵称已经存在!');history.back();</script>";
    exit;
  }
  else
  {
mysql_query("insert into tb_user (name,pwd,dongjie,email,truename,sfzh,tel,qq,tishi,huida,
dizhi,youbian,regtime,pwd1) values ('$name','$pwd','$dongjie','$email','$truename','$sfzh','$tel',
'$qq','$tishi','$huida','$dizhi','$youbian','$regtime','$pwd1')",$conn);//按字段对应相应的数据
   session_register("username");
   $username=$name;
            session_register("producelist");
   $producelist="";
   session_register("quatity");
   $quatity="";
echo "<script>alert('恭喜，注册成功!');window.location='index.php';</script>";
 }
//插入数据后显示注册成功，并返回首页 index.php
?>
```

通过以上几个步骤的程序编写才完成一个会员注册的功能，一般的用户注册都是这样的一个逻辑实现过程。

7.1.3　找回密码功能

会员在使用过程中忘记密码也是经常遇到的事，在实例中单击“找回密码”文字链接将打开相应的窗口实现找回密码的功能，具体的实现步骤如下：

1）在制作的 left_menu.php 页面中加入 Javascript 的验证代码，实现的功能是单击“找回密码”链接时打开 openfindpwd.php 页面进行验证，代码如下：

```
<script language="javascript">
      function openfindpwd(){
window.open("openfindpwd.php","newframe","left=200,top=200,width=200,height=100,menubar=no,to
olbar=no,location=no,scrollbars=no,location=no");
      }
</script>
```

2）使用 Dreamweaver 设计出的找回密码的页面如图 7-3 所示，只需要一个简单的对话窗口，输入昵称并进行判断即可。

3）在输入需要找回密码的昵称之后，单击“确定”按钮进行表单验证，判断是否为空，如果不为空则指向 findpwd.php 页面显示“密码提示”，输入提示的答案，如图 7-4 所示。实现此功能的代码如下：

```
<script language="javascript">
 function chkinput(form)
```

```
{
  if(form.nc.value=="")
  {
    alert("请输入您的昵称!");
 form.nc.select();
 return(false);

  }
 return(true);
}
</script
```

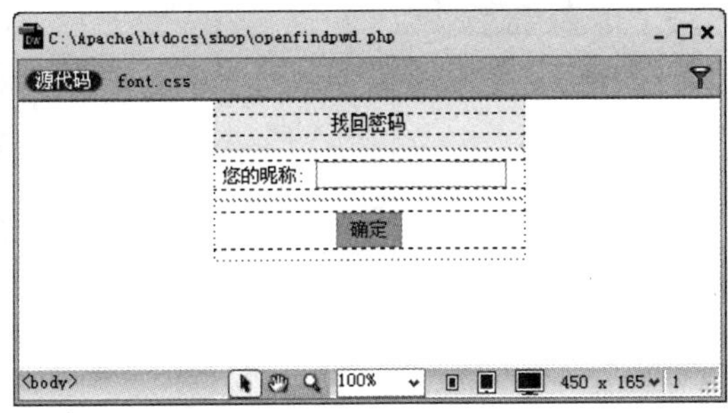

图 7-3　找回密码的页面

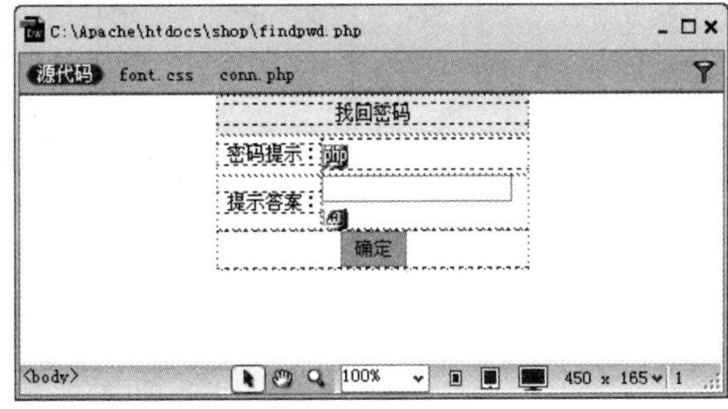

图 7-4　密码提示页面

4）输入“提示答案”之后，再单击“确定”按钮，也要进行表单验证，并转向最终显示密码的页面 showpwd.php，验证的代码如下：

```
<script language="javascript">
   function chkinput(form)
   {
     if(form.da.value=="")
   {
    alert('请输入密码提示答案!');
    form.da.select();
    return(false);
   }
    return(true);
   }
 </script>
  <form name="form2" method="post" action="showpwd.php" onSubmit="return chkinput(this)">
```

5）showpwd.php 页面比较简单，只需要查询数据库，把符合条件的数据显示出结果，即把昵称和密码显示在页面上即可，如图 7-5 所示。实现此功能的代码如下：

```
<?php
 include("conn/conn.php");
 $nc=$_POST[nc];
$da=$_POST[da];
 $sql=mysql_query("select * from tb_user where name='".$nc."'",$conn);
```

```
    $info=mysql_fetch_array($sql);
    if($info[huida]!=$da)
    {
      echo "<script>alert('提示答案输入错误!');history.back();</script>";
     exit;
    }
    else
    {
?>
```

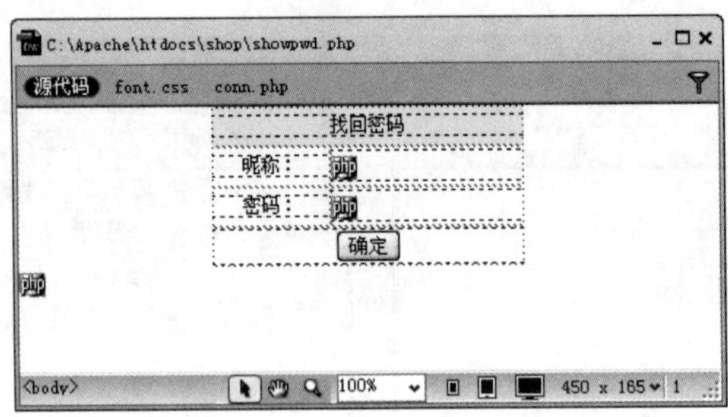

图 7-5　显示密码页面

7.1.4　用户中心功能

用户登录之后单击导航栏菜单上的“用户中心”，可以进入用户中心自助管理功能，如图 7-6 所示。用户中心可以实现“修改个人信息”“用户留言”“修改密码”以及“注销离开”4 个动态功能，本小节就介绍这 4 个功能的实现方法。

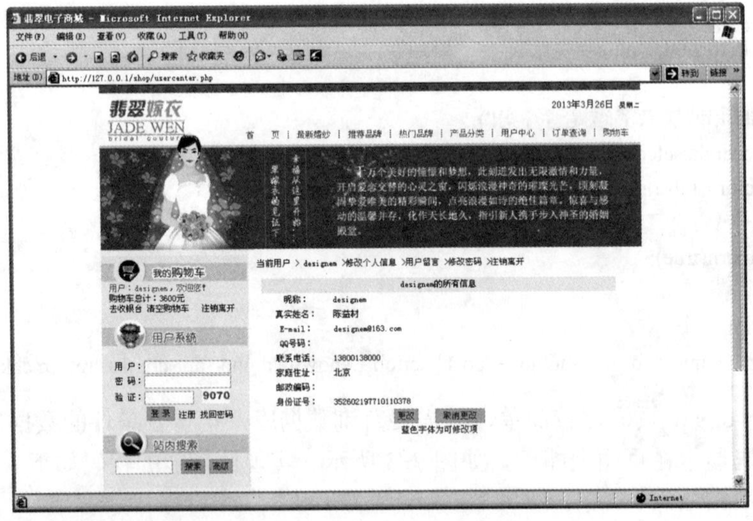

图 7-6　用户中心管理页面

1）用户“修改个人信息”页面（usercenter.php）如图 7-7 所示，实现的办法是从数据库中查询出会员的基础注册资料，将相应的字段绑定到页面中，其中蓝色文本框为可以更改的字段，当单击“更改”按钮时，需要将当前修改的最新信息储存到数据库中。实现该功能的代码如下：

```
<form name="form1" method="post" action="changeuser.php" onsubmit="return chkinput1(this)">
<?php
$sql=mysql_query("select * from tb_user where name='".$_SESSION[username]."'",$conn);
$info=mysql_fetch_array($sql);
?>
<tr>
<td width="100" height="20" bgcolor="#FFFFFF"><div align="center">昵称：</div></td>
<td width="397" bgcolor="#FFFFFF"><div align="left"><?php echo $_SESSION[username];?></div></td>
  </tr>
<tr>
<td height="20" bgcolor="#FFFFFF"><div align="center">真实姓名：</div></td>
  <td height="20" bgcolor="#FFFFFF"><div align="left">
<input type="text" name="truename" size="25" class="inputcssnull" value="<?php echo $info[truename];?>">
 </div></td>
</tr>
<tr>
<td height="20" bgcolor="#FFFFFF"><div align="center">E-mail：</div></td>
 <td height="20" bgcolor="#FFFFFF"><div align="left">
<input type="text" name="email" size="25" class="inputcssnull" value="<?php echo $info[email];?>">
</div></td>
</tr>
  <tr>
<td height="20" bgcolor="#FFFFFF"><div align="center">QQ 号码：</div></td>
<td height="20" bgcolor="#FFFFFF"><div align="left">
<input type="text" name="qq" size="25" class="inputcssnull" value="<?php echo $info[qq];?>">
</div></td>
</tr>
    <tr>
  <td height="20" bgcolor="#FFFFFF"><div align="center">联系电话：</div></td>
  <td height="20" bgcolor="#FFFFFF"><div align="left">
  <input type="text" name="tel" size="25" class="inputcssnull" value="<?php echo $info[tel];?>">
    </div></td>
    </tr>
 <tr>
<td height="20" bgcolor="#FFFFFF"><div align="center">家庭住址：</div></td>
   <td height="20" bgcolor="#FFFFFF"><div align="left">
  <input type="text" name="dizhi" size="25" class="inputcssnull" value="<?php echo $info[dizhi];?>">
     </div></td>
   </tr>
   <tr>
  <td height="20" bgcolor="#FFFFFF"><div align="center">邮政编码：</div></td>
   <td height="20" bgcolor="#FFFFFF"><div align="left">
   <input type="text" name="youbian" size="25" class="inputcssnull" value="<?php echo $info[youbian];?>">
```

```
            </div></td>
              </tr>
            <tr>
      <td height="20" bgcolor="#FFFFFF"><div align="center">身份证号：</div></td>
      <td height="20" bgcolor="#FFFFFF"><div align="left">
  <input type="text" name="sfzh" size="25" class="inputcssnull" value="<?php echo $info[sfzh];?>">
  </div></td>
       </tr>
       <tr>
       <td height="20" colspan="2" bgcolor="#FFFFFF"><div align="center">
         <input name="submit2" type="submit" class="buttoncss" value="更改">
    
     <input name="reset" type="reset" class="buttoncss" value="取消更改">
            </div></td>
            </tr>
  </form>
```

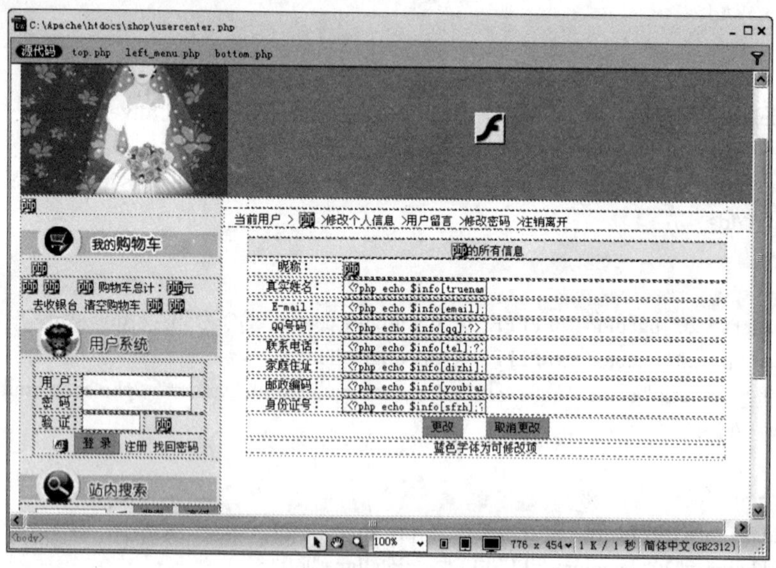

图 7-7　修改个人信息页面

表单提交到 changeuser.php 页面并将修改的数据保存到数据库中，更新数据库的代码如下：

```
<?php
include("conn/conn.php");
$email=$_POST[email];
$truename=$_POST[truename];
$sfzh=$_POST[sfzh];
$tel=$_POST[tel];
$qq=$_POST[qq];
$dizhi=$_POST[dizhi];
$youbian=$_POST[youbian];
```

```
mysql_query("update tb_user set email='$email',truename='$truename',sfzh='$sfzh',tel='$tel',qq='$qq',
dizhi='$dizhi',youbian='$youbian'",$conn);
header("location:usercenter.php");

?>
```

2）“用户留言”页面（userleaveword.php）如图 7-8 所示，功能是单击“提交”按钮时能将留言的内容提交到数据库中。

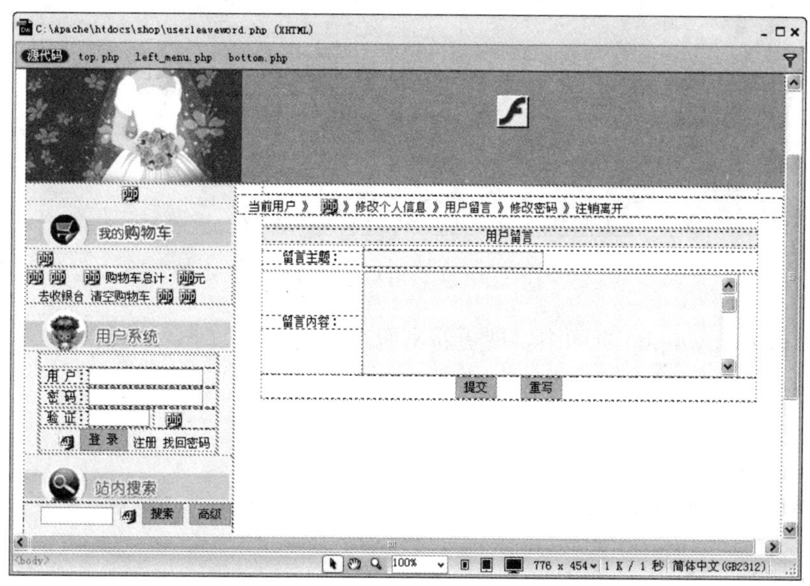

图 7-8　用户留言页面效果

saveuserleaveword.php 页面中实现用户留言功能的代码如下：

```
<?php
session_start();
$title=$_POST[title];
$content=$_POST[content];
$time=date("Y-m-j");
include("conn/conn.php");

$sql=mysql_query("select * from tb_user where name='".$_SESSION[username]."'",$conn);
$info=mysql_fetch_array($sql);
$userid=$info[id];
mysql_query("insert into tb_leaveword (title,content,time,userid) values
('$title','$content','$time','$userid')",$conn);
header("location:userleaveword.php");
?>
```

3）修改用户密码页面如图 7-9 所示。在页面中设置 3 个输入文本域，在单击“更改”按钮时能够提交到 savechangeuserpwd.php 页面进行验证并更新新密码。

图 7-9　修改用户密码页面

savechangeuserpwd.php 页面中实现更新密码功能的代码如下：

```
<?php
session_start();
$p1=md5(trim($_POST[p1]));
$p2=trim($_POST[p2]);

$name=$_SESSION[username];
class chkchange
    {
      var $name;
      var $p1;
      var $p2;
      function chkchange($x,$y,$z)
        {
            $this->name=$x;
            $this->p1=$y;
            $this->p2=$z;

        }
      function changepwd()
      {include("conn/conn.php");
       $sql=mysql_query("select * from tb_user where name='".$this->name."'",$conn);
       $info=mysql_fetch_array($sql);
          if($info[pwd]!=$this->p1)
            {
              echo "<script>alert('原密码输入错误!');history.back();</script>";
              exit;
            }
```

```
                else
                {
                mysql_query("update tb_user set pwd='".md5($this->p2)."' ,pwd1='$this->p2' where name='$this->name'",$conn);
                echo "<script>alert('密码修改成功!');history.back();</script>";
                exit;
                }
            }
        }
    $obj=new chkchange($name,$p1,$p2);
    $obj->changepwd()
?>
```

4）“注销离开”功能和 left_meau.php 页面中的注销离开是一样的，链接到 logout.php 页面进行注销即可，这里不再具体介绍。

7.2 品牌新闻展示系统

网站的“品牌新闻”在首页及各个页面显示了标题，当单击相应的标题时，要打开详细的显示内容页面 gonggao.php。网站的新闻信息相关的页面一共只有两个，gonggao.php 用于显示具体的信息内容，另一个是用于单击首页中的“更多>>”文字链接时，打开所有的信息标题页面 gonggaolist.php。

7.2.1 信息标题列表

所有的信息标题列表页面（gonggaolist.php）的效果如图 7-10 所示。

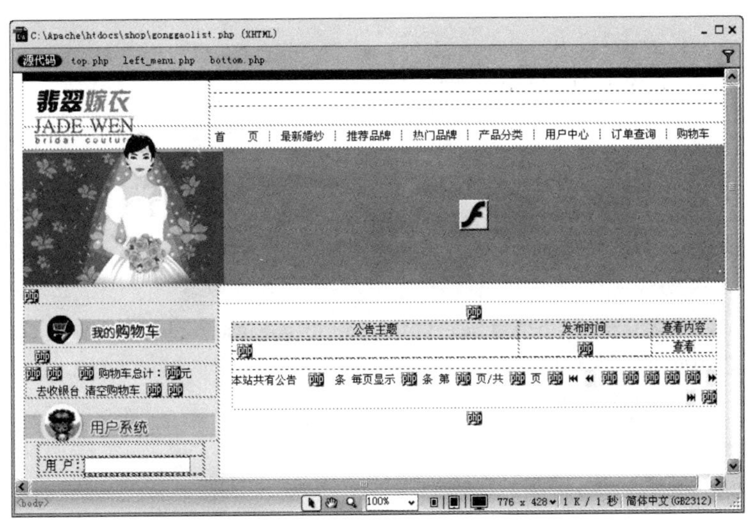

图 7-10　所有的信息标题列表页面的效果

该页面的编写程序部分如下：

```
<?php
    $sql=mysql_query("select count(*) as total from tb_gonggao",$conn);
    $info=mysql_fetch_array($sql);
    $total=$info[total];
    if($total==0)
    {
      echo "本站暂无公告!";
    }
//调用 tb_gonggao 数据，如果没有则显示“本站暂无公告!”
    else
    {
    ?>
     <table width="530" border="0" align="center" cellpadding="0" cellspacing="0">
       <tr bgcolor="#EEEEEE">
         <td width="296" height="20"><div align="center">公告主题</div></td>
         <td width="136"><div align="center">发布时间</div></td>
         <td width="68"><div align="center">查看内容</div></td>
       </tr>
       <?php
       $pagesize=20;
         if ($total<=$pagesize){
           $pagecount=1;
           }
           if(($total%$pagesize)!=0){
             $pagecount=intval($total/$pagesize)+1;

           }else{
             $pagecount=$total/$pagesize;

           }
           if(($_GET[page])==""){
             $page=1;

           }else{
             $page=intval($_GET[page]);

           }
          $sql1=mysql_query("select * from tb_gonggao order by time desc limit ".($page-
1)*$pagesize.",$pagesize ",$conn);
          while($info1=mysql_fetch_array($sql1))
          {
       ?>
       <tr>
         <td height="20"><div align="left">-<?php echo $info1[title];?></div></td>
         <td height="20"><div align="center"><?php echo $info1[time];?></div></td>
         <td height="20"><div align="center"><a href="gonggao.php?id=<?php echo $info1[id];?>">
```

```
查看</a></div></td>
                </tr>
                <?php
              }
                ?>
                <tr>
                  <td height="20" colspan="3">  
                       <div align="right">本站共有公告 
                            <?php
                  echo $total;
                 ?>
       条 每页显示 <?php echo $pagesize;?> 条 第 <?php echo $page;?> 页/共 <?php echo $pagecount; ?> 页
                <?php
                  if($page>=2)
                  {
                  ?>
                <a href="gonggaolist.php?page=1" title="首页"><font face="webdings"> 9 </font></a> <a href="gonggaolist.php?id=<?php echo $id;?>&amp;page=<?php echo $page-1;?>" title="前一页"><font face="webdings"> 7 </font></a>
                <?php
                  }
                   if($pagecount<=4){
                     for($i=1;$i<=$pagecount;$i++){
                  ?>
                <a href="gonggaolist.php?page=<?php echo $i;?>"><?php echo $i;?></a>
                <?php
                     }
                  }else{
                  for($i=1;$i<=4;$i++){
                 ?>
               <a href="gonggaolist.php?page=<?php echo $i;?>"><?php echo $i;?></a>
               <?php }?>
               <a href="gonggaolist.php?page=<?php echo $page-1;?>" title="后一页"><font face="webdings"> 8 </font></a> <a href="gonggaolist.php?id=<?php echo $id;?>&amp;page=<?php echo $pagecount;?>" title="尾页"><font face="webdings"> : </font></a>
               <?php }?>
                   </div></td>
               </tr>
             </table>
           <?php
             }

               ?></td>
        </tr>
      </table>
```

该页面的技术难点在于新闻标题的分页显示功能，在显示的标题太多时一般都要使用上述的分页显示功能实现按页显示记录。

7.2.2 显示详细内容

具体信息详细显示页面，通常包括显示所显示信息的标题、时间以及出处，制作的具体效果如图 7-11 所示。

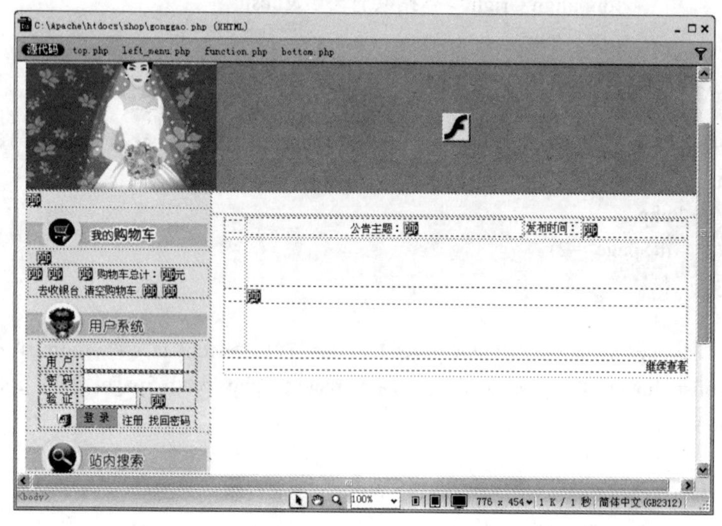

图 7-11 详细新闻页面

该页面的编写程序部分如下：

```
<table width="530"  border="0" align="center" cellpadding="0" cellspacing="1">
<?php
      $id=$_GET[id];
$sql=mysql_query("select * from tb_gonggao where id='".$id."'",$conn);
$info=mysql_fetch_array($sql);
      include("function.php");
   ?>
<tr>
<td width="24" height="25" bgcolor="#FFFFFF"><div align="center"></div></td>
<td width="315" bgcolor="#FFFFFF"><div align="center">公告主题：<?php echo unhtml($info[title]);?></div></td>
<td width="66" bgcolor="#FFFFFF"><div align="center">发布时间：</div></td>
<td width="120" bgcolor="#FFFFFF"><div align="left"><?php echo $info[time];?></div></td>
</tr>
<tr>
<td height="125" bgcolor="#FFFFFF"><div align="center"></div></td>
<td height="125" colspan="3" bgcolor="#FFFFFF"><div align="left"><?php echo unhtml($info[content]);?></div></td>
  </tr>
</table>
```

通过上述两个页面的设计，品牌新闻系统的前台部分即开发完成。

7.3 产品的定购功能

购物车系统主要由网上产品定购与后台结算这两个功能组成，实例中与购物车相关的页面主要有产品介绍页面（只有一个“购买”的功能按钮，主要包括 index.php、用于显示产品详细信息的页面 lookinfo.php）、“最新婚纱”频道页面 shownewpr.php、“推荐品牌”频道页面 showtuijian.php、“热门品牌”频道页面 showhot.php、“婚纱分类”频道页面 showfenlei.php 及产品搜索结果页面 serchorder.php，下面分别介绍除了首页以外的页面实现的功能。

7.3.1 产品介绍页面

产品介绍页面 lookinfo.php 是用来显示商品细节的页面。细节页面要能显示出商品所有的详细信息，包括商品价格、商品产地、商品单位及商品图片等，同时要显示是否还有产品、放入购物车等功能，实例还加入了商品评价功能。

1）由所需要建立的功能出发，可以建立图 7-12 所示的动态页面。在页面中，PHP 代码图标代表此处加入了动态命令以实现该功能。

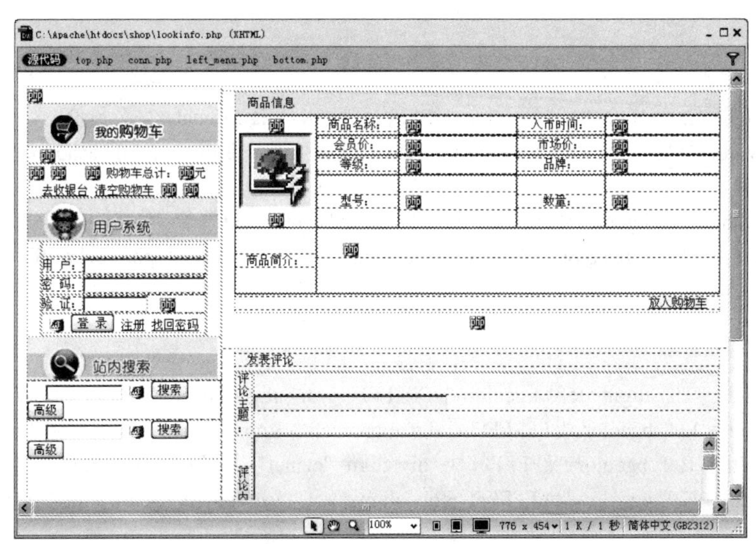

图 7-12　产品介绍页面

2）该模块的程序分析如下，其中购物车的订购代码进行了加粗说明：

```
<?php
$sql=mysql_query("select * from tb_shangpin where id=".$_GET[id]."",$conn);
$info=mysql_fetch_object($sql);
?>
<tr>
<td width="89" height="80" rowspan="4" align="center" valign="middle" bgcolor="#FFFFFF"><div
```

```
align="center">
                    <?php
        if($info->tupian==""){
      echo "暂无图片";
    }
    else
    {
      ?>
     <a href="<?php echo $info->tupian;?>" target="_blank"><img src="<?php echo $info->tupian;?>" alt="查看大图" width="80" height="80" border="0"></a>
    <?php
        }
      ?>
    </div></td>
      <td width="92" height="20" align="left" bgcolor="#FFFFFF"><div align="center">商品名称：</div></td>
      <td width="134" bgcolor="#FFFFFF"><div align="left"> <?php echo $info->mingcheng;?></div></td>
      <td width="100" bgcolor="#FFFFFF"><div align="center">入市时间：</div></td>
      <td width="129" bgcolor="#FFFFFF"><div align="left"> <?php echo $info->addtime;?></div></td>
      </tr>
      <tr>
      <td height="20" align="left" bgcolor="#FFFFFF"><div align="center">会员价：</div></td>
      <td width="134" bgcolor="#FFFFFF"><div align="left"> <?php echo $info->huiyuanjia;?></div></td>
      <td width="100" bgcolor="#FFFFFF"><div align="center">市场价：</div></td>
      <td width="129" bgcolor="#FFFFFF"><div align="left"> <?php echo $info->shichangjia;?></div></td>
      </tr>
      <tr>
      <td height="20" align="left" bgcolor="#FFFFFF"><div align="center">等级：</div></td>
      <td width="134" bgcolor="#FFFFFF"><div align="left"> <?php echo $info->dengji;?></div></td>
      <td width="100" bgcolor="#FFFFFF"><div align="center">品牌：</div></td>
      <td width="129" bgcolor="#FFFFFF"><div align="left"> <?php echo $info->pinpai;?></div></td>
      </tr>
      <tr>
      <td height="20" align="left" bgcolor="#FFFFFF"><div align="center">型号：</div></td>
      <td width="134" bgcolor="#FFFFFF"><div align="left"> <?php echo $info->xinghao;?></div></td>
      <td width="100" bgcolor="#FFFFFF"><div align="center">数量：</div></td>
      <td width="129" bgcolor="#FFFFFF"><div align="left"> <?php echo $info->shuliang;?></div></td>
      </tr>
      <tr>
      <td width="89" height="69" bgcolor="#FFFFFF"><div align="center">商品简介：</div></td>
```

```
<td height="69" colspan="4" bgcolor="#FFFFFF" valign="top"><div align="left"><br>
    <?php echo $info->jianjie;?></div></td>
</tr>
</table></td>
</tr>
</table>
<table width="530" height="20" border="0" align="center" cellpadding="0" cellspacing="0">
<tr>
<td><div  align="right"><a  href="addgouwuche.php?id=<?php  echo  $info->id;?>">放入购物车
</a>  </div></td>
//单击“放入购物车”传递产品的 id 号并到 addgouwuche.php 去结算
</tr>
</table>
<?php
if($_SESSION[username]!="")
  {
?>
<form  name="form1"  method="post"  action="savepj.php?id=<?php  echo  $info->id;?>"  onSubmit=
"return chkinput(this)">
<table width="530" border="0" align="center" cellpadding="0" cellspacing="0">
  <tr>
<td height="25" bgcolor="#EEEEEE"><div align="center" style="color: #FFFFFF">
<div align="left">  <span style="color: #000000">发表评论</span></div>
  </div></td>
  </tr>
   <tr>
   <td height="150" bgcolor="#999999"><table width="530" border="0" align="center" cellpadding="0"
cellspacing="1">
 <script language="javascript">
    function chkinput(form)
 {
    if(form.title.value=="")
    {
     alert("请输入评论主题!");
 form.title.select();
return(false);
   }
   if(form.content.value=="")
   {
     alert("请输入评论内容!");
form.content.select();
return(false);
   }
   return(true);
}
  </script>
```

```
<tr>
<td width="80" height="25" bgcolor="#FFFFFF"><div align="center">评论主题：</div></td>
<td width="467" bgcolor="#FFFFFF"><div align="left">
<input type="text" name="title" size="30" class="inputcss" style="background-color:#e8f4ff " onMouse
Over="this.style.backgroundColor='#ffffff'" onMouseOut="this.style.backgroundColor='#e8f4ff'">
</div></td>
</tr>
<tr>
<td height="125" bgcolor="#FFFFFF"><div align="center">评论内容：</div></td>
<td height="125" bgcolor="#FFFFFF"><div align="left">
<textarea name="content" cols="70" rows="10" class="inputcss" style="background-color:#e8f4ff "
onMouseOver="this.style.backgroundColor='#ffffff'"
onMouseOut="this.style.backgroundColor='#e8f4ff'"></textarea>
</div></td>
</tr>
</table></td>
  </tr>
</table>
  <table width="530" height="25" border="0" align="center" cellpadding="0" cellspacing="0">
    <tr>
<td><div align="center">
<input name="submit2" type="submit" class="buttoncss" value="发表">
   <a href="showpl.php?id=<?php echo $_GET[id];?>">查看该商品评论</a>
</div></td>
</tr>
</table>
</form>
<?php
}
?>
```

3）在上面的代码中，产品的展示只是数据的查询并显示的功能，核心在于“发表评论”，在单击“发表”按钮时是传递到 savepj.php 页面进行保存评价的，其页面的代码如下：

```
<?php
include("conn/conn.php");
$title=$_POST[title];
$content=$_POST[content];
$spid=$_GET[id];
$time=date("Y-m-j");
session_start();
$sql=mysql_query("select * from tb_user where name='".$_SESSION[username]. "'",$conn);
$info=mysql_fetch_array($sql);
$userid=$info[id];
mysql_query("insert into tb_pingjia (userid,spid,title,content,time) values ('$userid', '$spid','$title',
'$content','$time') ",$conn);
```

```
echo "<script>alert('评论发表成功!');history.back();</script>";
?>
```

7.3.2 “最新婚纱”频道

“最新婚纱”频道页面为单击导航条中的“最新婚纱”链接到的页面 shownewpr.php，主要是显示数据库中最新上架的商品。

1）首先完成静态页面的设计，该页面的效果如图 7-13 所示。

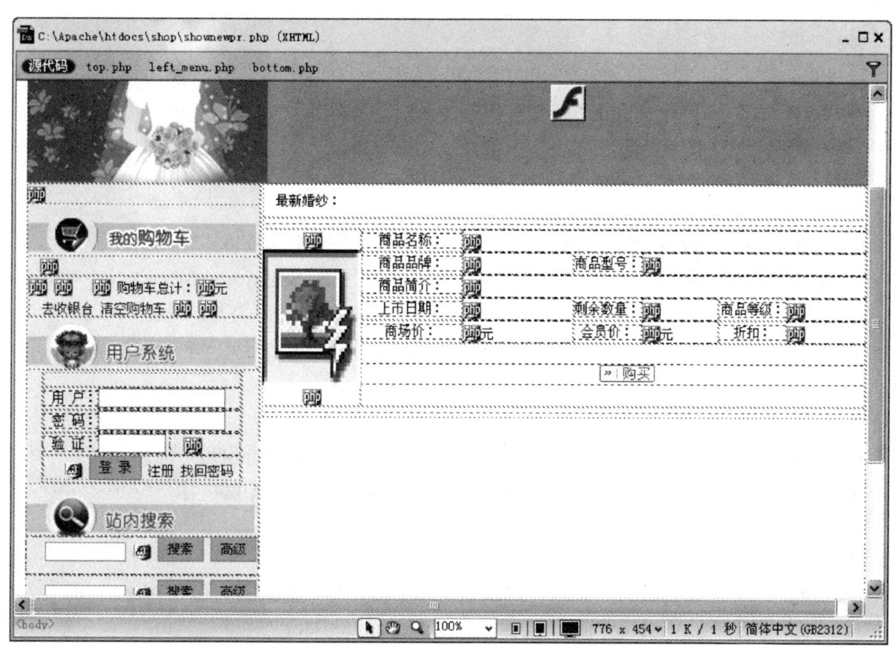

图 7-13 “最新婚纱”频道页面的效果

2）代码主要核心部分如下所示：

```
<table width="550" height="70" border="0" align="center" cellpadding="0" cellspacing="0">
<?php
 $sql=mysql_query("select * from tb_shangpin order by addtime desc limit 0,4",$conn);
//从产品表中调出最新加入的 4 条产品信息
 $info=mysql_fetch_array($sql);
 if($info==false){
 echo "本站暂无最新产品!";
}
 else{
do{
 ?>
<tr>
<td width="89"rowspan="6"><div align="center">
<?php
 if($info[tupian]==""){
```

```
    echo "暂无图片!";
    }
    else{
   ?>
   <a href="lookinfo.php?id=<?php echo $info[id];?>"><img border="0" src="<?php echo $info[tupian];?>"
width="80" height="80"></a>
   <?php
    }
   ?>
   </div></td>
   <td width="93" height="20"><div align="center" style="color: #000000">商品名称：</div></td>
   <td colspan="5"><div align="left"><a href="lookinfo.php?id=<?php echo $info[id];?>"><?php echo
$info[mingcheng];?></a></div></td>
   </tr>
   <tr>
   <td width="93" height="20"><div align="center" style="color: #000000">商品品牌：</div></td>
   <td width="101" height="20"><div align="left"><?php echo $info[pinpai];?></div></td>
   <td width="62"><div align="center" style="color: #000000">商品型号：</div></td>
   <td colspan="3"><div align="left"><?php echo $info[xinghao];?></div></td>
   </tr>
   <tr>
   <td width="93" height="20"><div align="center" style="color: #000000">商品简介：</div></td>
   <td height="20" colspan="5"><div align="left"><?php echo $info[jianjie];?></div></td>
   </tr>
   <tr>
   <td height="20"><div align="center" style="color: #000000">上市日期：</div></td>
   <td height="20"><div align="left"><?php echo $info[addtime];?></div></td>
   <td height="20"><div align="center" style="color: #000000">剩余数量：</div></td>
   <td width="69" height="20"><div align="left"><?php echo $info[shuliang];?></div></td>
   <td width="63"><div align="center" style="color: #000000">商品等级：</div></td>
   <td width="73"><div align="left"><?php echo $info[dengji];?></div></td>
   </tr>
   <tr>
   <td height="20"><div align="center" style="color: #000000">商场价：</div></td>
   <td height="20"><div align="left"><?php echo $info[shichangjia];?>元</div></td>
   <td height="20"><div align="center" style="color: #000000">会员价：</div></td>
   <td height="20"><div align="left"><?php echo $info[huiyuanjia];?>元</div></td>
   <td height="20"><div align="center" style="color: #000000">折扣：</div></td>
   <td height="20"><div align="left"><?php echo (@ceil(($info[huiyuanjia]/$info [shichangjia])*100)).
"%";?></div></td>
   </tr>
   <tr>
   <td height="20" colspan="6" width="461"><div align="center">    <a
href="addgouwuche.php?id=<?php echo $info[id];?>"><img src="images/b1.gif" width="50" height="15"
border="0" style=" cursor:hand"></a></div></td>
   </tr>
```

```
<tr>
<td height="10" colspan="7" background="images/line1.gif"></td>
</tr>
<?php
}while($info=mysql_fetch_array($sql));
 }
?>
</table>
```

7.3.3 “推荐品牌”频道

“推荐品牌”频道页面为单击导航条中的“推荐品牌”链接到的页面 showtuijian.php，主要是显示数据库中推荐的商品。

1）首先完成静态页面的设计，该页面的效果如图 7-14 所示。

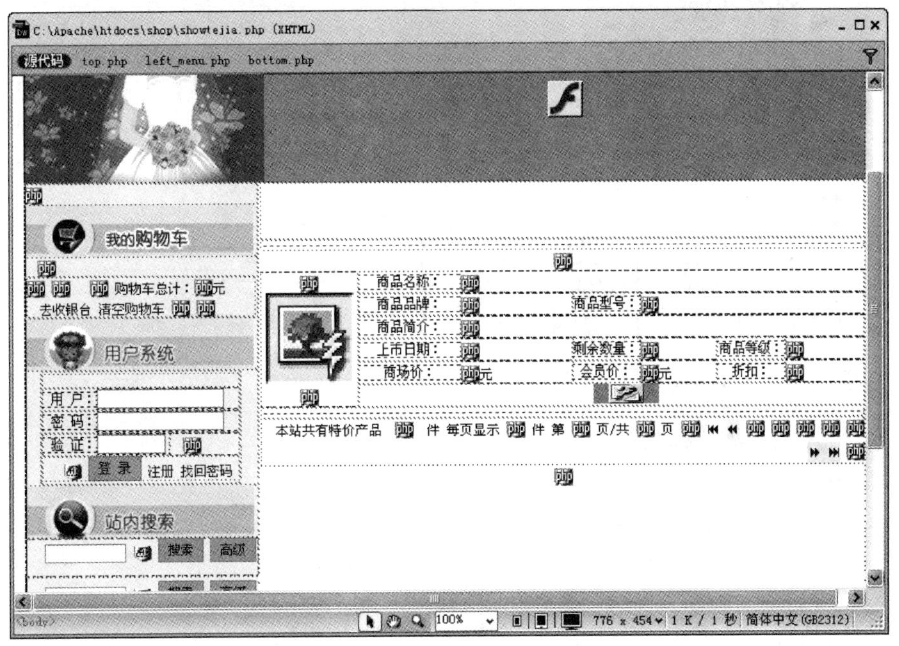

图 7-14 “推荐品牌”频道页面

2）“推荐品牌”频道页面的功能和“最新婚纱”频道页面基本上是一样的，不同的地方在于推荐时从数据库查询的代码不一样，主要核心不同部分如下：

```
<?php
        $sql=mysql_query("select count(*) as total from tb_shangpin where tuijian=1 ",$conn);
//从 tb_shangpin 数据表中查询出 tuijian=1 的商品
        $info=mysql_fetch_array($sql);
        $total=$info[total];
        if($total==0)
        {
          echo "本站暂无推荐产品!";
```

```
        }
        else
        {

    ?>
```

7.3.4 “热门品牌”频道

“热门品牌”频道页面为单击导航条中的“热门品牌”链接到的页面 showhot.php，主要是显示数据库中热门的商品。

1）首先完成静态页面的设计，该页面的效果如图 7-15 所示。

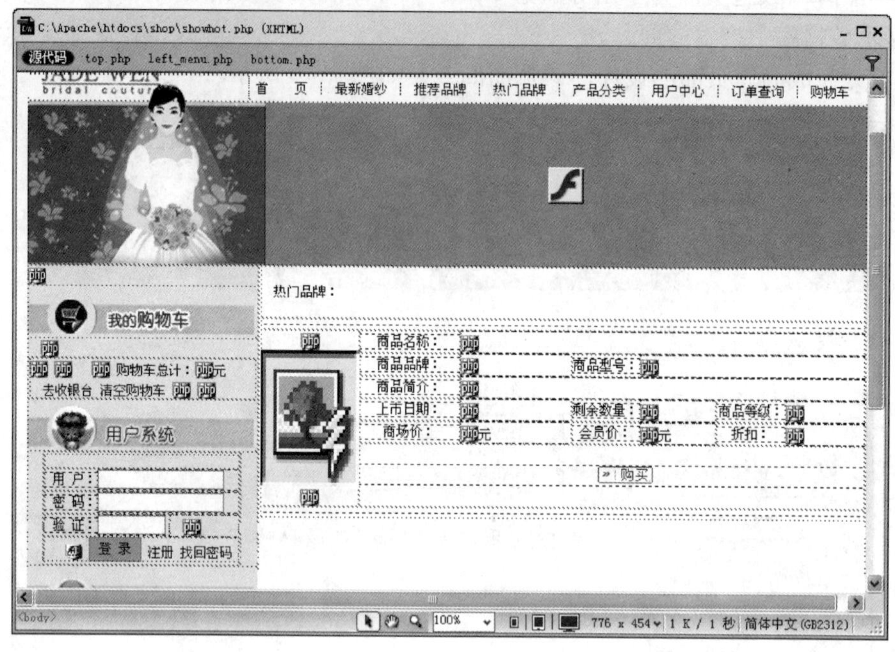

图 7-15 “热门品牌”频道页面

2）“热门品牌”频道页面的功能主要核心不同部分如下：

```
<?php
        $sql=mysql_query("select * from tb_shangpin order by cishu desc limit 0,10",$conn);
//从 tb_shangpin 数据表中查询出 10 条的热门品牌
        $info=mysql_fetch_array($sql);
        if($info==false)
         {
          echo "本站暂无热门产品!";
         }
        else
        {
           do
              {
    ?>
```

7.3.5 “婚纱分类”频道

“婚纱分类”频道页面为单击导航条中的“热门品牌”链接到的页面 showfenlei.php，按商品的分类显示不同的商品。

1）首先完成静态页面的设计，该页面的效果如图 7-16 所示。

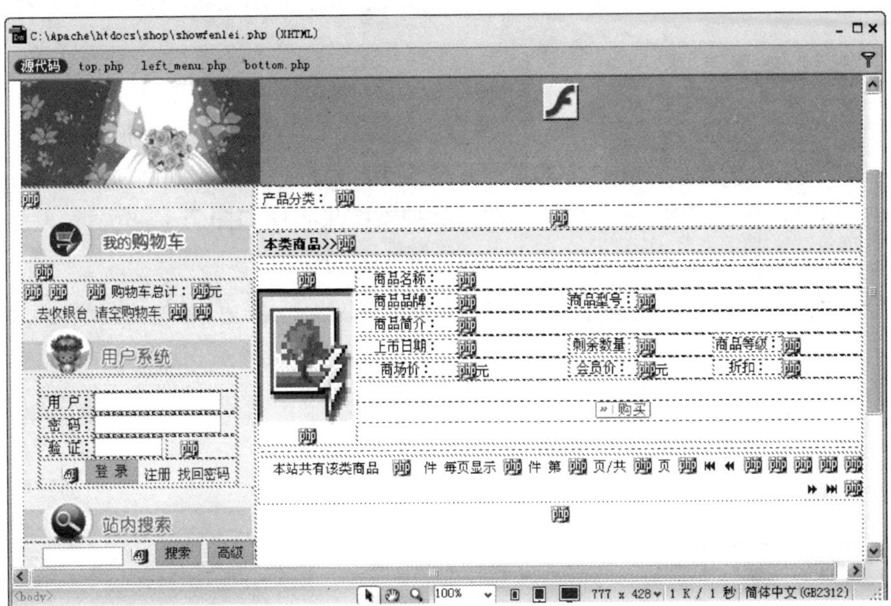

图 7-16 “婚纱分类”频道页面

2）“婚纱分类”频道页面的功能主要核心不同部分如下：

```
<?php
        if($_GET[id]=="")
        {
          $sql=mysql_query("select * from tb_type order by id desc limit 0,1",$conn);
//从 tb_type 数据表中查询出所有的商品分类
           $info=mysql_fetch_array($sql);
           $id=$info[id];
        }
        else
        {
          $id=$_GET[id];
        }
        $sql1=mysql_query("select * from tb_type where id=".$id."",$conn);
        $info1=mysql_fetch_array($sql1);

        $sql=mysql_query("select count(*) as total from tb_shangpin where typeid='".$id."' order by
addtime desc ",$conn);
        $info=mysql_fetch_array($sql);
        $total=$info[total];
```

```
if($total==0)
{
   echo "<div align='center'>本站暂无该类产品!</div>";
}
else
{
?>
```

7.3.6 产品搜索结果

一般的大型网站都存在搜索功能，在首页中要设置产品搜索功能。通过输入要搜索的产品名，单击“搜索”按钮后，要打开的页面就是这个产品的搜索结果页面 serchorder.php。

1）由上面的功能分析出发，设计好的商品搜索结果页面如图 7-17 所示。

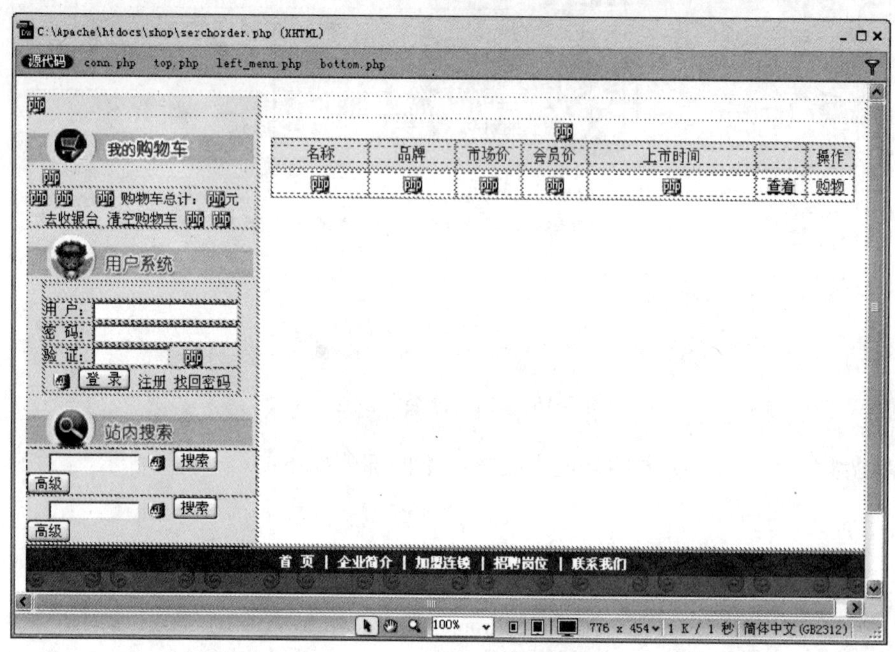

图 7-17 产品搜索结果页面

2）相关的程序代码如下：

```
<?php
 $jdcz=$_POST[jdcz];
 $name=$_POST[name];
 $mh=$_POST[mh];
 $dx=$_POST[dx];
 if($dx=="1"){
 $dx=">";
}
elseif($dx=="-1"){
$dx="<";
 }
```

```
else{
$dx="=";
 }
 $jg=intval($_POST[jg]);
 $lb=$_POST[lb];
if($jdcz!=""){
 $sql=mysql_query("select * from tb_shangpin where mingcheng like '%".$name."%' order by addtime desc",$conn);//按分类名称查询 tb_shangpin 数据表
}
else
{
 if($mh=="1"){
$sql=mysql_query("select * from tb_shangpin where huiyuanjia $dx".$jg." and typeid='".$lb."' and mingcheng like '%".$name."%'",$conn);
}
//按会员价查询 tb_shangpin 数据表
else{
$sql=mysql_query("select * from tb_shangpin where huiyuanjia $dx".$jg." and typeid='".$lb."' and mingcheng = '".$name."'",$conn);
}
}
 $info=mysql_fetch_array($sql);
 if($info==false){
 echo "<script language='javascript'>alert('本站暂无类似产品!');history.go(-1);</script>";
}
 else{
?>
<table width="530" border="0" align="center" cellpadding="0" cellspacing="1" bgcolor="#CCCCCC">
<tr bgcolor="#F0F0F0">
<td width="92" height="25"><div align="center" style="color: #990000">名称</div></td>
<td width="83"><div align="center" style="color: #990000">品牌</div></td>
<td width="62"><div align="center" style="color: #990000">市场价</div></td>
<td width="62"><div align="center" style="color: #990000">会员价</div></td>
<td width="161"><div align="center" style="color: #990000">上市时间</div></td>
<td width="48"><div align="center" style="color: #FFFFFF"><span class="style1"> </span> </div></td>
<td width="42"><div align="center" style="color: #990000">操作</div></td>
</tr>
<?php
 do{
?>
<tr bgcolor="#FFFFFF">
<td height="25"><div align="center"><?php echo $info[mingcheng];?></div></td>
<td height="25"><div align="center"><?php echo $info[pinpai];?></div></td>
<td height="25"><div align="center"><?php echo $info[shichangjia];?></div></td>
<td height="25"><div align="center"><?php echo $info[huiyuanjia];?></div></td>
```

```
<td height="25"><div align="center"><?php echo $info[addtime];?></div></td>
<td height="25"><div align="center"><a href="lookinfo.php?id=<?php echo $info[id];?>">查看
</a></div></td>
<td height="25"><div align="center"><a href="addgouwuche.php?id=<?php echo $info[id];?>">购物
</a></div></td>
</tr>
<?php
}while($info=mysql_fetch_array($sql));
}
?>
</table></td>
</tr>
</table>
```

到这里，就完成了商品相关动态页面的设计，可以实现网站产品的前台展示和订购功能。

7.4 网站的购物车功能

网站的核心技术，就在于产品的展示与网上订购、结算功能，在网站建设中这块的知识统称为“购物车系统”。购物车最实用的就是进行产品结算，通过这个功能，用户在选择了自己喜欢的产品后，可以通过网站确认所需要的产品，输入联系方式，提交后写入数据库，方便网站管理者进行售后服务，这也就是购物车的主要功能。

7.4.1 放入购物车

addgouwuche.php 页面在前面的代码中经常应用到，就是单击“购买”图标按钮后，需要调用的页面，主要用来实现统计订单数量的功能。该页面完全是 PHP 代码，如图 7-18 所示。

代码如下：

```
<?php
session_start();
include("conn/conn.php");
if($_SESSION[username]==""){
  echo "<script>alert('请先登录后购物!');history.back();</script>";
  exit;
 }
//判断是否已经登录
$id=strval($_GET[id]);
$sql=mysql_query("select * from tb_shangpin where id='".$id."'",$conn);
$info=mysql_fetch_array($sql);
if($info[shuliang]<=0){
   echo "<script>alert('该商品已经售完!');history.back();</script>";
   exit;
```

```
}
//判断是否还有产品
  $array=explode("@",$_SESSION[producelist]);
  for($i=0;$i<count($array)-1;$i++){
  if($array[$i]==$id){
      echo "<script>alert('该商品已经在您的购物车中!');history.back();</script>";
//判断是否重复购买
              exit;
         }
      }
  $_SESSION[producelist]=$_SESSION[producelist].$id."@";
  $_SESSION[quatity]=$_SESSION[quatity]."1@";
  header("location:gouwuche.php");
//实现统计累加的功能并进行转向
?>
```

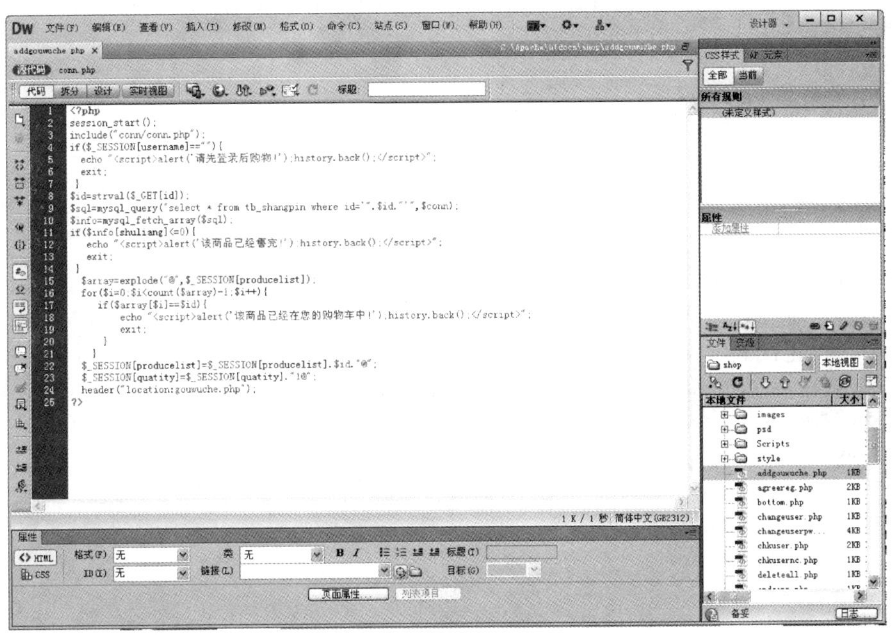

图 7-18　addgouwuche.php 页面的设计

说明：

session 在 PHP 编程技术中是非常重要的函数。由于网页是一种无状态的链接程序，因此无法得知用户的浏览状态，必须通过 session 变量记录用户的有关信息，以供用户再次以此身份对服务器提供要求时作确认。

7.4.2　清空购物车

在购物车订购过程中通过单击“删除”和“清空购物车”文字链接，能够调用 removegwc.php 页面（图 7-19），通过里面的命令清空购物车中的数据统计。

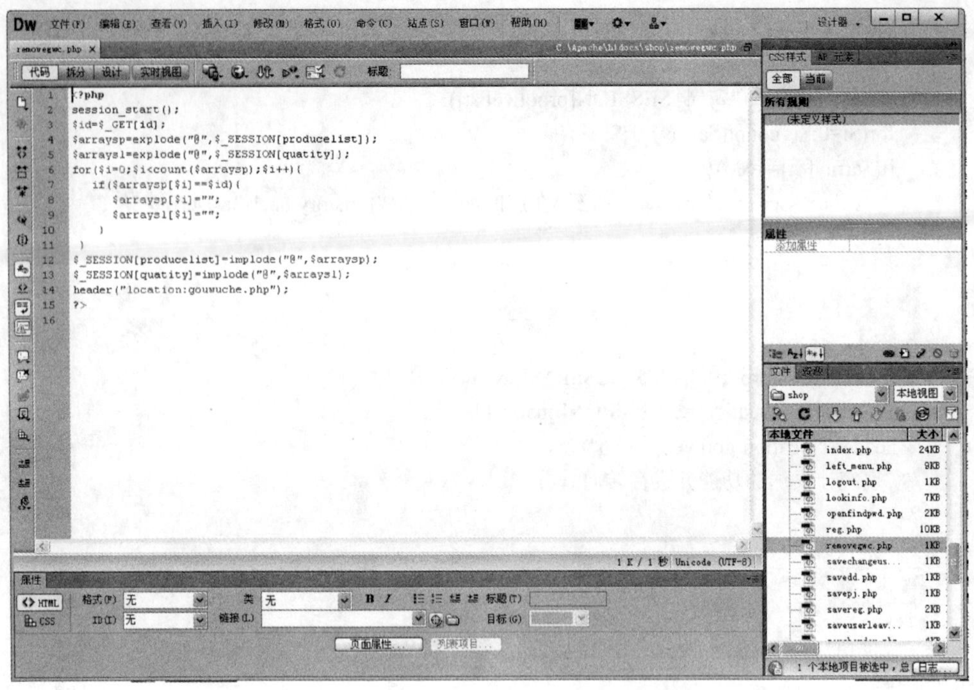

图 7-19　removegwc.php 页面

清除订单的代码如下：

```
<?php
session_start();
$id=$_GET[id];
$arraysp=explode("@",$_SESSION[producelist]);
$arraysl=explode("@",$_SESSION[quatity]);
for($i=0;$i<count($arraysp);$i++){
        if($arraysp[$i]==$id){
        $arraysp[$i]="";
        $arraysl[$i]="";
    }
 }
$_SESSION[producelist]=implode("@",$arraysp);
$_SESSION[quatity]=implode("@",$arraysl);
header("location:gouwuche.php");
?>
```

通过上面的命令可以清空购物车里的订单，并返回 gouwuche.php 页面重新进行订购。

7.4.3　收货人信息

用户登录后选择商品放入购物车，单击首页上的“去收银台”文字链接，则打开订单用户信息确认页面 gouwusuan.php，在该页面中需要设置收货人的详细信息，如图 7-20 所示。

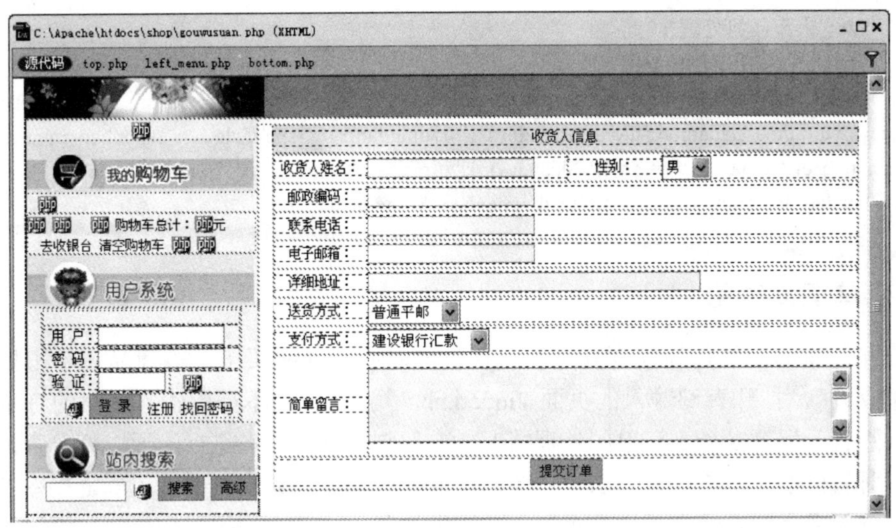

图 7-20　收货人信息页面

7.4.4　生成订单功能

单击“提交订单”按钮后，则调用 savedd.php 页面，该页面的功能是把订单写入数据库后返回 gouwusuan.php 页面，具体代码如下：

```
<?php
session_start();
include("conn/conn.php");
$sql=mysql_query("select * from tb_user where name='".$_SESSION[username]."'",$conn);
$info=mysql_fetch_array($sql);
$dingdanhao=date("YmjHis").$info[id];
$spc=$_SESSION[producelist];
$slc= $_SESSION[quatity];
$shouhuoren=$_POST[name2];
$sex=$_POST[sex];
$dizhi=$_POST[dz];
$youbian=$_POST[yb];
$tel=$_POST[tel];
$email=$_POST[email];
$shff=$_POST[shff];
$zfff=$_POST[zfff];
if(trim($_POST[ly])==""){
    $leaveword="";
 }
 else{
    $leaveword=$_POST[ly];
 }
 $xiadanren=$_SESSION[username];
 $time=date("Y-m-j H:i:s");
```

```
$zt="未作任何处理";
$total=$_SESSION[total];
mysql_query("insert into tb_dingdan(dingdanhao,spc,slc,shouhuoren,sex,dizhi, youbian,tel,email,shff,
zfff,leaveword,time,xiadanren,zt,total) values ('$dingdanhao','$spc','$slc', '$shouhuoren','$sex','$dizhi',
'$youbian','$tel','$email','$shff','$zfff','$leaveword','$time','$xiadanren','$zt','$total')",$conn);
header("location:gouwusuan.php?dingdanhao=$dingdanhao");
?>
```

7.4.5 订单查询功能

用户在购物的时候，还需要知道自己在近段时间一共购买了多少商品。单击导航条上的“订单查询”，打开查询输入的页面 finddd.php，在查询文本域中输入客户的订单编号或下订单人姓名，都可以查到订单的处理情况，方便与网站管理者进行沟通。订单查询功能和首页上的商品搜索功能的设计方法是一样的，需要在输入的查询页面设置好链接库的链接，设置查询输入文本域，建立查询命令，具体的设计分析同前面的搜索功能模块设计，完成后的效果如图 7-21 所示。

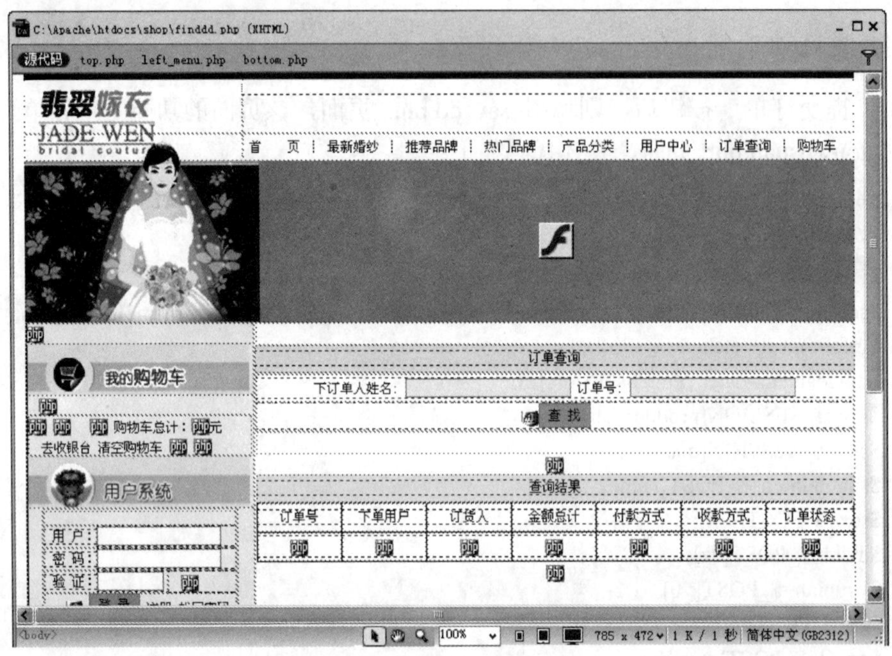

图 7-21 订单查询页面

整个购物系统网站前台的动态功能的核心部分都已经介绍到，其他还有些小功能页面这里就不做具体的介绍。用户在使用时可以根据自己的需求对网站进行一定的完善和更改，以达到自己的使用要求。

第 8 章　电子商城后台功能开发

翡翠电子商城前台主要实现了网站针对会员的所有功能，包括会员注册、购物车以及留言功能的功能开发。但一个完善的网上购物系统并不只提供给用户一些使用功能，还要给网站所有者提供一个功能齐全的后台管理功能。网站所有者登录后台管理即可进行新闻公告的发布、会员注册信息的管理、回复留言、商品维护以及进行订单的处理等。本章主要介绍翡翠电子商城后台的一些功能开发。

本章重点介绍如下知识：

- 电子商城系统后台规划
- 后台商品管理功能
- 后台用户管理功能
- 后台订单管理功能
- 后台信息管理功能

8.1 电子商城系统后台规划

电子商城的后台管理系统是整个网站建设的难点，它包括了几乎所有的常用 PHP 处理技术，相当于一个独立运行的系统程序。实例的后台主要要实现“商品管理”“用户管理”“订单管理”以及“信息管理”4 大功能模块，在进行具体的功能开发之前，首先要进行一个后台的需求整体规划，这和网站前台的制作方法是一样的。

8.1.1 规划后台页面

本实例将所有制作的后台管理页面放置在 admin 文件夹下面，和单独设计一个网站一样需要建立一些常用的文件夹，如用于链接数据库的文件夹 conn，用于放置网页样式表的文件夹 css，用于放置图片的文件夹 images 以及用于放置上传的产品图片的文件夹 upimages，设计完成的整体文件夹及文件如图 8-1 所示。

该网站后台总共由 42 个页面组成，从开发的难易程度上说并不比前台的开发简单。对需要设计的页面功能分析如下：

addgonggao.php：增加新闻公告的页面
addgoods.php：增加商品信息的页面
addleibie.php：增加商品类别的页面
admingonggao.php：增加商品公告的页面
changeadmin.php：管理员信息变改页面

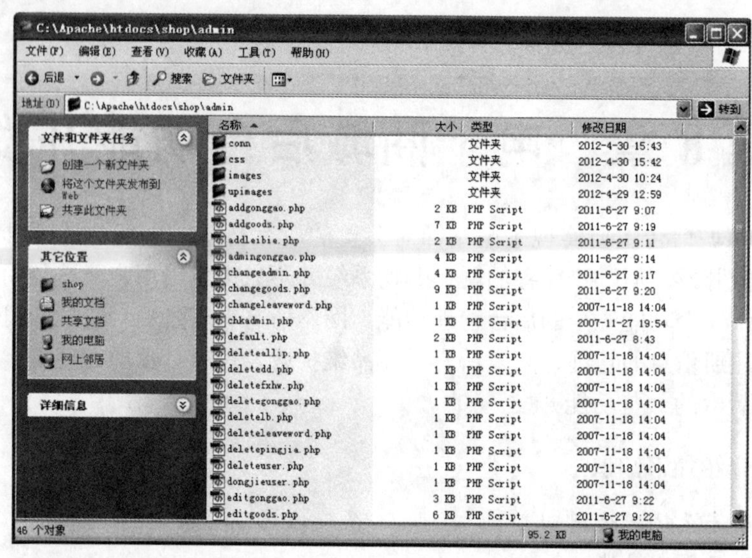

图 8-1　网站后台文件结构

changegoods.php：商品信息变更页面
changeleaveword.php：会员留言变更页面
chkadmin.php：管理员登录验证页面
conn/conn.php：数据库链接文件页面
default.php：后台登录后的首页
deleted.php：删除订单的页面
deletefxhw.php：删除商品信息页面
deletegonggao.php：删除公告信息页面
deletelb.php：删除商品大类页面
deleteleaveword.php：删除用户留言页面
deletepingjia.php：删除商品评论页面
deleteuser.php：删除用户信息页面
dongjieuser.php：冻结用户处理页面
editgonggao.php：编辑公告内容页面
editgoods.php：编辑商品信息页面
editleaveword.php：编辑用户留言页面
editpinglun.php：编辑用户评论页面
edituser.php：编辑用户信息页面
finddd.php：订单查询页面
function.php：调用的常用函数
index.php：后台用户登录
left.php：展开式树状导航条
lookdd.php：查看订单页面
lookleaveword.php：查看用户留言页面

lookpinglun.php：查看用户评论页面
lookuserinfo.php：查看用户信息页面
orddd.php：执行订单页面
saveaddleibie.php：保存新增商品大类页面
savechangeadmin.php：保存用户信息变更页面
savechangegoods.php：保存经修改商品信息
saveeditgonggao.php：保存经修改公告内容
savenewgonggao.php：保存新增公告信息
savenewgoods.php：保存新增商品信息
saveorder.php：保存执行订单页面
showdd.php：打印订单的功能页面
showleibie.php：商品大类显示页面
top.php：后台管理的顶部文件

8.1.2　登录后台管理

后台的功能开发和网站前台的功能开发并不一样，前台除了功能的需求之外，还讲究网页的布局即网站的美工设计，而后台的开发主要重视功能的需求开发，网页美工可以放到其次。本小节介绍一下网站后台从登录到可实现的管理具体有哪些流程，以方便读者更容易地了解后面小节所介绍的内容。

1）网站拥有者需要登录后台进行网上购物系统的管理，由于涉及很多商业机密，所以需要设计登录用户确认页面，通过输入惟一的用户名和密码来登录后台进行管理。本实例中的网上购物系统为了方便使用，只需要在用户系统首页中直接输入用户名“admin”和密码“admin”即可，登录的地址为 http://127.0.0.1/shop/admin/login.php，如图 8-2 所示。

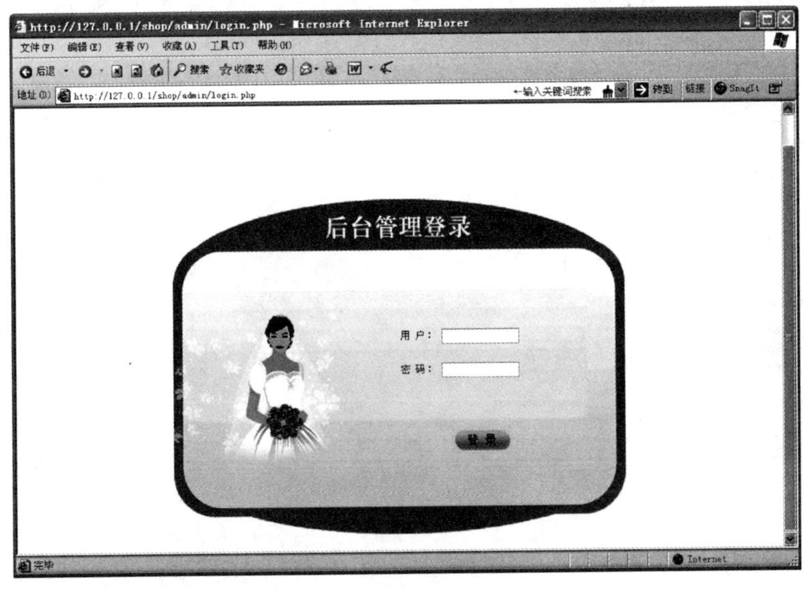

图 8-2　后台管理登录页面

2）单击“登录”按钮即可登录后台的首页，并进行全方位的管理，如图 8-3 所示。

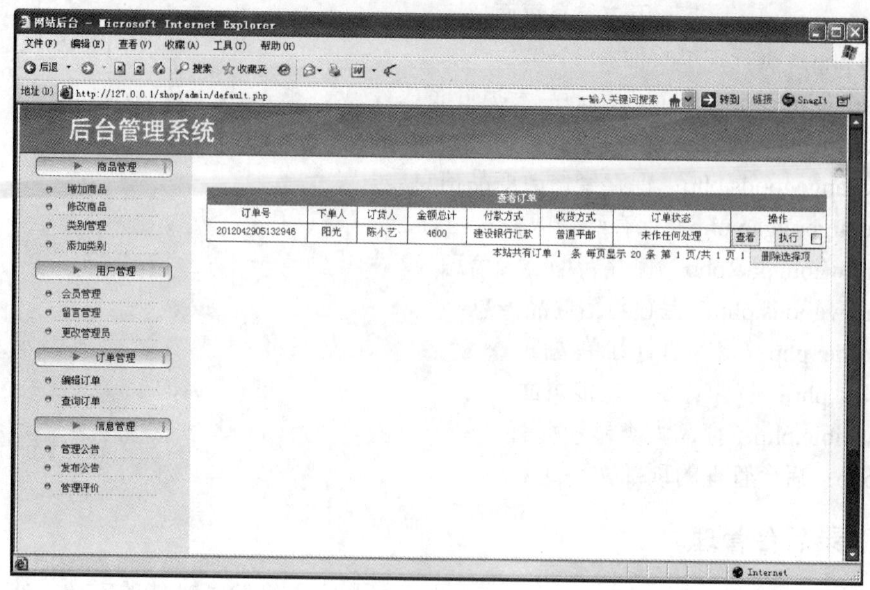

图 8-3 后台管理主界面

3）单击左边树状的管理菜单中的“商品管理”，可以展开“增加商品”“修改商品”“类别管理”“添加类别”这 4 个功能菜单项，通过这 4 个功能主要可以实现商品的添加、修改管理，图 8-4 所示的是增加商品页面。

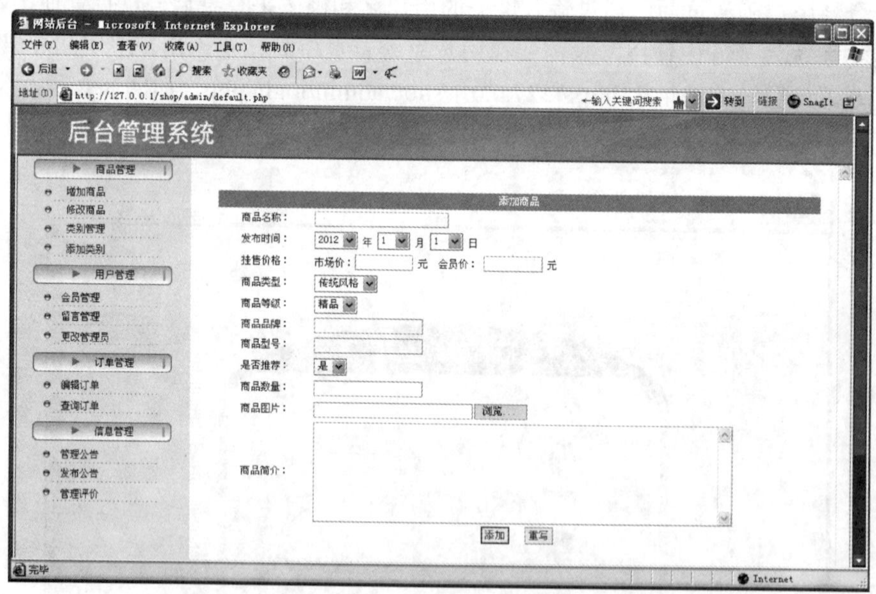

图 8-4 增加商品页面

4）如果想实现对用户的管理，可以单击“用户管理”菜单展开项，里面包括“会员管理”“留言管理”以及“更改管理员”3 个菜单项。在这 3 个功能中，后台管理者不但可以实现对注册会员的删除，还可以实现对相应留言的删除管理，对于后台登录的 admin 身份也可以进行变更，图 8-5 所示的是后台管理者变更页面。

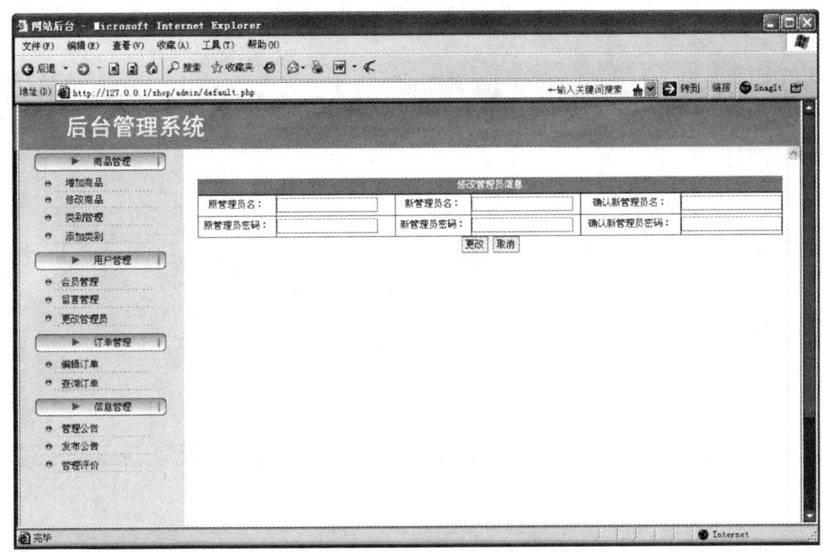

图 8-5　后台管理者变更页面

5）订单管理是购物系统后台管理的核心部分，单击“订单管理”展开菜单，可以看到“编辑订单”和“查询订单”两个功能项。其中，编辑订单就是实现前台会员下订单后与管理者的一个交互，即管理者需要及时处理订单并进行发货，才可以实现购物交易的环节，编辑订单的页面如图 8-6 所示。

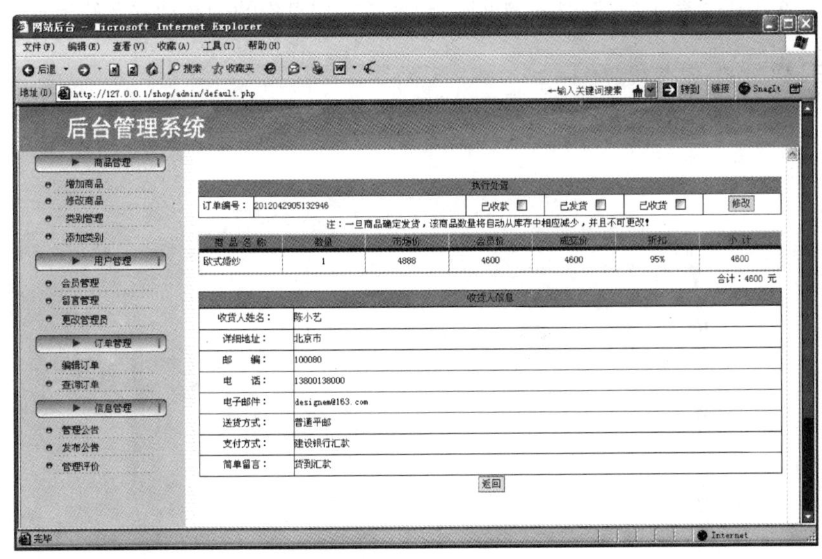

图 8-6　编辑订单页面

6）单击“信息管理”展开菜单，可以看到“管理公告”“发布公告”以及“管理评价”3 个功能项，通过这 3 个功能能够实现整个网站的即时新闻发布、公告修改以及商品评论的编辑修改功能，图 8-7 所示的是管理公告页面。

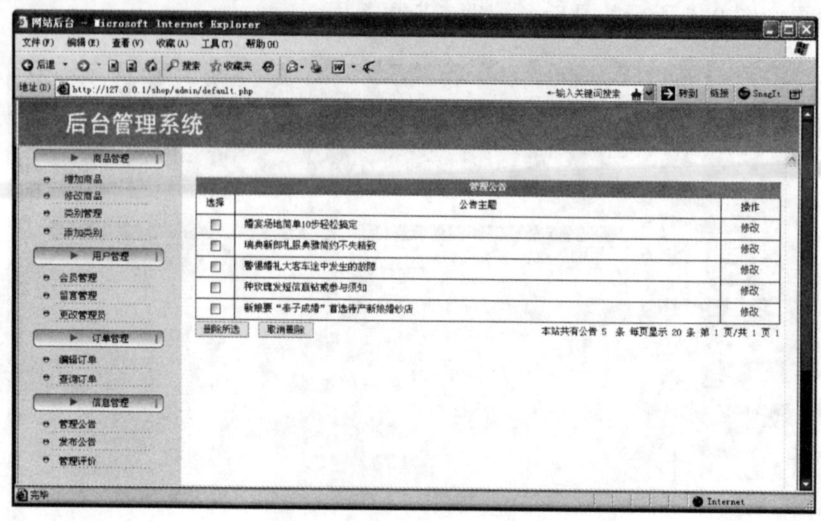

图 8-7　管理公告页面

从上述的后台管理者所登录的各功能的管理页面来看，本实例的后台管理功能非常流畅，能够为后台管理提供非常便利的网站管理后台，这也是需要网站设计者与管理者沟通到位，问清需求后才可以做到的。

8.1.3　后台管理设计

一般后台管理者在进行后台管理时都是需要进行身份验证的，实例用于登录的页面如图 8-8 所示，在单击“登录”按钮后，判断后台登录管理身份的确认动态文件为 chkadmin.php。

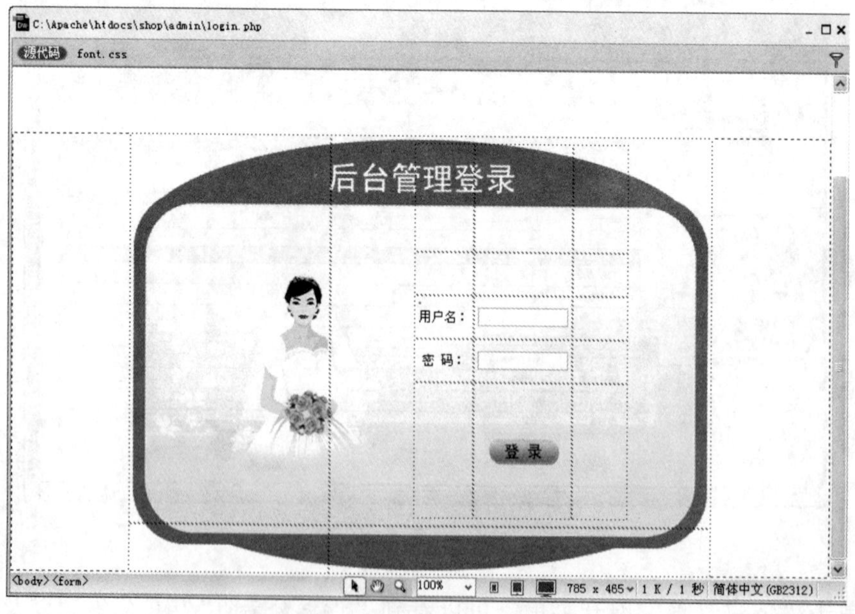

图 8-8　后台管理登录静态效果

1）该页面制作也比较简单，主要的功能代码如下：

```
<script language="javascript">
  function chkinput(form){
    if(form.name.value==""){
  alert("请输入用户名!");
  form.name.select();
  return(false);
}
if(form.pwd.value==""){
  alert("请输入用户密码!");
  form.pwd.select();
  return(false);
}
return(true);
  }
//单击登录按钮进行表单的验证
</script>
<form name="form1" method="post" action="chkadmin.php" onSubmit="return chkinput(this)">
//通过验证后转到 chkadmin.php 进行判断
```

2）chkadmin.php 是判断管理者身份是否正确的页面，使用 PHP 编写的程序如下：

```
<?php
 class chkinput{
    var $name;
    var $pwd;
    function chkinput($x,$y)
     {
      $this->name=$x;
      $this->pwd=$y;
     }
    function checkinput()
    {
      include("conn/conn.php");
$sql=mysql_query("select * from tb_admin where name='".$this->name."'",$conn);
//从数据表 tb_admin 调出数据
      $info=mysql_fetch_array($sql);
      if($info==false)
        {
          echo "<script language='javascript'>alert('不存在此管理员！ ');history.back();</script>";
          exit;
        }
//如果不存在则显示为“不存在此管理员”
         else
         {
          if($info[pwd]==$this->pwd){
               header("location:default.php");
```

```
                }
    //如果正确则登录 default.php 页面
                else
                {
                    echo "<script language='javascript'>alert('密码输入错误！');history.back();</script>";
                    exit;
                }
            }
        }
    }
        $obj=new chkinput(trim($_POST[name]),md5(trim($_POST[pwd])));
        $obj->checkinput();
    ?>
```

8.1.4 制作树状菜单

后台管理的导航菜单是一个树状的展开式菜单，分为两级菜单，在单击一级菜单时可以实现二级菜单的展开或合并，在 Dreamweaver 中设计的样式如图 8-9 所示。

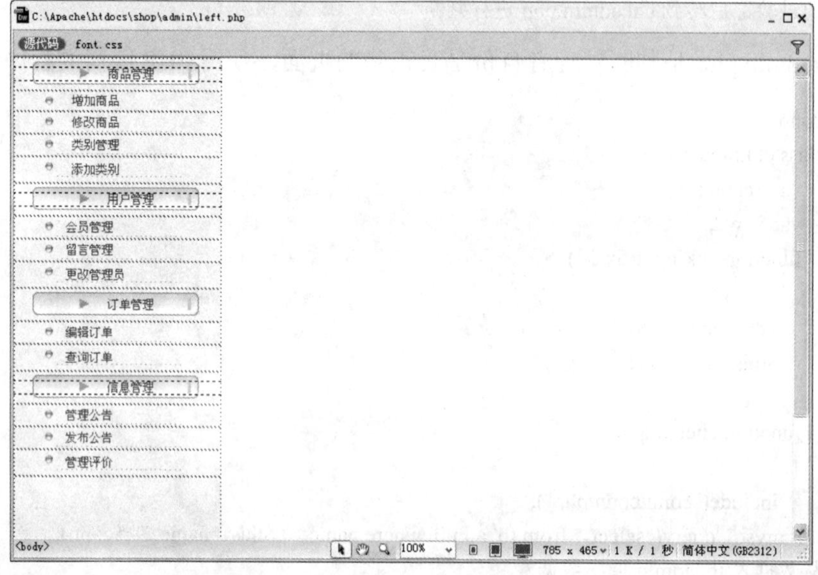

图 8-9　树状导航菜单

动态的展开和合并是使用 JavaScript 实现的，核心的代码如下：

```
<script language="javascript">
  function openspgl(){
    if(document.all.spgl.style.display=="none"){
   document.all.spgl.style.display="";
   document.all.d1.src="images/point3.gif";
  }
  else{
```

```
document.all.spgl.style.display="none";
document.all.d1.src="images/point1.gif";
}
 }
 function openyhgl(){
   if(document.all.yhgl.style.display=="none"){
  document.all.yhgl.style.display="";
  document.all.d2.src="images/point3.gif";
}
else{
 document.all.yhgl.style.display="none";
 document.all.d2.src="images/point1.gif";
}
 }
 function openddgl(){
   if(document.all.ddgl.style.display=="none"){
  document.all.ddgl.style.display="";
  document.all.d3.src="images/point3.gif";
}
else{
 document.all.ddgl.style.display="none";
 document.all.d3.src="images/point1.gif";
}
 }
 function opengggl(){
   if(document.all.gggl.style.display=="none"){
  document.all.gggl.style.display="";
  document.all.d4.src="images/point3.gif";
}
else{
 document.all.gggl.style.display="none";
 document.all.d4.src="images/point1.gif";
}
 }
</script>
```

上述的代码经常被应用于网站的动态菜单设计，读者也可以将其应用于其他的网站，甚至是网站的前台菜单。

8.2 后台商品管理功能

由需求出发，“商品管理”包括了“增加商品”addgoods.php、“修改商品”editgoods.php、“类别管理”showleibie.php 以及“添加类别”addleibie.php4 个功能主页面，本小节就介绍这几个商品管理功能页面程序的实现方法。

8.2.1 新增商品功能

在前台所有展示的产品都是要从后台进行商品发布的，供商品发布的字段要与数据库中保存商品的设计字段一一对应，实例设计的增加商品 addgoods.php 静态页面其效果如图 8-10 所示。

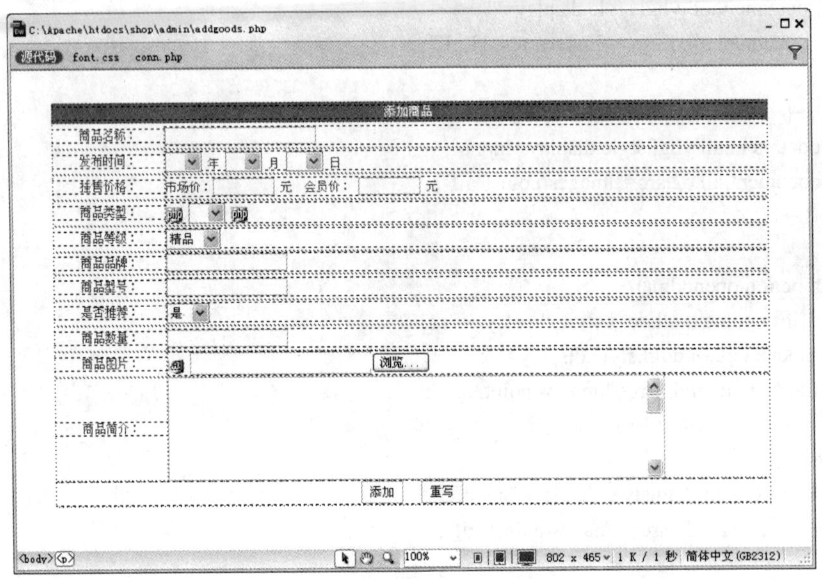

图 8-10 增加商品的页面效果

1）动态的程序核心代码如下：

```
<script language="javascript">
function chkinput(form)
{
  if(form.mingcheng.value=="")
    {
      alert("请输入商品名称!");
  form.mingcheng.select();
  return(false);
    }
  if(form.huiyuanjia.value=="")
    {
      alert("请输入商品会员价!");
  form.huiyuanjia.select();
  return(false);
    }
  if(form.shichangjia.value=="")
    {
      alert("请输入商品市场价!");
  form.shichangjia.select();
  return(false);
```

```
        }
      if(form.dengji.value=="")
        {
          alert("请输入商品等级!");
    form.dengji.select();
    return(false);
        }
        if(form.pinpai.value=="")
        {
          alert("请输入商品品牌!");
    form.pinpai.select();
    return(false);
        }
        if(form.xinghao.value=="")
        {
          alert("请输入商品型号!");
    form.xinghao.select();
    return(false);
        }
        if(form.shuliang.value=="")
        {
          alert("请输入商品数量!");
    form.shuliang.select();
    return(false);
        }
        if(form.jianjie.value=="")
        {
          alert("请输入商品简介!");
    form.jianjie.select();
    return(false);
        }
        return(true);
  }
        </script>
  //进行表单验证
        <form name="form1" enctype="multipart/form-data" method="post" action="savenewgoods.php"
onSubmit="return chkinput(this)">
  //验证后提交 savenewgoods.php 页面进行处理
```

2）savenewgoods.php 是实现将发布的商品信息保存到数据库的文件，代码如下：

```
<?php
include("conn/conn.php");
if(is_numeric($_POST[shichangjia])==false || is_numeric($_POST[huiyuanjia])==false)
  {
    echo "<script>alert('价格只能为数字！');history.back();</script>";
    exit;
```

```
  }
if(is_numeric($_POST[shuliang])==false)
  {
    echo "<script>alert('数量只能为数字！');history.back();</script>";
    exit;
  }
$mingcheng=$_POST[mingcheng];
$nian=$_POST[nian];
$yue=$_POST[yue];
$ri=$_POST[ri];
$shichangjia=$_POST[shichangjia];
$huiyuanjia=$_POST[huiyuanjia];
$typeid=$_POST[typeid];
$dengji=$_POST[dengji];
$xinghao=$_POST[xinghao];
$pinpai=$_POST[pinpai];
$tuijian=$_POST[tuijian];
$shuliang=$_POST[shuliang];
$upfile=$_POST[upfile];
if(ceil(($huiyuanjia/$shichangjia)*100)<=80)
  {
     $tejia=1;
  }
  else
  {
     $tejia=0;
  }
function getname($exname){
    $dir = "upimages/";
//列出产品图片的上传目录
    $i=1;
    if(!is_dir($dir)){
        mkdir($dir,0777);
    }
    while(true){
        if(!is_file($dir.$i.".".$exname)){
            $name=$i.".".$exname;
            break;
        }
    $i++;
  }
    return $dir.$name;
}
$exname=strtolower(substr($_FILES['upfile']['name'],(strrpos($_FILES['upfile']['name'],'.')+1)));
$uploadfile = getname($exname);
move_uploaded_file($_FILES['upfile']['tmp_name'], $uploadfile);
```

```
if(trim($_FILES['upfile']['name']!=""))
 {
  $uploadfile="admin/".$uploadfile;
}
else
 {
  $uploadfile="";
 }
$jianjie=$_POST[jianjie];
$addtime=$nian."-".$yue."-".$ri;
mysql_query("insert into tb_shangpin(mingcheng,jianjie,addtime, dengji,xinghao,tupian,typeid, shichangjia,huiyuanjia,pinpai,tuijian,shuliang,cishu)values('$mingcheng','$jianjie','$addtime','$dengji','$xinghao','$uploadfile','$typeid','$shichangjia','$huiyuanjia','$pinpai','$tuijian','$shuliang','0')",$conn);
echo "<script>alert('商品".$mingcheng."添加成功!');window.location.href='addgoods.php';</script>";
?>
//上传成功转向 addgoods.php 页面
```

上述 PHP 的程序编写，其核心在于产品图片的上传功能。

8.2.2　修改商品功能

在商品发布后，如果发现发布的商品信息有错误，可以通过单击“修改商品”功能来进行商品信息的调整，在后台中单击“修改商品”打开的是 editgoods.php 页面。

1）使用 Dreamweaver 制作的静态页面其效果如图 8-11 所示。

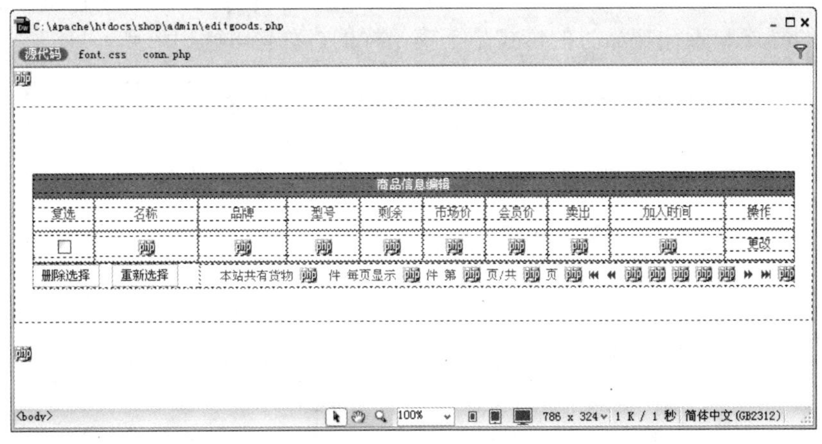

图 8-11　修改商品静态页面效果

2）在该页面中单击“复选”复选框，再单击“删除选择”按钮可以实现商品删除的操作链接到 deletefxhw.php 进行删除操作。deletefxhw.php 是从数据库中删除该商品信息的，使用的代码如下：

```
<?php
 include("conn/conn.php");
 while(list($name,$value)=each($_POST))
```

```
    {
  $sql=mysql_query("select tupian from tb_shangpin where id='".$value."'",$conn);
    $info=mysql_fetch_array($sql);
    if($info[tupian]!="")
    {
        @unlink(substr($info[tupian],6,(strlen($info[tupian])-6)));
    }
    $sql1=mysql_query("select * from tb_dingdan ",$conn);
    while($info1=mysql_fetch_array($sql1))
    {   $id1=$info1[id];
        $array=explode("@",$info1[spc]);
        for($i=0;$i<count($array);$i++){
            if($array[$i]==$value)
  {
     mysql_query("delete from tb_dingdan where id='".$id1."'",$conn);
   }
        }
    }
        mysql_query("delete from tb_shangpin where id='".$value."'",$conn);
    mysql_query("delete from tb_pingjia where spid='".$value."'",$conn);
    }
  header("location:editgoods.php");
?>
```

3）通过单击“更改”文字链接可以打开 changegoods.php 页面进行商品的信息变更，该页面设计的样式和添加产品时的样式是一模一样的，如图 8-12 所示。

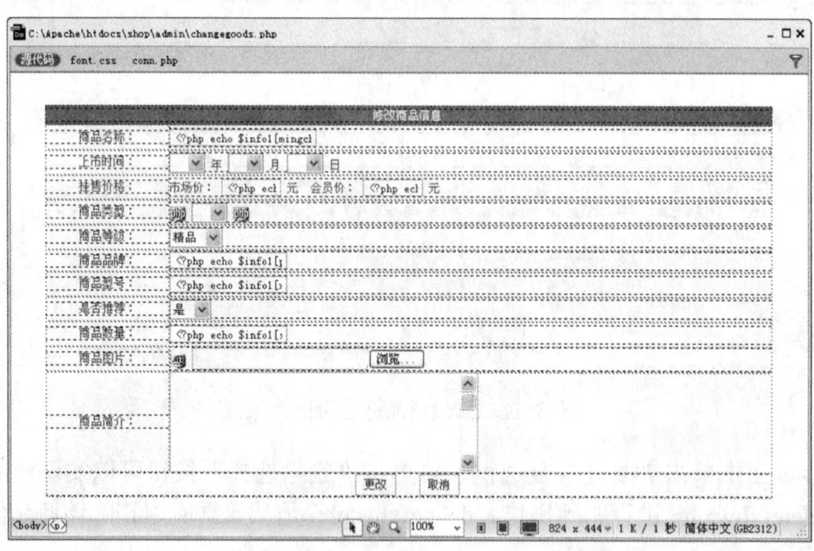

图 8-12　修改商品字段采集页面

4）在编辑商品信息之后，单击“更改”按钮提交表单到 savechangegoods.php 页面进行数据库的更新操作，核心代码如下：

```
<meta http-equiv="Content-Type" content="text/html; charset=gb2312">
<?php
include("conn/conn.php");
$mingcheng=$_POST[mingcheng];
$nian=$_POST[nian];
$yue=$_POST[yue];
$ri=$_POST[ri];
$shichangjia=$_POST[shichangjia];
$huiyuanjia=$_POST[huiyuanjia];
$typeid=$_POST[typeid];
$dengji=$_POST[dengji];
$xinghao=$_POST[xinghao];
$pinpai=$_POST[pinpai];
$tuijian=$_POST[tuijian];
$shuliang=$_POST[shuliang];
//$upfile=$_POST[upfile];

 if(ceil(($huiyuanjia/$shichangjia)*100)<=80)
 {
     $tejia=1;
 }
 else
 {
     $tejia=0;
 }
if($upfile!="")
{
$sql=mysql_query("select * from tb_shangpin where id=".$_GET[id]."",$conn);
$info=mysql_fetch_array($sql);
@unlink(substr($info[tupian],6,(strlen($info[tupian])-6)));
}

function getname($exname){
    $dir = "upimages/";
    $i=1;
    if(!is_dir($dir)){
        mkdir($dir,0777);
    }

    while(true){
         if(!is_file($dir.$i.".".$exname)){
         $name=$i.".".$exname;
         break;
    }
    $i++;
 }
```

```
        return $dir.$name;
    }

    $exname=strtolower(substr($_FILES['upfile']['name'],(strrpos($_FILES['upfile']['name'],'.')+1)));
    $uploadfile = getname($exname);
    move_uploaded_file($_FILES['upfile']['tmp_name'], $uploadfile);
    $uploadfile="admin/".$uploadfile;
    $jianjie=$_POST[jianjie];
    $addtime=$nian."-".$yue."-".$ri;
    mysql_query("update tb_shangpin set mingcheng='$mingcheng',jianjie='$jianjie', addtime='$addtime',
dengji='$dengji',xinghao='$xinghao',tupian='$uploadfile',typeid='$typeid',shichangjia='$shichangjia',huiyuanji
a='$huiyuanjia',pinpai='$pinpai',tuijian='$tuijian',shuliang='$shuliang' where id='".$_GET[id]."'",$conn);
    echo "<script>alert('商品".$mingcheng."修改成功!');history.back();;</script>";
    ?>
```

更新数据库主要应用到了 update 这个数据库更新的命令。

8.2.3 类别管理功能

商品的类别提供了删除功能，通过单击“操作”复选框，再单击“删除选项”即可将类别从数据库中删除，该功能首页为 showleibie.php。

1）使用 Dreamweaver 设计的该页面的静态效果如图 8-13 所示。该页面主要实现从类别的数据表中查询出相应的数据并绑定到该页面。

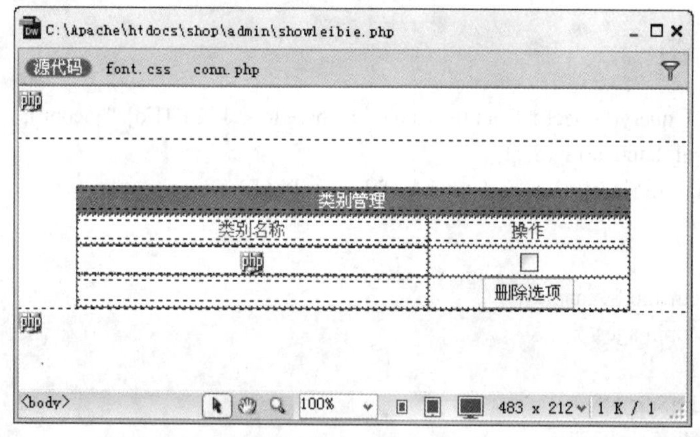

图 8-13 类别管理主页面

2）在单击选择相应的类别复选框，再单击“删除选项”时提交表单到 deletelb.php 动态页面进行删除的操作，在删除时要把相关联的商品信息也一并删除，通过商品的 id 同时删除 tb_type 和 tb_shangpin 即可实现，实现删除类别的代码如下：

```
<?php
include("conn/conn.php");
while(list($name,$value)=each($_POST)){
 mysql_query("delete from tb_type where id='".$value."'",$conn);//删除类别
```

```
 mysql_query("delete from tb_shangpin where id='".$value."'",$conn);//删除类别下的商品
 }
 header("location:showleibie.php");
//删除成功转向 showleibie.php 页面
?>
```

8.2.4　添加类别功能

电子商务网站的商品是多种多样的，在后台要设置商品分类的功能。在实际的网站开发中经常有一级分类、二级分类甚至三级分类，这些还涉及菜单的二级联动问题，本实例只建立了一级分类，管理者可以在后台直接添加一级的分类，添加类别功能的主页面是 addleibie.php。

1）使用 Dreamweaver 设计的 addleibie.php 页面的静态效果如图 8-14 所示。

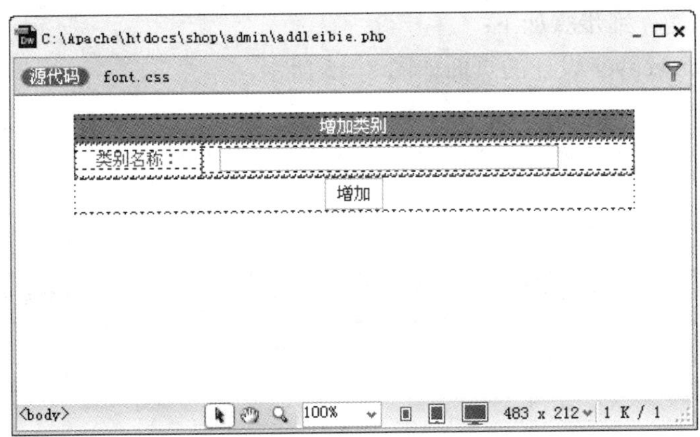

图 8-14　设计的增加类别主页效果

2）在单击“增加”按钮的时候，要进行表单验证，并提交到 saveaddleibie.php 页面进行插入数据库的操作，该页面的代码如下：

```
$leibie=$_POST[leibie];
include("conn/conn.php");
$sql=mysql_query("select * from tb_type where typename='".$leibie."'",$conn);
$info=mysql_fetch_array($sql);
if($info!=false){
 echo"<script>alert('该类别已经存在!');window.location.href='addleibie.php';</script>";
exit;
}
//判断类别是否存在
mysql_query("insert into tb_type(typename) values ('$leibie')",$conn);
echo"<script>alert('新类别添加成功!');window.location.href='addleibie.php';</script>";
?>
//添加成功指向 addleibie.php
```

在编写的时候要充分考虑类别是否已经存在，因此要加入一个判断。

8.3 后台用户管理功能

用户管理功能与前台的用户注册功能是互相呼应的，对于一个购物网站来说，一个完善的用户管理系统一定要有一个功能比较强大的用户后台管理，实例里面制作了“会员管理”“留言管理”以及“更改管理员”3 个菜单项，本小节将介绍这几个小功能的实现方法。

8.3.1 会员管理操作

会员的管理功能主要是指能够在后台实现会员的删除，对某些会员能够实现“冻结”的操作，保留会员的信息，但禁止其在前台进行购物及发言。会员管理功能的首页为edituser.php，制作的详细步骤如下：

1）使用 Dreamweaver 设计的页面如图 8-15 所示。

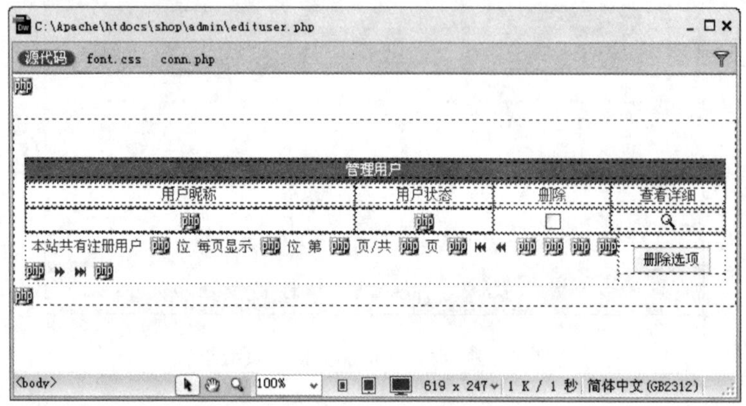

图 8-15 会员管理主页 edituser.php

2）在单击“删除”复选框，再单击“删除选项”时能够提交表单到 deleteuser.php 动态页面实现删除会员数据的操作，该页面的程序如下：

```
<?php
include("conn/conn.php");
while(list($name,$value)=each($_POST))
  {
    mysql_query("delete from tb_user where id=".$value."",$conn);
mysql_query("delete from tb_pingjia where userid=".$value."");
mysql_query("delete from tb_leaveword where userid=".$value."",$conn);
  }
header("location:edituser.php");
?>
```

注意：

在删除会员的时候同样要注意删除数据库中 tb_user、tb_pingjia、tb_leaveword3 个数据表中所有关联的数据，删除成功后要返回会员管理主页面。

3）在单击“查看详细”链接后，打开的是对用户“冻结”和“解冻”的页面 lookuser-info.php，设计的页面如图 8-16 所示。

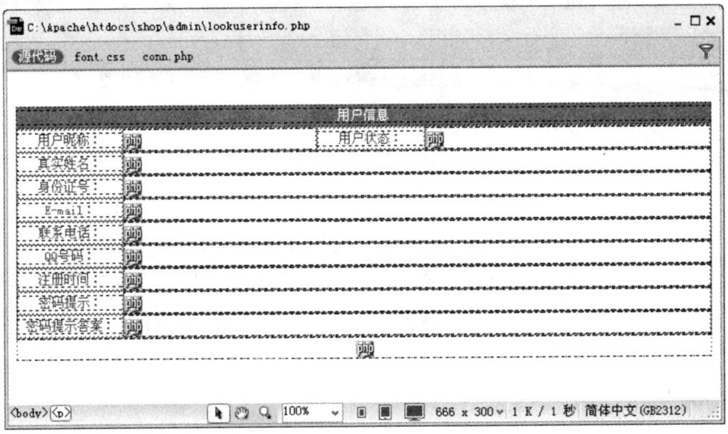

图 8-16　用户信息页面 lookuserinfo.php

在程序的编写时实现“冻结”和“解冻”其实非常的简单，只要赋值为 0 或者 1 来区分是否冻结即可，在查询会员信息的时候按查询是 0 或者 1 来给会员权限。代码也很简单，如下：

```
<?php
 $sql=mysql_query("select * from tb_user where id=".$id."",$conn);
 $info=mysql_fetch_array($sql);
 if($info[dongjie]==0)
  {
    echo "冻结该用户";
  }
  else
  {
    echo "解除冻结";
  }
?>
```

8.3.2　留言管理功能

会员在购物时遇到问题可以直接通过留言功能和管理者进行沟通，后台管理者要及时浏览会员的留言并进行相应的处理，对于一些没用的留言可以直接进行删除。用于留言管理的主页面是 lookleaveword.php。

1）制作的 lookleaveword.php 页面效果如图 8-17 所示。

2）该页面也主要是从数据库中查询所有的留言并显示在网页中的，在单击“删除”复选框，再单击“删除选项”时提交表单信息至 deleteleaveword.php 页面进行删除数据的操作，实现删除的代码如下：

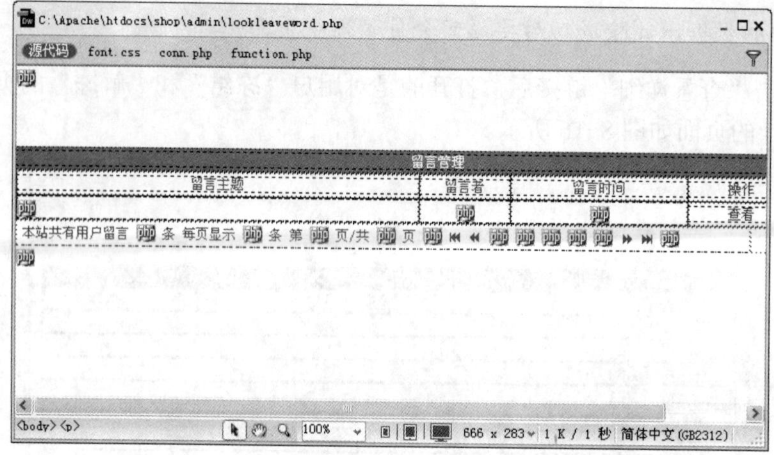

图 8-17　留言处理主页面 lookleaveword.php

```
<?php
include("conn/conn.php");
while(list($name,$value)=each($_POST))
{
    mysql_query("delete from tb_leaveword where id='".$value."'",$conn);
}
header("location:lookleaveword.php");
?>
//删除成功返回 lookleaveword.php
```

8.3.3 更改管理员

网站开发者在开发时一般使用的用户名和密码都是 admin，在提交给网站管理者时，为了安全起见，管理者要能够实现后台管理者的用户名和密码的修改，实现该功能的主页面是 changeadmin.php。

1）制作的更改管理员主页 changeadmin.php 的效果如图 8-18 所示。

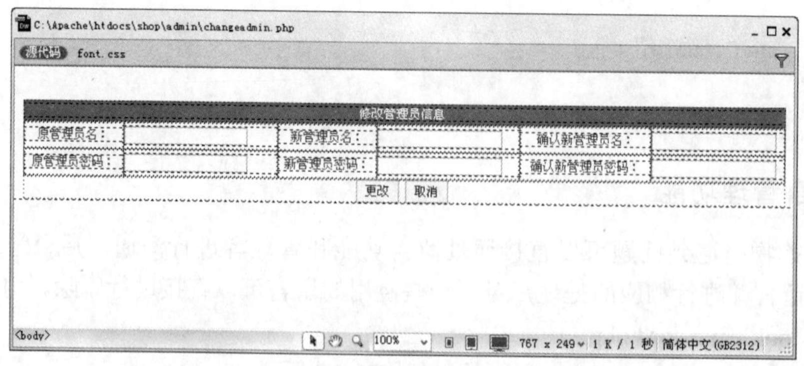

图 8-18　网站管理者后台修改主页面

2）输入新旧管理员的用户名和密码，再单击“更改”按钮可以提交表单进行验证并提交到 savechangeadmin.php 进行数据更新的操作，实现的代码如下：

```
<?php
$n0=$_POST[n0];
$n1=$_POST[n1];
$p0=md5($_POST[p0]);
$p1=trim($_POST[p1]);
include("conn/conn.php");
  $sql=mysql_query("select * from tb_admin where name='".$n0."'",$conn);
  $info=mysql_fetch_array($sql);
  if($info==false)
   {
     echo "<script>alert('不存在此用户!');history.back();</script>";
     exit;
   }
   else
   {
    if($info[pwd]==$p0)
 {
  if($n1!="")
   {
  mysql_query("update tb_admin set name='".$n1."'where id=".$info[id]." ",$conn);
  }
  if($p1!="")
   {
    $p1=md5($p1);
     mysql_query("update tb_admin set pwd='".$p1."' where id=".$info[id]."",$conn);
   }
 }
 else
 {
   echo "<script>alert('原密码输入错误!');history.back();</script>";
         exit;
 }
   }
 echo "<script>alert('更改成功!');history.back();</script>";
 ?>
```

该程序首先对管理员的用户名进行验证，判断正确后才进行更新数据，并显示更新成功。

8.4 后台订单管理功能

订单管理功能是购物网站的重点，对于网站管理者而言，一定要及时登录后台对订单进行管理并及时发货。实例在登录后台时把订单管理的功能放到了默认打开的页面，主要包括“编辑订单”和“查询订单”两个小功能，下面将分别进行介绍。

8.4.1 编辑订单功能

所谓的编辑订单是指管理者在登录后台后，对会员提交的订单进行“已收款”“已发货”“已收货”验证，同进要及时打印出网上订单提交给公司进行发货处理。编辑订单的主页是 lookdd.php。

1）设计的 lookdd.php 页面的效果如图 8-19 所示。该页面用来查看简单的订单信息，只要从数据库中查询订单并进行显示即可。

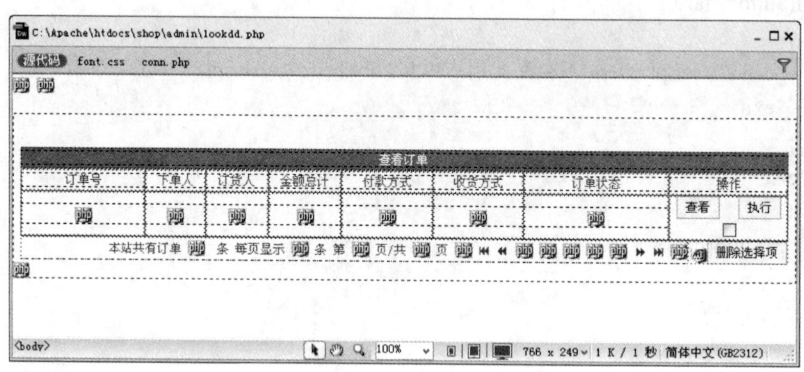

图 8-19 查看订单页面 lookdd.php

2）设计的第二步就是实现单击“查看”按钮时，能调出订单的详细内容 showdd.php 页面，并能进行打印，该页面的效果如图 8-20 所示。

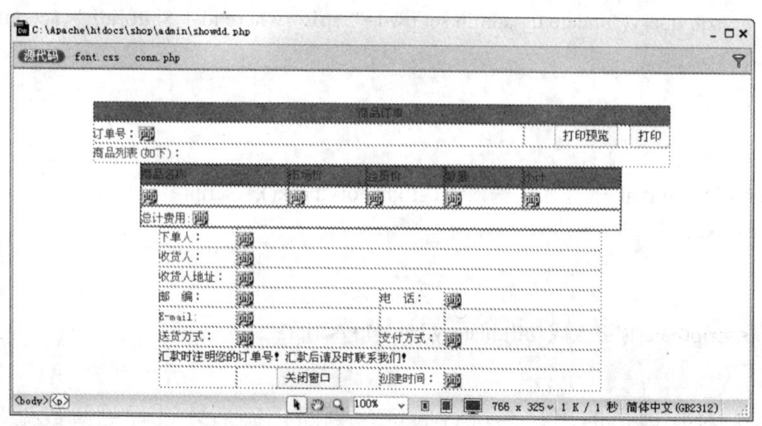

图 8-20 订单详细内容

在 showdd.php 页面中调用函数来实现打印的功能，具体的代码如下：

```
<html>
<head>
<meta http-equiv="Content-Type" content="text/html; charset=gb2312">
<title>商品订单</title>
<link rel="stylesheet" type="text/css" href="css/font.css">
<style type="text/css">
```

```
<!--
@media print{
div{display:none}
}
.style3 {color: #990000}
-->
</style>
</head>
<?php
  include("conn/conn.php");
  $id=$_GET[id];
  $sql=mysql_query("select * from tb_dingdan where id='".$id."'",$conn);
  $info=mysql_fetch_array($sql);
  $spc=$info[spc];
  $slc=$info[slc];
  $arraysp=explode("@",$spc);
  $arraysl=explode("@",$slc);
?>
<body topmargin="0" leftmargin="0" bottommargin="0">
<p> </p>
<table width="600"  border="0" align="center" cellpadding="0" cellspacing="0">
  <tr align="center" bgcolor="#FFCF60">
    <td height="20" colspan="2" bgcolor="#0099FF">商品订单</td>
  </tr>
  <tr>
    <td width="448" height="20">订单号：<?php echo $info[dingdanhao];?></td>
    <td width="152"><div align="right">
  <script>
  function prn(){
  document.all.WebBrowser1.ExecWB(7,1);
  }
  </script>
//实现打印预览的功能
  <object  ID='WebBrowser1'  WIDTH=0  HEIGHT=0  CLASSID='CLSID:8856F961-
340A-11D0-A96B-00C04FD705A2'></object>
<input type="button" value="打印预览" class="buttoncss" onClick="prn()"> 
<input type="button" value="打印" class="buttoncss" onClick="window.print()"></div></td>
//实现打印的功能
  </tr>
  <tr>
    <td height="20" colspan="2">商品列表(如下)：</td>
  </tr>
</table>
<table width="500" height="60" border="0" align="center" cellpadding="0" cellspacing="0">
  <tr>
    <td  bgcolor="#666666"><table  width="500"  border="0"  align="center"  cellpadding="0"
```

```
cellspacing="1">
            <tr bgcolor="#0099FF">
              <td width="153" height="20">商品名称</td>
              <td width="80">市场价</td>
              <td width="80">会员价</td>
              <td width="80">数量</td>
              <td width="101">小计</td>
            </tr>
      <?php
      $total=0;
      for($i=0;$i<count($arraysp)-1;$i++){
     if($arraysp[$i]!=""){
          $sql1=mysql_query("select * from tb_shangpin where id='".$arraysp[$i]."'",$conn);
          $info1=mysql_fetch_array($sql1);
     $total=$total+=$arraysl[$i]*$info1[huiyuanjia];
      ?>
      <tr bgcolor="#FFFFFF">
              <td height="20"><?php echo $info1[mingcheng];?></td>
              <td height="20"><?php echo $info1[shichangjia];?></td>
              <td height="20"><?php echo $info1[huiyuanjia];?></td>
              <td height="20"><?php echo $arraysl[$i];?></td>
              <td height="20"><?php echo $arraysl[$i]*$info1[huiyuanjia];?></td>
          </tr>
     <?php
        }
      }
     ?>
            <tr bgcolor="#FFFFFF">
              <td height="20" colspan="5">
                总计费用:<?php echo $total;?>
                </td>
              </tr>
        </table></td>
      </tr>
    </table>
    <table width="460" border="0" align="center" cellpadding="0" cellspacing="0">
      <tr>
        <td width="81" height="20">下单人：</td>
        <td colspan="3"><?php echo $info[xiadanren];?></td>
      </tr>
      <tr>
        <td height="20">收货人：</td>
        <td height="20" colspan="3"><?php echo $info[shouhuoren];?></td>
      </tr>
      <tr>
        <td height="20">收货人地址：</td>
```

```
        <td height="20" colspan="3"><?php echo $info[dizhi];?></td>
      </tr>
      <tr>
        <td height="20">邮  编：</td>
        <td width="145" height="20"><?php echo $info[youbian];?></td>
        <td width="66">电  话：</td>
        <td width="158"><?php echo $info[tel];?></td>
      </tr>
      <tr>
        <td height="20">E-mail:</td>
        <td height="20"><?php echo $info[email];?></td>
        <td height="20"> </td>
        <td height="20"> </td>
      </tr>
      <tr>
        <td height="20">送货方式：</td>
        <td height="20"><?php echo $info[shff];?></td>
        <td height="20">支付方式：</td>
        <td height="20"><?php echo $info[zfff];?></td>
      </tr>
      <tr>
        <td height="20" colspan="4"><span class="inputcssnull">汇款时注明您的订单号！汇款后请及
时联系我们！</span></td>
      </tr>
      <tr>
        <td height="20"> </td>
        <td height="20"><div align="center"><input type="button" onClick="window.close()" value="关
闭窗口" class="buttoncss"></div></td>
        <td height="20">创建时间：</td>
        <td height="20"><?php echo $info[time];?></td>
      </tr>
    </table>
    </body>
    </html>
```

3）要实现订单的网上处理，需单击“执行”按钮打开 orderdd.php 页面，上面包括了“已收款”“已发货”“已收货”3 个复选项，对其进行相应的处理即可。

4）单击“修改”按钮即可提交表到 saveorder.php 进行修改数据的保存，具体的代码如下：

```
<?php
$ysk=$_POST[ysk]." ";
$yfh=$_POST[yfh]." ";
$ysh=$_POST[ysh]." ";
$zt="";
if($ysk!=" "){
    $zt.=$ysk;
 }
```

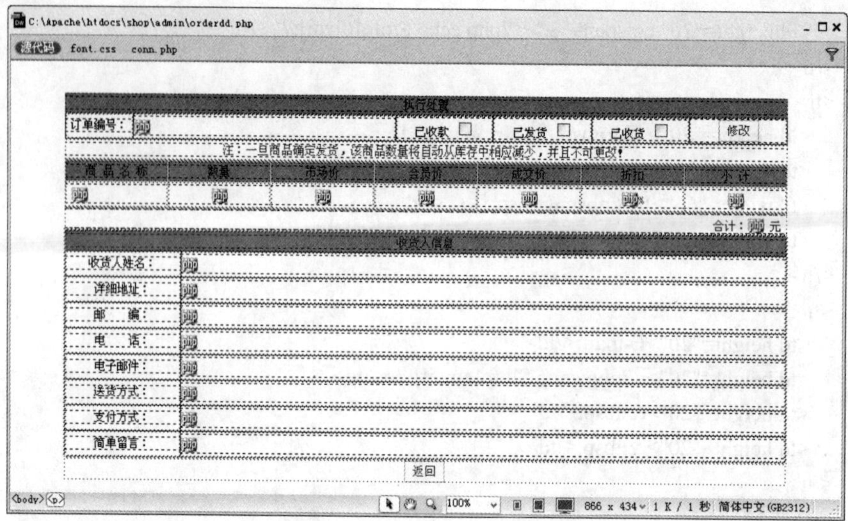

图 8-21 标记订单 orderdd.php

```
        if($yfh!=" "){
            $zt.=$yfh;
         }
         if($ysh!=" "){
            $zt.=$ysh;
         }
         if(($ysk==" ")&&($yfh==" ")&&($ysh==" ")){
             echo "<script>alert('请选择处理状态!');history.back();</script>";
        exit;
          }
         include("conn/conn.php");
         $sql3=mysql_query("select * from tb_dingdan where id='".$_GET[id]."'",$conn);
         $info3=mysql_fetch_array($sql3);
         if(trim($info3[zt])=="未作任何处理"){
         $sql=mysql_query("select * from tb_dingdan where id='".$_GET[id]."'",$conn);
         $info=mysql_fetch_array($sql);
         $array=explode("@",$info[spc]);
         $arraysl=explode("@",$info[slc]);

         for($i=0;$i<count($array);$i++){
         $id=$array[$i];
                $num=$arraysl[$i];
                  mysql_query("update tb_shangpin set cishu=cishu+'".$num."' ,shuliang=shuliang-'".$num."'
where id='".$id."'",$conn);
                }
          }
        mysql_query("update tb_dingdan set zt='".$zt."'where id='".$_GET[id]."'",$conn);
        header("location:lookdd.php");
       ?>
```

通过上述 4 个步骤的设计，后台的订单编辑功能即开发完成。

8.4.2　查询订单功能

在网站运营一段时间后，网上的订单会越来越多，也经常会遇到会员查询订单的情况，网站管理者同样也需要一个订单的后台查询功能，这样能方便地找到相应的订单。实例查询和显示的结果是在同一个页面，即 finddd.php。

1）制作的 finddd.php 页面的效果如图 8-22 所示。

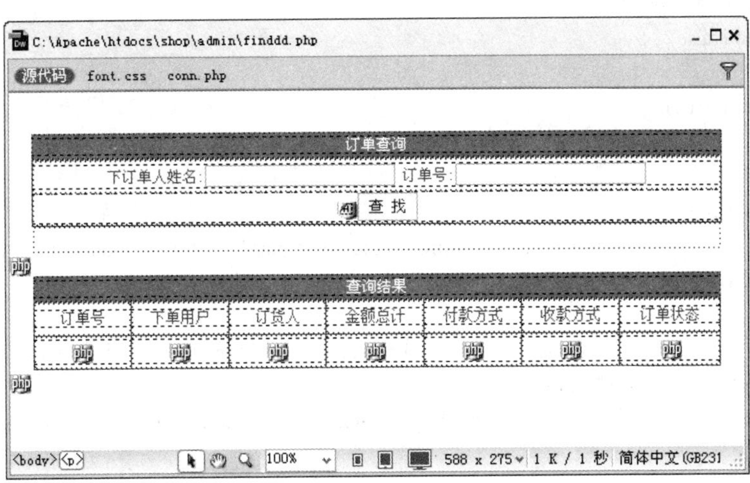

图 8-22　查询订单 finddd.php

2）核心程序如下：

```
<html>
<head>
<meta http-equiv="Content-Type" content="text/html; charset=gb2312">
<title>订单查询</title>
<link rel="stylesheet" type="text/css" href="css/font.css">
</head>
<?php
  include("conn/conn.php");
?>
<body topmargin="0" leftmargin="0" bottommargin="0">
<p> </p>
<table width="550" border="0" align="center" cellpadding="0" cellspacing="0">
        <tr>
          <td height="20" bgcolor="#0099FF"><div align="center" style="color: #FFFFFF">订单查询</div></td>
        </tr>
        <tr>
          <td height="50" bgcolor="#555555"><table width="550" height="50" border="0" align="center" cellpadding="0" cellspacing="1">
            <tr>
```

```
                    <td bgcolor="#FFFFFF">
    <table width="550" height="50" border="0" align="center" cellpadding="0" cellspacing="0">
      <script language="javascript">
        function chkinput3(form)
    {
      if((form.username.value=="")&&(form.ddh.value==""))
       {
         alert("请输入下订单人或订单号");
    form.username.select();
    return(false);
       }
      return(true);

    }
      </script>
                    <form    name="form3"    method="post"    action="finddd.php"    onSubmit="return
chkinput3(this)">
      <tr>
                      <td height="25"><div align="center">下订单人姓名:<input type="text" name=
"username" class="inputcss" size="25" >
                        订单号:<input  type="text"  name="ddh"  size="25"  class="inputcss"  ></div>
</td>
                    </tr>
                    <tr>
                      <td height="25">
                        <div align="center">
      <input type="hidden" value="show_find" name="show_find">
                            <input   name="button"   type="submit"   class="buttoncss"   id="button"
value="查 找">
                        </div></td>
                    </tr>
      </form>
                  </table></td>
                </tr>
              </table></td>
            </tr>
      </table>
        <table width="550" height="20" border="0" align="center" cellpadding="0" cellspacing="0">
          <tr>
            <td> </td>
          </tr>
        </table>
    <?php
      if($_POST[show_find]!=""){
        $username=trim($_POST[username]);
    $ddh=trim($_POST[ddh]);
```

```
        if($username==""){
            $sql=mysql_query("select * from tb_dingdan where dingdanhao='".$ddh."'",$conn);
         }
        elseif($ddh==""){
           $sql=mysql_query("select * from tb_dingdan where xiadanren='".$username."'",$conn);
         }
        else{
           $sql=mysql_query("select * from tb_dingdan where xiadanren='".$username."'and dingdanhao =
'".$ddh."'",$conn);
        }
        $info=mysql_fetch_array($sql);
        if($info==false){
           echo "<div algin='center'>对不起,没有查找到该订单!</div>";
         }
         else{
        ?>
        <table width="550" border="0" align="center" cellpadding="0" cellspacing="0">
                <tr>
                  <td height="20" bgcolor="#0099FF"><div align="center" style="color: #FFFFFF">查询结
果</div></td>
                </tr>
                <tr>
                  <td   height="50"   bgcolor="#555555"><table   width="550"   height="50"   border="0"
align="center" cellpadding="0" cellspacing="1">
                    <tr>
      <td width="77" height="25" bgcolor="#FFFFFF"><div align="center">订单号</div></td>
      <td width="77" bgcolor="#FFFFFF"><div align="center">下单用户</div></td>
      <td width="77" bgcolor="#FFFFFF"><div align="center">订货人</div></td>
      <td width="77" bgcolor="#FFFFFF"><div align="center">金额总计</div></td>
      <td width="77" bgcolor="#FFFFFF"><div align="center">付款方式</div></td>
      <td width="77" bgcolor="#FFFFFF"><div align="center">收款方式</div></td>
      <td width="77" bgcolor="#FFFFFF"><div align="center">订单状态</div></td>
         </tr>
      <?php
        do{
      ?>
      <tr>
       <td height="25" bgcolor="#FFFFFF"><div align="center"><?php echo $info[dingdanhao];?> </div>
</td>
      <td height="25" bgcolor="#FFFFFF"><div align="center"><?php echo $info[xiadanren];?></div></td>
        <td height="25" bgcolor="#FFFFFF"><div align="center"><?php echo $info[shouhuoren];?> </div>
</td>
        <td height="25" bgcolor="#FFFFFF"><div align="center"><?php echo $info[total];?></div></td>
          <td height="25" bgcolor="#FFFFFF"><div align="center"><?php echo $info[zfff];?></div></td>
        <td height="25" bgcolor="#FFFFFF"><div align="center"><?php echo $info[shff];?></div></td>
        <td height="25" bgcolor="#FFFFFF"><div align="center"><?php echo $info[zt];?></div></td>
```

```
        </tr>
    <?php
        }while($info=mysql_fetch_array($sql));
    ?>
                </table></td>
            </tr>
          </table>
      <?php
        }
      }
    ?>
    </body>
    </html>
```

8.5 后台信息管理功能

信息管理功能是指在网站后台对新闻、用户的商品评价等实现相关的管理操作。实例制作了“管理公告”“发布公告”以及“管理评价”3 个功能，通过这 3 个功能能够实现整个网站的即时公告发布、公告修改以及商品评论的编辑修改功能。

8.5.1 管理公告

管理公告功能是指在后台对发布的公告进行修改和删除的操作，实例管理公告的主页为 admingonggao.php。

1）制作的 admingonggao.php 页面的效果如图 8-23 所示。

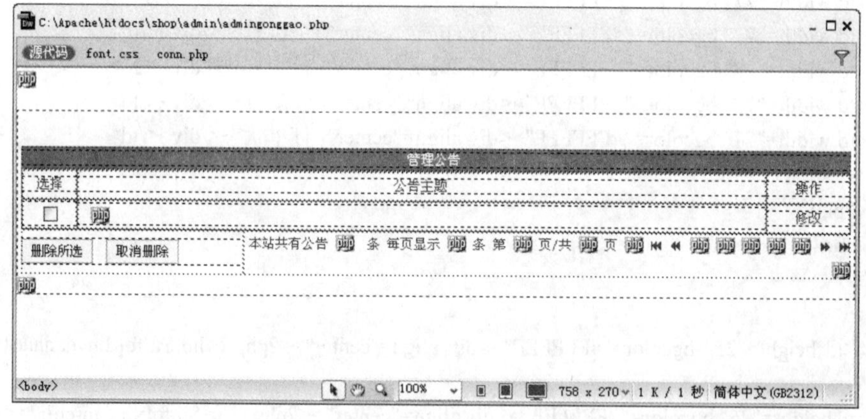

图 8-23　管理公告 admingonggao.php

2）单击“选择”复选框，再单击“删除所选”可以提交表单到 deletegonggao.php 进行删除公告的操作，代码如下：

```
<?php
    include("conn/conn.php");
```

```
while(list($name,$value)=each($_POST))
{
  mysql_query("delete from tb_gonggao where id='".$value."'",$conn);
}
header("location:admingonggao.php");
?>
```

3）单击“修改”文字链接，可以打开 editgonggao.php 页面进行公告的编辑操作，该页面如图 8-24 所示。

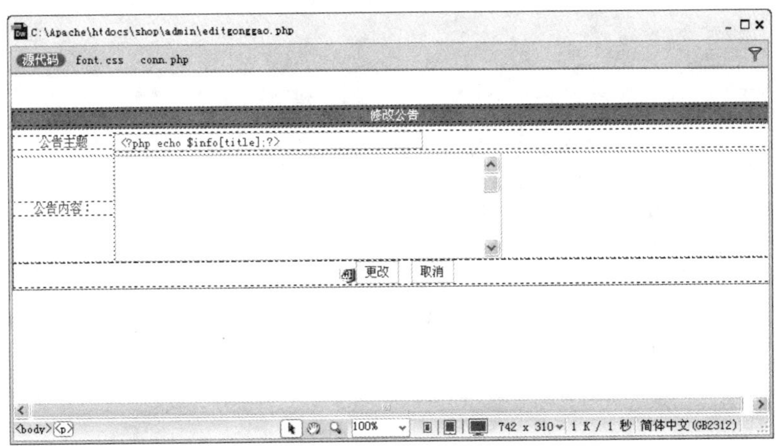

图 8-24　修改公告 editgonggao.php

4）输入修改的公告主题和公告内容，再单击“更改”按钮可以提交表单到 saveeditgonggao.php 进行内容的更新操作，更新的代码如下：

```
<?php
  $title=$_POST[title];
  $content=$_POST[content];
  include("conn/conn.php");
  mysql_query("update tb_gonggao set title='$title',content='$content' where id='".$_POST[id]."
'",$conn);
  echo "<script>alert('公告修改成功!');history.back();</script>";
?>
```

8.5.2　发布公告

用于添加新的公告的页面是 addgonggao.php，在公告的字段进行数据的插入操作即可实现，本小节将介绍添加新公告的具体方法。

1）制作的采集公告的 addgonggao.php 页面的效果如图 8-25 所示。

2）录入完主题和内容之后，单击“添加”按钮可以提交表单进行验证，并提交到 savene-wgonggao.php 页面进行新闻公告的保存操作，实现的代码如下：

```
<?php
include("conn/conn.php");
```

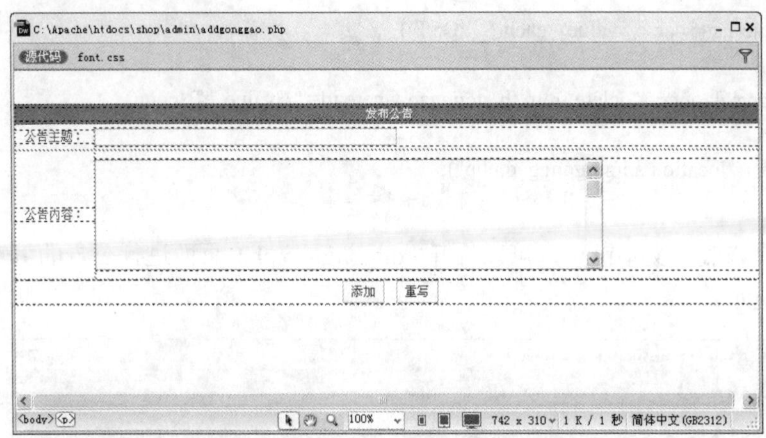

图 8-25　addgonggao.php 页面的效果

```
$title=$_POST[title];
$content=$_POST[content];
$time=date("Y-m-j");
mysql_query("insert into tb_gonggao (title,content,time) values ('$title','$content','$time')",$conn);
echo "<script>alert('公告添加成功!');history.back();</script>";
?>
```

8.5.3 管理评价

后台的最后一个功能是管理评价功能，通过管理可以将商品的一些负面信息进行删除，管理评价功能的页面是 editpinglun.php，制作的方法如下：

1）制作的 editpinglun.php 页面的效果如图 8-26 所示。

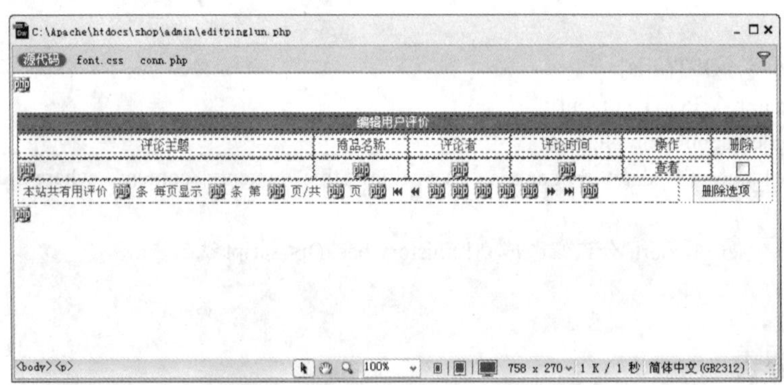

图 8-26　编辑用户评价 editpinglun.php

2）通过单击“查看”文字链接可以打开 Windows 窗口显示评价的详细内容，实现的代码如下：

```
<?php
      include("conn/conn.php");
      $sql=mysql_query("select count(*) as total from tb_pingjia ",$conn);
  $info=mysql_fetch_array($sql);
```

```
$total=$info[total];
if($total==0)
{
  echo "本站暂无用户发表评论!";
}
else
{

?>
  <script language="javascript">
  function openpj(id)
  {
window.open("lookpinglun.php?id="+id,"newframe","width=500,height=300,top=100,left=200,menubar=no,toolbar=no,location=no,scrollbar=no,status=no");

  }
</script>
```

3）单击“删除”复选框，再单击“删除选项”，可以提交表单至删除评价的页面 deletepingjia.php，该页面的代码如下：

```
<?php
include("conn/conn.php");
while(list($name,$value)=each($_POST))
 {
     $id=$value;
     mysql_query("delete from tb_pingjia where id=".$id."",$conn);
 }
header("location:editpinglun.php");
?>
```

本章系统地讲解了翡翠电子商城的后台管理开发办法，一般的电子商城的常用功能也无非就这些，有些比较复杂的结算系统，如积分系统、叠代结算系统等，都是在使用 PHP 的运算函数基础上使用客户提供的结算运算公式去实现的，读者可以触类旁通、举一反三，在掌握本系统的开发方法的基础上做更多的需求开发，以真正地成为 PHP 高级程序员。

第 9 章　电子商务网站管理与维护

电子商务网站在开发完成后需要上传到服务器，并配置服务器的安全，在这之后才可以投入运营进行使用。在开始运营之前要考虑物流、支付以及售后的服务三个重要的环节，这三个环节一直是商家最头疼的问题，专业的人做专业的事，可以把这几块“硬骨头”丢给其他第三方处理。本章将重点介绍一下电子商务网站的货款支付、物流配送问题，同时介绍网站售后处理顾客意见的方法和网站的后期安全防范。

本章重点介绍如下知识：

- 网站的配置和上传
- 电子商务网站的支付问题
- 选择物流配送的方法
- 网站的售后服务策略
- 电子商务网站安全防范

9.1 网站的配置和上传

电子商务网站建设完成后，需要上传到服务器或者购买的空间并进行配置，这样才能让浏览者通过万维网访问到网站，本小节将介绍一下这方面的知识。

9.1.1 通过 Dreamweaver 上传网站

在 Dreamweaver CS6 中设计好网站后，需要通过 Dreamweaver 软件进行上传操作，下面将介绍如何在 Dreamweaver CS6 中，直接上传建设好的网站内容到服务器上。

上传网站的具体操作步骤如下：

1）在设置好站点，并建立完成整个网站内容后，单击 Dreamweaver CS6“文件”面板中的“展开以显示本地和远端站点”按钮，同时，将“文档”窗口切换到“站点”编辑管理页面，如图 9-1 所示。

2）单击“连接到远端主机”按钮，在这里，刚切换过来的页面显示的是“远程服务器”和“本地文件”两个“文档”窗口，这两个文件夹全部在本地硬盘上，具体效果如图 9-2 所示。

3）选择菜单栏“站点”→“管理站点”命令，打开“管理站点”对话框，选择将要上传的站点文件 shop，然后双击建立的 shop 站点，打开“站点设置对象 shop”对话框，如图 9-3 所示。

4）单击分类选项组中的“服务器”列选项，再单击增加“添加新服务器”按钮，在打开的面板中选择“连接方法”为“FTP”命令；在“FTP 地址”文本框中输入服务器的 IP 地址，如这里的 IP 地址为 220.113.15.16；在“用户名”文本框中输入用户名；在“密码”文本框中输入密码，其他的保持默认值。具体设置如图 9-4 所示。

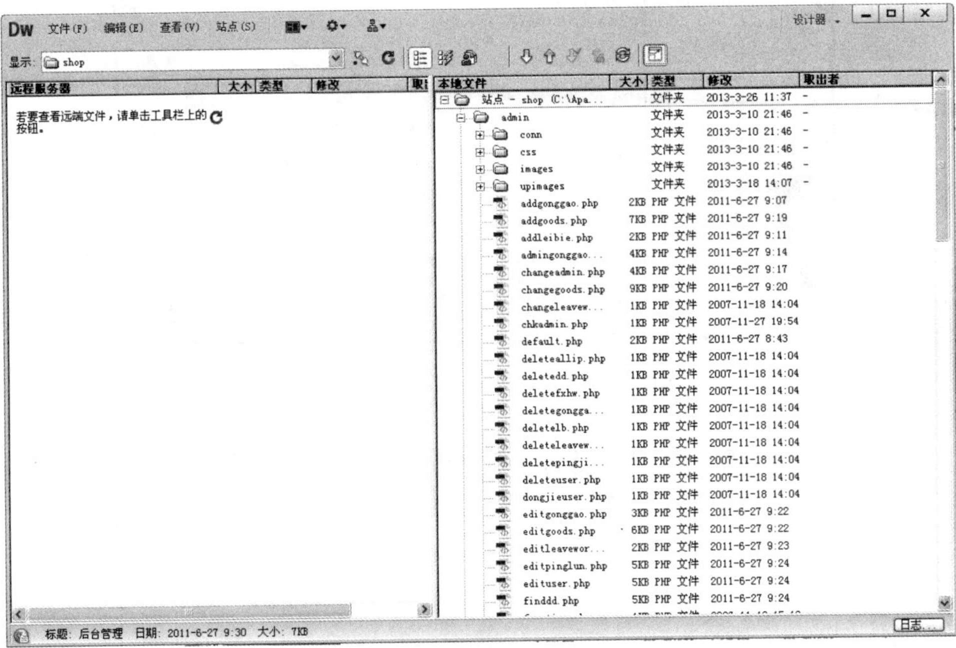

图 9-1　打开的“站点”编辑管理页面

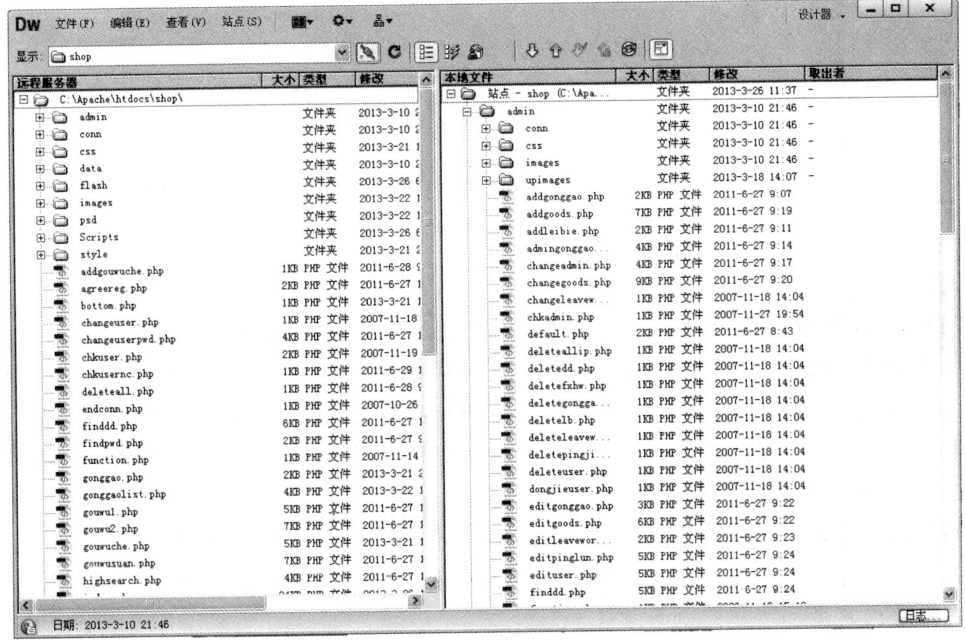

图 9-2　连接到远端主机后的效果

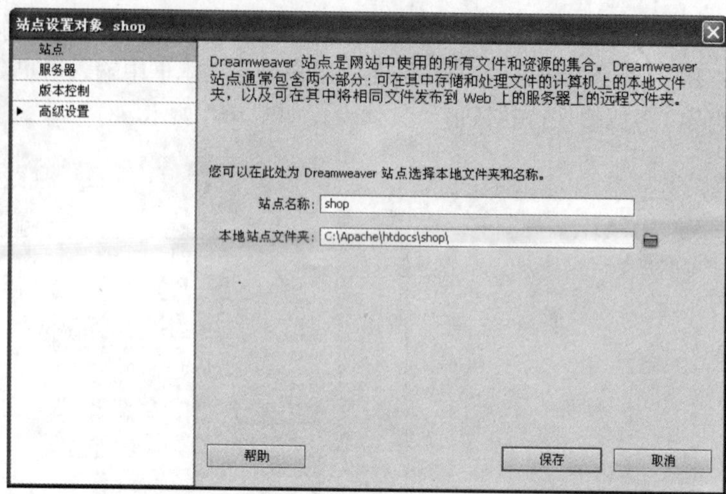

图 9-3 “站点设置对象 shop”对话框

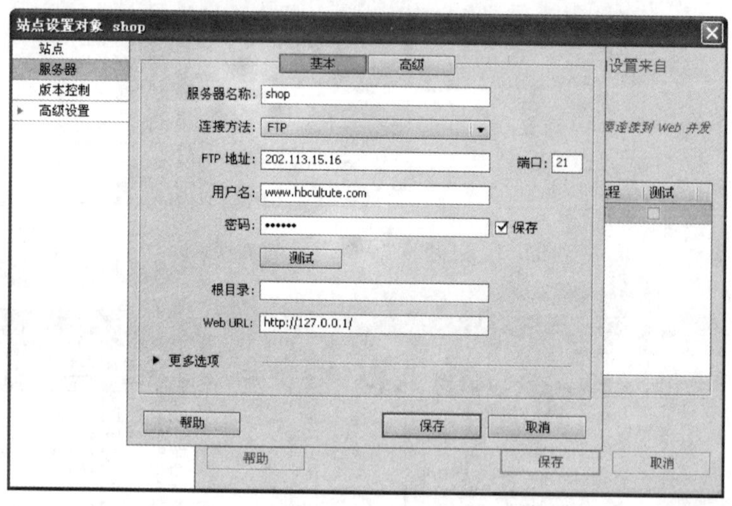

图 9-4 设置“远程信息”对话框

说明：

FTP 是 TCP/IP 网络上两台计算机传送文件的协议，是在 TCP/IP 网络和 INTERNET 上最早使用的协议之一。尽管 World Wide Web（WWW）已经替代了 FTP 的大多数功能，但 FTP 仍然是通过 Internet 把文件从客户机复制到服务器上的一种途径。FTP 客户机可以给服务器发出命令来下载文件、上传文件、创建或改变服务器上的目录。网站建设后一般都采用 FTP 软件来维护网站、更新文件，可以用 Dreamweaver CS6 建立远程服务器地址，直接下载网站内容。其他常用的软件，还有 Flash FXP 等软件。其中 IP 地址 220.113.15.16 是由网站所有者向服务器空间经营商索要的，一般在购买的时候服务器提供商就会提供专用的 IP 地址、登录用户名和密码。

5）输入远程信息之后，单击对话框上的“测试”按钮，就可以测试是否能接上服务器，如果设置正确，则会打开测试成功对话框，如图 9-5 所示。

图 9-5　连接成功对话框

6）单击“确定”按钮，返回“远端站点”编辑窗口，再单击工具栏上的“连接到远端主机”按钮，则会打开“后台文件活动-shop”对话框，显示获得文件夹信息状况，如图 9-6 所示。

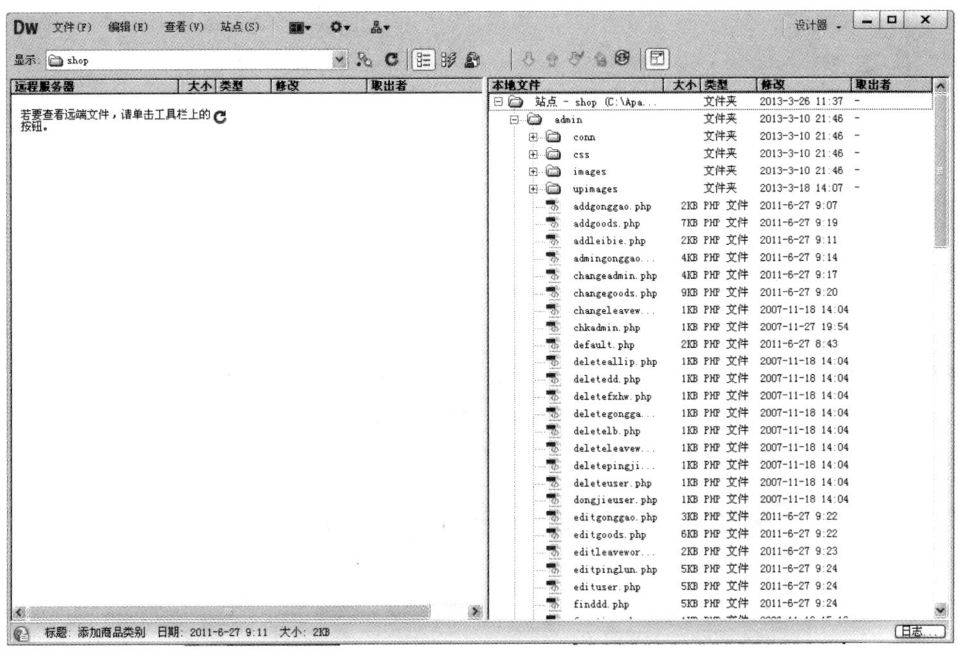

图 9-6　显示连接状态对话框

7）在“本地文件”的编辑“文档”窗口中，选择要上传的文件，然后单击工具栏上的“上传文件”按钮，这样所有的文件，就上传到“远程服务器”的编辑“文档”窗口中了，里面显示的“文档”窗口结构同本地的“文档”窗口结构是一样的，如图 9-7 所示。

通过这些设置就完成了整个网站的上传操作，如果觉得用 Dreamweaver CS6 上传不方便，还可以利用第三方软件直接上传，如使用 FlashFXP 软件。

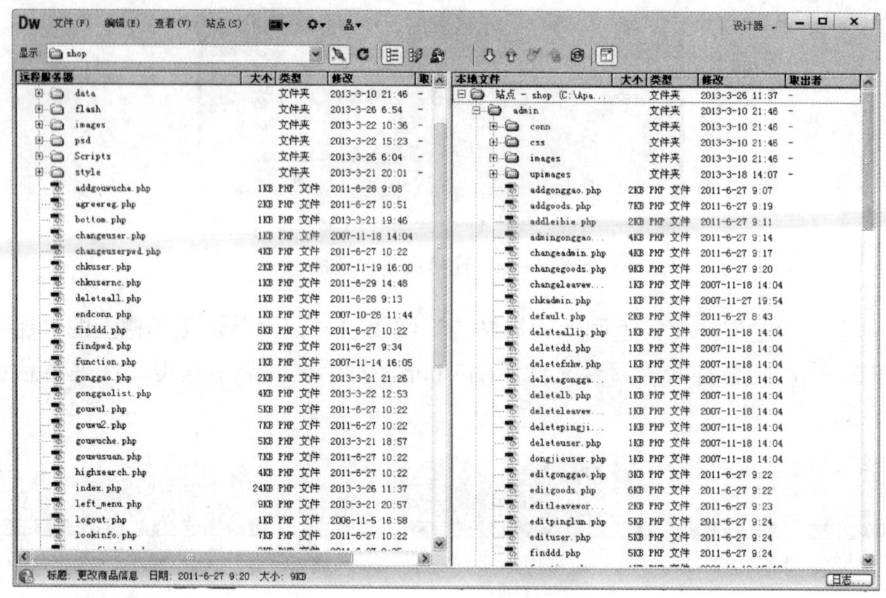

图 9-7　上传后的效果

9.1.2　通过 FlashFXP 上传网站

FlashFXP 是一款功能强大的上传和下载软件，其使用方法简单，并且有汉化版。本小节将介绍 FlashFXP 最基本的功能，即设置站点和上传网站。具体的操作步骤如下：

1）在应用该软件之前，需要先下载该软件，具体过程不再介绍。按照系统提示，安装完成后打开 FlashFXP 软件，如图 9-8 所示。

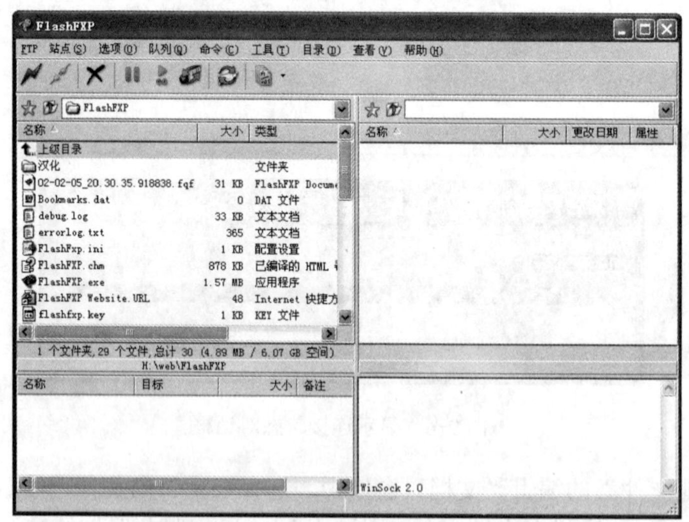

图 9-8　打开的 FlashFXP 软件

2）选择菜单栏“站点”→“站点管理器”命令，或者按〈F4〉快捷键，打开“站点管理器”对话框，如图 9-9 所示。

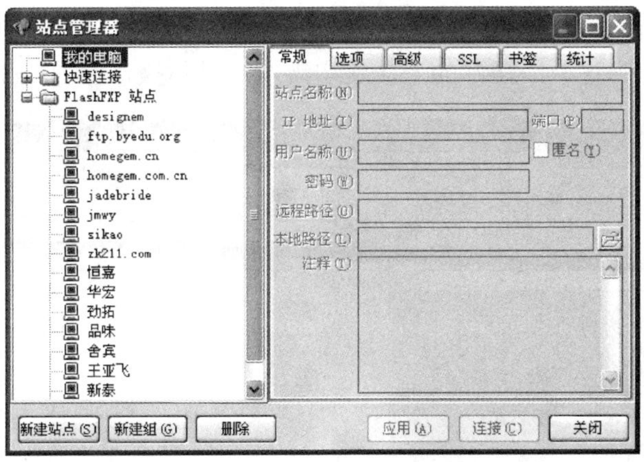

图 9-9 “站点管理器”对话框

3）单击“新建站点”按钮，打开“建立新的站点”对话框，在“站点名称”文本框中，输入站点名称如 shop，具体操作如图 9-10 所示。

图 9-10 “建立新的站点”对话框

4）单击“站点管理器”对话框上的“常规”选项卡，“站点名称”已经自动设置为上一步骤定义的站点名称，在“IP 地址”栏输入网站指向的 IP 地址；在“端口”文本框中，输入端口值 21；在“用户名称”文本框中，输入登录服务器的名称；在“密码”文本框中，输入密码，然后单击“应用”按钮，站点就设置好了。具体设置如图 9-11 所示。

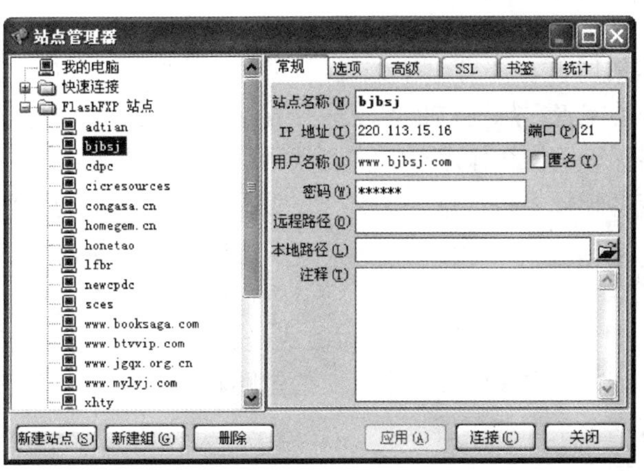

图 9-11　设置“常规”选项卡

5）单击“连接”按钮，就可以连接站点了。连接上站点之后，在本地磁盘上，找到要上传的站点目录，选中要上传的所有站点文件，然后单击鼠标右键，在弹出的快捷菜单中，选择“传送”命令，到这里，网站的上传就实现了，具体操作如图 9-12 所示。

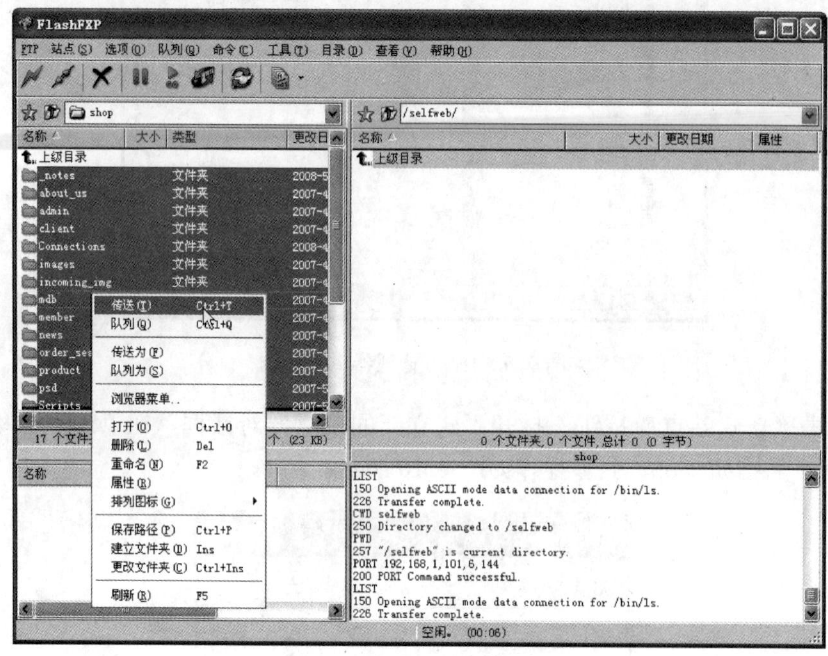

图 9-12 上传操作

介绍了文件的上传，也许有人该有疑问了，那么如何下载呢？用同样的方法，选择远程空间中的文件或者文件夹，单击鼠标右键，在弹出的快捷菜单中选择“传送”命令，就可以将文件下载到本地计算机上。

9.2 电子商务网站的支付问题

网站在进行销售的时候，还有一个关键的环节，那就是客户如何向商家支付货款。现在网络的支付技术日益完善，想通过自己现成开发一个在线支付系统是没有必要的，因为在线支付需要通过与银行等机构合作才可以实现。网站的货款支付渠道，宜从以下两种方式选择：一种是到银行或者邮局柜台汇款，另外一种是通过第三方支付或网上银行在线支付。

9.2.1 支付宝的使用

目前国内比较早也比较成熟的网站支付方式是使用支付宝，本小节将体验一下在线购物支付的过程（图 9-13），这里模拟一个真实的定购和支付实例，希望读者能通过该实例对使用支付宝的支付有一个全面的了解。

具体的操作步骤如下：

1）打开 IE 浏览器，输入淘宝的网址：www.taobao.com，按下回车键，即可登录淘宝网站的首页，如图 9-14 所示。

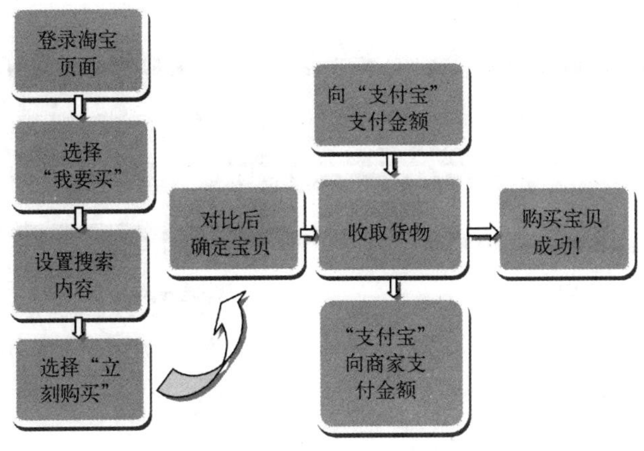

图 9-13　购物支付流程

图 9-14　打开的淘宝首页

2）单击选择左上角的“请登录”链接，打开用户的登录界面如图 9-15 所示，直接输入用户名和密码（新用户需要注册淘宝帐户）。

3）单击“登录”按钮登录淘宝网站的会员系统，此时在页面的左上角选择“我要买”“我要卖”“我的淘宝”，需要购买东西选择第一个，如果需要通过淘宝来卖东西，选择第二个，如果是商家，可以选择进入自己的店铺，选择第三个，如果需要查看购买到的一些产品与其他信息，也可以选择进入“我的淘宝”。这里以购买为例，选择“我要买”，进入购买页面，如图 9-16 所示。

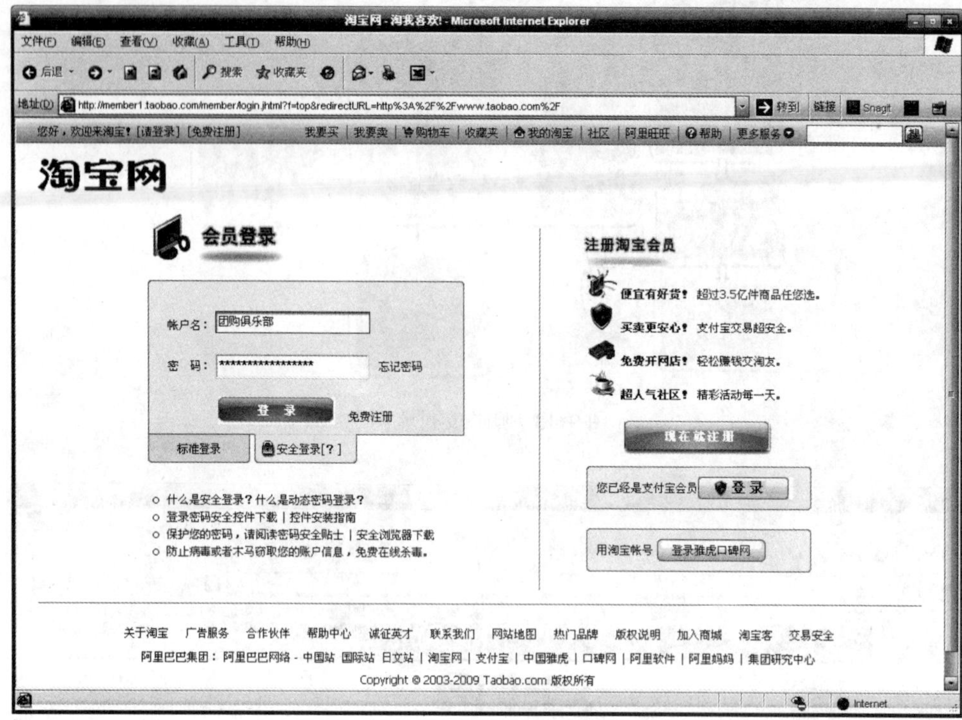

图 9-15　会员登录页面

图 9-16　登录购买页面

4）根据顾客需求，此页面分成了虚拟、数码、护肤、服饰、家居、文体、收藏和其他几大类产品频道，并在这之中又分成了若干小类，顾客可以根据自己的需求，选择进入到需要的产品频道，这里以服饰为例。选择“服饰”→“童装/童鞋/孕妇装”菜单选项，在打开的界面中选择“连身衣/爬衣/哈衣”，找到需要的产品，如图 9-17 所示。

图 9-17　将要购买的产品

5）选择“立刻购买”或者“加入购物车”按钮。如果对产品十分满意，选择前者，如果还没有拿定主意，选择后者，可在与相应产品对比之后，再做决定，这里选择前者“立刻购买”，进入购买页面，购买页面里面包括了图 9-18 所示的五个主要操作步骤。

图 9-18　购买操作步骤流程图

6）首先需要确认购买信息，其页面如图 9-19 所示。在此页面选择收货地址并确定；同时确定购买信息，这里包括购买数量以及运输方式（如果购买多件，可以通过跟商家协商来减少或者省略运费）；最后确定提交订单，这里可以选择用用户名购买或者匿名购买，如果选择匿名购买，那么购买产品后的所有留言、评价等都为匿名。购买信息审查无误之后，按下“确认无误，购买”按钮。

7）按下按钮后打开订单确认支付页面，该页面如图 9-20 所示。接下来进行支付环节，初次交易的时候，需要把支付宝安装到本地计算机上，并备份到移动硬盘或者本地硬盘上保存，以防止丢失。这里选择“付款”按钮，在弹出的确认界面中输入自己的支付宝的支付密码，确定支付购买产品的金额。

图 9-19　确认购买产品信息

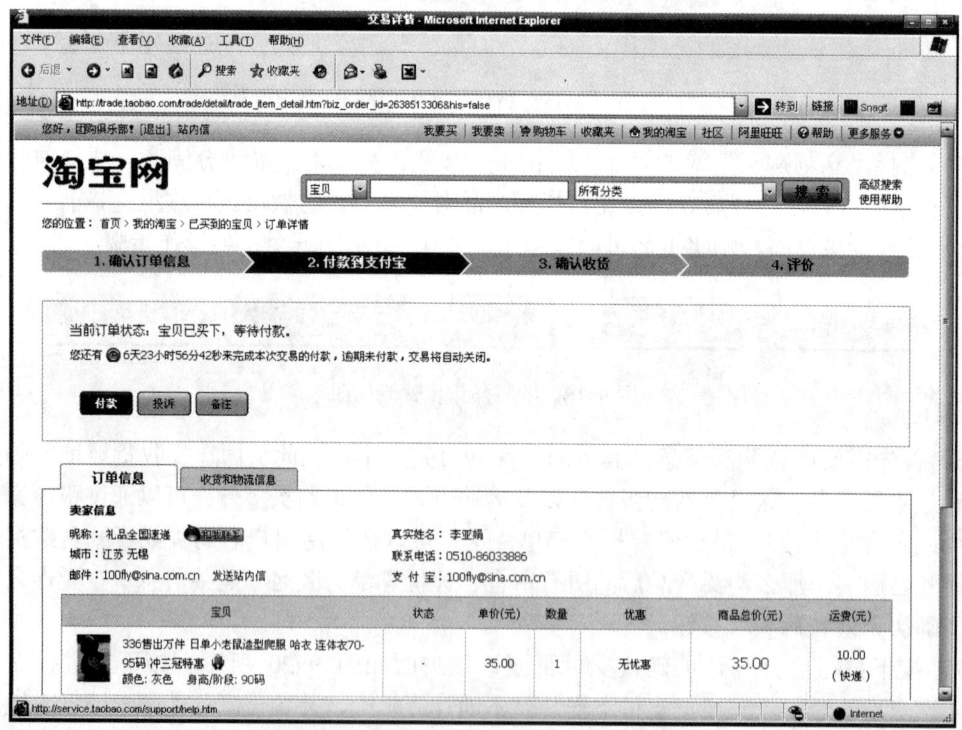

图 9-20　确认支付页面

8）付款之后，等待卖家发货，通常根据地点和运输方式的不同，等待的时间也会有所不相同。这里以“快递”为例，在产品送上门时，我们需要检验产品是否损坏或者是否与销售相符，确认无误后再签收快递单子。完成以上操作之后，再登录淘宝，单击页面左上角的“我的淘宝”文字链接，进入“我的淘宝”页面，如图 9-21 所示。

图 9-21　“我的淘宝”主界面

“我的淘宝”主要包括“我的交易”“我的江湖”和“账号管理”等功能项，这里做一下简单的介绍。

“我的交易”：在“我的交易”里面，主要包括“我是买家”“我是卖家”“信用管理”“客户服务”“我要赚钱”以及“友情链接”。通常，我们所有购买过的记录、购买积分产品所积攒的积分、优惠卡券等，以及做为卖家店铺的操作、管理、信用评价等，都出现在这里。

“我的江湖”：可以通过它（图 9-22）来跟其他用户进行互动。通过江湖，加入到喜欢的“淘帮派”，可以了解到更多用户找到的打折信息或者其他信息。在这里还可以通过游戏、送礼物等进行互动。

“账号管理”：所有的用户信息可以通过此面板进行修改或者确定，包括你的安全设置、密码管理、个人交易信息、支付宝帐户管理、登陆邮箱维护以及收货地址、社区信息、网站提醒等，如图 9-23 所示。

9）进入“我的交易”页面。选择“买家提醒”中的“等待确认收货”文字链接，打开待确认的收货页面，如图 9-24 所示。

图 9-22 “我的江湖”频道内容

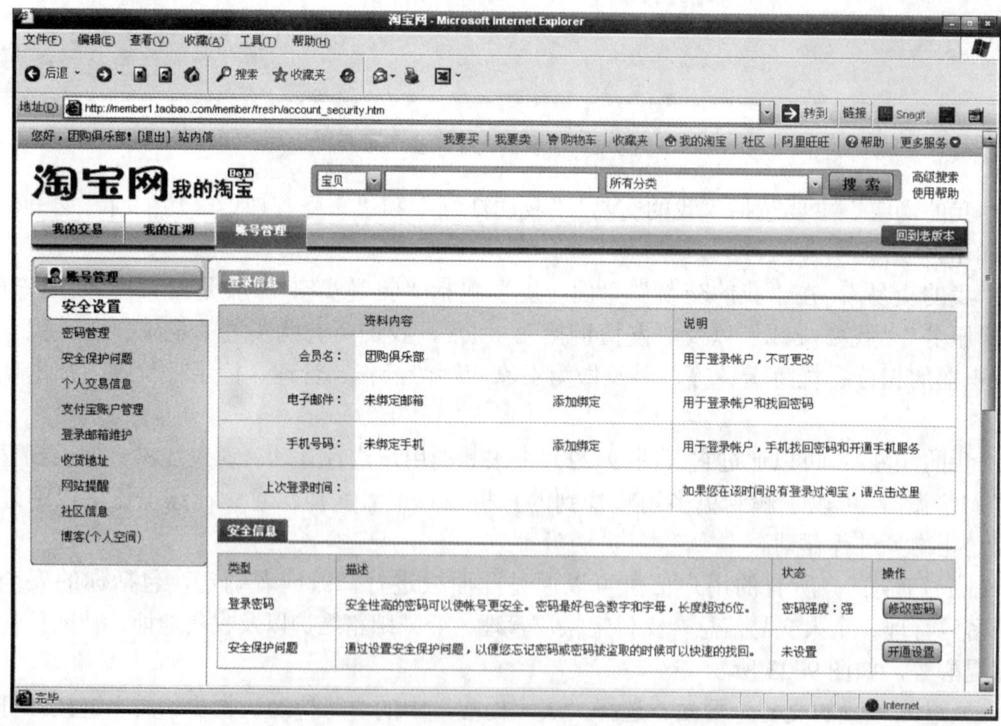

图 9-23 “账号管理”页面

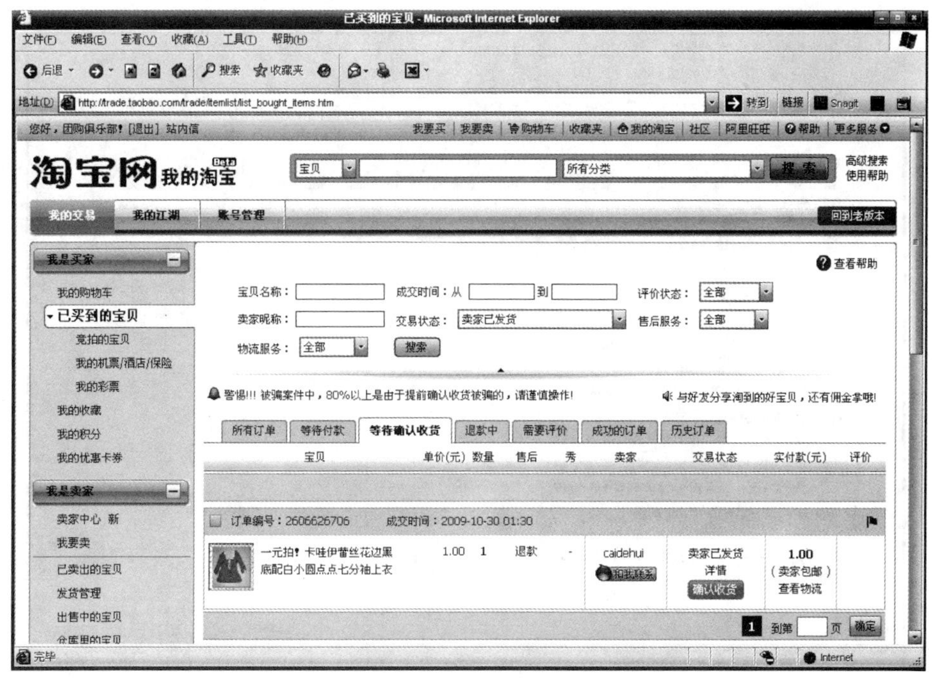

图 9-24　待确认收货页面

10）选择“等待确认收货”菜单，根据交易订单编号找到产品。确定无误后选择“确认收货”，从而进入“确认收货”页面，如图 9-25 所示。

图 9-25　确认收货页面

11）再次确认信息后，输入支付宝的支付密码，如图 9-26 所示。

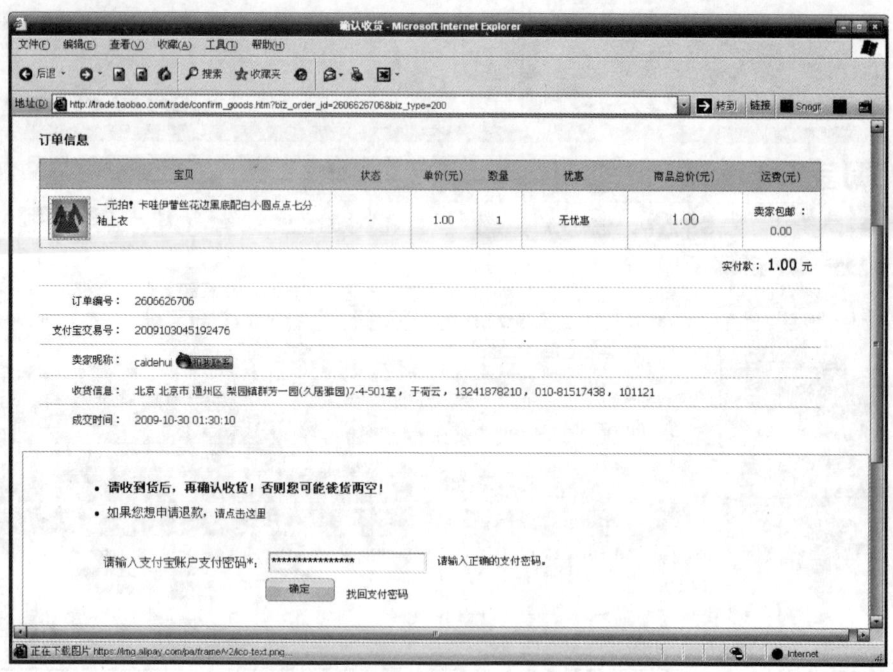

图 9-26　输入支付宝支付密码

12）单击“确定”按钮，完成支付步骤。交易成功后，弹出的“交易成功”界面如图 9-27 所示。为了双方合作愉快，写下对店铺和产品的评价，提高双方的信用程度。

图 9-27　交易成功页面

13）单击“给对方评价”按钮，打开的评价页面如图 9-28 所示，开始进行相应的评价，确认后选择“确认提交”。

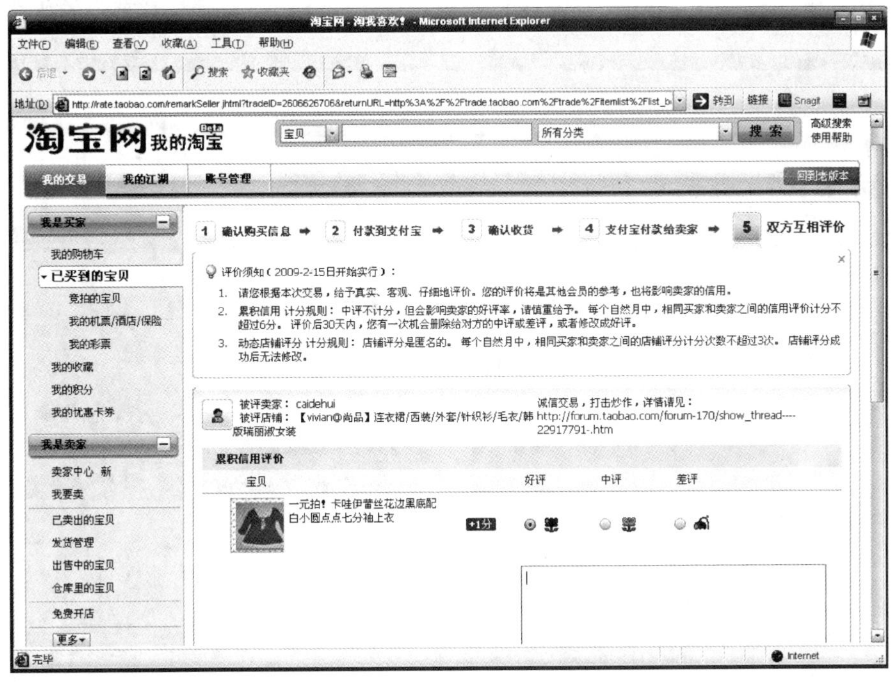

图 9-28　评价页面

14）到这一步骤，才算完成了一次成功的交易，最后的界面如图 9-29 所示。

图 9-29　交易评价成功页面

经验分享：

“我的淘宝”管理项目中有查看“成功的订单”的功能，单击“成功的订单”后会显示你所有成功交易的记录（图 9-30）。这样可以统计你的所有钱数，及时核对自己的账目。

图 9-30　成功订单交易历史记录

9.2.2　使用第三方支付

通过上面步骤的操作，读者对第三方支付已经有了一定的了解，下面具体介绍一下这种支付方式。

所谓第三方支付，就是一些和网站创办所在国家以及国外各大银行签约、并具备一定实力和信誉保障的第三方独立机构提供的交易支持平台。在通过第三方支付平台的交易中，买方选购商品后，使用第三方平台提供的账户进行货款支付，由第三方通知卖家货款到达、进行发货；买方检验物品后，就可以通知付款给卖家，第三方再将款项转至卖家账户。

同样当第三方是除了银行以外的具有良好信誉和技术支持能力的某个机构时，支付也通过第三方在持卡人或者客户和银行之间进行。持卡人首先和第三方以替代银行帐号的某种电子数据的形式（例如邮件）传递账户信息，这种做法避免了持卡人将银行信息直接透露给商家，另外也可以不必登录不同的网上银行界面，而取而代之的是每次登录时，都能看到相对熟悉和简单的第三方机构的界面。

第三方机构与各个主要银行之间又签订有关协议，使得第三方机构与银行可以进行某种形式的数据交换和相关信息的确认。这样第三方机构就能实现在持卡人或消费者与各个银行，以及最终的收款人或者商家之间建立一个支付的流程。

图 9-31 所示为某游戏的在线支付界面，该页面中列出了很多种在线支付的方法。

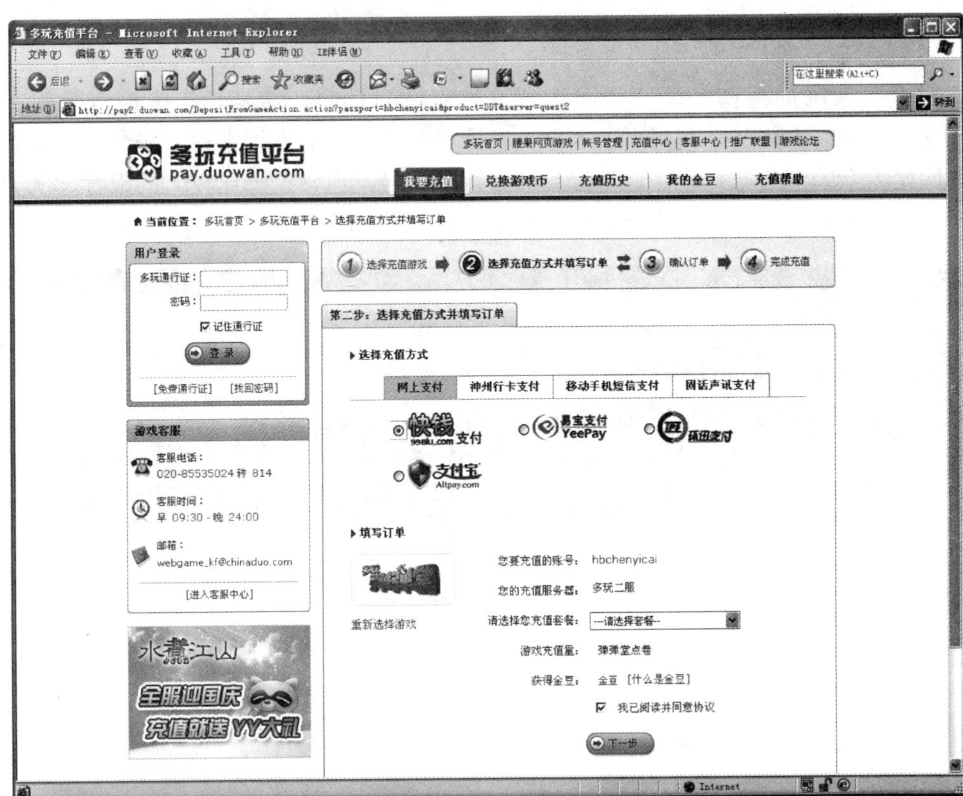

图 9-31　在线支付方法

目前中国国内的第三方支付产品主要有 PayPal（易趣公司产品）、支付宝（阿里巴巴）、财付通（腾讯公司，腾讯拍拍）、快钱（完全独立的第三方支付平台）、百付宝（百度 C2C）、环迅支付以及汇付天下，其中用户数量最大的是 PayPal 和支付宝，前者主要在欧美国家流行，后者是阿里巴巴旗下的产品。

另外，中国银联旗下的银联电子支付也开始致力于第三方支付，其实力不容小视。通过 PayPal 支付一笔金额给商家或者收款人，可以分为以下几个步骤：

1）只要有一个电子邮件地址，付款人就可以登录开设 PayPal 账户，通过验证成为其用户，并提供信用卡或者相关银行资料，增加账户金额，将一定数额的款项从其开户时登记的账户（例如信用卡）转移至 PayPal 账户下。

2）当付款人启动向第三人付款的程序时，必须先进入 PayPal 账户，指定特定的汇出金额，并提供收款人的电子邮件账号给 PayPal。

3）接着 PayPal 向商家或者收款人发出电子邮件，通知其有等待领取或转账的款项。

4）如果商家或者收款人也是 PayPal 用户，其决定接受后，付款人所指定之款项即移转予收款人。

5）若商家或者收款人没有 PayPal 账户，由必须按照 PayPal 电子邮件的内容指示链接站点进入网页注册取得一个 PayPal 账户，收款人可以选择将取得的款项转换成支票寄到指定的处所、转入其个人的信用卡账户或者转入另一银行账户。

9.2.3 即时汇款支付

通过银行或邮局柜台汇款，从而达到货款支付的目的，这是现实中最保险的支付方式。目前最方便的方法就是在网页上的适当位置，留下商家的专用银行卡账号。图 9-32 所示为某网站提示的汇款方式。在这里提到的银行卡账号，通常选择比较大的银行，例如：中国建设银行、中国工商银行、中国农业银行、中国农村商业银行等。

图 9-32　提示支付的方式

在确认订购后，做到货到付款的方式。对于一些比较贵重的产品，宜送货上门，一手交钱一手交货。

9.2.4 网银在线支付

网上银行，是任何创办网站的人都非常关心的问题。网上银行的特点就是方便、快捷，省去很多繁琐的过程，商家们如果要想快速的完成货币支付，可以选择使用网上银行。下面我们将开办网上银行的一些基础知识介绍给大家，采取问答的形式做具体的介绍。

问题一：什么是网上银行？

网上银行，是指银行通过电脑和互联网（或其他公用网），向客户提供金融服务的业务处理系统。它是一种全新的业务渠道和客户服务平台，客户不用前往银行柜台，就可以享受到全天候、跨地域的银行服务。

问题二：使用网上支付安全吗？

网上支付是通过国内各大银行的支付网关进行操作的，采用的是国际流行的 SSL 或 SET 方式加密。安全性是由银行方面负责的，是完全有保证的。网银在线不收集用户的信用卡资料。当用户需要填写信用卡资料时，实际上已经到达到银行的支付网关。所以，用户不必担心信用卡资料会经过网上银行在线而泄露出去。

经验分享：

为了安全起见，用户最好不要在公共场合输入信用卡信息，以防被他人看到您的卡号及密码。如果需要得到更多与“网上支付安全”方面有关的信息，可以直接与您的发卡行联系。使用的支付平台，所支持的卡种，最好使用 SSL128 位加密算法和 SET（安全电子交易）协议，以及使用 PKI（公钥基础设施）作为网银在线的在线支付网。PKI 把公钥密码和对称密码结合起来，在 Internet 上实行密钥的自动管理，保证网上数据的机密性、真实性、完整性和不可抵赖性，从而进一步地加强了网上支付的安全性。

问题三：在线支付目前支持哪些卡种?

就目前来说，网上银行还在进一步的发展阶段。现在全国以及各地的银行，并不是所有卡种都支付网上银行支付的。我们将支持网上支付的银行整理成表 9-1，供网站管理者开办的时候参考。

表 9-1 支持网上支付的银行

支 持 卡 种	开 通 方 式	适 用 地 区
工商银行牡丹灵通卡	柜台申请/网上开通	全国
工商银行牡丹信用卡	柜台申请/网上开通	全国
工商银行牡丹借记卡	柜台申请/网上开通	全国
招商银行一网通/专业版	网上开通支付	全国
招商银行信用卡/一卡通	网上开通	全国
中国银行长城信用卡	无需申请	广州 上海
中国银行借记卡	无需申请	上海
建设银行龙卡信用卡	网上开通	全国
建设银行龙卡	＞500 柜台申请，＜500 网上申请	全国签约客户
民生银行民生卡	无需申请	全国
民生银行签约客户	无需申请	全国
农业银行金穗信用卡/借记卡	无需申请	全国
浦发银行东方信用卡/借记卡	无需申请	广州地区
交通银行太平洋信用卡	网上开通	广州 上海
交通银行太平洋借记卡	网上开通	广州 上海
邮政邮储借记卡	无需申请	广东地区
农村信用合作社农信银联储蓄卡	柜台申请	广州地区/上海地区
福建兴业银行兴业银联卡	无需申请	广州地区
深圳发展银行发展卡	网上开通	全国
光大银行阳光卡/借记卡	无需申请	全国

（续）

支持卡种	开通方式	适用地区
中信实业银行信用卡/理财宝卡	无需申请	全国
中信实业银行借记卡	柜台申请	广州地区
广东发展银行信用卡/借记卡	无需申请	全国
商业银行羊城借记卡	无需申请	广州地区
华夏银行借记卡	无需申请	全国

问题四：支付过程麻烦吗？

通过网上银行在线支付平台，在线支付是很方便、快捷的。只需要在网银平台上，选择使用者所持卡银行和卡种，就可以到银行后台支付了，整个过程只需几分钟。

问题五：使用网银在线支付平台，进行在线支付的条件是什么？

消费者持有网银在线支付，支持的在线支付银行卡种中的一种银行卡，并且此卡已经开通网上银行的在线支付服务。

问题六：如何申请网上银行服务？

申请网上银行服务可以持本人有效证件和银行卡，到相应银行的营业网点，办理申请网上银行服务的相关手续，也可到相应的银行网站，在线申请网上银行服务。值得注意的是，有些银行要求在线申请后，本人持有效证件和银行卡到银行柜台签约，才能开通在线支付等网上银行的全部服务，具体细节请查看银行帮助中相应银行的帮助文档。

问题七：在线支付要在消费者银行卡上扣除手续费吗？

网银在线所得手续费，是从商户那儿扣除的，不在消费者的银行卡上扣除任何费用，银行在消费者的银行卡中，扣除的仅仅是消费者购买的商品或服务的售价。

问题八：首次使用网银在线支付的消费者，应注意哪些问题？

1）首先查看持有的银行卡是否符合在线支付的条件，即此卡是否是网银支持的卡种，此卡是否具有在线支付的功能等。

2）为确保网上支付安全操作，务必到相应的银行网站下载专区，进行 IE128 位高加密包下载。

经验分享：

付款方式除了上面介绍的网上银行支付、邮局汇款、银行汇款、第三方支付等，还包括货到付款、手机短信支付以及其他形式的网上付款。为了方便顾客付款，在实际操作中，应该给出多种选择，不要只接受一种支付方式，因为这样很可能会导致顾客感觉不便而失去成交机会。当然，一般情况下，不推荐使用货到付款的方式，原因很简单，即增加了自己的经营风险。

9.2.5 在线支付的功能

对于网站建设者而言，创办购物网站后一般需要申请域名和空间，网站要备案，之后做购物网站的程序，上传后网站才能正常运行。其中，在购物网站程序开发时实现在线支付功能是比较简单的，一般使用第三方支付的支付宝或者做个简单的链接到在线网银进行支付，本小节将介绍一下实现这两种支付的方法。

1．在线网银支付

在线网银支付是一种比较简单的方法，一般就是先开通网银账户，然后在网站做一个支付链接即可，具体的实现步骤如下：

1）首先，需要办理一个网上银行的账户，比较好的网上支付的银行是“招商银行”和“中国工商银行”。这个账户本人必须亲自去银行开通，去了直接跟柜员说要开通网上银行账户，银行会问有没有这个银行的储蓄账户，如果没有的话就得办一张储蓄卡，网上银行的账户都是跟用户的储蓄账户挂勾的。

2）在办理好储蓄卡后，再填写一张网上银行账户申请单，交给银行，其间银行会要求用户输入支付密码，查询密码，按照顺序办理就好。建议把支付密码跟查询密码设置成不一样的密码。

3）接下来在网站的在线支付页面上加入链接即可，本书实例在 gouwusuan.php 页面加入实现支付的文字链接，如图 9-33 所示。

图 9-33　加入支付链接文字

4）提供了商家开通的网银银行供选择之后，如单击“中国工商银行支付”即可链接到在线支付登录网页，地址为 https://mybank.icbc.com.cn/icbc/perbank/index.jsp，如图 9-34 所示。

5）购物者在输入用户名和密码以及验证码后即可登录后台进行支付。

2．支付宝支付

实现支付宝在线支付的功能相对网银而言会麻烦些，用户首先要到银行办理一个支付宝，然后到支付宝网站申请相关的服务，之后才可以使用该功能，具体的实现步骤如下：

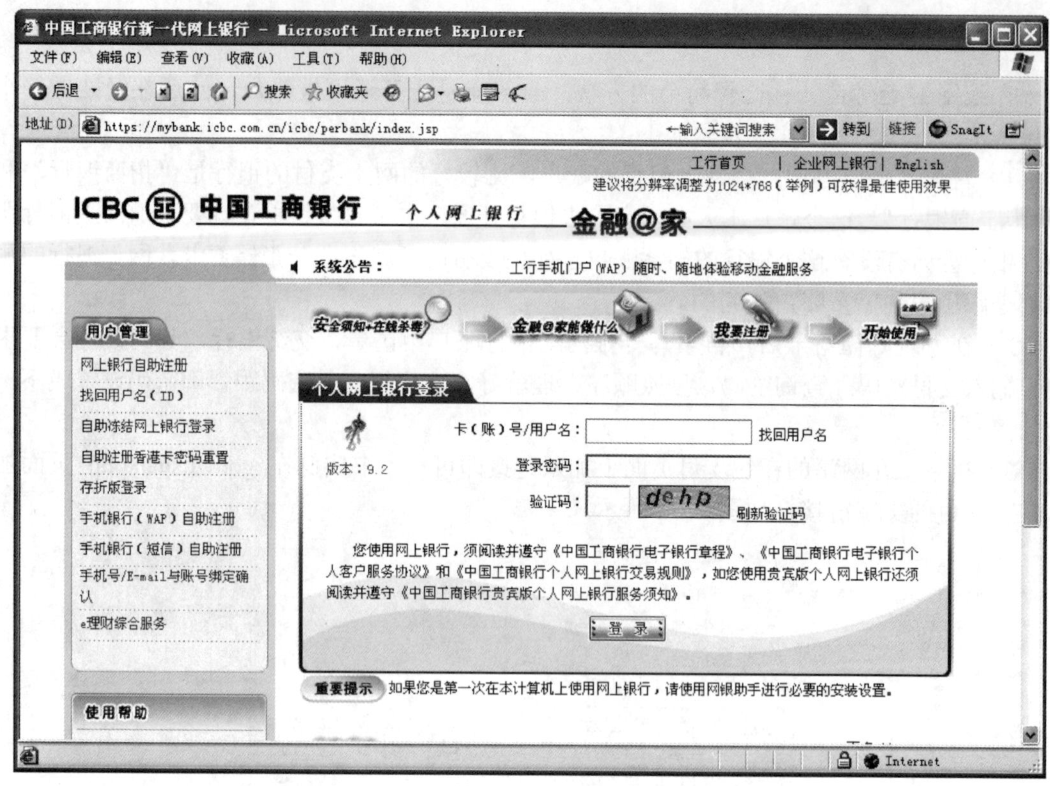

图 9-34　打开的工商银行在线网银登录页面

1）首先，同样需要到银行办理一个支付宝账户，如“中国工商银行”和“中国建设银行”。这个也必须亲自去银行开通，办理时要说清是个人办的小型个人网店，还是商家办的支付宝，如果是以公司名义办理还要记得带上公司的一些手续。办理后银行会给用户一张支付宝银行卡，图 9-35 所示为办理的个人支付宝卡。

图 9-35　办理的个人支付宝卡

2）打开支付宝的在线开通业务网站 https://www.alipay.com/，如图 9-36 所示。

3）可以根据自己的需求向支付宝申请在线支付业务，也可以根据自己的需要定制“收款服务”。如这里的“商家服务”只需要单击“网银支付”文字链接即可，如图 9-37 所示。

图 9-36　支付宝网站首页

图 9-37　选择类型

支付宝提供了详细的单笔阶梯费率，见表 9-2。

表 9-2 支付宝价格及服务期限表

单笔阶梯费率				
服务名称	预付费	交易流量	费率	服务期限
单笔阶梯费率	0 元	0～6 万元	1.2%	1 年
		6 万元～50 万元	1.0%	
		50 万元～100 万元	0.9%	
		100 万元～200 万元	0.8%	
		200 万元以上	0.7%	

4）在网上定制后，支付宝技术工程师会在产品订单通过审核后的 2 个工作日内联系用户，为用户的网站免费进行技术集成，也就是说只需要将制作的需要进行支付的页面让他们帮忙集成就可以了。集成后即可上传到服务器空间进行使用。

9.3 选择物流配送的方法

网站在经营的时候都会遇到这样的问题，如何把产品送到全国乃至全世界的朋友那里呢？这就需要物流来帮忙，常用的物流有平邮、EMS、民营快递、汽运、铁路运输和空运等。下面详细分析几种国营物流方式的特点和注意事项。

9.3.1 国营物流的选择

国营物流，就是中国邮政提供的服务，适用范围为中国大陆地区，基本上有人的地方都可以送到。

（1）平邮

优点：适用于中国大陆地区，只要有人的地方都可以到达，而且价格便宜。

缺点：平邮比较慢、物件容易丢、取件麻烦，无法网上跟踪邮件下落。

运费计算：

按中国邮政普通包裹资费标准执行（实际费用=包裹资费+3 元挂号费+保价费+0.5 元单据费），以包裹重量每 500g 为计算单位，不足 500g 的按 500g 计算。首重费用为 6 元/500g，续重费用各地区不同。

（2）普通快递

优点：网点多。

缺点：邮费相对别的快递公司的贵，虽然时间承诺的是 10 天内邮寄到，但实际时间也说不准确，常常花了快递的钱，却是得到平邮的速度，并且邮局工作人员不派送邮件，需要自带身份证去邮局取件。

运费计算：

适用范围为中国大陆地区，在中国邮政快递包裹资费标准基础上，包裹资费打七折（实际费用=包裹资费×0.7+3 元挂号费+保价费+0.5 元单据费，订购时系统显示费用为实际费用），包裹首重 1000g 为一个计算单位，续重以每 500g 为计算单位，不足 500g 的按 500g 计算。邮费为 10 元/1000g，续重费用各地区不同。

（3）EMS

优点：速度快，网点多，全国各地基本都能到。还有一点，基本不丢件。可以上网查询，送货上门，物品安全有保障。

缺点：价格较贵，包装和运单都要单算钱。

运费计算：

按中国邮政 EMS 快递标准执行，即包裹重量在 500g 内收 20 元，超过部分每递增 500g 按所在地区不同收费标准不同：山东、北京、天津、河北、内蒙古、山西、辽宁、河南、吉林、安徽、江苏、黑龙江、陕西、上海、湖北、浙江、甘肃、江西、湖南、福建、四川、重庆收 6 元，宁夏、青海、广东、贵州、广西、云南、海南收 9 元，其它地区收 15 元。不足 500g 的按 500g 计算（如果该费用超过 29 元，按七折另加 2 元单据费收取，即实际收取费用=应收费用×0.7+2 元单据费，订购时系统显示费用为实际费用）。

（4）E 邮宝

E 邮宝是中国邮政集团公司与支付宝最新打造的一款国内经济型速递业务，专为中国电子商务所设计，采用全程陆运模式，其价格较普通 EMS 有大幅度下降，大致为 EMS 的一半，但其享有的中转环境和服务与 EMS 几乎完全相同。

优点：便宜，可以到达国内任何范围，运输时间短，只比 EMS 慢 1 天左右。可以邮寄航空禁寄品，派送上门，网上下订单，有邮局工作人员上门取件，时间为当天早上 5:00～11:30 下订单，下午可取件；中午 11:30～19:30 下订单，次日早上取件。

缺点：部分地区还没有开通此项目。

9.3.2　经济的民营快递

民营快递就是指民营私有企业创办的物流公司，资费一般定价为：首重 8 元/1 公斤，续重 6 元/1 公斤。赔付的方式为丢失赔付：无保价，赔付金额小于等于 1500 元；有保价，保价率是 1%，赔付金额小于等于 10000 元；破损赔付的方式为：无保价，赔付金额为 3～5 倍赔运费；有保价，保价率是 1%，赔付金额小于等于 10000 元。

优点：价格便宜，速度在 3～4 天内。

缺点：网点不够广泛，偶尔有丢件等情况，员工素质因人而异。

9.3.3　空运物流的特点

空运的运费一般是按重量算，到各个不同的城市价格也不统一。不同的空运代理价格也不一样。当然有一个最低标准，没达到的按最低标准算。如果货物比较多的话，可以多找几家公司，让他们提供报价，以供选择，而且有的公司也会愿意免费上门提货。

优点：是几种物流方式中最快的，寄急件时可以考虑。

缺点：费用较高，且会因为天气原因取消航班，所以要慎重选择。

9.3.4　选择物流注意事项

如何选择放心的好物流呢？快递公司的规定一般是最多赔偿运费的 2 倍，也就是说 20

元。若是发货为贵重物品，万一损坏或丢失，就补偿最多 20 元。学习必要的网站物流知识，可以为我们赢得最大的保障。通常，和物流公司打交道主要从保价和货品验收两个环节入手即可。

保价：

这种方式是可以按照网站保价的金额来赔偿的，但是保价费要收取百分之三，比较贵。有时网站卖家挣得的利润都没有保价的费用高，所以填写保价的也不是很多，而且保价都是在买家没有签收的情况下才会赔偿，如果是买家没有先验货，直接签收了货品的话，那快递公司就不会负任何责任，可见保价的效果。

货品验收：

快递员一般不会让买家先验货。这主要是因为网上有很多网站创办者，售出的商品与网站页面中的图片不符，质量差，若是买家先验货的话，很可能要拒收，但是货品已经开包，再返回给商家的话，商家又不会承认，照样可以投诉快递，快递公司只能是两边不捞好。验收的方法有两种：

一是买家仔细检查货品的外包装，查看外包装是否有拆开的痕迹，外包装是否完好无损。买家要是想先验货再签收，可以写一张证明外包装完好无损的纸条，以证明快递公司的清白。

二是买家可以联系网站商家，由商家再联系快递公司，然后通过三方的沟通，让买家先验货。但这种验货方式，到最后很可能还是需要写上面提到的证明，所以这种方式是比较浪费时间的，总归就是要写个证明外包装完好无损的纸条才可以验货。不过也有例外，就是那个快递员自己不熟练快递业务知识，不知道有写证明才可以验货这一点，或是直接同意你验货，或是彻底不可以验货。

9.4 网站的售后服务策略

售后服务在销售中占有极其重要的位置，不要忽略它的存在。例如在网络上，如果顾客觉得受到了冷落，那他告诉的不是 1 个人，有可能会是几百个人。所以要用更多的时间，来树立良好的信誉口碑，不但要提供顾客所需的，还要有良好的服务态度。现今的客户关系管理，不是和过去一样仅仅依赖销售人员的个人魅力，而是必须依赖协调整合的行动，由过去被动地收集客户资料，转为建立主动关怀的顾客关系。能否在第一时间解决客户的需求问题，在很大程度上决定了商家能否获得客户的信任。

在经营的过程中，网站商家在平常要做到如下的售后服务准备：

1）畅通的电话联系。

2）及时的资讯传达。

3）周到的咨询服务。

4）快速的系统维护服务。

5）贴心的问候释疑。

6）意外的惊喜礼物。

9.4.1　网站顾客的满意度

顾客满意度主要涉及三个方面：顾客的期望值、产品和服务的质量、服务人员的态度与方式。顾客对于产品或服务的期望值很高，顾客的期望在顾客对卖家的产品以及服务的判断中起着关键性的作用；顾客将他们所要的或期望的东西与他们正在购买或者享受的东西进行对比，以此评价购买的价值。

可以用公式简单地表示：顾客的满意度=顾客的实际感受/顾客的期望值

1．顾客的期望值

一般情况下，当顾客的期望值越大时，购买产品的欲望就越大。但是当顾客的期望值过高时，就会使得顾客的满意度越小；顾客的期望值越低时，顾客的满意度相对就越大。因此，卖家应该适度地管理顾客的期望，若管理失误，就容易导致顾客产生抱怨。

管理顾客期望值的失误主要体现在两个方面：

（1）承诺过多与过度推销

我们要拒绝承诺过多或者过度的推销，因为这样会使顾客产生很大的反感。简单地举一个例子，例如有的网上商家承诺包退包换，但是一旦顾客提出退商品或者换商品时，总是找一些理由来搪塞或者拒绝。

（2）虚假广告信息

在广告中过分地宣传产品的某些性能，故意忽略一些关键的信息，转移顾客的注意力。这些管理上的失误，导致顾客在消费过程中，有失望和反感的感觉，因而产生一定的抱怨和不信任。因此，要坚决反对虚假广告。

2．产品和服务质量

在产品和服务质量上，会存在如下的不足：

1）产品本身存在的问题，质量没有达到规定的标准。

2）产品的包装问题，导致产品损坏。

3）产品出现小瑕疵。

4）顾客没有按照说明操作，而导致出现故障。

3．客服人员的态度

为顾客提供产品服务，缺乏正确的推荐技巧和工作态度，都将导致顾客的不满，产生抱怨。这主要表现在：

1）服务态度差。不尊敬顾客，缺乏礼貌；语言不当，用词不准，引起顾客误解。

2）缺乏正确的推销方式。缺乏耐心，对顾客的提问或要求表示烦躁，不情愿，不够主动；对顾客爱理不理，独自忙乎自己的事情，言语冷淡，似乎有意把顾客赶走。

3）缺乏专业知识。无法回答顾客的提问，或是答非所问。

4）过度推销。过分夸大产品与服务的好处，引诱顾客购买，或有意设立圈套，让顾客中计，强迫顾客购买。

9.4.2 正确处理顾客意见

好的服务，首先必须要有好的服务态度，因为服务来自内心。好的服务第一必须尽心尽力去满足客户的期望，第二便是想方设法去超越客户的期望。

1．处理顾客抱怨的原则

顾客就是上帝，顾客始终正确。这是非常重要的观念，有了这种观念，就会有平和的心态来处理顾客的抱怨。这包括三个方面的含义：

1）应该认识到，有抱怨和不满的顾客是对卖家有期望的顾客。

2）对于顾客的抱怨行为应该给予肯定、鼓励和感谢。

3）尽可能地满足顾客的要求。

2．如果顾客有误，请参照第一条原则

在顾客与卖家的沟通过程中，常常会因为存在沟通障碍而产生误解，即便如此，不要与顾客进行争辩，否则会失去了潜在的顾客。

3．处理顾客抱怨的策略与技巧

（1）首先必须重视顾客的抱怨

当顾客投诉或抱怨时，不要忽略任何一个问题，因为每个问题都可能有一些深层次的原因。顾客抱怨不仅可以增进卖家与顾客之间的沟通，而且还可以诊断卖家的内部经营与管理所存在的问题，从而利用顾客的投诉与抱怨，来发现我们的不足以及需要改进的地方。

（2）详细的分析顾客抱怨的原因

比如一个顾客在某商场购物，他对所购买的产品基本满意，但是他发现了一个小问题，提出要求替换，但是售货员不太礼貌地拒绝了他，这时他开始抱怨，投诉产品质量。事实上，他抱怨中更多的是售货员的服务态度问题，而不是产品的质量问题。在实际操作中，我们要引以为戒。

（3）正确、及时地解决问题

对于顾客的抱怨应该及时正确地处理，拖延时间只会使顾客的抱怨变得越来越强烈，让顾客感到自己没有受到足够的重视。例如，顾客抱怨产品质量不好，卖家通过调查研究，发现主要原因在于顾客的使用不当，这时应及时通知顾客维修产品，告诉顾客正确的使用方法，而不能简单地认为与自己无关，不予理睬，虽然卖家没有责任，但这样也会失去很多顾客。如果经过调查，发现产品确实存在问题，应该给予赔偿，并尽快告诉顾客处理的结果。

（4）记录顾客抱怨与解决的情况

对于顾客的抱怨与解决情况，要做好记录，并且进行定期总结。在处理顾客抱怨中发现的问题，对于产品质量问题，应该及时通知生产方；对于服务态度与技巧问题，应该向管理部门提出，对工作人员加强教育与培训。

（5）追踪调查

处理完顾客的抱怨之后，应与顾客积极沟通，了解顾客对卖家处理问题的态度和看法，以增加顾客对卖家的忠诚度。

9.5 电子商务网站安全防范

电子商务网站的经营是整天和电脑打交道，在了解了网络支付、产品的物流配送以及做好售后服务这些关键工作之外，在空余时间还要做好最后一个工作，那就是做好网站安全防范工作。安全防范工作主要分为自身使用的电脑的安全防范和网站所托管的服务器的安全防范两个核心工作。

9.5.1 维护电脑的安全设置

操作电脑的安全设置主要是指给自己的电脑进行安全设置，对使用电脑的安全设置我们总结为如下的经验。

一杀：安装杀毒软件定期查毒。

二锁：给使用的电脑“上锁”。

三养：养成良好的上网习惯。

四清：及时清空系统临时文件。

1. 安装杀毒软件定期查毒

现在的电脑使用时一般都会装上杀毒软件，市场上的杀毒软件很多，首先推荐国产的杀毒软件，因为国产的杀毒软件的界面是中文，方便大家操作，购买和维护也比较容易。现在国产的杀毒软件主要有瑞星、金山毒霸、江民、360 等。杀毒软件的安装步骤比较简单，此时就不做具体的介绍了，购买的正版的杀毒软件都有详细的安装步骤。

这里介绍瑞星在安装后的配置方法，具体的操作步骤如下：

1）最新版的瑞星安装后的界面如图 9-38 所示。

图 9-38　瑞星杀毒软件

2）单击界面上的“杀毒”选项卡，打开的“杀毒”窗口如图 9-39 所示，这里可以设置“全盘杀毒”的处理方法。

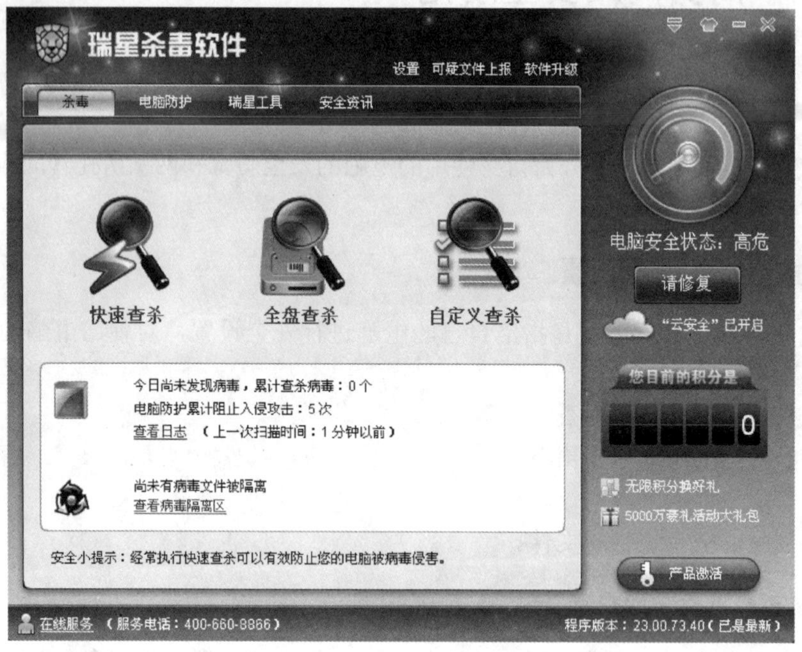

图 9-39 设置杀毒模式

3）单击“电脑防护”选卡，打开图 9-40 所示的窗口，这里需要将所有的防御功能全部打开，这样就可以有效地保护本地电脑。

图 9-40 防御设置

2．给使用的电脑“上锁”

使用的电脑如果不设置任何开机密码，就等于是家里开着门让小偷进来偷东西。设置电脑的开机密码主要有两种方式：一种是在开机 BIOS 里面设置密码，另外一种就是简单的设置操作系统的登录密码。这里介绍操作系统的登录密码的设置方法。

1）设置开机密码，首先要选择“开始”菜单，然后选择“设置”→“控制面板”命令，如图 9-41 所示。

图 9-41　选择“控制面板”选项

2）打开“控制面板”后，双击“用户帐户”选项，如图 9-42 所示。

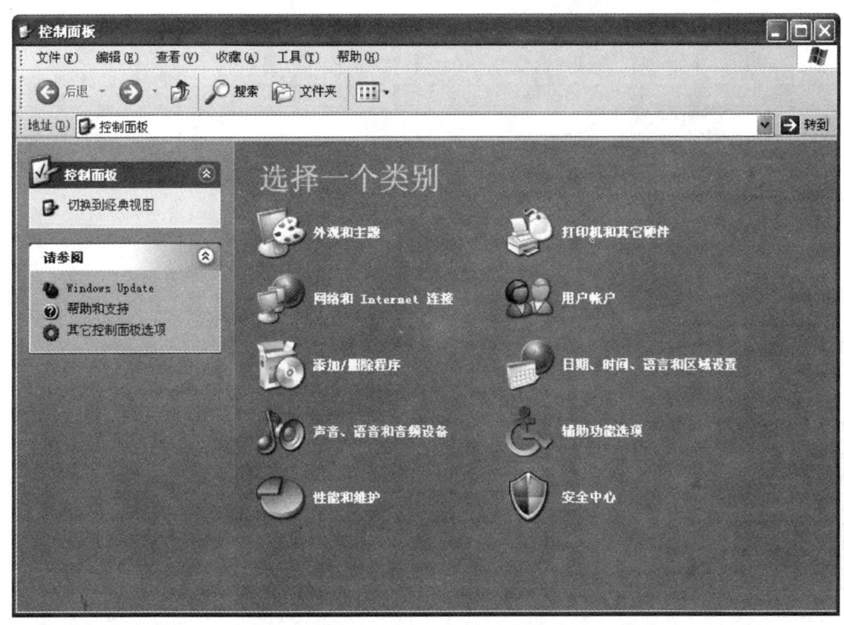

图 9-42　打开的“控制面板”

3）打开“用户帐户”面板，如图 9-43 所示。

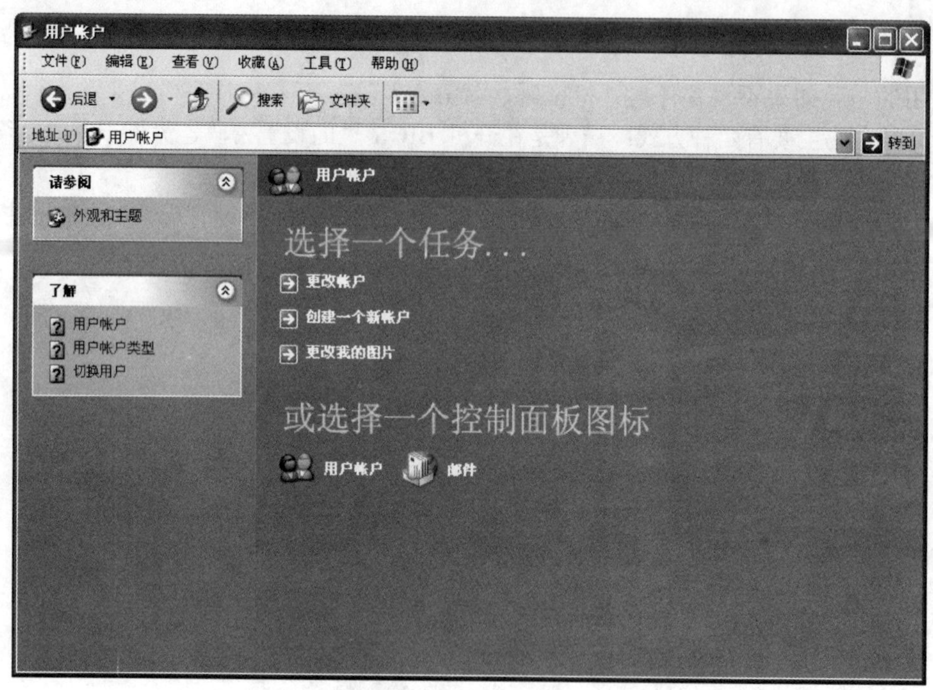

图 9-43 “用户账户”面板

4）单击“更改帐户”选项，打开图 9-44 所示的“挑选一个要更改的帐户”面板。

图 9-44 选择“挑选一个要更改的帐户”

5）单击当前工作的帐户名，打开的帐户管理面板如图 9-45 所示。

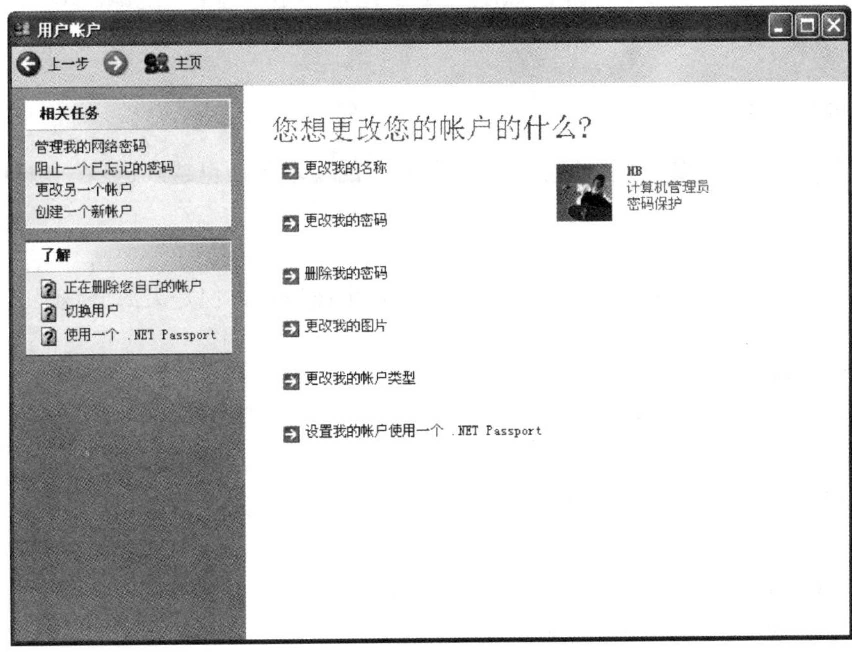

图 9-45　打开的帐户管理面板

6）然后单击“更改我的密码”选项，打开更改面板，设置好密码后，单击“更改密码”，如图 9-46 所示。

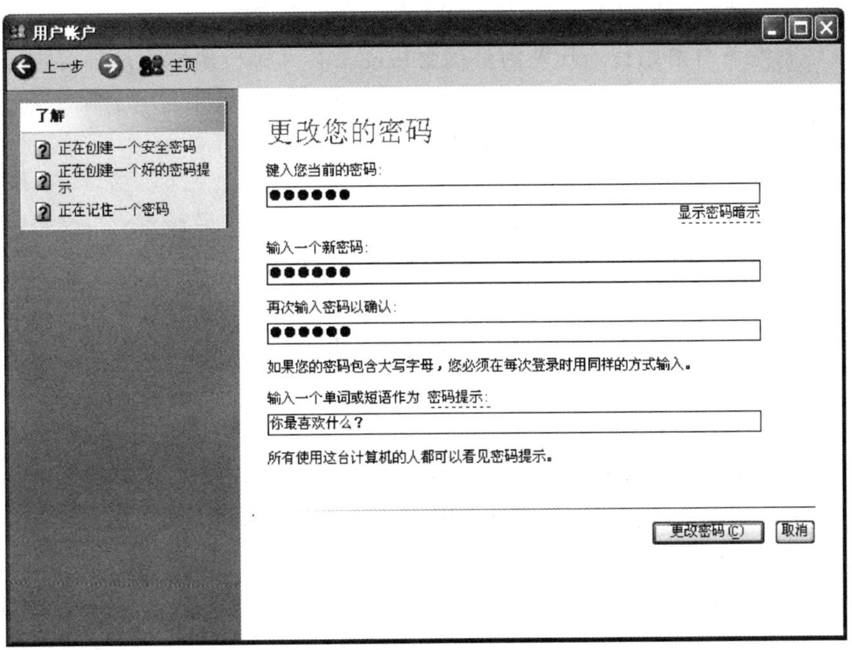

图 9-46　设置新密码

这样开机密码就设置好了，以后每次开机登录的时候，都会要求输入开机密码，如果工作中间要离开电脑，可以同时按下〈Win+L〉组合键，锁定屏幕，继续操作的时候，仍需要输入开机密码。

3．养成良好的上网习惯

经营网站肯定是需要经常上网的，但是网络上的垃圾东西也越来越多，一不小心就会中病毒。养成良好的上网习惯，能够起到很好的防护作用。

（1）预防第一

系统补丁要及时打。微软补丁虽然多，出来得也比较慢，但是大部分是很有用的，所以建议打上。

（2）得到保护

最好安装一个病毒防护软件。

（3）定期扫描你的系统

如果是第一次启动防病毒软件，最好让它扫描一下你的整个系统。干净并且无病毒问题地启动你的电脑是很好的一件事情。通常，防病毒程序都能够设置成在计算机每次启动时扫描系统或者在定期计划的基础上运行。一些程序还可以在连接到互联网上时在后台扫描系统。定期扫描系统是否感染病毒，最好成为你的习惯。

（4）更新防病毒软件

既然安装了病毒防护软件，就应该确保它是最新的。一些防病毒程序带有自动连接到互联网上，并且只要软件厂商发现了一种新的威胁就会添加新的病毒探测代码的功能，还可以查找最新的安全更新文件。

（5）不要轻易执行附件中的 EXE 和 COM 等可执行程序

收到邮件时经常有些附件，这些附件极有可能带有计算机病毒或是黑客程序，轻易运行很可能会带来不可预测的后果。对认识的朋友或者陌生人发过来的电子邮件中的可执行程序附件都必须进行检查，确定无异后才可使用。

（6）不要轻易打开附件中的文档文件

对方发送过来的电子邮件及相关附件的文档，首先要用“另存为…”命令保存到本地硬盘，待用查杀计算机病毒软件检查无毒后才可以打开使用。如果用鼠标直接单击两下 DOC、XLS 等附件文档，会自动启用 Word 或 Excel，如附件中有计算机病毒则会立刻传染；如有“是否启用宏”的提示，那绝对不要轻易打开，否则极有可能传染上电子邮件计算机病毒。

（7）不要直接运行附件

对于文件扩展名很怪的附件，或者是带有脚本文件如*.VBS、*.SHS 等的附件，千万不要直接打开，一般可以删除包含这些附件的电子邮件，以保证计算机系统不受计算机病毒的侵害。

（8）警惕发送出去的邮件

对于自己往外传送的附件，也一定要仔细检查，确定无毒后，才可发送。虽然电子邮件计算机病毒相当可怕，但只要防护得当，还是完全可以避免传染上计算机病毒的，可放心使用。

4. 及时清空系统临时文件

随着电脑的使用，系统的临时文件会越来越大，越积越多，影响运行速度，并且临时文件又是很多病毒喜欢隐藏的地方，定期清理临时文件，不仅可以清理垃圾文件，还可以让电脑的运行速度恢复正常。

清理临时文件的步骤如下：

1）双击打开 IE 浏览器，单击选择菜单栏中的“工具”→“Internet 选项”命令，如图 9-47 所示。

图 9-47　选择“Internet 选项”

2）打开“Internet 选项”对话窗口，单击“删除文件”按钮，如图 9-48 所示。

3）打开“删除文件”对话框，单击选择“删除所有脱机内容”复选框，再单击“确定”按钮，临时文件删除完毕，如图 9-49 所示。

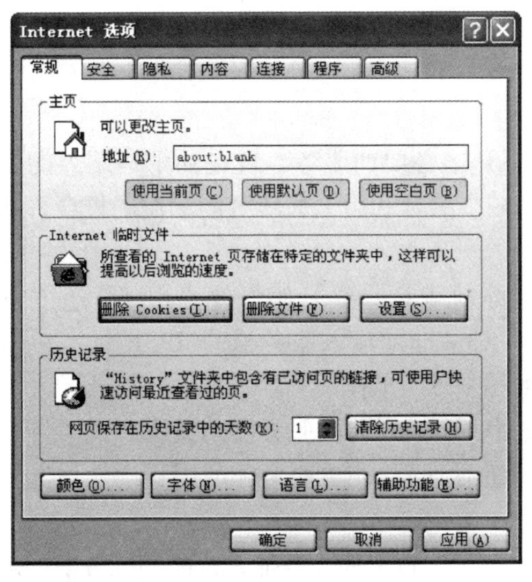

图 9-48　设置“常规”选项卡

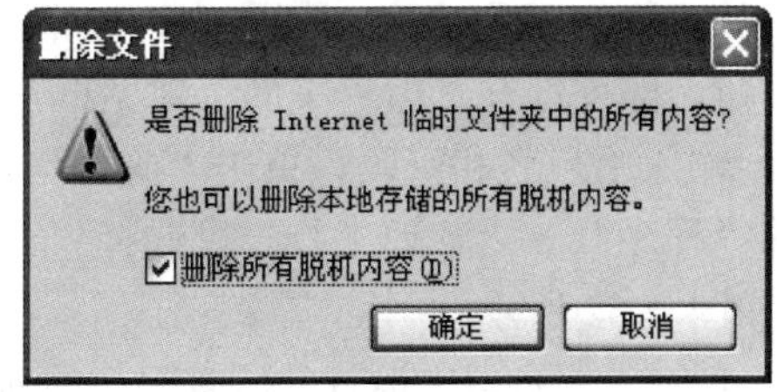

图 9-49　删除文件设置

9.5.2 网站服务器安全配置

很多网站商家采取的是购买服务器自己托管的方式，那么如何打造一个安全的服务器，来保护自己的网站程序不被攻击呢？本小节将介绍一下 Windows 2003 Server 网站服务器的安全配置问题。如何安装 Windows 2003 Server 在这里将不讲述，这里要强调的就是硬盘一定要格式化成 NTFS 格式，因为 NTFS 比 FAT 多了安全控制功能，可以对不同的文件夹设立不同的访问权限，大大增加了系统的安全性。安装 Windows 组件的时候要把所有的勾去掉（图 9-50），也就是不安装任何组件，因为开启的服务越多，被黑客入侵的可能性就越大。

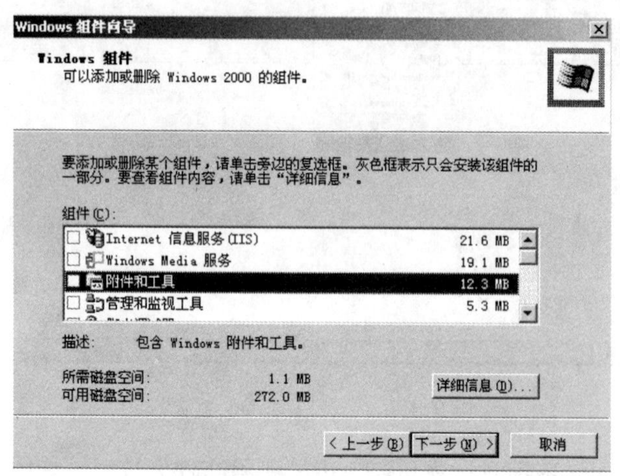

图 9-50 去掉组件

操作系统安装完成以后，开始对 Windows 2003 进行设置，别忘了给 Administrator 设置一个复杂的口令。

1．关闭不必要服务

要做一个安全的站点，就要尽量少开或不开不必要的服务。现在的一些站点的安全隐患就是由一些不必要的服务引起的。所以为了减少黑客利用一些服务的漏洞的机会，我们把一些不必要的服务通通关闭。

1）服务器一般都开通远程管理，在操作系统中选择"开始"→"程序"→"附件"→"远程桌面连接"命令，打开"远程桌面"对话框，输入服务器的 IP 地址，单击"连接"按钮，即可打开"远程桌面"对话框，如图 9-51 所示。

2）输入用户名和密码，单击"确定"按钮，连接到远程服务器的桌面。在"开始"菜单里的"程序"→"管理工具"里选择"计算机管理"，在"服务和应用程序"里选择"服务"，如图 9-52 所示。

3）现在，服务器上运行的所有服务都列出来了。把下面一些非常危险的服务全部关掉：

Schedule

FTP publishing service

Telnet

Terminal Services
RunAs Services
Telphony
Remote Access Server
Remote Procedure Call (RPC) locater
Spooler
TCP/IP Netbios Helper
Telphone Service

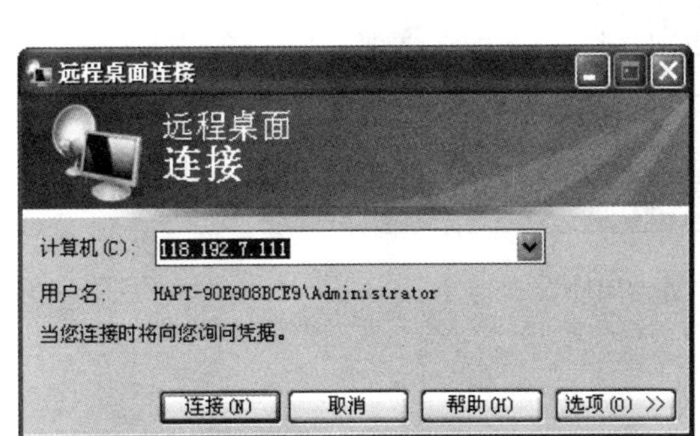

图 9-51　远程桌面操作

名称	描述	状态	启动类别	登录身份
Alerter	通知…	已启动	自动	LocalSystem
Application Manage…	提供…		手动	LocalSystem
ASP.NET State Serv…	为 A…		手动	.\ASPNET
Automatic Updates	从 W…	已启动	自动	LocalSystem
Background Intellig…	用没…		手动	LocalSystem
ClipBook	支持…		手动	LocalSystem
COM+ Event System	提供…	已启动	手动	LocalSystem
Computer Browser	维护…		手动	LocalSystem
DefWatch		已启动	自动	LocalSystem
DHCP Client	通过…		手动	LocalSystem
Distributed File Syst…	管理…		自动	LocalSystem
Distributed Link Tra…	当文…	已启动	自动	LocalSystem
Distributed Link Tra…	保存…		手动	LocalSystem
Distributed Transac…	并列…	已启动	自动	LocalSystem
DNS Client	解析…	已启动	自动	LocalSystem
Event Log	记录…	已启动	自动	LocalSystem
Fax Service	帮助…		手动	LocalSystem
File Replication	在多…		手动	LocalSystem
IIS Admin Service	允许…	已启动	自动	LocalSystem
Indexing Service	本地…		手动	LocalSystem
Infrared Monitor	支持…	已启动	自动	LocalSystem

图 9-52　打开“计算机管理”面板

关闭的方法是：在要关闭的服务上单击鼠标右键，在弹出的菜单中选择“属性”命令，打开图 9-53 所示的对话框，单击“停止”停止这个服务，然后把它的启动类型设置为“已禁用”。这样，一个服务就被禁止了。

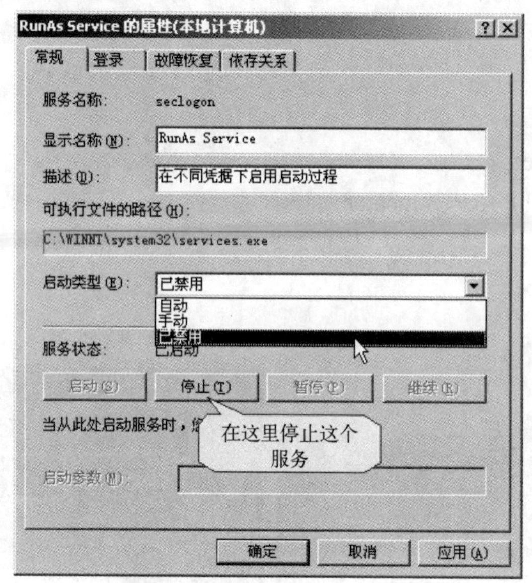

图 9-53　关闭服务器属性设置

2．系统用户管理

在 Windows 2003 操作系统中，所有帐号的管理都在“计算机管理”→“本地用户和组”里实现。可以在这个 MMC 控制台里修改和设置帐号、密码等，如图 9-54 所示。

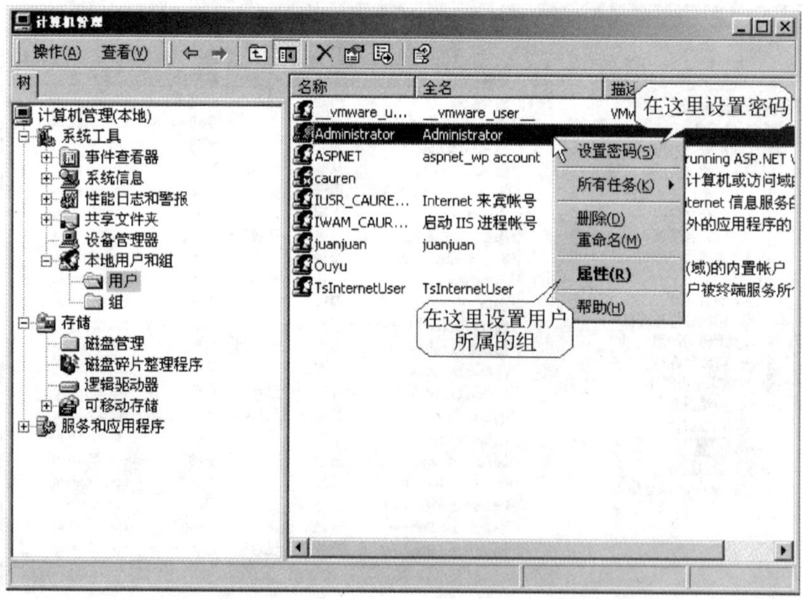

图 9-54　MMC 控制台

帐号策略：

1）拥有 Administrator 权限的用户应该尽可能少，最好只有两个。设两个 Administrator 的原因是防止管理员一旦忘记其中一个帐号的口令还可以用另一个备用帐号；另外，如果被黑客攻破一个帐号并更改了口令还有机会在短时间内重新获得管理权。

2）所有帐号应该严格管理，建立严格的分级审查制度，不要轻易给人特殊权限。

3）将 Administrator 改名，改为一个不易猜测的名字。

4）将 Guest 帐号禁用，并且重命名为一个复杂的名字，然后将其从 Guest 组删掉（有的黑客就是利用 Guest 的弱点，利用工具提升权限将一个帐户提升到管理员组的）。

密码策略：

1）给所有用户设上复杂的口令，口令必须与帐号名不同，长度应该不低于 8 位，应该同时包含字母、数字和特殊字符。不要使用大家熟悉的单词（如 admin）、熟悉的键盘顺序（如 asdf）、熟悉的数字（如 2010）等。口令是黑客攻击的重点目标，口令一旦被突破，管理员所做的任何安全设置都等于形如虚设，而这往往是不少网管所忽视的地方。我们来计算一下：键盘上能用做口令的键一共有 10（数字）+33（标点符号）+26×2（大小写字母）=95 个。如果口令取任意 5 个字母+1 位数字或符号（按顺序），可能性是：52×52×52×52×52×43=16348773000（即 163 亿种可能性）。但实际上绝大多数人都只用小写字母，所以可能性还要小。这已经可以用电脑进行穷举了，在 Pentium200 上每秒可算 3.4 万次，像这样简单的口令要不了 3 分钟。如果用 P4 算上一周，可进行 3000 亿次演算。所以应用 8 位以上的密码。

2）打开“管理工具”→“本地安全策略”的控制台，如图 9-55 所示。

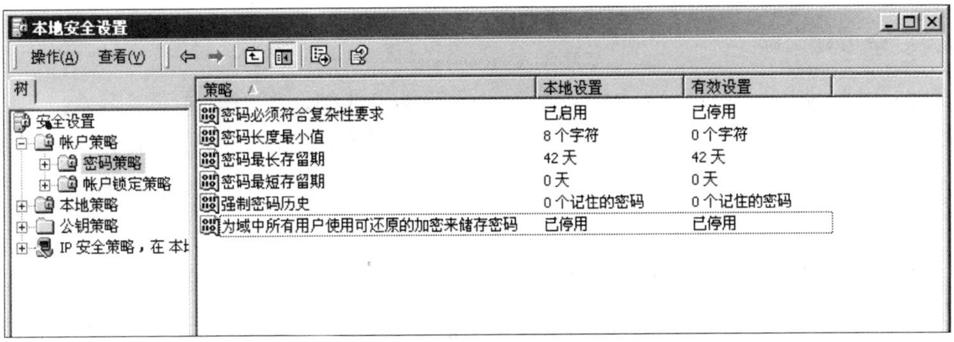

策略	本地设置	有效设置
密码必须符合复杂性要求	已启用	已停用
密码长度最小值	8 个字符	0 个字符
密码最长存留期	42 天	42 天
密码最短存留期	0 天	0 天
强制密码历史	0 个记住的密码	0 个记住的密码
为域中所有用户使用可还原的加密来储存密码	已停用	已停用

图 9-55　本地安全设置

3）在“帐户策略”中选中“密码策略”，启用“密码必须符合复杂性要求”，将“密码长度最小值”设成 8，“密码最长存留期”设成 42 天，“密码最短存留期”设成 0 天，“强制密码历史”设成“0 个”；如果计算机不是域控制器就不用开启“为域中所有用户使用可还原的加密来储存密码”。

3．NTFS 安全权限

NTFS 下所有文件在默认情况下对所有人（everyone）为完全控制权限，这使得黑客使用一般用户身份就能对文件进行增加、删除、执行等操作。建议对一般用户只给予读取权限，而只给管理员和 System 完全控制的权限，如图 9-56 所示。

如果网站中的数据库对外开放，那么要给数据库设置对一般用户读取、修改和写入的权限。如果发现某些脚本（如 ASP）不能执行，或者某些需要写入和修改的操作不能完成，这时就需要对这些文件单独设置权限。管理员在设置权限的时候一定要小心谨慎，三思而后行。

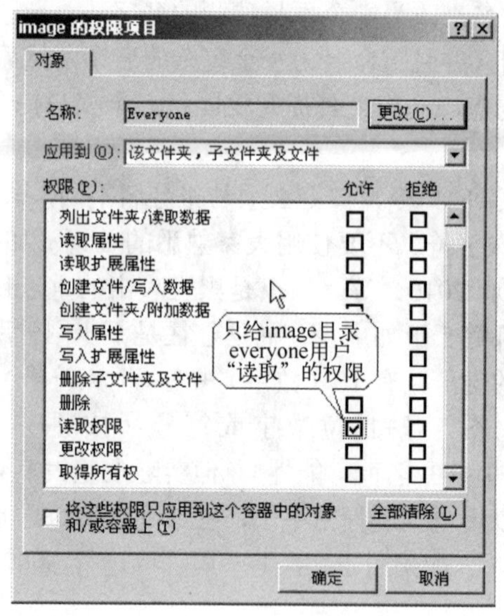

图 9-56 image 的权限项目设置

4. 安全审核策略

在默认的情况下，Windows 2003 是不记录登录事件的。要想记录下黑客入侵事件就需要开启安全审核策略，按照图 9-57 所示的设置修改好设置。现在如果有人尝试对系统进行某些入侵（如口令猜测、改变帐户、访问未经许可的文件等），都会被记录在系统的安全日志里。

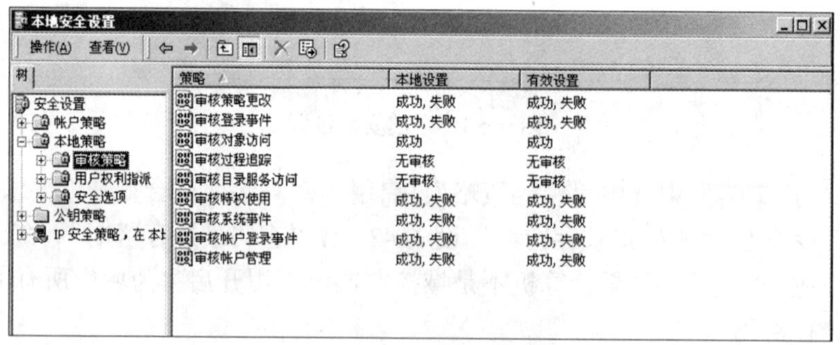

图 9-57 安全设置信息

这样所有的事件都被记录在案，管理员只需要通过查看系统日志就会知道在哪个时间段内有哪些用户都干了些什么，如图 9-58 所示。

5. EFS 加密系统

虽然在前面我们用 NTFS 给系统设上了权限，但是黑客仍然有很多种方法可以穿越这些设置。穿越 NTFS 的方法包括口令破解、用户在离开前没有退出系统或系统内部的

NTFSDOS 程序被黑客越权使用等。

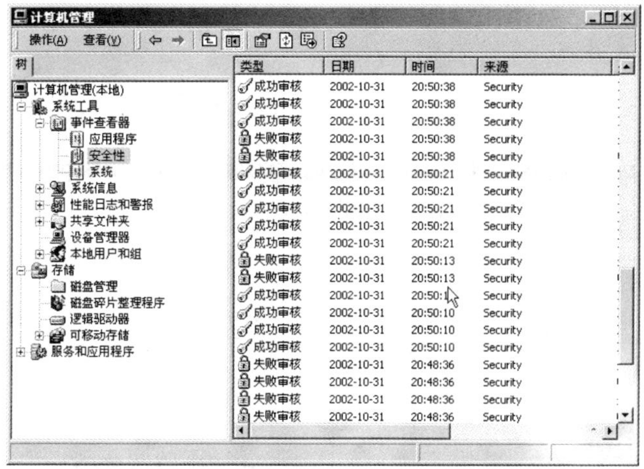

图 9-58　用户操作记录

EFS 密码组结合了对称加密（DESX）和非对称加密（RSA）的优点对数据进行加密。由于 EFS 集成进文件系统，因此一个恶意用户不能绕过文件系统访问到硬盘。而且，所有运行在内核模式的 EFS 驱动程序都不能由用户直接访问。

另外，EFS 可以很好的和 NTFS 共存，它可以被认为是除 NTFS 外的第二层防护。

6. TCP/IP 筛选

Windws 2003 从 Windows NT 继承了 TCP/IP 筛选的功能。打开“网络和拨号连接”，在对外连接的网卡的 TCP/IP“属性”→“高级”的“选项”里（图 9-59）选择“TCP/IP 筛选”。因为我们对外只需提供 HTTP 服务，为了维护的需要我们还开了 FTP 服务，所以只需要允许 21、80 两个端口。UDP 端口经常成为被黑客 D.O.S 攻击的目标，所以我们在这里禁止所有的 UDP 端口。IP 协议我们开放 4 就可以了，如图 9-60 所示。

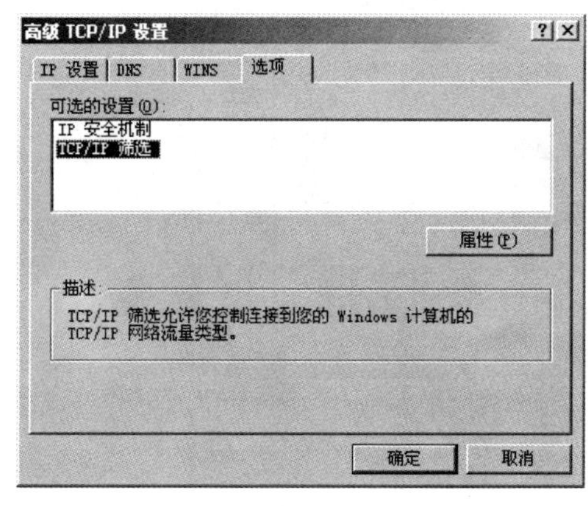

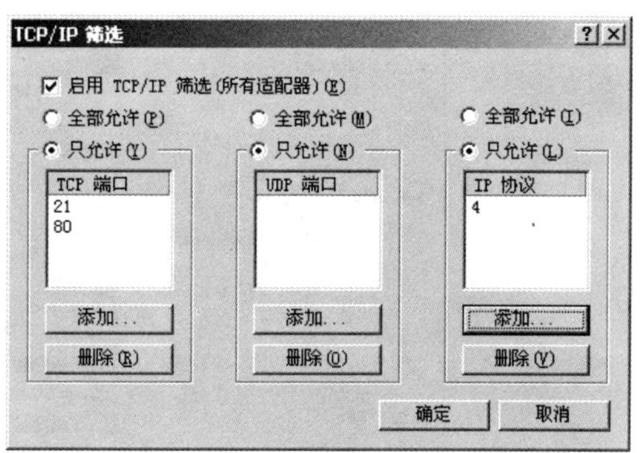

图 9-59　TCP/IP 设置面板

图 9-60　筛选选项

Netbios 协议非常危险，可能会泄露服务器的信息，所以必须关闭。在 WINS 选项里选中“禁用 TCP/IP 上的 Netbios”，如图 9-61 所示。

现在，就算服务器不幸被黑客种上木马也没关系，因为除了 80 和 21 端口以外所有的端口都已被禁止。

7. 修改注册表

（1）设置生存时间

黑客可能通过 ping 命令来得知操作系统是什么类型的，比如 ping 一台 Windows 2003 server 服务器的返回值中的 TTL 是 128，如图 9-62 所示。

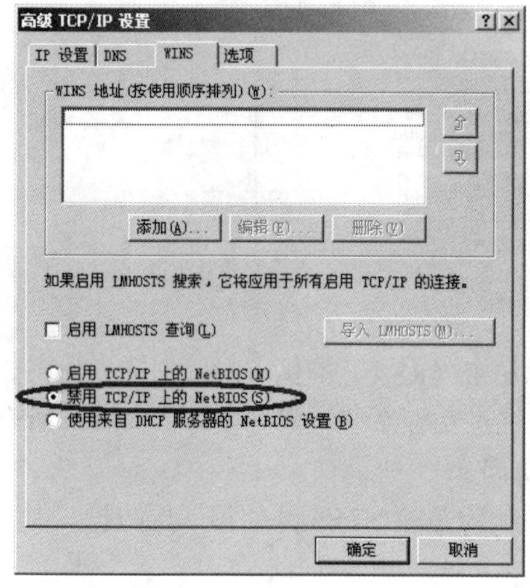


```
C:\>ping localhost

Pinging caurenserver [127.0.0.1] with 32 bytes of data:

Reply from 127.0.0.1: bytes=32 time<10ms TTL=128
Reply from 127.0.0.1: bytes=32 time<10ms TTL=128
Reply from 127.0.0.1: bytes=32 time<10ms TTL=128
Reply from 127.0.0.1: bytes=32 time<10ms TTL=128

Ping statistics for 127.0.0.1:
    Packets: Sent = 4, Received = 4, Lost = 0 (0% loss),
Approximate round trip times in milli-seconds:
    Minimum = 0ms, Maximum =  0ms, Average =  0ms
```

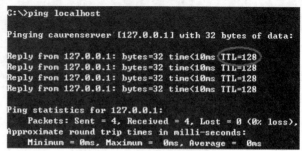

图 9-61　高级设置　　　　图 9-62　ping 命令操作

如果不想让对方得知服务器上装的是何种操作系统，只需要修改注册表中的键值，即在 HKEY_LOCAL_MACHEINE\SYSTEM\Current ControlSet\Services\Tcpip\Parameters 中增加名为 DefaultTTL 的键，并将键值修改成任意一个数字，比如 123，如图 9-63 所示。

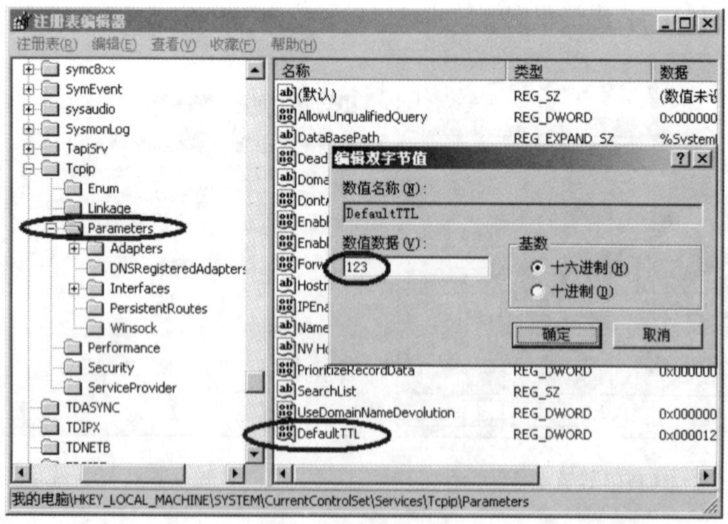

图 9-63　设置生存时间

（2）防止 ICMP 攻击

ICMP 包有可能被黑客利用来进行拒绝服务攻击，所以我们要关闭 Windows 2003 中 ICMP 重定向报文的功能，即修改 HKEY_LOCAL_MACHEINE\SYSTEM\Current ControlSet\Services\Tcpip\Parameters 中的 EnableICMPRedirects 键值为 0（默认为 1），如图 9-64 所示。

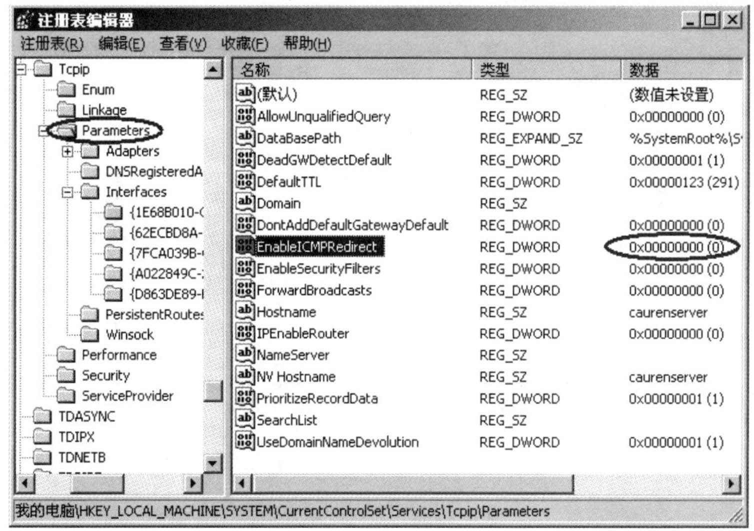

图 9-64　防止 ICMP 攻击

（3）禁止响应 ICMP 路由通告报文

“ICMP 路由公告”功能可能会造成他人计算机网络连接异常、数据被窃听以及计算机被用于流量攻击等严重的后果。此问题曾导致校园网某些局域网大面积、长时间的网络异常。因此，建议关闭响应 ICMP 路由通告报文。Win2003 中默认值为 2，应该改为 0，如图 9-65 所示。

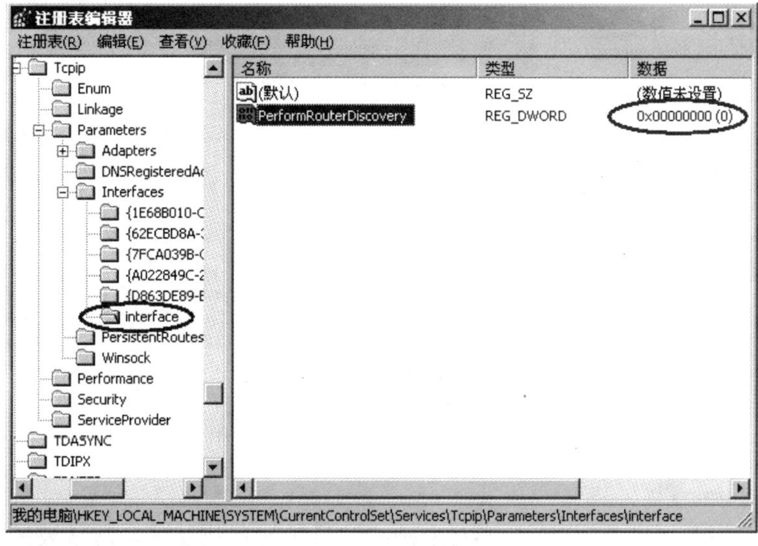

图 9-65　禁止响应 ICMP 路由通告报文

（4）防止 SYN 洪水攻击

SYN 洪水攻击是黑客攻击的终极武器 DOS 攻击中常见的一种，但是通过修改注册表也是可以预防的，如图 9-66 所示。

图 9-66　防止 SYN 洪水攻击

（5）禁止 C$、D$等缺省共享

修改 HKEY_LOCAL_MACHEINE\SYSTEM\CurrentControlSet\Services\lanmanserver\parameters 下的 AutoShareServer 键值为 0，如图 9-67 所示。

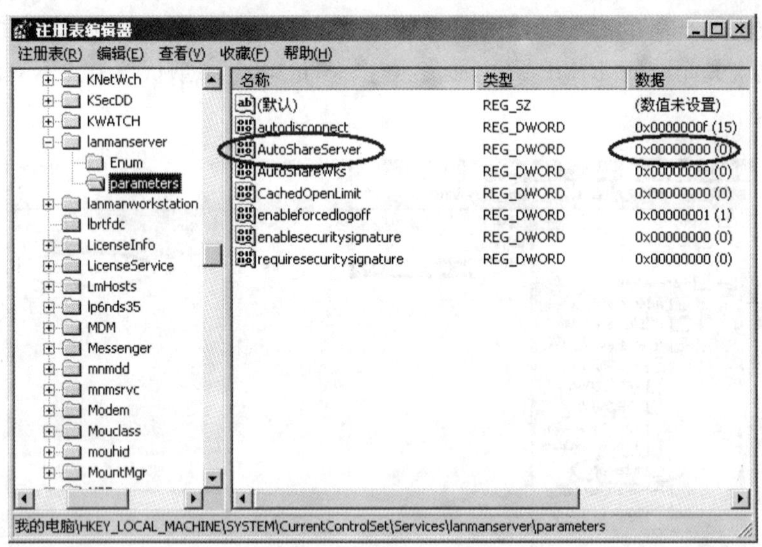

图 9-67　禁止 C$、D$等缺省共享

（6）禁止 admin$默认共享

admin$默认共享是指向%System%/systerm32 目录的默认共享，常常被黑客利用来种木马以取得系统的控制权，可以通过修改 AutoShareWks 值为 0 来禁止它，如图 9-68 所示。

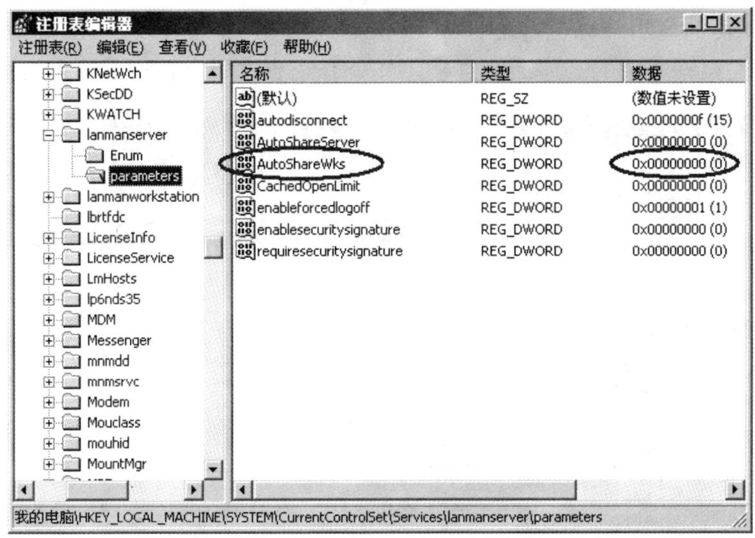

图 9-68　禁止 admin$缺省共享

（7）禁止 IPC$共享

IPC$连接共享是一个非常危险的默认共享，黑客常常通过扫描 IPC$共享来猜测密码。修改 HKEY_LOCAL_MACHEINE\SYSTEM\Current ControlSet\ControlSet\Lsa 中的 restrictanonymous 的值为 2 来禁止这个共享，如图 9-69 所示。

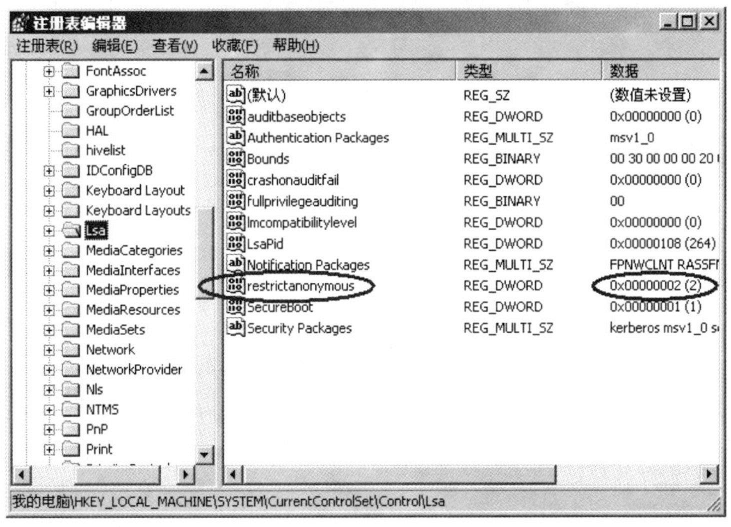

图 9-69　禁止 IPC$共享

（8）修改 MAC 地址

在 HKEY_LOCAL_MACHEINE\SYSTEM\Current ControlSet\Control\Class 中查找“网卡”，打开这个目录，图 9-70 所示的是{4D36E972-E325-11CE-BFC8-08002BE10318}，展开。然后在这个分支中找到键值为网卡名的“DriverDesc”键，然后新增一个名字为“Networkadd ress”的字符串，把值修改为任何想要的 MAC 地址的值，图 9-70 所示的是

111111111111，然后重启计算机，运行 ipconfig/all 命令，就会发现 MAC 地址已经改变了。

电子商务网站开办后的一些后续维护工作就介绍到这里，希望对读者有所帮助。

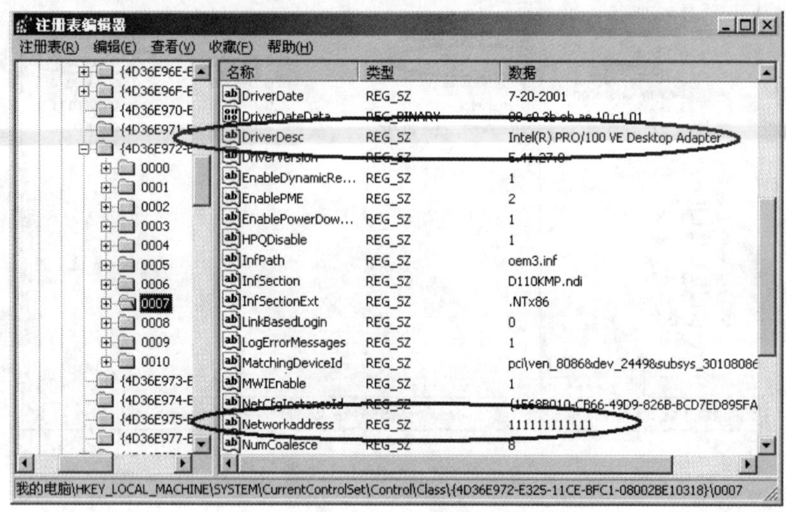

图 9-70　修改 MAC 地址

第 10 章　电子商务网站的运营与推广

电子商务网站成功运营的关键在于有一套合理的网络营销推广方案，网络营销作为一个新生事物，在市场营销中发挥了传统营销很多不具备的作用，并且越来越受到人们的关注。聪明的网络营销者明白，必须将整个营销过程当作是一个战略来进行，整合所有的营销策略，把营销视为一个连续的圈，从一个能够产生收入的想法开始直到公司拥有了忠实顾客的不断光顾。本章将重点介绍 Jadewen 电子商务网站的整个整合营销思路。

本章重点介绍如下知识：

- 电子商务网站的运营策略
- 电子商务网站营销方案
- 搜索引擎营销
- 博客微博营销
- 其他营销推广

10.1 电子商务网站的运营策略

即使是实体的商店，有再好的商品，如果不善于运营推广，同样无法售出。本小节主要介绍网站的运营策略，它包括网站商家自身的定位、网站的经营管理、广告策划以及商品的定价策略等。

10.1.1 运营管理者的定位

开办成功的网站并获利，在总体上需要做到如下几点：

（1）具有一定的投资能力

开办电子商务网站虽然比开办实体企业要少投入很多硬件上的成本，但正所谓“一份投入，一份收入”，如果想拥有较好的销售业绩，还是需要投入适量的广告费用的，这就要求网站管理者一定要有一定的投资能力。以我们给多家商家开办电子商务网站的经验来看，根据经营产品的不同投入准备在 50 万～500 万之间较为合适，是投资就有风险，所有的投资网站的经营者一定要充分地做好投资的准备。

（2）掌握电子商务从业知识

网站属于电子商务范畴，“知己知彼，百战不殆”，既然从事这个行业，那么所有的管理者一定要及时充电，了解电子商务的行业特点和知识，关注这个行业的最新动向，这样才能让自己的网站不论是在经营方向上，还是在技术层面上，都不会落后于别人家的网站。

（3）正确的市场判断能力

市场判断能力是所有要求的基础，作为一个管理者，市场判断能力是不可缺少的，它主要包括商品的市场定位、商品是否畅销、商品积压量的大小等。正确的市场判断能力，使创业者可以选择出适销对路的商品，从而取得良好的销售业绩。

（4）良好的价格分析能力

进行了正确的市场判断之后，就需要对商品进行一定的价格分析。我们在实际经营中，既要进到价格最低的商品，又要保证商品的品质与质量，通俗的讲，就是要将商品标出一个适宜的出售价格。

（5）积极的宣传推广能力

当商品一切设置妥当后，不要认为就完事大吉了，还需要对商品进行积极地宣传推广。宣传推广包括网络中的宣传推广和现实生活中的宣传推广等，我们要通过各种方式和渠道，让更多的浏览者进入自己的网站，进一步了解自己的商品，从而达到销售的目的。

（6）敏锐的市场观察力

如果认为自己的商品销路很好，就坐等顾客上门，对其他一切都不闻不问，这种做法是不可取的。我们需要随时把握市场的变化趋势，据此调整自己的经营商品与经营方式，这样才会让自己的销售前景更加可观。

（7）热情的服务意识

这一切的后盾是我们必须要有良好的服务意识以及热情的服务态度。当客户来选购商品的时候，希望看到的是热情洋溢的笑脸和适当的介绍，或者说是礼貌的文字，以及节假日的问候等，要把握住这些机会，通过良好的售后服务建立起忠实的客户群体。

10.1.2　推广的广告策略

网站运作起来之后，下一步就是要通过广告宣传，吸引浏览者进入网站浏览你的商品。网站的成功很大一部分取决于客户的浏览，只有越来越多的客户观看你的网站，才会有更多的成交的机会，进而加大商品的销售量。在此，向网站的管理者推荐如下的广告策略：

（1）利用知名网站的收费推广

在易趣网、淘宝网等大型交易网站中，网站本身提供了一些广告宣传的方式，例如商品橱窗位的推荐、首页推荐位展示以及诚信卖家等，这些服务通常是收取一定的费用的，但是利大于弊，这样会给你的网站带来更多的浏览量，使更多的客户关注你的商品。如果条件允许的话，我们推荐使用。

说明：

其实，不需要将自己网站里的每一个商品，都采用收费推广的方式，只需要选出一两件有代表性的商品进行推广，将买家吸引到自己的网站，当客户进入你的网站之后，自然也就会浏览其他的商品。这样做既可以节省一定的成本，又达到了商品推广的目的。

（2）利用知名网站的边缘推广

上面我们介绍了利用知名网站的收费推广，可能有一些管理者会觉得浪费钱，那么，我们还可以通过这些大型网站来进行一些边缘的推广。比如多参加一些知名网站内的公共活动，为网站多做一些贡献，适当地应用论坛来宣传自己的网站。

说明：

一般不要采用直接发广告的形式，论坛对于广告帖是格杀勿论的，但是我们可以采用签名档，将自己的网站地址与大概的经营范围包括在签名档里，无形中会引起许多阅读者的注意，进入你的网站，进而成为你的客户。

（3）利用网站中的友情链接

除了应用知名网站做一些宣传，我们也不要放弃其他的宣传机会，即还可以通过友情链接来进行网站的宣传。友情链接包括与知名网址的链接、搜索引擎的链接以及其他个体网站的链接等。如果条件允许，当然推荐使用前两种，毕竟这样在很大程度上加大了浏览量，当然通过个人网站的链接，也可以在一定程度上增加浏览量。在这里，建议按照不同的情况选择适合自己的友情链接。

（4）专业搜索引擎网站推广

在所有的推广方式中，专业搜索引擎推广也占有很大的份量。越来越多的搜索引擎应用于人们的日常生活，我们要在各种提供搜索引擎注册服务的网站上，注册网站的资料，并与他们达成一致的协议，争取获得更多的浏览者进入网站。目前，大型的搜索引擎网站，主要有百度、谷歌、搜狗、雅虎等，在后面我们将重点介绍具体的网站推广方法。

（5）利用个人的网络宣传

当然，除了应用上述所有的外界力量宣传自己的网站之外，我们还可以通过自身来宣传自己的网站。例如应用你的空间、博客、邮箱、BBS、留言簿等，进行一定的网站宣传。不要忽略这些方式，很多时候通过一传十、十传百可以吸引更多的客户，进而达到增加客户量的目的。

（6）利用聊天工具的宣传

网络的诞生，就是使越来越多的陌生人通过互联网相互联系，交换信息。其中，主要应用聊天工具实现。我们要适当地应用这些聊天工具，通过网络沟通，来实现自己网站的宣传。总结这些工具如下：

方法一：QQ 即时通信工具。

QQ 通信工具，是国内应用最广泛的交流工具，我们可以在 QQ 状态中自行设置自己的宣传信息；或者在自己的个人介绍中宣传；或者在自己的 QQ 邮箱中群发自己的宣传信息等。

方法二：MSN 即时通信工具。

因为 MSN 在国际上互联，很多办公者通常都选用 MSN，同样我们也可以通过 MSN 来宣传网站。宣传方式同 QQ 宣传大同小异。

方法三：淘宝旺旺或者阿里旺旺（这里概括为淘宝旺旺）。

如果在淘宝网站上开店铺，或者在阿里巴巴网站上批发商品等，淘宝旺旺也是一个好的选择，因为它毕竟是专门用于商家和买家进行交流而开发的，在这里我们可以随时发布网站信息，我们推荐使用。

方法四：雅虎通、百度 HI 等。

这是大型搜索网站的一个新的分支，当然，如果应用这些交流工具，也可以同时宣传自己的网站。宣传方式同前两种。

方法五：手机短信。

有了各种网络通信工具，很多人就忘了手机的用途，其实手机宣传也同样重要。不过需要提醒的是，不要过度宣传，在这方面移动和联通还是有一定的限制的。

除了上述方式之外，我们在平日里也要广交朋友。通过认识许多朋友，介绍他们关注你的产品，争取回头客，更要争取让你的客户为你介绍新的客户。总之，我们要充分利用一切合法手段，多角度、全方位地进行网站宣传。

10.1.3 产品的定价策略

为网站经营的商品，制定一个适当的网上销售价位是十分必要的。一个好的定价，可以快速地促进网站的交易。具体的商品定价可以遵循以下的原则：

1）销售价格要保证基本利润点，不要轻易降价，也不要定价太高，定好的价格不要轻易去改。

2）包括运费后的价格应该低于市面的价格。

3）网下买不到的时尚类商品的价格可以适当高一些，低了反而影响顾客对商品的印象。

4）经营的商品可以拉开档次，有高价位的，也有低价位的，有时为了促销需要甚至可以将一两款商品按成本价出售，主要是吸引眼球，增加人气。

5）如果不确定某件商品的网上定价情况，可以比较其他的购物网站定价，在上面输入自己要经营的商品名称，在查询结果中你就可以知道同类商品在网上的报价，然后确定出自己的报价。

6）如果自己愿意接受的价格远远低于市场售价，直接用一口价就可以了；如果实在不确定市场定价或者想要吸引更多的买家，可以采用竞价的方式。

7）定价一定要清楚明白，定价是不是包括运费一定要交待清楚，否则有可能会引起误会，进而影响到自己的声誉，模糊的定价甚至会使有意向的客户放弃购买。

10.2 电子商务网站营销方案

经过市场调研，使项目有了好的市场定位，也有了自己特色的盈利模式，剩下的就是进行专业的营销推广工作，本小节将带大家解读 Jadewen 电子商务的整合营销推广方案，希望对那些做电子商务网站的读者有所帮助。

10.2.1 定位推广的目标

Jadewen 嫁衣网站是针对结婚女性的市场营销推广的需要，专门制作的一个婚纱销售网站。通过推出 Jadewen 嫁衣网站，能够让 Jadewen 嫁衣抢占婚纱行业门户网站——这一行业的传播阵地，以提升 Jadewen 嫁衣品牌网的知名度、美誉度和忠诚度。

网络的发展为整合传播开辟了一条新途径。网络资源的最大优势在于快速、便捷、低廉、高效，且具有互动性。如今上网的人越来越多，信息传播面广，传播速度快，我们可以充分利用这些特点，为爱美的每一个新娘服务。

通过有效的网络营销活动，可以使 Jadewen 嫁衣网站实现上述期望，能够较传统途径和方法更为快捷地实现深化品牌传播目的。

网站推广效果衡量标准：网站访问量与会员注册数稳步上升，企业美誉度与客户的忠诚度明显提高。

网站推广广告语定位：在翡翠嫁衣的见证下，幸福从这里开始！这条广告语在网站的 banner 中已经体现。

10.2.2　网络营销的内容

网络营销作为新的营销方式和营销手段实现企业的营销目标，它所包含的内容非常广泛。一方面，网络营销要针对新兴的网络市场，及时了解和把握网络市场的消费者特征和消费者行为模式的变化，为企业在网上市场进行营销活动提供可靠的数据分析和营销依据；另一方面，网络营销作为在 Internet 上进行的营销活动，它与传统营销的基本营销目的是一致的，传统营销中的产品品牌、价格、渠道和促销等要素都会在网络营销中体现出来，但与传统营销相比，又有很多变化。

总结网络营销中一些主要内容，确定 Jadewen 电子商务网站运营的工作方案流程，如图 10-1 所示。

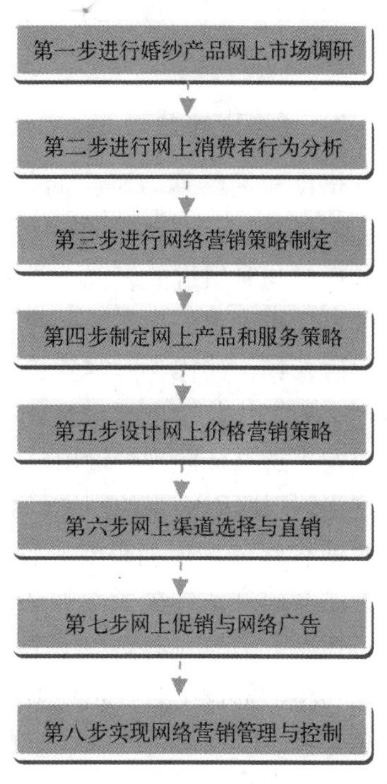

图 10-1　制定运营的工作流程

10.2.3　制定网络营销方法

网络营销职能的实现需要通过一种或多种网络营销手段，常用的网络营销方法除了搜索引擎注册之外，还有关键词搜索、网络广告、交换链接、信息发布、邮件列表、许可 E-Mail 营销、个性化营销、会员制营销、病毒性营销、网络视频营销、博客营销、论坛活动营销等。基于企业网站的网络营销显得更有优势，如图 10-2 所示。

网络营销的具体方法有很多，其操作方式、功能和效果也有所区别，实例重点以搜索引擎营销和博客微博营销为主，其他的营销手段为辅，来介绍网络营销的方法。

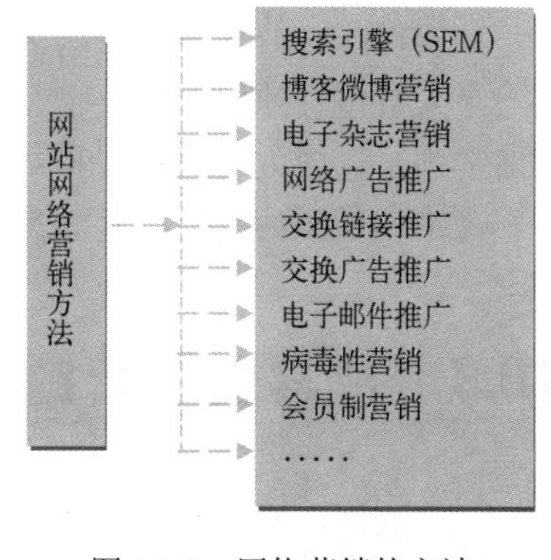

图 10-2　网络营销的方法

1．搜索引擎营销

搜索营销 SEM 包括 SEO 和 PPC 两部分，主要是利用搜索引擎的关键词排名带来的流量进行宣传推广。搜索引擎优化也就是 SEO，即英文 Search Engine Optimization 的首字母缩写。SEO 有时也指 Search Engine Optimizer，即搜索引擎优化师。PPC 是 Pay Per Click 的英文首字母缩写，可意译为点击付费竞价广告，典型代表是 Google Adwords 广告以及百度竞价排名。之所以将搜索引擎放在第一位，是因为正常情况下，在网上购物的顾客，他们在购买某产品时，都习惯使用搜索引擎在网上检索所需要的产品。目前，搜索引擎在国内已经非常普及，那么浏览者主要是通过什么方式在网上寻找自己所要找的东西呢？大部分使用者都是登录有名的搜索引擎，输入相关的搜索内容，然后按下回车键找到相关的信息。在主要的搜索引擎上注册并获得最理想的排名，是网站设计过程中主要考虑的问题之一。网站正式发布后尽快提交到主要的搜索引擎，是网络营销的基本任务。

2．博客微博营销

借助于网络博客平台的营销模式，应该说是一种创新的营销传播渠道，因为它实现不了即时的销售，只是通过一种新的媒介方式把信息传递给点击者；同时，这也是传播（媒介）渠道与时俱进的表现，是网络营销的一种创新表现，把以电子邮件为主的网络营销从虚拟的幕后推到更加真实的前台。企业的口碑营销、博客与其他相关网络科技的结合，就是博客口碑营销，简称为博客营销，这是新世代的新契机。就目前的网络环境而言，博客并不适合用来做短线营销，至少效果不会比传统的“官方网站”好多少。原因很简单，博客营销的重点在于透过标题列表输出、响应、引用三项基本技术，让网友自愿为营销者建立紧密的磁铁网络，以吸引大量的网友，并且获得这些网友的认同，进而达到营销的效果。即使营销者使用博客媒体，但如果没有使用这些技术来进行串联，也没有足够的时间让网友（目标顾客）之间建立认同关系，则其充其量只能叫做“布告栏”。

博客具有互动性、知识性、共享性等特性，也正是这些特性使得博客成为一种乐于被企业利用的宣传平台。企业通过博客这一载体，将企业的理念、品牌、产品和服务等信息向浏览者进行宣传推广和交流，在这一过程中，实现了浏览者对品牌的认知，也提高了品牌的知名度，对企业品牌资产的提升起到了积极的作用。

时下微博这个概念也非常的火，很多读者可能也不大清楚博客和微博的区别，微博即微博客（MicroBlog）的简称，是一个基于用户关系的信息分享、传播以及获取的平台，用户可以通过 Web、WAP 以及各种客户端组件进入个人社区，以 140 字左右的文字更新信息，并实现即时分享。可以这么说，两者的主要区别就在于发布的文章的内容的多少，显然用于个人宣传宜使用微博，企业宜使用博客，因为个人的信息量相对有限，而企业的文化内容通常都是包含大量的图片和文字的。微博营销可以说是博客营销的一个小的分支，做好了博客营销再做微博营销就易如反掌了。

10.3 搜索引擎营销

统计表明，网站 60%的访问量来自各类搜索引擎，因此，Jadewen 嫁衣网站科学地登录各大搜索引擎，是进行网站推广的最重要的内容，实例采用了 PPC（竞价排名）和 SEO（搜索引擎优化）两个工作同时进行的方法。

10.3.1 百度的竞价排名

PPC（竞价排名）是 Pay Per Click 的英文首字母缩写，可意译为点击付费竞价广告，典型代表是 Google Adwords 广告以及百度竞价排名，目前在国内使用百度进行关键词搜索的网民已经占到绝大多数，这里就重点以百度为例来讲解竞价排名的知识。

1）首先让我们一起来了解一下百度搜索引擎网站推广的方式及各自的特点，百度的关键词推广主要有竞价排名和火爆地带两种，如在百度搜索关键词“婚纱”打开的页面如图 10-3 所示。

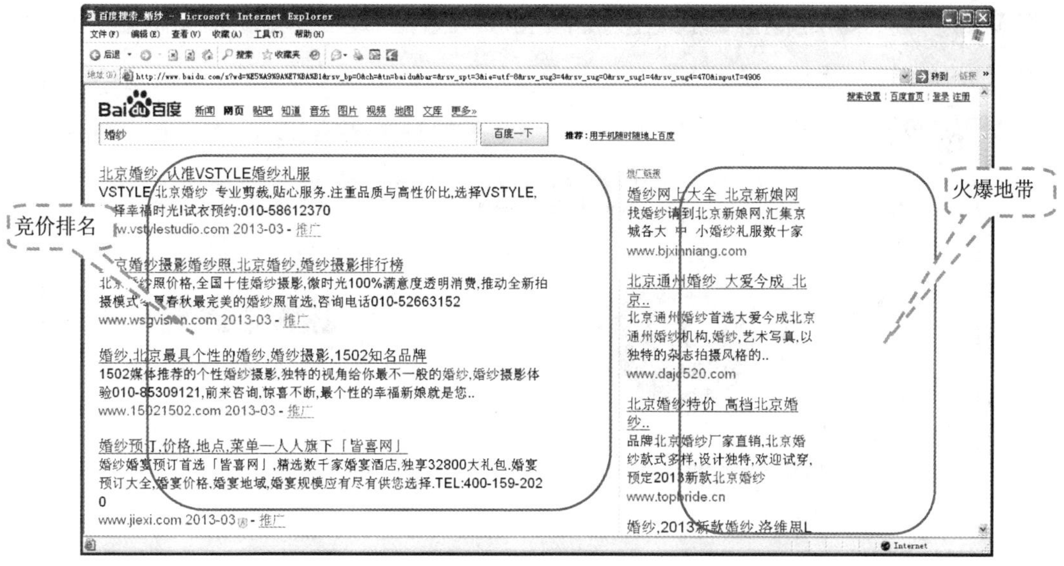

图 10-3　百度的两种推广方式

营销指导：

百度竞价排名，是一种按效果付费的网络推广方式。用少量的投入，就可以给网站带来大量的潜在客户，从而有效地提高企业销售额和品牌知名度。每天有超过数亿人次在百度上查找信息，所以商家在百度注册与产品相关的关键词后，就会被查找这些产品的潜在客户找到。竞价排名按照给网站带来的潜在客户的访问数量计费，可以灵活地控制网络推广投入，以获得最大的回报。此类推广根据关键词的不同，所产生的费用也不同，是按点击量付费的。

百度火爆地带，是一种针对特定关键词的网络推广方式，按时间段固定付费，出现在百度网页搜索结果第一页的右侧，不同的位置价格也不同。购买了火爆地带关键词后，就会被主动查找这些关键词的用户找到，从而给商家带来更多的商业机会。

那么，开办网站选择哪种会更好些呢？从使用的实用性出发，一般网友在使用百度查找关键词后习惯于单击左边的“竞价排名”部分，“火爆地带”适合准备长期推广品牌形象的商家使用。读者可根据自己的需求，选择适合的推广方式。

2）对于最初开始创办网站的人来说，适合使用竞价排名的方式推广网站，而且费用也比较合适。打开 IE 浏览器输入网址 http://www.baidu.com/，打开首页，单击页面上的“加入百度推广”，打开“百度推广官方网站”页面，如图 10-4 所示。

3）单击页面中的“搜索推广”，打开的搜索推广页面如图 10-5 所示。

4）通过“在线咨询”和“在线申请”功能，按其步骤即可完成推广的操作。

营销指导：

已经确定选择此推广方式后，就要直接在百度上注册会员交纳相关费用，或者直接再找一些代理公司代理推广。具体的过程在这里就不做介绍了，直接按百度网页提示操作进行即可。百度的网页也公示了其开户的一些基本要求和费用，如图 10-6 所示。

图 10-4　打开的竞价排名页面

图 10-5　搜索推广页面

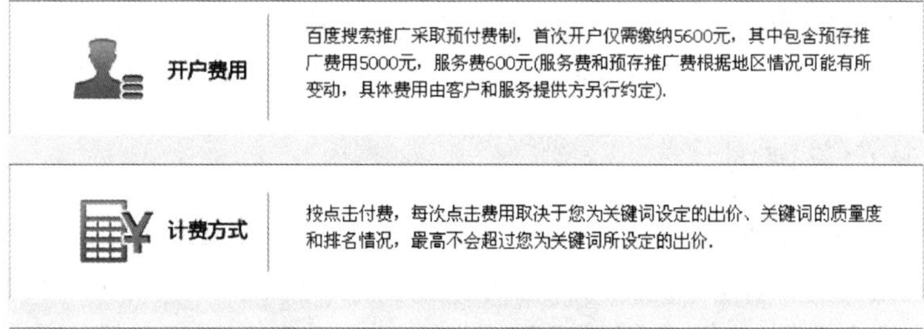

图 10-6 百度开户费用和计费方式

百度竞价账户管理过程中，对关键词进行调整是非常重要的，下面简单介绍一下百度竞价关键词的调整思路：

（1）周期性地调整无效关键词

建议以一周为周期，一周的时间所产生的数据会有一定的代表性，同时调整的频率也不至于太低。需要整理出每一周消耗前列的关键词，并且对它们进行分析，看它们的转化率，转化率低的果断降价和暂停。通过这样的方式进行调整，可以保证消耗较大的关键词都会是转化率不错的关键词。

当消耗前列的关键词的转化都被筛选的不错的时候，则需要再定位消耗下一阶层的关键词，以同样的策略进行调整，从而最终让百度竞价的关键词的总体质量得到提升。

（2）梳理低流量高转换的关键词

也可以以一周为周期，每周我们的账户一定会有一些低流量但是高转化的词，这类词需要我们去特别地关注，不管它是一时的原因还是真的会有高转化，我们都应该去重点关注这个词。做法就是将他们的位置提升到第一位，保障他们能带来足够的流量，然后再观察他们接下来的表现。如果转化一直不错，就一直放在第一位；如果发现只是当时偶然的高转化，那再进行停投。

通过这样的方式，可以找到很多高转化率的词，这类词累积到一定量的时候，会使整个百度竞价投放的转化率有大幅度地提升。

（3）开发新的关键词

上面说的两项工作都是需要更多新的关键词的支撑，才能够更长久地操作的。挖掘的新词，可以定期定量的做导入，也可以随时进行，总之，新词的挖掘是不能停的。用精准的匹配方式做关键词的挖掘，必须及时地做出调整，否则会让你既得不到流量，又失去了转化。

10.3.2 搜索引擎优化

通过竞价排名 PPC，很多企业都切身感受到了搜索引擎营销所带来的好处，但其昂贵的费用及带来的一些负面影响往往让企业望而却步。现在，有一种成本更低、回报更高的方式来开展搜索引擎营销，那就是搜索引擎优化（SEO）。对 SEO 没概念的人在决定目标关键词时，首先想到的是公司名称或自己的产品名称，但是当企业或网站没有品牌知名度时，没有用户会搜索公司名或网站名，产品名称如果不包含产品的通用名称，也可能没人搜索。要确定适当的关键词，首先要做的是，确认用户搜索次数达到一定的数量级。在这方面做出错误的方向选择，对网站的影响将会是灾难性的。经过核心关键词确定与关键词扩展，应该已经得到一个至少包含几百个相关关键词的大列表，这些关键词需要合理地分布在整个网站上。

10.3.3 选择核心关键词

想要对网站进行搜索引擎优化，肯定先要为网站的页面选择适当的关键词，之后围绕核心关键词展开相关的工作，以使关键词能在搜索引擎排名中比较靠前。而很多人在选择关键词的时候，往往会选择一些热度非常高、搜索量非常大的词来做关键词，吸引流量。这个方法无可厚非，但是，使用这种方法也是要讲究方法和原则的。我们选择热度关键词的时候，不要脱离了网站的主题内容。本小节重点介绍关键词的一些知识。

（1）从客户的角度考虑

潜在客户在搜索你的产品时将使用什么关键词？这可以从众多资源中获得反馈，例如，从你的客户、供应商、品牌经理和销售人员那里获知其想法。

（2）将关键词扩展成一系列词组和短语

尽量不要用单一词汇，而是在单一词汇的基础上进行扩展，如：服装→流行服装→时尚流行服装。百度关键字工具可以查询特定关键词的常见查询、扩展匹配及查询热度，最好的关键词是那些没有被广泛滥用而又很多人搜索的词。

（3）进行多重排列组合

改变短语中的词序以创建不同的词语组合，或者使用不常用的组合，或者组合成一个问句。短语中可以包含同义词、替换词、比喻词和常见错拼词，也可以包含所卖产品的商标名和品名。另外，可以使用其他限定词来创建更多的两字组合，或者三字、四字组合。

（4）不要用意义太泛的关键字

如果从事服装设备制造，则选择“设备”作为你的核心关键字就不利于吸引到目标客户。实际上，为了准确地找到需要的信息，搜索用户倾向于使用具体词汇及组合寻找信息（尤其是二词组合），而不是使用那些大而泛的概念。此外，使用意义太广的关键字，也意味着你的网站要跟更多的网站竞争排名，更加难以胜出。

（5）用自己的品牌做关键词

如果是知名企业，则别忘了在关键词中使用你的公司名或产品品牌名称。但如果不是知名的品牌，宜以企业要销售的产品对象名称做为关键词。如使用“流行婚纱”就要远远比“Jadewen”强的多，因为没有人知道 Jadewen 是做什么的，更不会去搜索这个关键词。

（6）适当使用地理位置

地理位置对于服务于地方性的企业来说尤为重要。如果业务范围以本地为主，则在关键词组合中加上地区名称如“北京婚纱”即可。

（7）参考竞争者使用的关键词

查寻竞争者的关键词可让用户想到一些可能漏掉的词组，但不要照抄任何人的关键词，因为并不清楚他们如何要使用这些关键词，所以你得自己想关键词。寻找别人的关键词只是为了对已经选好的关键词进行补充。

（8）不用无关的关键字

一些人会选择将热门的词汇列入自己的 META 关键字中，尽管这个热门关键字跟自己网站内容毫不相干。甚至有人把竞争对手的品牌也加入到自己的关键字中，这是侵权的行为。由于这些所谓的“热门”词汇并未在网站内容中出现，因此对排名并无实质性的帮助，使用过多的虚假关键词还可能会受到降低排名的处罚。

（9）适当控制关键词数量

一页中的核心关键词最多不要超过 3 个为佳，然后所有内容都必须针对这几个核心关键词展开，才能保证关键词的密度合理，搜索引擎也会认为该页主题明确。如果确实有大量关键词需要呈现，可以分散写在其他页面上并针对性优化，这也是为什么首页和内页的关键词往往要有所区分的原因。

要确定一个词的竞争强度是比较复杂的，需要参考查询的数据很多，而且很多数据带有比较大的不确定性。根据搜索次数和竞争程度可以大致判断出关键词的效能。在相同投入的情况下，效能高的关键词获得排名的可能性较高，同时可以带来更多的流量。

综上所述，网站主关键词或者称为网站核心关键词，既不能太长、太宽泛，也不能太短、太特殊，需要找到一个平衡点，才能达到想要的效果。

实例中定制了一些关键词：

婚纱专卖、礼服专卖、婚纱礼服专卖、晚礼服专卖、高级订制、礼服订做、礼服定做、婚纱订做、婚纱定做、北京礼服、新娘礼服、新娘婚纱、婚纱、礼服、定做婚纱礼服、订做婚纱礼服、北京婚纱、高级定做、高级订做婚纱礼服、晚礼服、婚纱用品、北京婚纱礼服、中国婚纱、中国婚纱网、婚纱设计、婚纱设计网、婚纱礼服、婚纱礼服网、礼服设计、礼服设计网、bridesmaids、bridal gowns、bridalwear、eveningwear、Bride、jade bridal、bridal、exclusive、femail、beijing、newyork、london、paris、milan、wedding、wedding dress、china、dress、evening dress、gowns。

在浏览器中打开目标网页，单击菜单栏上的“查看”→“源文件”→“<meta name= keywords" content=”，后面的文字即该网站的关键词，如图 10-7 所示。

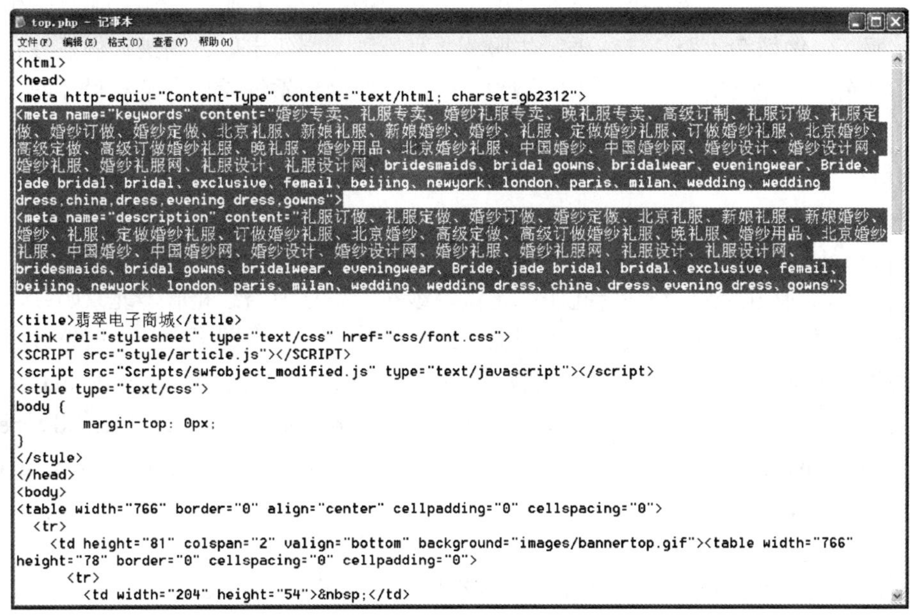

图 10-7　定制的核心关键词

10.3.4 合理分布关键词

关键词密度（Keyword Density）也叫关键词频率（Keyword Frequency），所阐述的实质上是同一个概念，它是用来量度关键词在网页上出现的总次数与其他文字的比例的，一般用百分比表示。相对于页面总字数而言，关键词出现的频率越高，那么关键词密度也就越大。简单地举个例子，如果某个网页共有 100 个词，而关键词在其中出现 5 次，则可以说关键词密度为 5%。

关键字密度的算法：

关键字密度=关键字词频/网页总词汇量

公式中的总词汇是指页面程序标签（如 Html 标签及 ASP、JSP、PHP 等）以外的所有词汇的数量。

中文关键字密度一般在 6%至 8% 之间较为合适，超过这一标准就有过高或过低之嫌。切记避免进行关键字堆砌，即一页中关键字的出现不是根据内容的需要而安排，而是为了讨好搜索引擎人而堆积关键字。这已经被搜索引擎归入恶意行为，并且有遭到惩罚的危险。就实施惩罚所容许的关键字密度的阈值而言，不同的搜索引擎之间也存在不同的容许级别。对过度优化如关键词 Spam 而言，不同的搜索引擎所容忍的阈值也不尽相同，从大到小排列大致依次是：Google、MSN、百度、sogou、iask、yahoo。

搜索引擎分析网页时，在 Html 源代码中是自上而下进行的，从页面布局的角度上看，则是按自上而下，从左到右的顺序进行的。

下面我们就介绍一下关键字如何在具体的网页中进行分布是最有效的。

（1）网页代码中的 Title，META 标签（关键字 keywords 和描述 description）

<meta name="keywords" content="婚纱专卖、礼服专卖、婚纱礼服专卖、晚礼服专卖、高级订制、礼服订做、礼服定做、婚纱订做、婚纱定做、北京礼服、新娘礼服、新娘婚纱、婚纱、礼服、定做婚纱礼服、订做婚纱礼服、北京婚纱、高级定做、高级订做婚纱礼服、晚礼服、婚纱用品、北京婚纱礼服、中国婚纱、中国婚纱网、婚纱设计、婚纱设计网、婚纱礼服、婚纱礼服网、礼服设计、礼服设计网、bridesmaids、bridal gowns、bridalwear、eveningwear、Bride、jade bridal、bridal、exclusive、femail、beijing、newyork、london、paris、milan、wedding、wedding dress、china、dress、evening dress、gowns">

<meta name="description" content="礼服订做、礼服定做、婚纱订做、婚纱定做、北京礼服、新娘礼服、新娘婚纱、婚纱、礼服、定做婚纱礼服、订做婚纱礼服、北京婚纱、高级定做、高级订做婚纱礼服、晚礼服、婚纱用品、北京婚纱礼服、中国婚纱、中国婚纱网、婚纱设计、婚纱设计网、婚纱礼服、婚纱礼服网、礼服设计、礼服设计网、 bridesmaids、bridal gowns、bridalwear、eveningwear、Bride、jade bridal、bridal、exclusive、femail、beijing、newyork、london、paris、milan、wedding、wedding dress、china、dress、evening dress、gowns">

（2）网页正文最吸引注意力的地方

正文内容必须适当地出现关键词，并且有所侧重，意指用户阅读习惯形成的阅读优先位置按从上到下、从左至右成为关键词重点分布位置，包括：页面靠顶部、左侧、标题、正文前 200 字以内。在这些地方出现关键词对排名更有帮助。实例在设计的时候充分考虑到了关键词“婚纱”在网页上的分布，使其出现在导航、新闻和产品的名称中（图 10-8）。这里要特别强调的是新闻这一模块，每条新闻的标题都几乎用到了与婚纱相关的关键词，在百度搜索的时候可以搜索到相应的信息。

图 10-8　关键词婚纱在首页上的分布

（3）超链接文本（锚文本）

除了在导航、网站地图、锚文本中有意识地使用关键字之外，还可以人为地增加超链接文本。这也值得网站在添加友情链接时做参考，即链接对象中最好包含有关键字或相关语义的网站。

（4）Header 标签

Header 标签即正文标题<H1><H1/>中的文字。搜索引擎比较重视标题行中的文字。用<b></b>加粗的文字往往也是关键词出现的地方。

（5）图片 Alt 属性

搜索引擎不能抓取图片，因此制作网页时需要在图片属性 Alt 中加入关键字，它会认为该图片内容与你的关键字一致，从而有利于排名。

一般的网页设计都由网页设计师完成。设计师设计网站往往仅从美观、创意和易用的角度考虑，这对于一个期望获得搜索引擎排名优秀的商业网站来说，已经远远不够了，网站策划人员至少应该为设计师递交一份需求备忘录，提醒在设计中需要配合和注意的环节。

10.3.5 登录门户搜索引擎

门户网站搜索引擎是许多普通网民搜索和发现新网站的重要途径，Jadewen 嫁衣网站根据科学选定的关键词进行网站登录，能够有效地提升网站的曝光率，使网站快速地呈现在普通网民面前。其中各大门户网站搜索引擎的“推荐登录”方式能够让 Jadewen 嫁衣网站具有较好的关键词搜索排名位置，是比较理想的登录方式。

登录 Google、百度等专业搜索引擎：Google、百度等知名专业搜索引擎属于自动收录关键词的广告模式，每天都有。能够被搜索引擎自动收录，并在搜索相关关键词的时候具有较好的搜索引擎自然排名，这将极大地促进 Jadewen 嫁衣网站的营销推广和自我增值。我们通过做好 Jadewen 嫁衣网站的搜索引擎优化工作，促使网站自发布之日起，三个月内，能够在专业搜索引擎具有较为理想的排名，即搜索相关关键词时，Jadewen 嫁衣网站能够排名前列。

具体的登录搜索引擎工作步骤见表 10-1。

表 10-1 Jadewen 嫁衣网站登录搜索引擎工作

步 骤	内 容	说 明	效 果 评 估
1	确定关键词	确定基本关键词	精确定位关键词
2	登录门户网站	“新浪”、“搜狐”、“网易”推荐型网站登录	相关关键词排名前列
3	登录 Google、百度自然排名	做好 Jadewen 嫁衣网站的搜索引擎优化工作，提升网站自然排名	相关关键词排名前列
4	投放 Google、百度关键词广告	投放关键词广告，增加网站曝光率	相关关键词排名前列

此外，Google、百度等知名专业搜索引擎也提供了点击付费模式的关键词广告。在 Jadewen 嫁衣网站发布初期，将在 Google、百度等知名专业搜索引擎投放关键词广告。根据 Jadewen 嫁衣网站活动的开展过程选择相应的关键词投放广告，精确锁定网站的目标访问群，能够有效地提高 Jadewen 嫁衣网站的访问质量。

10.4 博客微博营销

可以说，Jadewen 品牌是笔者接触的第一个使用博客和微博营销获得成功的品牌，其创始人小文女士通过几年的努力，将她的婚纱品牌打造成了国内较知名的品牌。我有幸从一开始就得到她的信任并受她的委托，共同精心策划并设计实施了 Jadewen 的官方网站、博客和微博，本小节就以对该实例的剖析来看一下博客和微博营销所带来的市场效益。

10.4.1 博客安家的选择

企业的一些朋友经常问我在哪里创建博客，创建博客后博文应该怎么写，博客的栏目应该怎么分类以及博客应该怎么推广等问题，我想说的是，建立一个独立博客非常容易，但是想建立一个高质量的独立博客却不是那么容易的。独立博客，真正做成功的比较少，但是如果注意一下如下几个方面，你的博客就可以向成功的优质博客迈进一大步。

选择网站是创建博客的第一步。我们可以选择关注度高、会员量基数大的大型网站，因为创建了独立博客以后，不管是通过关键词搜索还是博客本身的会员量，通过一定手段的推广都是可以直接转化成自己博客的最有效访问的，有这个思路基础就变得很简单了，只要我们通过百度搜索关键词“博客”就可以一目了然，如图 10-9 所示。

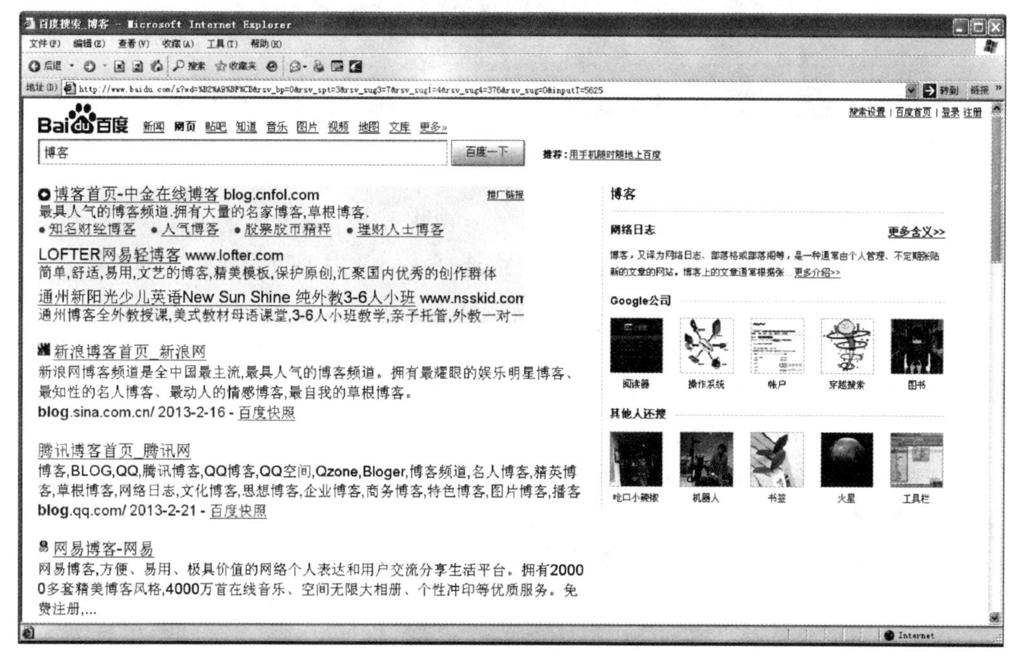

图 10-9　搜索“博客”的结果

因此，这里我会优先推荐大家在“新浪”“腾讯”“网易”三大自然排名的网站上建立你自己的博客，如果有精力的话，还可以在其他一些知名的博客网站上创建自己的博客。

10.4.2　品牌博客的创建

小文在服装学院学服装设计的时候，志向就是将来打造一个属于自己的服装品牌，我也是在创业的过程中认识她的，2008 年时她主动找到我，咨询建立品牌官网的有关问题，在充分了解她的一些产品设计理念以及她的目标客户群后，我发现她所设计的婚纱和礼服都是高档的产品，目标客户群直接锁定的是高端的消费群体，这和现阶段互联网上浏览者的目标客户群大部分是中青阶层，收入较一般的网民有些相背而行，在聊的过程中她几次提到她的婚纱经常被一些大牌的明星选中，和“新娘杂志”也有深入的合作，图 10-10 所示为杂志上使用的 Jadewen 品牌婚纱。

我一下子想到了当时大部分明星博客正如火如荼，为什么不尝试着创办一个针对婚纱宣传和指导的博客呢？建立博客后，她完全可以把她的作品及设计理念在博客中与大家共享，起到引导消费的作用。

图 10-10　产品的明星效应

1）在确定选择主要的营销思路之后，第一步就是选择在哪里建立博客。当时博客在国内发展了也有些年头，也有很多的博客网站可供选择，但是由于新浪网站侧重于新闻娱乐，对博客频道建立得也比较早，因此选择了在新浪网上安家落户。

2）在注册的时候要注册什么博客存在着不同的意见，小文希望用 Jadewen 这个品牌做博客名，这样方便品牌积累和品牌的推广。我的意见是以“服装设计师 Jade”为博客名，提出的思路是现阶段 Jadewen 在国内的知名度还不是那么高，在搜索关键词的时候几乎都不可能有人去搜索品牌名，建议初级几年用“服装设计师”这几个关键字，这样也能把她捧为真正的“服装设计明星”，而她自己就用她的英文名字 Jade 在博客中显示为博主的名字，当然小文形象也不错，所以建议她放上她自己的形象。这样博客就基本有了一个定位，即主要以宣传和包装她自己来做这个博客，这样也方便她与所有的客户直接沟通。

3）建立博客后并没有对网页的模版做太多的改动，只是对网页的导航背景 Banner 选择了一张不错的图片，如图 10-11 所示。

图 10-11　博客的导航背景图片设计

设计指导：

之所以选择深色的图片效果，主要是因为产品婚纱都是白色，选择暗色调的图片做背景能够衬出产品婚纱的效果。

4）博客创建后在里面设计什么样的导航，成为第二个要重点考虑的问题，如果像其他博客一样只是简单地发表一些博客文章那就没有特色了，针对新娘在采购婚纱时所要考虑的一些问题以及自身品牌在行业的影响力，特别将博文做二次分类，如下：

明星礼服：发布所有明星试装或者使用 Jadewen 品牌的效果图，这也算是明星效应。
穿衣学堂：指导新娘如何穿漂亮的婚纱以及介绍如何打扮等专业知识。
杂志拍摄：发布杂志所拍摄产品的效果图片，用于宣传产品，同时显示产品的质量。
流行趋势：撰写设计师在设计产品时的一些心得，这对行业有一定的指导性。
活动现场：举办的婚纱秀和设计师参加的各式活动的现场报道。
杂谈：报道一下设计师参加各式活动后的一些想法。
杂志采访：发布所有杂志对 Jadewen 品牌的报道文章，提高品牌含金量。
妆容大片：撰写新娘的一些化妆技巧，这能提高博客的访问量。
设计发布后定期加一些文章即可完成博客的设计，博文目录的页面效果如图 10-12 所示。

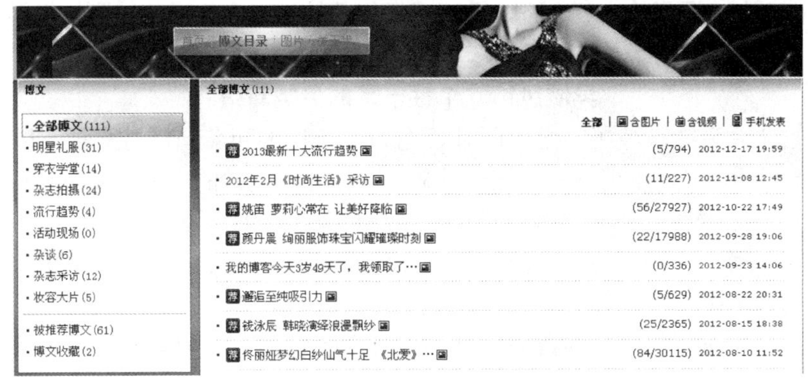

图 10-12　博客目录页面效果

5）单有这样的博客页面设计在首页看上去还是很单薄的，在博文首页推荐中，建议在首页的左侧导航中加入一些特色的频道，以显示出 Jadewen 的品牌知名度，所以加入了“明星婚礼”和“他们都穿 JadeWen”两个快速导航栏，一下子就把首页的效果突显出来，真正做到明星荟萃，如图 10-13 所示。

图 10-13　加入特色栏目的首页效果

通过上面几个步骤的简单策划，博客整个栏目的框架已经完成，读者也许会发现原来博客设计和一般的网站建设还是有不同的地方的，特别是在栏目的策划上，在设计博客时一定要围绕着目标市场的需求出发，这样设计出来的博客栏目才真正有意义。

10.4.3 撰写优质博客文章

在博客文章内容的撰写这块，记得当初就和小文沟通过文章的体例要求，要求她在撰写博客文章的时候，一是内容要实用，二是尽量多用图“说话”，三是不要超过两页以上，其实道理很简单，关于博文的撰写要求在前面“打造高质量的博客”这一小节就已经深入探讨过。不得不佩服小文在这个行业的专业性，她撰写的第一篇博文就一直被新浪博客推荐在新浪博客的首页上，撰写的内容如下，希望读者能从她的博客行文中看到她撰写博文的功力所在：

异域风情，个性十足的另类新娘

夸张的鸵鸟毛头饰、神秘的金色面具、宽大的鸵鸟毛和美国网纱裙摆、梦幻的网纱交差背景加上朦胧的灯光，绚丽独特，充满神秘，如同伴着美妙的音乐在梦境里翩翩起舞。这是一组 Jade Wen 翡翠嫁衣异域风格的时尚大片，刊登在《大日子》杂志上。

大红飘逸礼服裙、大红头纱、面具，就如同强烈的爱燃烧的熊熊火焰炽热而耀目，流淌在每根血管里沸腾，即使化为灰烬，也贪恋着那份温暖。

金色面具神秘而另类，像神奇的猫女，拥有神秘且强大的力量，与猫一般的超凡的洞察力和直觉，游走在善恶之间，妖魅性感，野性十足。

本来小文撰写的文章就到上面（图 10-14～图 10-16 为文章的配图），在最后我建议她还是要把自己的个人简介加到上面去，因为像这样专业的技术文章被转载的可能性很大，每被转载一次就多一次宣传的机会，同时在所有的图片上一定要加入品牌的 Logo，要不被盗用的可能性也很大，最后加入的介绍如下：

设计师文雯：婚纱设计师文雯（图 10-17），北京服装学院服装设计专业毕业，2002 年创建 Jade Wen 翡翠嫁衣，用极富创意的设计灵感和纯手工使 Jade Wen 翡翠嫁衣成为众多婚庆杂志拍大片时的首选。

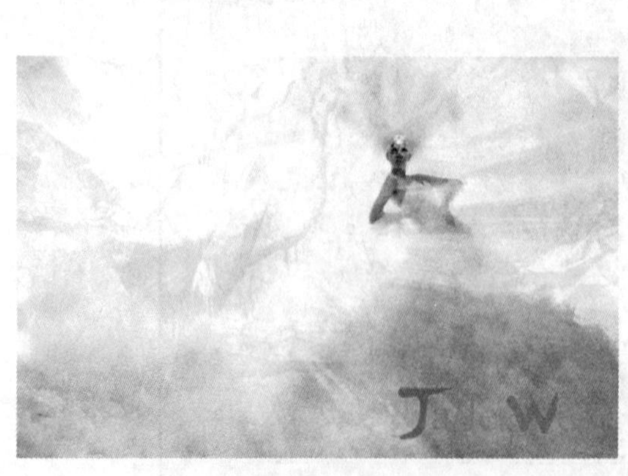

图 10-14　博客图片一

图 10-15　博客图片二

图 10-16　博客图片三

图 10-17　设计师的工作照片

在博客文章发布后除了自身博客的访问点击之外，如果文章好是经常要被各大网站转载的，如上述发布的文章在经过一段时间的自动转载后，用百度搜索一下发布的文章的标题，马上可以看到该文章已经被有效地真实地转载了 25,100 次（图 10-18）。这意味着有近 25000 家的博客或者网站替你做了宣传，由此可见，博客营销中博客文章写的好才是王道。

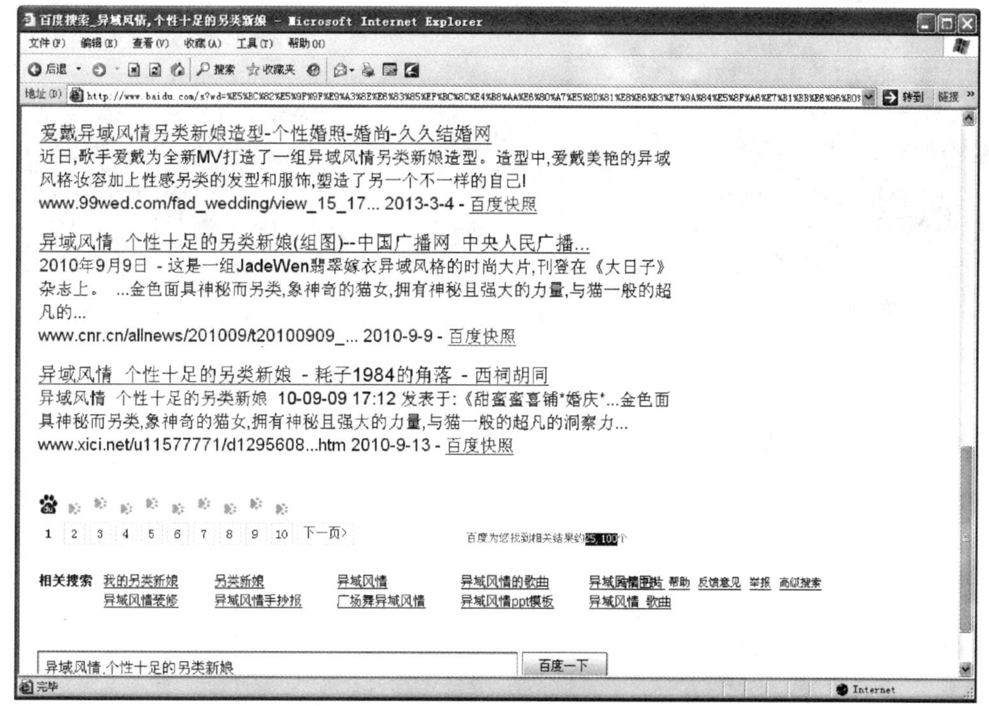

图 10-18　百度博文标题跟踪效果

Jadewen 的博客从创建到现在一共写了 111 篇博文，其中被新浪推荐到首页或者其他频道首页的有 61 篇之多。标题前面有一个“荐”字的就是被推荐的文章（图 10-19）。这样大大提高了博客的访问量，是该博客获得成功的最大推手。

博文

· 全部博文(111)
· 明星礼服(31)
· 穿衣学堂(14)
· 杂志拍摄(24)
· 流行趋势(4)
· 活动现场(0)
· 杂谈(6)
· 杂志采访(12)
· 妆容大片(5)
· 被推荐博文(61)
· 博文收藏(2)

特色博文

· 影评博文(0)
· 365(0)

全部博文(111)

全部 | 含图片 | 含视频 | 手机发表

标题	评论/阅读	时间
荐 2013最新十大流行趋势	(5/794)	2012-12-17 19:59
2012年2月《时尚生活》采访	(11/227)	2012-11-08 12:45
荐 姚笛 萝莉心常在 让美好降临	(56/27927)	2012-10-22 17:49
荐 颜丹晨 绚丽服饰珠宝闪耀璀璨时刻	(22/17988)	2012-09-28 19:06
我的博客今天3岁49天了，我领取了…	(0/336)	2012-09-23 14:06
荐 邂逅至纯吸引力	(5/629)	2012-08-22 20:31
荐 钱泳辰 韩晓演绎浪漫飘纱	(25/2365)	2012-08-15 18:38
荐 佟丽娅梦幻白纱仙气十足 《北爱》…	(84/30115)	2012-08-10 11:52
荐 海清以快乐赢幸福	(49/24398)	2012-08-05 17:37
时尚为名，设计之美《数码世界》杂…	(6/843)	2012-04-08 14:52
阚清子 华丽珠宝点亮爱之旅程	(4/977)	2012-03-31 12:23

图 10-19　大部分文章被推荐置顶

在管理的时候，单击“被推荐博文”链接可以打开被推荐的详细页面，里面包括被推荐的时间以及被推荐到的相应频道位置，方便博主进行跟踪分析，如图 10-20 所示。

图 10-20　新浪网显示被推荐的位置

由博客文章内容的实际应用可以看到，博客营销的成功与否在于文章是否是原创，对该行业是否有市场指导性作用。

10.4.4 个性微博的创建

由于 JadeWen 品牌强调的是个性化的量身定制，对设计师的水平要求是很高的。微博营销后于博客营销出现，在微博这种平台出现之后，笔者辅助小文建立并宣传她自己的个人微博，这里以该实例的创建和如何最终获得影响力来叙述个性微博的营销操作。对个人用户而言，如果有足够的时间和精力，注册一个或多个“马甲”微博帐号也是有利的——这个操作并不违背上章所讲的“真诚原则”。一个人有多方面的兴趣爱好，因不同的兴趣爱好会结交不同的朋友圈子，这个圈子的朋友可能对你另外一个圈子的事情不感兴趣，所以把所有圈子里的事情放在同一个帐号下发布将对你的粉丝产生干扰。注册不同的帐号可以解决这个问题，类似一个 QQ 帐号下建多个 QQ 群，不同类别的信息发送到不同的群里。可以向你的好友公开你的马甲帐号，也可以不公开。有些事情你想记录下来而不愿让别人看到，或是怕打扰别人，注册一个私密性帐号是一个不错的选择。

同样，如果企业比较大，部门比较多，不妨以部门为名多注册几个实名认证的微博帐号，因为有些“观众”也许只关注你企业的某个方面或某类产品的信息。企业用户的多个帐号都应该是实名认证的，而个人帐号就无所谓了。

对企业用户而言，另外重要的一点是鼓励企业的员工在微博上开设帐号，好处也是显然的，你的员工的粉丝至少有相当的比例可以“转化为”企业的粉丝，不过前提是企业有足够的信心让员工不老是抱怨自己的公司或部门。

小文在新浪微博也建立了“新浪认证”的名为“文雯 JadeWen”的微博，如图 10-21 所示。

图 10-21 注册了认证微博

注册了微博帐号，在微博上寻找陌生的“好友”之前，有以下几件事要做。

1）描述自己：JadeWen 高级定制，婚纱礼服设计师，多家时尚媒体杂志特邀顾问，时尚专栏作家。

这里要用简练的语言、通用的标签描述自己的行业、兴趣爱好、产品类型及产品名称。新浪微博在这方面提供了良好的支持，允许用户通过标签搜索到感兴趣帐号。

2）联系以前的好友。通过 Email 等即时通信工具通知以前的联系人添加自己的帐号。如果以前的好友中已经有人在微博上建立了帐号，尽快和他们联系，关注他们。大部分微博平台提供这样的支持。

3）创作几个有创意的帖子。第一个帖子（图 10-22）可能是打招呼的，接下来的几个贴应该具有新意，因为大部分陌生人就是依据你这寥寥数贴来判断是否应该关注你。在最开始能有一个轻量级的活动将会很不错。

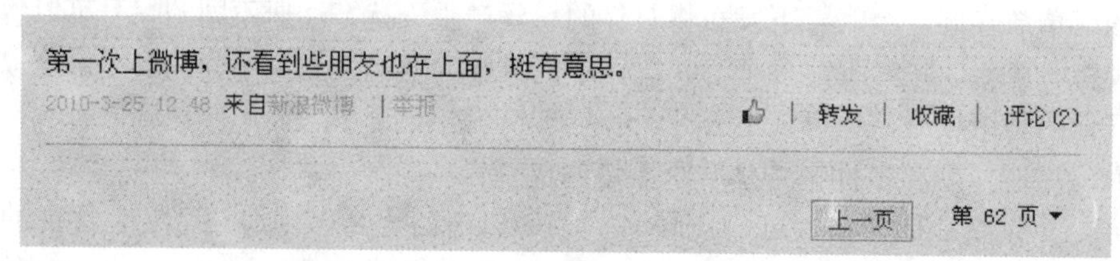

图 10-22　发布的第一个帖子

4）请求好友转发。微博还是一个新鲜事物，一般情况下，以前的好友在微博上见到你会有些惊喜的感觉，所以愿意关注你并把你介绍给他（她）的粉丝。这和现实中的交往类似。

5）去寻找陌生人中的潜在好友。寻找好友，就是寻找“志同道合”之人。陌生人愿意关注你一般基于以下几个方面的理由（分别以个人帐户和企业帐户来叙述）：

个人帐户：

A、你们有共同的兴趣爱好，有共同的话题可谈；

B、你能为他（她）带来一些有趣、实用的信息，前者如幽默段子，情感格言等内容，后者如某个领域的新闻事件等内容；

C、你有个性魅力，他（她）关注你的生活动态；

D、异性相吸，寻找浪漫的可能……

企业帐户：

对企业来说，只要企业生产的产品能满足一部分人的需求，你就一定能在微博上找到真正的“粉丝”——确实对你的产品感兴趣的微博用户。

A、是你的产品的忠实用户，希望了解产品的最新动态信息；

B、企业产品的用户希望在微博上迅捷地与产品客服直接交流，提出自己对产品的建议或投诉；

C、获取产品的促销、打折等信息。促销、打折信息对女性尤其具有诱惑力；

D、关注企业所在行业的新闻，媒体行业的从业者与行业评论的作者们大多有这个需求；

E、竞争对手也会访问你的微博。

基于上面几点的关注是真诚的关注，而有些关注则是策略性的关注，有些人关注你是为了“交换”你关注他（她），更甚的是一旦你关注他（她）后，他就取消关注你。出现这种策略性的关注主要是出于对微博营销力的一个误解：以为粉丝越多，营销的传播力度也就越大。其实，假关注对增强微博传播的影响力几乎没有什么帮助。

对企业账户而言，微博营销的初期某些策略性的关注是必要的。因为单向关注总归是一种话语权的不平等（你说话我听，而我说话你听不到），这样即使有些微博用户对你的产品感兴趣也会因为这种不平等的感觉而取消对你的关注。而一旦到了他（她）感觉你的信息对自己真正有用的时候，这种不平等的感觉就会降低，他就不会太在乎你是否关注他（她）。

10.4.5　微博的粉丝策略

衡量微博营销是否成功很重要的一个指标是粉丝数。有效的微博营销需要付出多方面的努力，每个环节的失败都会给微博营销带来负面影响，而粉丝数是一个综合指标，粉丝数越多意味着微博营销总体上做得不错。下面就介绍一下获得粉丝的策略和方法。

1．微博功能定位明确

企业和个人可以注册多个微博帐号，每个帐号各司其职。一个微博帐号可能承担相对单一的功能，也可以承担多个功能。例如，如果你的企业比较大，那么在一个专司公共关系的微博帐号外，建立多个部门微博帐号是可取的。如果你的企业的产品比较单一，那么整个企业建一个微博帐号就可以了。一般来说，一个微博帐号可以承担新产品信息发布、品牌活动推广、事件营销、产品客服、接受产品用户建议与反馈及危机公关等多项功能角色。合并还是分拆这些功能角色视具体情况而定。

2．用户参与微博的理由

如果企业的产品本身已经有了大量的用户群，那么在微博上获取他们的关注是相对容易的。但是如果企业并不具有品牌影响力，那么在微博上获得“陌生人”的关注就需要付出更大的努力。

因此我们首先要理解微博用户的社会心理需求。虽然没有具体的数据统计，但是我们可以从新浪“微博广场”的热门话题了解到大部分普通微博用户（非微博营销用户）参与微博的六大理由：

1）获取、传播时事体育等新闻信息。

2）获取娱乐信息，参与“制造”娱乐事件。

3）人生感悟及情绪表达。

4）政治信息及价值观表达。

5）关注自己感兴趣的人的动态信息。

6）关注商业、产品等实用信息。

以上理由的排序大致是普通微博用户参与微博的“动机强度”排序。深入地了解这些心理，是使普通用户成为你粉丝的前提。

3．创造有价值的博文

有价值的内容就是对微博用户“有用”的内容，能够激发微博用户的阅读、参与互动交流的热情。发表博文时需要平衡产品推广信息与有趣性的“娱乐信息”的比例，可以先从以下三个方面做些调整。

1）发布本行业的有趣的新闻、轶事。可以客观性地叙述一些行业公开的发展报道、统计报表甚至“内幕”，可以有选择性地提供一些有关公司的独家新闻——真正关注你的产品的微博用户会对这些独家新闻非常感兴趣。当然，重点要突出新闻性、有趣性。如小文发布的两篇趣味微博，全部是以图片展示为主，如图 10-23 所示。

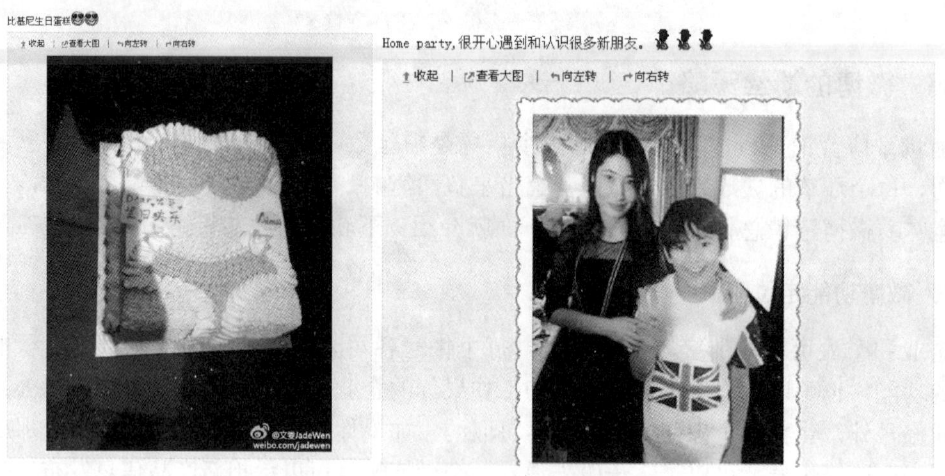

图 10-23　有趣的微博报道

2）发布创业口述史。大多数普通人对创业者总怀有一种好奇甚至尊敬的心态。企业微博可以有步骤、有计划地叙述自己品牌的创业历程，或公司创始人的一些公开或独家的新闻—— 类似一部企业口述史或电视连续纪录片。如小文发布的报纸对她的报道，通过第三方公信地报道了自己的创业史，如图 10-24 所示。

信报采访

收起 | 查看大图 | 向左转 | 向右转

十年沉淀婚纱梦

婚纱设计师文雯说，10年前，她的一个好朋友要结婚，于是就陪同她一起选购婚纱，但那个年代别说一件好看的婚纱了，就连一个像样的婚纱店都寥寥无几。于是服装设计科班出身的她便开始筹备自己的婚纱设计梦。很快创建了自己的Jade Wen翡翠嫁衣，个性创意加上纯手工工艺使Jade Wen嫁衣为无数时尚杂志和明星所青睐。

踏破铁鞋无觅处

刚刚开始从事婚纱礼服行业时，为了买到品质更好的面料，她跑遍北京上海广东，去各个工厂去看面料制作等，找各种面料的代理商，曾经因为去工厂和见面料商太多而跑坏了一双皮鞋。

顾客青睐的婚纱

“辛苦的前期工作没有白费，工作室刚开始没多久就受到很多客户的青睐，同时也被刊登在各种报刊上。这是对我辛苦后的最好回报和最大的鼓励。”她欣慰地说道。“记得有一次一个客户从美国跟我预约时间来北京定制婚纱，她因为刚下飞机，就来我工作室，那时已经很晚了，我还清楚记得她跟我约的是下午5点到我工作室，由于她要定做的衣服比较多，也因为她倒时差所以忘记了时间，我们一直谈到半夜快两点，她的婚纱、礼服、伴娘服、花童服等等，最后都按时完工，她也非常满意。”

寄语：祝信报主格越办越好，越来越时尚，让更多的读者喜欢看信报。

图 10-24　发表自己的创业史

3）发布与本行业相关的产品信息。搜集一些与产品相关的有趣的创意，有幽默感的文字、视频、图片广告，如图 10-25 所示。这些创意和广告不一定都是你自己的品牌，可以是本行业公认的著名品牌，这些信息可以大胆地发布。

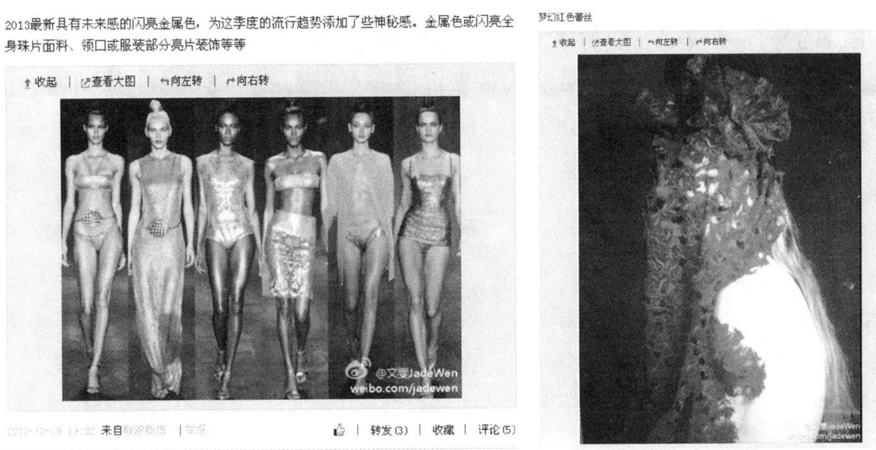

图 10-25　发布相关的产品信息

4. 创意互动微博营销

上面说的是微博内容方面的撰写，还有比较彻底的解决方案是创意式地发表一些互动营销，在微博上搞活动真正符合微博拟人化互动的本质特征。下面列举了一些常见的微博互动活动形态。

（1）微博招聘

微博招聘有四大优势：一是节约了相互了解的成本，可以通过对方发的微博帖子阅读对方；二是可以直接在微博上进行初次“面试”；三是可以发挥人际传播的效应，有利于微博用户推荐合适人选；四是品牌传播成本低。

（2）产品试用

可以在微博上发起低成本的产品试用活动，活动结束后鼓励试用者发布产品体验帖子。

（3）促销互动游戏

尽量多做与产品相关的互动性游戏，如秒杀促销、抽奖等游戏，以吸引微博用户参与。

（4）奖励发言

微博是一个真正的口碑营销的好场所。可以直接在微博上发私信，鼓励已经使用或试用产品的微博用户发表他们的使用体验，并对这些用户给予一定的奖励。

（5）公益慈善活动

有条件的话，可以自己发起慈善活动，否则，也可以积极参与微博其他用户发起的慈善活动。对小企业来说，参与某些“微支付”的慈善活动，并不需要付出很大的物质成本，却可以收获很大的关注人气。

总之，微博营销的核心是与感兴趣的人交流互动，并在互动中传播自己的品牌。主动寻找那些对你真正感兴趣的人是交流互动的第一步。现在国内的大多数微博平台都提供了自我描述标签的功能，你可以通过自我描述标签搜索到对某一方面感兴趣的用户，另外，也可以通过帖子关键词搜索到参与某个话题的用户，操作很简单，不必多述。至于如何使用好关键词则是一个比较复杂的过程，一些微博平台如新浪微博提供了推荐好友的功能，不妨试试。

需要指出的是，寻找好友贯穿微博营销的整个过程，在随后的交流互动里，有些人会进来，有些人会出去。只要微博能给别人带来价值，不犯大错，随着你的微博内容的不断传播，越来越多的人会成为你的粉丝。

10.5 其他营销推广

常用的网络营销方法除了搜索引擎注册之外还有关键词搜索、网络广告、交换链接、信息发布、邮件列表、许可 E-Mail 营销、个性化营销、会员制营销、病毒性营销、网络视频营销、论坛活动营销等。本小介绍几个在实际运营中经常使用到的营销推广方法。

10.5.1 积极参与展会

据了解，企业以参加展会的形式拓展市场的成本费用要比其他传统形式节省 40%以上，同时还大大缩短了促销时间。在欧美一些贸易大国，绝大多数企业都是从展会上获得大部分贸易机会和寻求合作伙伴的。展会同时也是参与国际市场竞争的最佳场所。所以我们要举办或者参加一些和服装与婚纱行业有关联性的展会。

1. 展会前的工作

1）设计、制订展位布置方案。

2）展会设计与展会包装展品。

3）宣传展会资料的编写制作。

4）展会纪念品的制作。

5）参展工作人员的培训。

2. 展会期间的工作

1）了解行业的发展趋势，观察业内的发展动态，收集各种有价的客户信息和业内信息。

2）大力开展各项宣传公关工作。

3）积极参与展会安排的各项行业交流活动。

4）在展会现场进行展品的演示说明。

3. 展会后的工作

1）展后总结。

2）合理利用信息，跟踪客户。

3）重新调整企业发展战略。

10.5.2　网站合作推广

策划并开展网站合作活动是有效的网站推广手段，且能提高访客忠诚度，持续深入地传播网站。广泛征求友情链接，扩大网站外部链接活力，能增加网站的搜索引擎曝光率，获得理想的排名效果。与网上、网下媒体展开充分合作，撰写公关文稿，关注网站发展动态，并定期同其他网站进行各种合作是效果明显的网站推广方式，可以借合作伙伴的力量，促使 Jadewen 嫁衣网站的系列活动有效地开展。

Jadewen 嫁衣网站合作推广工作见表 10-2。

表 10-2　合作推广工作

类　别	说　明	效果评估
友情链接	100 个各类网站的友情链接，包括娱乐、资讯、地方门户、个人网站等	扩大网站外部链接活力，促进网站推广
合作开展活动	寻求地方门户、服装行业等网站就 Jadewen 嫁衣网站相关活动展开合作	扩大网站活动影响，提升 Jadewen 嫁衣网站形象
公关软文	围绕 Jadewen 嫁衣网站上线、各类活动开展情况等撰写公关文稿进行网站推广	提升 Jadewen 嫁衣网站公众知名度，扩大影响度

10.5.3　邮件营销推广

邮件营销是快速、高效的营销方式，但应避免成为垃圾邮件发送者，应参加可信任的许可邮件营销。通过注册会员、过往客户、电子杂志订阅用户等途径获取客户邮件地址，向目标客户定期发送邮件广告，是有效的网站推广方式。

建设自己的邮件列表，定期制作更新 Jadewen 嫁衣网站最新线上活动的软文，向网站会员和其他用户发送，能有效地联系网站访客，提高用户忠诚度。

10.5.4　网络广告推广

对传统媒体而言，网络媒体的特点在于它的全能性及在打造和行销方面的力量。网络广告的载体基本上是多媒体、超文本格式文件，只要受众对某样产品、某个企业感兴趣，仅需轻按鼠标就能进一步了解更多、更为详细、生动的信息，从而使消费者能亲身“体验”产品与服务，让顾客身临其境般地感受商品或服务。因此，网络广告又具备强烈的交互性与感官性这一优势。

网络广告是投入较大、效果明显的网站推广方式之一。广告投放对象选择要符合网站访问群特征，并根据网站不同推广阶段的需要进行调整。针对 Jadewen 嫁衣网站的特点，制订相应的网络广告投放计划。如 58 同城服装频道（图 10-26）。

根据 Jadewen 嫁衣网站的网络广告投放需要，将设计规划多种广告形式进行广告投放。主要广告形式有飘浮广告、banner 广告、文字广告等。

网络营销的方法并不限于上面所列举的内容，而且由于各网站内容、服务、网站设计水平等方面有很大差别，各种方法对不同的网站所发挥的作用也会有所差异，网络营销效果也受到很多因素的影响，有些网络营销手段甚至并不适用于某个具体的网站，需要根据企业的具体情况选择最有效的策略。

图 10-26　58 同城服装频道